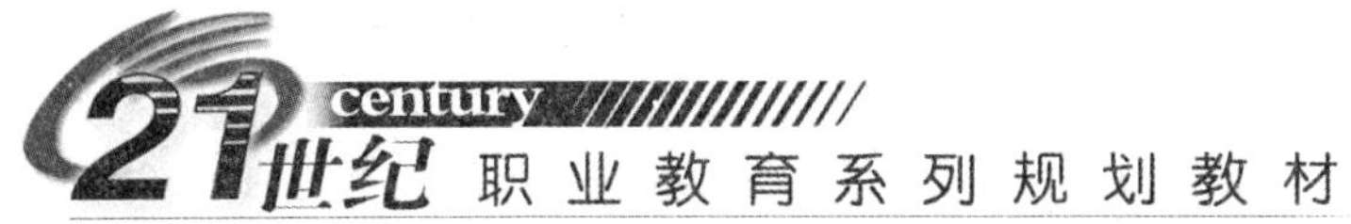

全新升级版

谭予星 王照 主编

北京日报出版社

图书在版编目（CIP）数据

计算机应用基础 / 谭予星，王照主编. -- 北京 : 北京日报出版社, 2017.5
ISBN 978-7-5477-2429-3

Ⅰ. ①计… Ⅱ. ①谭… ②王… Ⅲ. ①电子计算机－高等学校－教材 Ⅳ. ①TP3

中国版本图书馆 CIP 数据核字(2017)第 016411 号

计算机应用基础

出版发行：北京日报出版社
地　　址：北京市东城区东单三条 8-16 号东方广场东配楼四层
邮　　编：100005
电　　话：发行部：（010）65255876
　　　　　总编室：（010）65252135
印　　刷：北京市燕山印刷厂
经　　销：各地新华书店
版　　次：2017 年 5 月第 1 版
　　　　　2017 年 5 月第 1 次印刷
开　　本：787 毫米×1092 毫米　1/16
印　　张：19.75
字　　数：410 千字
定　　价：35.00 元

21 世纪职业教育系列规划教材

编审委员会名单

内 容 提 要

本书根据《教育部关于加强高职高专教育人才培养工作的意见》的文件要求编写而成，主要内容包括：第 1 章计算机基础知识，第 2 章计算机基本操作，第 3 章中文版 Windows 7 操作系统，第 4 章文字处理软件—中文版 Word 2010，第 5 章电子表格处理软件—中文版 Excel 2010，第 6 章幻灯片制作软件—中文版 PowerPoint 2010，第 7 章计算机网络基础，第 8 章数据库管理系统—Visual FoxPro 6.0。

本书内容新颖、结构严谨、重点突出，语言简练、图文并茂，注重实践操作。每章后面都附有习题和上机指导，以便检验对所学知识的掌握情况。

本书既可作为高等院校和职业学校各专业学生的计算机教材，同时也可作为初、中级计算机信息处理人员、办公人员的参考用书，还可作为计算机爱好者的自学用书。

前　言

目前，计算机已广泛应用于各行各业。学习计算机基础知识，掌握计算机基本的操作方法，是每个现代人必须学习的内容，目的就是在将来的工作、学习和生活中，能够更好地使用电脑，用好这个工具。通过计算机基础的学习，还可以提高我们学习计算机应用的能力，比如，通过学习 Office 软件的使用方法，可以知道应该如何着手去学习其他的应用软件，如何去了解窗口界面，如何去使用菜单命令和工具栏，如何使用对话框完成各种设置等。

计算机基础是一门看起来很容易的学科，其实它涵盖的内容并不是我们想像中的那样简单、易懂。要想很全面的了解计算机，就必须从最基础的开始，所以计算机基础虽最基本，但也最重要。

本教材在内容的选择和安排上，充分考虑了当前计算机应用的现状以及高等院校和职业学校学生的实际需要。本书为《计算机应用基础》，主要内容包括：第 1 章计算机基础知识，第 2 章计算机基本操作，第 3 章中文版 Windows 7 操作系统，第 4 章文字处理软件——中文版 Word 2010，第 5 章电子表格处理软件——中文版 Excel 2010，第 6 章幻灯片制作软件——中文版 PowerPoint 2010，第 7 章计算机网络基础，第 8 章数据库管理系统——中文版 Visual FoxPro 6.0。

本书的编者是从事本专业教学工作的教师，具有较为丰富的教学经验和实践经验。在编写过程中，力求从实际应用出发，尽量减少枯燥死板的理论概念，注重实用性和可操作性；文字叙述上深入浅出，通俗易懂。

本书每章后都配有大量的习题和上机练习，使广大读者可以达到掌握各知识点以及拓展练习的目的。

本套教材结构清晰、合理，内容丰富、新颖，既可作为高等院校和职业学校各专业学生的计算机教材，同时也可作为初、中级计算机信息处理人员、办公人员的参考用书，还可作为计算机爱好者的自学用书。

本书由谭予星、王照主编，梁玉萍、张倩副主编。其中第 1 章由谭予星、张倩共同编写，第 2 章由谭予星、杜国真共同编写，第 3 章由孟大淼编写，第 4 章由牛俊祝编写，第 5 章由王照编写，第 6 章由张倩编写，第 7 章由杜国真编写，全书由梁玉萍主审。由于编者水平有限，书中疏漏和不足之处在所难免，恳请广大读者朋友多提宝贵意见。

编　者

总　序

高等职业教育不同于其他传统形式的高等教育，它既是我国高等教育的重要组成部分，也是适应我国现代化建设需要的特殊教育形式。它的根本任务是培养生产、建设、管理和服务第一线需要的德、智、体、美等全面发展的技术应用型专业人才，学生应在掌握必要的基础理论和专门知识的基础上，重点掌握从事本专业领域实际工作的基本知识和职业技能，因而对应这种形式的高等教育教材也应有自己的体系和特色。

为了适应我国高等职业教育对教学改革和教材建设的需要，根据《教育部关于加强高职高专教育人才培养工作的意见》的文件要求，上海科学普及出版社、电子科技大学出版社、北京日报出版社联合在全国范围内挑选来自于从事高职高专和高等教育教学与研究工作第一线的优秀教师和专家，组织并成立了“21世纪职业教育系列规划教材编审委员会”，旨在研究高职高专的教学改革与教材建设，规划教材出版计划，编写和审定适合于各类高等专科学校、高等职业学校、成人高等学校及本科院校主办的职业技术学院使用的教材。

“21世纪职业教育系列规划教材编审委员会”力求本套教材能够充分体现教育思想和教育观念的转变，反映高等学校课程和教学内容体系的改革方向，依据教学内容、教学方法和教学手段的现状和趋势精心策划，系统、全面地研究高等院校教学改革、教材建设的需求，倾力推出本套实用性强、多种媒体有机结合的立体化教材。本套教材主要具有以下特点：

1．任务驱动，案例教学，突出理论应用和实践技能的培养，注重教材的科学性、实用性和通用性。

2．定位明确，顺应现代社会发展和就业需求，面向就业，突出应用。

3．精心选材，体现新知识、新技术、新方法、新成果的应用，具有超前性、先进性。

4．合理编排，根据教学内容、教学大纲的要求，采用模块化编写体系，突出重点与难点。

5．教材内容有利于扩展学生的思维空间和自主学习能力，着力培养和提高学生的综合素质，使学生具有较强的创新能力，促进学生的个性发展。

6．体现建设“立体化”精品教材的宗旨，为主干课程配备电子教案、学习指导、习题解答、上机操作指导等，并为理论类课程配备PowerPoint多媒体课件，以便于实际教学，有需要多媒体课件的教师可以登录网站http://www.china-ebooks.com免费下载，在教材使用过程中若有好的意见或建议也可以直接在网站上进行交流。

21世纪职业教育系列规划教材编审委员会

目 录

第 1 章　计算机基础知识

本章学习目标

通过本章的学习，读者应了解计算机的发展、特点、分类、组成以及多媒体技术、计算机病毒及其防范等基础知识。

学习重点和难点

- 计算机中的数制与编码
- 计算机的硬件组成及主要功能
- 多媒体技术及应用
- 计算机病毒及防范

1.1　计算机概述

计算机是科学技术发展史上的重要里程碑，时至今日，计算机已经被广泛应用于社会生活的各个方面，并且对人们的工作、学习、乃至思维方式产生了深刻影响，成为人们生活工作中不可或缺的辅助工具。本节主要介绍计算机的发展、特点、分类及应用领域。

1.1.1　计算机的发展

计算机是一种能够按照指令对各种数据和信息进行加工和处理的电子设备。现代计算机是由古老的计算工具逐步发展而来的，计算工具经历了从简单到复杂、从低级到高级的发展过程，相继出现了如算盘、计算尺、手摇机械计算机、电动机械计算机等计算工具。1946 年，世界上第一台真正意义上的数字电子计算机 ENIAC 在美国的宾夕法尼亚大学正式投入使用。ENIAC 使用了 18000 个电子管，1500 多个继电器，功率为 150KW，占地面积 170 ㎡，总重量达 30 吨，每秒能完成 5000 次加法运算、300 次乘法运算。

自从第一台电子计算机 ENIAC 诞生以来，计算机经历了 70 年的发展，依据计算机所使用的主要元器件的变化，我们将计算机划分为电子管、晶体管、集成电路和超大规模集成电路四个时代。从第一代计算机到第四代计算机，它的体积越来越小，功能越来越强，价格越来越低，目前正朝着智能化（第五代）计算机方向发展。

1. 第一代电子计算机（1946 年~1958 年）

第一代计算机是“电子管计算机”，这一代计算机大都采用电子管作为计算机的基本逻辑元件，普遍体积较大，运算速度慢，耗电多，价格贵，使用也不方便，为了解决一个问题，所编制程序的复杂程度难以形容。这一代计算机主要用于科学计算，其中具有代表意义的机器有 ENIAC、EDVAC、EDSAC、UNIVAC 等。

2. 第二代电子计算机（1958 年～1965 年）

第二代电子计算机是“晶体管计算机”，计算机的主要逻辑元件全部采用晶体管，晶体管代替电子管后，计算机的体积减小，耗电减少，运行速度比第一代计算机提高了近百倍，此时已开始使用计算机算法语言。这一代计算机主要应用于科学计算、数据处理及工业控制等方面。

3. 第三代电子计算机（1965 年～1970 年）

第三代计算机是“中、小规模的集成电路”计算机，采用中、小规模集成电路作为主要逻辑元件，计算机体积、重量进一步减小，运算速度和可靠性进一步提高。开始出现操作系统，计算机的功能越来越强，应用范围越来越广。计算机主要应用于文字处理、企业管理、自动控制等领域。

4. 第四代电子计算机（1970 年～至今）

第四代计算机是“大规模集成电路和超大规模集成电路”计算机，依然采用集成电路作为主要逻辑元件，但这种集成电路包含几十万到上百万个晶体管，我们称之为大规模集成电路和超大规模集成电路。这一时期，操作系统不断完善，数据库系统进一步发展，计算机网络开始普及，微型计算机异军突起，计算机的应用深入到人类生活的方方面面，应用领域扩展到了社会的各个方面。

微型计算机的发展大致经历了四个阶段，见表 1-1。

表 1-1 微型计算机的发展

年代	微处理器	代表产品
1971 年～1973 年	4004、4040、8008	MCS-4（4040，四位机）、MCS-8（8008）
1973 年～1977 年	8080、8088、M6800、Z80	MCS-80（8080，八位机）、APPLE-Ⅱ（6502）、TRS-8（Z80）
1978 年～1983 年	8086、8088、80286、M68000、Z8000	IBM-PC（8086）、Macintosh
1983 年至今	80386、80486、Pentium	386、486、Pentium 系列

由此表可见，微型计算机的性能主要取决于它的核心器件——微处理器（CPU）的性能。

5. 第五代电子计算机

第五代计算机将信息采集、存储、处理、通信和人工智能结合在一起，具有形式推理、联想、学习和解释等功能。它的系统结构将突破传统的冯・诺依曼计算机的概念，实现高度的并行处理。

1.1.2 计算机的特点

与其他计算工具相比，计算机主要具有以下几个特点：

1. 存储容量大

计算机中有大量的存储装置，它不仅可以长久性存储大量的文字、图形、图像、声音等信息资料，还可以存储用来指挥计算机工作的程序。

2. 精度高

计算机的计算精度取决于其字长，其字长越长计算机精度越高。随着计算机硬件技术的不断发展，计算机的字长也在不停地增加，使得它能够满足高精度数值计算的需要。计算机是根据事先编制好的程序自动、连续地工作，可以实现计算机工作自动化，这些特点使计算机判断准确、反应迅速、控制灵敏。

3. 运算速度快

计算机的运算速度一般用在单位时间内执行基准指令的次数来度量。目前其运算速度可以达到每秒几十亿次乃至上百亿次的运算。例如，为了将圆周率 π 的近似值计算到 707 位，一位数学家曾为此花费了十几年的时间，如果用现代的计算机来计算，只要瞬间就能完成。

4. 通用性强

计算机可以通过程序设计解决各种复杂的问题，这些程序大多数由几十条到几百条基本指令组成，对于不同的程序只不过是计算机基本指令的使用顺序和频度不同而已。这样，一台计算机就能够适应多种工作的需要，通用性是计算机能够应用于各个领域的基础。

1.1.3　计算机的分类

计算机种类繁多，根据不同的分类标准可将计算机分为不同的类别，下面将介绍几种常用的分类方法。

1. 根据计算机的性能分类

根据计算机的性能及处理能力，可将计算机分为五类，见表 1-2。

表 1-2　五类计算机参数列表

机型 性能	微型计算机 Micro computer	小型计算机 Mini computer	大型计算机 Main frame	小巨型计算机 Minisuper computer	巨型计算机 Super computer
CPU 组成	一块芯片	数块芯片	数块芯片	数块芯片	数块芯片
运算速度	≤1 000 万次每秒	≤1 0000 万次每秒	每秒数百万～数亿次	每秒 1 亿次以上	每秒数亿次～4 万亿次
字长	4～64 位	16～64 位	48～64 位	48～64 位	48～64 位

在表 1-2 的五类计算机中，由于微型计算机（Micro computer）体积较小、价格便宜，适合个人使用，所以也将微型计算机称为个人计算机，即 Personal Computer，简称 PC 机，如图 1-1 所示。

图 1-1　个人计算机

2．根据计算机的用途分类

根据计算机用途的不同可分为专用计算机和通用计算机两种。专用计算机是用于解决某一特定方面的问题而专门研制开发的计算机。通用计算机适用于解决一般问题，其适应性强，应用范围较广。

3．根据计算机的处理对象分类

计算机根据处理的对象不同可分为模拟计算机、数字计算机和混合计算机。模拟计算机是用于处理连续的电压、温度、速度等模拟数据的计算机。数字计算机是用于处理数字数据的计算机。混合计算机是模拟技术与数字计算机相结合的计算机，输入和输出既可以是数字数据，也可以是模拟数据。

1.1.4　计算机的应用领域

计算机已深入到人们日常生活的方方面面，主要应用于以下四个方面：

1．科学计算

科学计算也称数值计算，是指用计算机来解决科学研究和工程技术中所出现的复杂的计算问题。早期的计算机主要用于科学计算，目前科学计算仍然是计算机应用的一个重要领域，在自然科学、工程技术等领域中，计算工作量是很大的，所以利用计算机的高速计算、大存储容量和连续运算的能力，实现人工无法解决的各种科学计算问题，进而提高工作效率，节省大量时间、人力和物力。

2．过程检测与控制

利用计算机对工业生产过程中的某些信号进行自动检测，并把检测到的数据存入计算机中，再根据需要对这些数据进行处理，这样的系统称为计算机检测系统。工业生产过程自动控制能有效地提高劳动生产率。计算机控制系统除了应用于工业生产外，还广泛应用于交通、邮电、卫星通讯等。基于计算机工业控制的特点，人们也常常将计算机的这种应用称为实时控制或过程控制。计算机过程控制已在机械、冶金、石油、化工、纺织、水电、航天等部门得到广泛的应用。

3．信息管理

信息管理也称数据处理，是指人们利用计算机对各种信息进行收集、存储、整理、分类、统计、加工、利用以及传播的过程，目的是获取有用的信息作为决策的依据。信息处理是目前计算机应用最广泛的一个领域。人们可以利用计算机来加工、管理和操作任何形式的数据资料，如企业管理、电子商务、物资管理、报表统计、账目计算、图书管理和医疗诊断、信息情报检索等。

4．计算机辅助系统

计算机可用于辅助教学、辅助设计、辅助制造、辅助测试等方面，都统称为计算机辅助工程。

（1）计算机辅助教学（CAI）：CAI 是指利用计算机帮助教师讲授和学生学习的自动化系统，使学生能够轻松自如地从中学到所需要的知识。

（2）计算机辅助设计（CAD）：CAD 是指利用计算机来帮助设计人员进行工程设计，以提高设计工作的速度，大量节省人力和物力。目前，此技术已经在电路、机械、土木建筑、服装等设计领域中得到了广泛的应用。

（3）计算机辅助制造（CAM）：CAM 是指利用计算机进行生产设备的管理、控制与操作，从而提高产品质量、降低生产成本、缩短生产周期，并且还大大改善了制造人员的工作条件。

（4）计算机辅助测试（CAT）：CAT 是指利用计算机协助对学生的学习效果进行测试和学习能力估量，即测验构成、测验实施、分级及分析、试题分析和题库五部分，重点讲解每一部分在整个系统中具有不同的功能和作用，最后加以总结。

1.2　计算机中的数制与编码

在日常生活中，常常遇到如二进制（两只鞋为一双）、二十四进制（1 天 24 小时）、六十进制（60 分为 1 小时）等计数方法，这种逢“几”进一的计数法，称为进位计数法。进位计数法的特点是由一组规定的数字来表示任意的数，例如，一个二进制数，它只能用 0 和 1 两个数字符号表示；一个十进制数只能用 0～9 十个数字符号表示；一个十六进制数只能用 0～9 和 A～F 十六个符号来表示。

1.2.1　计算机中的数制

1．数制的定义

用一组固定的符号和一套统一的规则来表示数值的方法就叫做“数制”，也称“计数制”。数学上用到的是十进制，生活中也会使用非十进制的计数方法。例如 24 小时为 1 天，60 分钟为 1 小时，60 秒为 1 分钟等。

在计算机文献中，为了区别不同进制的数，常在不同进制的数后面加上不同的后缀符号。例如，B 表示二进制，Q 表示八进制，H 表示十六进制，D 表示十进制，如 100B 表示二进制数为 100，190D 表示十进制数为 190。如不带后缀符号，一般默认为十进制数。

在各种数制中，都有一套统一的规则，R 进制的规则是逢 R 进一，或者借一为 R。

2．数码

一组用来表示某种数制的符号。如 1、2、3、4 等；A、B 等；Ⅰ、Ⅱ等。

3．基数

数制所使用的数码个数称为“基数”，通常用“R”表示，如十进制数的基数是 10，使用 0～9 十个数字符号；二进制数的基数是 2，使用 0、1 两个数字符号。某一基数中的最大数是“基数减 1”，而不是基数本身，例如，十进制数中的最大数为 9（10-1），二进制数中的最大数为 1（2-1），它们的最小数均为 0。

4．权

“权”也可称为位权，指一种数制中某一位上的 1 所表示的数值大小。十进制数是逢十进一，所以对每一位数，可以分别赋予位权 10^0、10^1、10^2 ……用这样的位权就能够表示十进制数。

1.2.2 二进制

二进制是“逢二进一”的计数方法，使用 0 和 1 两个数字符号。计算机的内部数据，不论是数值型的还是非数值型的（如文字、符号、图形、图像、声音、色彩和动画等信息），都是用二进制数来表示的。

计算机内部是一个二进制数字的世界，每一条信息都可以用二进制数来表示。

1.2.3 不同数制间的转换

数制之间可以相互转换，下面介绍两种最常用的数制转换。

1．十进制数与二进制数的相互转换

（1）二进制数转换成十进制数

转换原则：把二进制数写成按权展开的多项式，然后把各项相加即可。

例如，$(1101.01)_2 = 1\times2^3+1\times2^2+0\times2^1+1\times2^0+0\times2^{-1}+1\times2^{-2}=(13.25)_{10}$

（2）十进制数转换成二进制数

将十进制数转换成二进制数时，整数部分和小数部分分别用不同的方法进行转换。

①整数部分的转换：除 2 取余法

转换原则：将十进制数除以 2，得到一个商和余数 K_0。再将商除以 2，又得到一个新的商和余数 K_1。如此反复，直到商是 0 时得到余数 K_{n-1}。然后将所得到的各次的余数，以最后余数为最高位，最初余数为最低位依次排列，即 $K_{n-1}K_{n-2}\cdots\cdots K_1K_2$ 所组成的数就是该十进制数对应的二进制数。该转换方法又称为“倒序法”。

例如，将 $(123)_{10}$ 转换成二进制数，其过程如下：

所以，$(123)_{10}=K_6K_5K_4K_3K_2K_1K_0=(1111011)_2$

②小数部分的转换：乘 2 取整法

转换原则：将十进制数的小数乘以 2，取乘积中的整数部分作为相应二进制数小数点后的最高位 R_1，反复乘以 2，依次得到 R_2、R_3……R_m，直到乘积的小数部分为零或位数达到精确度要求为止，然后把每次乘积的整数部分由上至下依次排列，即 R_1R_2……R_m 所组成的数就是所求的二进制数小数点后的数。该转换方法又称为“顺序法”。

例如将$(0.25)_{10}$转换为二进制数，其过程如下：

```
                整数
   0.2 5
×      2
 ─────────
   0.5 0          ……0（R1）   │高位
×      2                      │
 ─────────                    ↓
   1              ……1（R2）    低位
```

所以$(0.25)_{10}= 0.R_1R_2=(0.01)_2$

2．二进制数与八进制数的相互转换

（1）二进制数转换为八进制数

转换原则是“三位并一位”，即以小数点为界，整数部分从右向左每三位为一组，若最后一组不足三位，则在最高位前面添 0 补足三位，然后从左边第一组起，将每组中的二进制数按权相加得到对应的八进制数，并依次写出来即可；小数部分从左向右每三位为一组，最后一组不足三位时，尾部用 0 补足三位，然后按照顺序写出每组二进制数对应的八进制数即可。这样就把一个二进制数转换成了八进制数。

例如，将$(11101100.01101)_2$转换为八进制数，其过程如下：

```
011   101   100.011   010
 ↓     ↓       ↓       ↓
 3     5      4.3      2
```

所以，$(11101100.01101)_2=(354.32)_8$

（2）八进制数转换为二进制数

转换原则是“一位拆三位”，即把一位八进制写成对应的三位二进制，然后按权连接即可。

例如，将$(541.67)_8$转换为二进制数，其过程如下：

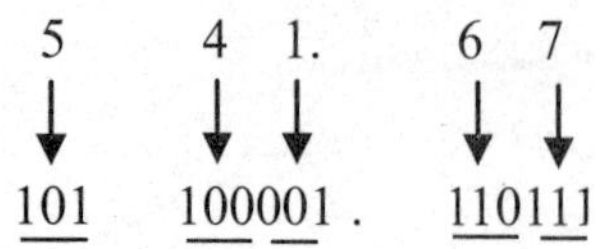

所以，$(541.67)_8=(101100001.110111)_2$

1.2.4 数据的存储单位

1．位

“位”也称比特，记为 bit 或 b，是计算机中最小的信息存储单位。一个二进制位只能表示 0、1 两种状态。

2．字节

“字节”记为 Byte 或 B，是计算机数据存储中最常用的基本单位， 8 个二进制位称为一个“字节”，从最小的 00000000 到最大的 11111111，即一个字节可有 2^8（256）个值。

3．其他单位

常用的度量单位还有千字节（KB）、兆字节（MB）、吉字节（GB）和太字节（TB），它们之间的关系如下：

1Byte=8bit

1KB=1024B

1MB=1024KB

1GB=1024MB

1TB=1024GB

4．字长

计算机在存储、传送和操作时，作为一个单元的一组二进制码称为字（word），一个字中二进制的位数称为字长。常用的字长有 8、16、32、64 位等。字长的大小反映了计算机处理信息的能力强弱，一般来说，字长越长，计算机处理数据的精度就越高，性能越好。如今，微型机已从 8 位、16 位、32 位，发展到 64 位。大中型机的字长一般是 64 位或 128 位。

1.2.5 计算机的常用编码

计算机的常用编码主要有 ASCII 码、汉字输入码、汉字机内码等几种方式。

1．ASCII 码

计算机使用二进制表示字母、数字、符号及控制符号，目前主要用 ASCII（American Standard Code for Information Interchange）码，即美国标准信息交换码，已被国际标准化组织（ISO）定为国际标准，所以又称为国际五号代码。

ASCII 码有两种分类：一种是 7 位 ASCII 码，另一种是 8 位 ASCII 码。

7 位 ASCII 码又称为“基本 ASCII 码”，是国际通用的。它由 7 位不同的二进制字符编码组成，表示 128 种字符，其中包括 34 种控制字符、52 个英文大小写字母、10 个数字、32 个字符和运算符。用一个字节（8 位二进制）表示 7 位 ASCII 码时，最高位为 0，它的编码范围为 00000000～01111111。

8 位 ASCII 码又称为“扩充 ASCII 码”。它由 8 位二进制字符编码组成，其最高位有些为 0，有些为 1，它的范围为 00000000～11111111，因此可以表示 256 种不同的字符。其中 00000000～01111111 为基本部分，范围为 0～127，共 128 种；而 10000000～11111111 为扩充部分，范围为 128～255，也有 128 种。美国国家标准信息协会尽管对扩充部分的 ASCⅡ码已给出定义，但在实际中多数国家都将 ASCⅡ码的扩充部分规定为自己国家语言的字符代码，例如，中国把扩充的 ASCⅡ码作为汉字的机内码。

2. 汉字输入码

汉字输入码又称为“外部码”，简称“外码”，指用户从键盘上输入代表汉字的编码。它由拉丁字母（如汉语拼音）、数字或特殊符号（如王码五笔型的笔画部件）组成，其构成形式千变万化。各种输入法的输入方案，就是以不同的符号系统来代表汉字进行输入的，所以汉字输入码是不统一的，区位码、五笔字型码、智能 ABC、微软拼音等都是其中的代表。

汉字输入码进入计算机后，都离不开计算机对其进行处理。在具有汉字处理能力的计算机系统中，汉字在不同的阶段处于不同的状态，并使用不同的代码。汉字在计算机系统中的变化如图 1-2 所示。

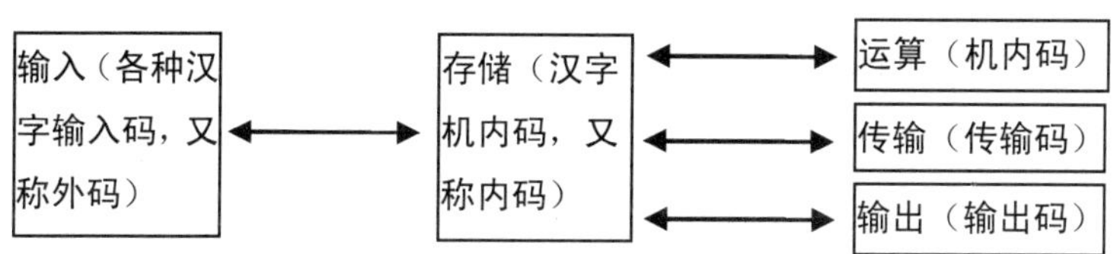

图 1-2　汉字在计算机系统中的变化

3. 汉字机内码

汉字机内码又称为“汉字 ASCII 码”、“机内码（简称‘内码’）”，它由扩充的 ASCⅡ码的 0 和 1 符号组成，指计算机内部存储、处理加工和传输汉字时所用的代码。输入码被计算机接受后就由汉字操作系统的“输入码转换模块”转换为机内码，与所采用的键盘输入法（汉字输入码）无关。

机内码是汉字最基本的编码，不管是什么汉字系统和汉字输入方法，输入的汉字外码到计算机内部都要转换成机内码，转换后才能被存储和进行各种处理。汉字机内码应该是统一的，而实际上世界各地的汉字系统都不相同，要制订一个统一的标准化汉字机内码是必需的，不过尚需时日，因此目前不同系统使用的汉字机内码有可能不同。

我国目前使用的是单/双/四字节混合编码。编码规定，英文与阿拉伯数字等采用一个字符编码；国家标准 GB2312-80《信息交换用汉字编码字符集·基本集》中的 6 763 个汉字和中文标点符号的二进制编码采用两个字节（每个字节的最高位设为0）对应一个汉字编码，称为“国标码”，而把每个字节的最高位设为1，作为对应的汉字的机内码（也称汉字的ASCII码或变形的国标码）；不在此列的汉字，即《信息交换用汉字编码字符集・基本集的扩充部分》中的汉字，采用四个字节来表示（32位二进制）。

1.3 计算机系统的组成

计算机系统由硬件系统和软件系统组成。硬件是构成计算机系统的各种功能部件的集合，软件是运行在计算机硬件上的程序、运行程序所需的数据和相关文件的总称。硬件是软件赖以存在的基础，软件是硬件正常发挥作用的灵魂，两者相辅相成，缺一不可。

1.3.1 计算机系统概述

一个完整的计算机系统包括硬件系统和软件系统两大部分，这两大部分之间的关系是相互依存、缺一不可的。计算机系统的组成如图1-3所示。

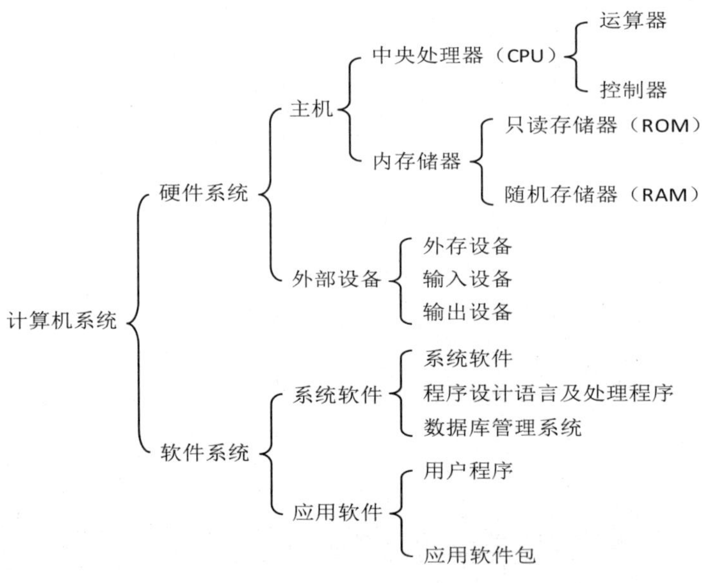

图1-3　计算机系统的组成

1.3.2 计算机的硬件系统

所谓硬件系统，指那些看得见、摸得着的计算机实体。一个完整的硬件系统从功能角度而言必须包括运算器、控制器、存储器、输入设备和输出设备五大部件。

计算机的五大部件通过系统总线完成指令所传达的任务。系统总线由地址总线、数据总线和控制总线组成。计算机在接受指令后，由控制器指挥，将数据从输入设备传送到存储器存储起来，再由控制器将需要参加运算的数据传送到运算器，由运算器进行处理，处理后的结果由输出设备输出，其过程如图 1-4 所示。

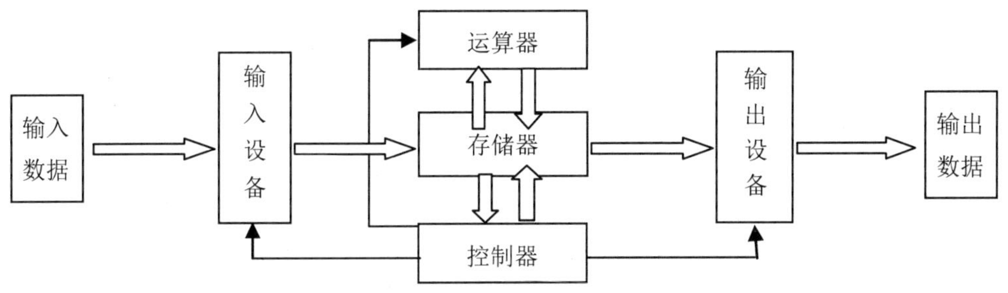

图 1-4　计算机硬件系统的工作流程

1. 运算器

运算器也称为算术逻辑单元（Arithmetic Logic Unit，ALU），是对数据进行加工处理的部件，它在控制器的作用下与内存交换数据，负责进行算术运算和逻辑运算。其中，算术运算是指加、减、乘、除等各种数值运算，逻辑运算是指“与”“或”“非”“比较”“移位”等逻辑判断的非数值运算。

2. 控制器

一般由寄存器、指令译码器、时序电路和控制电路等组成。控制器是整个计算机系统的指挥中心，其作用是控制整个计算机各个部件有条不紊工作，它的基本功能就从内存取指令和执行指令。

控制器和运算器通常集中在一块芯片上构成中央处理器（Central Processing Unit），简称 CPU。中央处理器是计算机的核心部件，也通常把具有多个 CPU 的计算机系统称为多处理器系统。

3. 存储器

存储器是用来存储程序和数据的部件。存储器可以在控制器控制下对数据进行存取操作，我们把数据从存储器中取出的过程称为“读”，把数据存入存储器的过程称为“写”。通常将存储器分为内存储器（内存）和外存储器（外存）。

内存储器（简称内存）又称为主存储器，是计算机中主要的工作存储器。内存直接与 CPU 交换数据，存取速度快，但容量较小，负责存放当前运行的程序与数据。通常将内存储器分为随机存储器（Random Access Memory，RAM）和只读存储器（Read Only Memory，ROM）。RAM 在工作过程中既可读出其中的数据，也可修改其中的数据或写入新的数据，一旦中断电源，RAM 中存放的数据将全部丢失。ROM 在工作过程中只能读出其中的数据，不能写入新的数据，即使电源中断，ROM 中数据也不会丢失，ROM 一般用来存放固定的系统程序和参数表等。

外存储器（简称外存）又称为辅助存储器，计算机执行程序和加工处理数据时，存放在外存中的数据必须调入内存后才能运行。外存存取速度相对于内存而言较慢，但其存储容量很大，主要用来存放暂时不用，但又需长期保存的程序或数据。如硬盘、光盘和 u 盘等。

4. 输入设备

输入是把信息（数据或程序）送入计算机系统的过程。输入设备是指具有向计算机系统输入信息功能的（电子）设备，它能将原始信息转化成计算机能够识别的二进制。最常见的输入装置是键盘、鼠标、扫描仪、光笔等。

5. 输出设备

输出是从计算机系统送出已被加工的信息的过程。输出设备是将计算机处理后的最后结果或中间结果，以某种人们能够识别或其他设备所需要的形式表现出来的设备。常见的输出装置有显示器、打印机、绘图仪等。

在微型计算机中，将键盘称为标准的输入设备，将显示器称为标准的输出设备。

1.3.3 计算机的软件系统

计算机软件是指人们编制的各种程序和数据资料等，是计算机系统的重要组成部分。软件系统指为计算机运行工作服务的全部技术资料和各种程序。相对于计算机硬件，软件是看不到，摸不着的部分，但是它的作用是很大的,它保证计算机硬件的功能得以充分发挥，并为用户提供一个宽松的工作环境。根据用途不同，软件被划分为系统软件和应用软件两大类。

1. 系统软件

系统软件是用来扩充计算机的功能、提高计算机的工作效率、方便用户使用计算机的软件，也是管理计算机资源、监控和维护计算机的软件，人们借助于系统软件来使用和管理计算机。系统软件包括操作系统、故障诊断程序、语言处理程序、数据库管理系统和服务程序等。

2. 应用软件

应用软件是指为用户解决某个实际问题而编制的程序和有关资料。应用软件的内容非常广泛，涉及到社会的各个领域。常见的各种信息管理软件、办公自动化软件、各种文字处理图形图像处理软件、各种计算机辅助设计软件和计算机辅助教学软件等都属于应用软件。

1.3.4 微型计算机的硬件组成

微型计算机硬件系统与其他计算机没有本质的区别，也是由五大功能部件组成。但在生活中，我们习惯从外观上将微型计算机的硬件系统分为两大部分，即主机和外设。主机是微机的主体，机箱里包含着微型计算机大部分主要的硬件设备，如 CPU、主板、内存、声卡、电源等。主机以外的设备称为外设，外设主要是显示器、鼠标、键盘、音箱、打印机等一些常用的设备及外存储器等，如图 1-5 所示。

图 1-5　微型计算机的组成

1. 中央处理器

中央处理器（Central Processing Unit，CPU）犹如人的大脑，是计算机的核心，一般由高速电子线路组成，主要包括运算器、控制器、寄存器组、高速缓冲存储器等。决定微处理器性能的指标很多，其中主要是字长和主频。

目前最常见的 CPU 有 Intel 系列和 AMD 系列。Intel 系列主要有 Pentium 系列、Celeron 系列、Core 系列等；AMD 主要有 Athlon（速龙）系列、Sempron（闪龙）系列等。

2. 主板

主板安装在主机箱内，是微机最基本的也是最重要的部件之一。主板一般为矩形电路板，上面安装了组成计算机的主要电路系统，一般有 BIOS 芯片、I/O 控制芯片、键盘和面板控制开关接口、指示灯插接件、扩充插槽、主板及插卡的直流电源供电接插件等元件。

3. 内存

内存储器简称内存，具有容量较小，存取速度快的特点。内存按其基本功能和性能，分为只读存储器（ROM）和随机存储器（RAM）。人们通常意义上的内存是指以内存条形式插在主板内存槽中的 RAM。一般说的“内存容量”是指 RAM 的容量。

4. 外存

外存储器简称外存，相对于内存具有容量大，存取速度慢，价格较便宜等特点。外存用于存放暂时不用的数据和程序，存储数据时在计算机断电情况下仍然可以长期保存。常见的外存有 U 盘、硬盘、光盘等。硬盘按存储原理不同，可分为机械硬盘和固态硬盘两种。

5. 显卡

显卡全称显示接口卡，是计算机最基本配置之一。显卡的用途是将计算机系统所需要的显示信息进行转换驱动，并向显示器提供行扫描信号，控制显示器的正确显示，是连接显示器和个人电脑主板的重要元件。显卡一般分为集成显卡和独立显卡。

6. 输入输出设备

输入输出设备（I/O）是对将外部世界信息发送给计算机的设备和将处理结果返回给外部

世界的设备的总称。在计算机系统中，能将信息送入计算机中的设备称为输入设备，最常用的输入设备有键盘、鼠标等。此外，输入设备还包括手写笔、摄像头、话筒、条形码阅读器、图像输入设备等。用来输出运算结果和加工处理后的信息的设备称为输出设备，常用的输出设备有显示器和打印机。另外，外存储器、智能手机、数码相机既是输入设备也是输出设备。

1.3.5 计算机的性能指标

计算机的主要性能指标包括字长、CPU 时钟频率（主频）、存储容量、总线带宽、外部设备的配置及扩展能力、软件配置等。

1. 字长

字长是 CPU 能够同时处理的数据的二进制位数，它直接关系到计算机的计算精度、功能和速度。一般来说，字长越长，计算机运算精度就越高、运算速度就越快，数据处理能力就越强。现在微机的字长以 32 位为主，部分采用 64 位并兼容 32 位。

2. 运算速度

运算速度是指计算机每秒能执行的指令条数，一般以 MIPS（百万条指令/秒）为单位。由于执行不同的指令所需的时间不同，因此，运算速度有不同的计算方法。现在多用各种指令的平均执行时间及相应指令的运行比例来综合判断计算机运算速度，即用加权平均法求出等效速度，作为衡量微机运算速度的标准。一般的微机运算速度每秒可达数千万次。

3. 主频

主频即计算机的时钟频率，是指 CPU 在单位时间（秒）内所能产生脉冲信号的次数，以 MHz（兆赫）为单位。由于计算机内部逻辑电路均以时钟脉冲作为同步脉冲来触发电子器件工作，所以主频在很大程度上决定了计算机的运算速度。

4. 内存容量

内存容量是指计算机系统所配置内存的总字节数，一般以 MB 为单位，它反映了计算机的内部记忆能力，容量越大，则信息处理能力越强。很多复杂的软件要求必须有足够大的内存空间才能运行。

计算机性能指标除以上所述外，还有外设配置、软件配置和兼容性等。通常，微机之间的兼容性包括接口、硬件总线、键盘形式、操作系统和 I/O 规范等方面。在衡量一台微机的优劣时，不能只根据以上一两项指标来衡量，还应该考虑性能、价格之比等综合因素。

1.4 多媒体技术及应用

多媒体技术是一种综合文字、声音以及视频影像等多种媒体手段来传递信息的技术，它使得计算机变得图文并茂，日益成为人们学习和生活中不可缺少的工具。

1.4.1　多媒体的基本概念和特征

1. 媒体的定义

媒体（Media）是指信息表示和传播的载体，例如文字、声音和图像都是媒体，它们向人们传递各种信息。在计算机行业，媒体有两种含义，一是指传播信息的载体，如语言、文字、图像、视频、音频等；二是指存贮信息的载体，如 ROM、RAM、磁带、磁盘、光盘等。

2. 多媒体技术

多媒体技术是指通过计算机对文字、数据、图形、图像、动画、声音等多种媒体信息进行综合处理和管理，使用户可以通过多种感官与计算机进行实时信息交互的技术，又称为计算机多媒体技术。

3. 多媒体技术的特征

多媒体技术主要有以下特征：

- 集成性：可将文字、声音、图形、影像等多种单一的、零散的媒体信息，经过综合处理，有机地组织在一起，从而达到多种媒体一体化。
- 数字化：能够将文字、声音、图形、影像等媒体信息转换成数字信息，以便于进行数据处理和交换。
- 交互性：交互性是多媒体技术的基本特征，它能够为用户提供多种有效的控制和使用信息的手段。如人机对话、电视电话会议等，目前已达到了通过语音与他人或计算机交流信息、控制计算机的目的。

1.4.2　多媒体系统的组成

一个多媒体系统通常由高性能的硬件、操作系统平台、应用工具软件和用户应用软件四部分所组成，如图 1-6 所示。

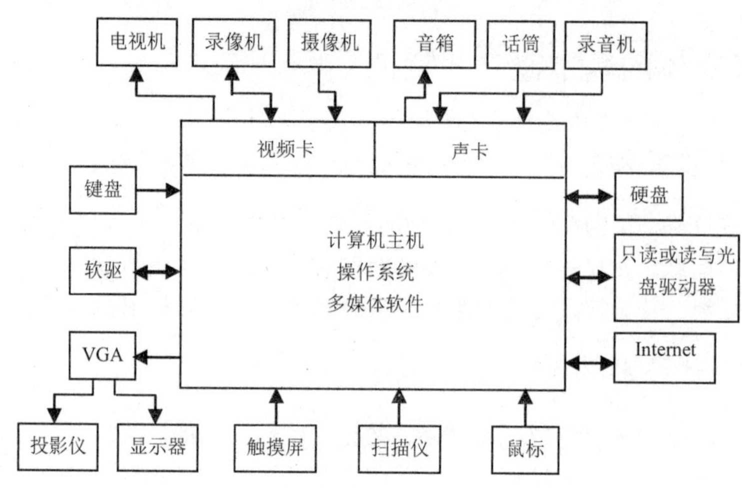

图 1-6　多媒体系统的组成

1．硬件

多媒体系统的主机通常使用个人计算机系统，除了计算机主机外，它通常还配置如下的硬件：

（1）视频卡：用于处理视频信号。视频卡一般分为两种：一种是将输入的视频信号转换成 VGA 信号，并按一定的格式压缩，然后以文件的形式存储在计算机中；另一种是将 VGA 信号转换成 PAL 等形式的视频信号，向视频设备（如电视机）输出。常用的视频卡主要有视频转换卡、视频捕捉卡、动态视频捕捉卡/播放卡、视频 JPEG/MPEG 压缩/解压缩卡和电视调谐卡等。

由于计算机的处理速度已经相当高，因此，家用多媒体计算机的视频处理可由软件来完成，而且较好的显示卡也带有 TV 输出接口。

（2）声卡：用于处理音频信号。它的作用是将音频设备（如话筒）输入的声音模拟信号转换成数字信号，并按一定的格式压缩后，以文件的形式存储在计算机中；将声音文件的数字信号转换为模拟信号，放大后作为音频输出。

（3）硬盘：家用多媒体计算机对硬盘的要求不太高，如果是用于制作多媒体产品的机器，则要求高速硬盘。

（4）光盘驱动器：光盘驱动器简称光驱，按功能不同，分为只读光驱和可读写光驱（也称刻录机）；按安装类型不同，又可分为内置式和外置式两种。

光盘在物理规格、记录格式和制造技术等方面都与 CD/VCD 相同，因此，只读光盘驱动器称为 CD-ROM。现在，DVD 技术也已经应用于计算机中。

2．操作系统平台

专业级的多媒体系统由于要处理大量的声音和影像信息，因此，其操作系统平台需要有强大的功能，使它能够对多媒体数据进行有效管理和快速处理，并且要求有较好的数据压缩能力和较好的兼容性。最常用的操作系统平台有 Microsoft Windows 7/8/XP。

3. 应用开发工具软件

一个专业的多媒体系统通常主要用于开发多媒体产品，因此，应用开发工具软件是必不可少的。应用开发工具软件也称为多媒体集成软件，它随着多媒体产品应用领域的不同而不同，通常有 Microsoft PowerPoint、Visual Basic、Macromedia Director、ICON Author Professional、Authorware 等。

随着网络技术的普及，目前出现了“流式”多媒体技术，应用开发工具软件又有新的发展，如 Flash、Fireworks 等。

4. 多媒体素材加工软件

多媒体素材的采集与加工是多媒体制作的基础工作，也是耗时耗力最多的工作。多媒体集成软件就是通过把多媒体素材有机地组合在一起，进而开发出产品。多媒体素材加工软件的分类有以下几个方面：

①图形图像编辑软件，如 Photoshop、CorelDRAW、Windows 的画图功能、PhotoDraw 等。

②动画创作编辑软件，如 3D Studio MAX、Extreme 3D 等。

③声音编辑软件。

④视频捕捉与编辑软件。

5. 多媒体数据格式

多媒体数据格式的分类有以下几个方面：

①音频数据格式，如 WAV、MID、MOD 等。

②视频数据格式，如 AVI、FLV、MOV 等。

③图像数据格式，如 BMP、GIF、JPG、PCX、TIF、TGA、WMF 等。

④文本数据格式，如 TXT 等。

1.4.3　多媒体技术的应用

随着多媒体技术的迅速发展，其应用范围也越来越广泛。

1. 多媒体辅助教学

一般情况下，就所含信息量而言，图像明显大于文字；对背景知识的依赖性而言，图像显然低于文字。在人类社会发展史上，图像先于文字；在个体认知过程中，“看图”先于“识字”。如果使用真实图片和示意图表来表达深奥和抽象的概念，无疑将有助于对概念的理解；使用动画和声音有助于激发现场的情绪。因此，在教学活动中使用多媒体技术，将会在很大程度上提高教学效果和质量。

当前，多媒体辅助教学的应用分为以下四个方面：

（1）教师授课的辅助材料：教师授课的辅助材料主要用于课堂教学，以提高教学效果。

（2）自助式学习材料：自助式学习材料用于学生自学或复习用，如语言学习的软件界面。

（3）水平测试：利用多媒体技术制作的水平测试软件，可以替代传统的考试方式，也可以用于学习者的自我测试，如 TOEFL 测试软件。

（4）远程教学：随着计算机网络的发展，远程教育已经不再仅限于收音机或电视机。由于计算机多媒体技术的交互式等特点，使其正在远程教育中展露风采。

2. 商业应用

现在，许多企业将产品的宣传资料、使用手册等制作成多媒体光盘，这使得企业的产品推广活动收效颇高。另外，还可在 Web 上建立网上商店、在线服务等。

3. 视频会议

多媒体技术与网络技术的结合，使得召开视频会议成为可能。如果用于家庭，即是可视电话。

4. 视频点播

由视频节目供应商提供多个节目供用户选择。除了使用多媒体计算机来获取视频节目外，还可以通过一种直接连接电视机的装置，即机顶盒来获取。视频点播也使网络学校的开创变为现实。

5. 虚拟现实

虚拟现实是使用多媒体技术和传感装置实现的一种虚拟场景（如汽车运动、飞机飞行等），使身处虚拟现实环境下的训练仿佛进入了一个真实世界。

6. 电子出版

利用多媒体技术制作的电子出版物具有如下特点：

- 存储量大、易保存、体积小、携带方便。
- 能以文字、声音、图像、动画、视频来表达信息。
- 具有检索功能

7. 家用多媒体

家用多媒体包括家庭教育、电子娱乐、家庭办公、电脑购物、电子贸易等。

1.5 计算机病毒及防范

随着计算机在更大范围内的普及、推广和应用，令人头疼的计算机病毒问题也随之在世界范围内出现，并且迅速蔓延，已经严重威胁到信息化社会的安全。来自各方面的信息表明，新病毒、老病毒变种的数目还在急剧增多，攻击性、破坏性更强，而且更加隐蔽。因此，计算机用户想要用好计算机，应加深对计算机病毒的了解，掌握一些必要的计算机病毒知识和病毒防范的方法，随时对计算机进行检测，及时发现并尽早清除病毒，更重要的是做好计算机病毒的预防工作。

1.5.1　计算机病毒的概念

计算机病毒指编制者在计算机程序中插入的破坏计算机功能或者破坏数据，影响计算机使用并且能够自我复制的一组计算机指令或者程序代码。计算机病毒是一段可执行程序。计算机病毒程序可隐藏在可执行程序和数据文件里而不易被人们察觉，病毒程序在运行时还与合法程序争夺系统的控制权。它具有以下的特点：

- 计算机病毒具有繁殖性。它可以像生物病毒一样进行繁殖，当正常程序运行的时候，它也进行运行自身复制。是否具有繁殖、感染的特征是判断某段程序为计算机病毒的首要条件。
- 计算机病毒具有传染性。这一重要特征是衡量一个程序是否为病毒的首要条件。病毒程序一旦进入系统便与某些程序结合在一起，当运行被传染了病毒的程序时，此程序便开始将病毒传染给其他程序，并且很快地传染到整个计算机系统中，使系统丧失正常的运行能力。
- 计算机病毒具有潜伏性。一个编制精巧的计算机病毒程序，进入系统之后一般不会马上发作，因此病毒可以静静地躲在磁盘里呆上几天，甚至几年，一旦时机成熟，得到运行机会，就又要四处扩散。
- 计算机病毒具有可触发性。计算机病毒一般都有一个触发条件，可能是时间、日期、文件类型或某些特定数据等。如果满足这个触发条件，就可以激活一个病毒的传染机制使之进行传染，或激活病毒的破坏机制使之进行破坏活动。
- 计算机病毒具有破坏性。计算机中毒后，可能会导致正常的程序无法运行，把计算机内的文件删除或受到不同程度的损坏。通常表现为：增、删、改、移。

1.5.2　计算机病毒的类型

目前，计算机病毒已有几千种，每种病毒程序都可进行自我复制，自我复制是病毒程序的共性。对不同种类的病毒来说，其攻击目标、危害性、病毒表现有所不同，根据病毒的攻击目标不同可将病毒分为引导（启动）型病毒、文件型病毒和复合型病毒三类。

1．引导型病毒

引导型病毒是利用操作系统的引导模块，将其自身插入磁盘的引导扇区中，一旦系统引导，就会首先执行病毒程序并且进入内存常驻，然后再进行系统的正常引导。这个带病毒的系统看起来运行正常，实际上病毒已经潜伏在系统中，并伺机传染、发作，如 Stoned、Michelangelo 和 Brain 均属于此类病毒。

2．文件型病毒

文件型病毒将自身附加在其他文件上，这类文件通常称为宿主文件。宿主文件主要是以.EXE 或.COM 为扩展名的可执行文件，这类病毒可以修改宿主文件代码，将其自身代码插入文件的任何位置，在某个时刻扰乱程序的正常执行过程，以使病毒代码在合法程序之前被抢先执行。

只要运行这些带病毒的文件，就会将文件型病毒引入内存。当运行其他文件时，如果满足感染条件，病毒就会将其感染，使之成为新的带病毒文件。所以这种病毒在不改变系统任何状态的情况下就完成了病毒感染，其隐蔽性很强。

近来，又出现了专门攻击非可执行文件的病毒，例如，专门攻击设备驱动文件的 DIR 病毒和专门攻击扩展名为.DOC 文档文件的病毒。

3. 混合型病毒

混合型病毒具有引导型病毒和文件型病毒两者的特点，它既攻击各种文件，又攻击引导程序。因此，这类病毒的传染性和危害性都很大，并且难以清除。

1.5.3 计算机病毒的传染途径

计算机病毒之所以称为病毒，是因为其具有传染性的本质，通过修改其他程序，把自身的复制品包括在内，传染其他程序。计算机病毒的传染途径通常有两种：

1. 存储介质

U 盘、移动硬盘、硬盘、光盘等存储器是最常用的存储器。U 盘主要是携带方便，使用广泛、移动频繁的存储介质，因此也成了计算机病毒寄生的“温床”。光盘，特别是盗版光盘上的软件和游戏及非法拷贝也是目前传播计算机病毒的主要途径。通过硬盘传染也是一条主要的渠道，把硬盘移到其他的带有病毒的计算机上使用、维修时，容易使“干净”的硬盘被传染病毒并扩散。随着大容量可移动存储设备的普遍使用，这些存储介质也将成为计算机病毒寄生的场所。

2. 网络

现代通信技术的巨大进步已使空间距离不再遥远，数据、文件、电子邮件可以方便地在各个网络工作站间通过电缆、光纤或电话线路进行传送，但也为计算机病毒的传播提供了新的“高速公路”。计算机病毒可以附着在正常文件中，当用户从网络另一端得到一个被感染的程序，并且用户的计算机上未加任何防护措施的情况下运行它，病毒就传染开来。通过网络传染，病毒的扩散极快，能在很短时间内传遍网络上的所有计算机。所以，网络传染造成的危害最大。

1.5.4 计算机病毒的主要症状

计算机感染病毒后常表现为以下症状：

①磁盘坏簇莫名其妙地增多。

②可执行程序或数据文件长度增大。

③系统空间突然变小。

④系统引导变慢。

⑤丢失数据和程序。

⑥出现一些未曾见过的、无意义的画面、问候语等。

⑦突然死机，又在无任何外界介入的情况下自动启动。

⑧出现打印不正常、程序运行异常等不合理现象。

1.5.5 计算机病毒的预防和清除

病毒的侵入必将对系统资源构成威胁，特别是通过网络传播的计算机病毒，能在很短的时间内使整个计算机网络处于瘫痪状态，从而造成巨大的损失。因此，防止病毒的侵入要比病毒入侵后再去发现和消除它更重要。为了将病毒拒之门外，应该本着“预防为主、防治结合”的原则，做好病毒防范措施。

（1）建立良好的安全习惯

建立良好的安全习惯，对计算机的防护是至关重要的。例如，设置复杂的登陆密码会大大提高计算机的安全系数。在使用光盘、U 盘之前必须使用杀毒工具进行病毒的扫描，看是否有病毒。不要轻易打开来历不明的邮件，尤其是邮件的附件。经常升级系统安全补丁，防患于未然。不要上一些不太了解的网站、不要执行从 Internet 下载后未经杀毒处理的软件等，这些必要的习惯会使用户的计算机更安全。

（2）了解一些病毒知识

掌握了计算机病毒的知识，一旦遇到计算机病毒就不会“闻毒色变”，只要对计算机病毒有一个理性的认识，就可以及时发现新病毒并采取相应措施使计算机免受病毒破坏；如果能了解一些注册表知识，就可以定期看一看注册表的自启动项是否有可疑键值；如果了解一些内存知识，就可以经常看看内存中是否有可疑程序。

（3）安装杀毒软件进行监控

在日常使用电脑的过程中，应该养成定期查毒、杀毒的习惯。因为很多病毒在感染后会在后台运行，用肉眼是无法看到的，而有的病毒会存在潜伏期，在特定的时间会自动发作。

（4）设置病毒防火墙

病毒防火墙是随着 Internet 及网络安全技术的发展而引入的。一方面可以保护计算机系统不受任何来自“本地”或“远程”病毒的危害；另一方面也可以防止“本地”系统内的病毒向网络或其他介质扩散。病毒防火墙本身应该是一个安全的系统，能够抵抗任何病毒对其进行的攻击，也不会对无害的数据造成任何形式的损坏。当应用程序（任务）对文件或邮件及附件进行打开、关闭、执行、保存、发送操作时，病毒防火墙会首先自动清除文件中包含的病毒，然后再完成用户的操作。

（5）迅速隔离受感染的计算机

当用户的计算机发现病毒或异常时应立刻断网，以防止计算机受到更多的感染，或者成为传播源，再次感染其他计算机。

（6）做好数据备份

数据备份在信息安全中占有非常重要的地位。在使用微型计算机的过程中，必然会有个人的和工作中的资料保存在硬盘中，甚至一些重要的资料也会保存在硬盘中。对于这些资料，应该经常备份到U盘、光盘或移动硬盘中，以免硬盘损坏或受到病毒攻击造成数据资料丢失。

习　　题

一、选择题

1．第一台电子计算机是1946年在美国研制的，该机的英文缩写名是（　　）。

A．ENIAC　　B．EDVAC　　C．ENSAC　　D．MARK-II

2．在计算机内部，数据的传送、存储、加工处理实际上都是以（　　）形式进行的。

A．汉字输入码　　B．八进制码　　C．二进制码　　D．ASCII码

3．计算机采用二进制的最主要理由是（　　）。

A．存储信息量大　　B．符合人们习惯

C．结构简单，运算方便　　D．数据输入输出方便

4．十进制数125转换为二进制数是多少：（　　）

A．1111100　　B．010100　　C．1111111　　D．1111101

5．计算机中表达信息的最小单位是（　　）。

A．位（比特）　　B．字节　　C．KB　　D．MB

6．一个字节用（　　）位二进制数来表示。

A．2　　B．4　　C．6　　D．8

7．平时所说的计算机的位数是根据（　　）划分的。

A．处理数值的精度　　B．存储空间大少　　C．字长　　D．表示字符的长度

8．计算机系统是由（　　）组成的。

A．主机、外设和软件　　B．I/O设备、存储器、控制器、运算器

C．硬件系统和软件系统　　D．操作系统、应用软件

9．一台微型计算机必须具备的输入设备是（　　）。

A．鼠标器　　B．扫描仪　　C．键盘　　D．数字化仪

10．在微型计算机的汉字系统中，一个汉字的内码占（　　）个字节。

A．1　　B．2　　C．3　　D．4

11．计算机病毒是一种（　　）。

A．特殊的计算机部件　　B．游戏软件

C．人为编制的特殊程序　　D．能传染的生物病毒

12．下列软件中哪个属于系统软件？（　　）

A．文字编辑软件　　B．操作系统

C．医院信息处理系统　　D．办公自动化系统

二、填空题

1. 第四代电子计算机采用的逻辑元件为____________。

2. 8 位二进制数能表示的最大十进制整数为____________。

3. 在计算机工作时，内存储器用来存储____________。

4. 从功能角度而言，计算机包括____________、____________、____________、____________和____________五大部件。

5. ____________是对数据进行加工处理的部件，________是整个计算机系统的指挥中心。

6. 内存储器可分为________和________。其中，________中的内容允许随时写入或读出，使用方便灵活，其缺点是掉电后信息不能保留，具有易失性。________中存储的内容只供读出，而不能写入新的信息，其优点是掉电后信息仍然保持不变。

7. 在微型计算机中，将________称为标准的输入设备，将________称为标准的输出设备。

8. 根据用途不同，软件被划分为________和________两大类。

9. 根据病毒攻击的目标不同，可将病毒分为________、________、________。

10. BMP、GIF 属于________数据格式；WAV、MID 属于________数据格式；AVI、FIV 属于________数据格式。

三、判断题

1. 电子计算机的逻辑部件是用电子管制造的。（　　）

2. 十进制纯小数转换时，若遇到转换过程无穷尽时，应根据精度的要求确定保留几位小数，以得到一个近似值。（　　）

3. 外存储器（如硬盘）上的信息可以直接进入 CPU 被处理。（　　）

4. 存储介质中的信息被删除后仍会留下可读信息的痕迹。（　　）

5. 计算机的字长越长，一个字所能表示的数据精度就越高，数据处理的速度也越快。（　　）

四、简答题

1. 计算机的发展经历了哪几代？各代计算机在硬件方面的特点是什么？

2. 计算机为什么要采用二进制表示数据？

3. 计算机硬件由哪几个基本部件组成？各部件的功能是什么？

4. 计算机的软件是如何分类的？各类软件在计算机工作中起什么作用？

5. 简述计算机的特点及应用领域。

6. 计算机主要的性能指标有哪些？

7. 多媒体技术的主要特点是什么？

8. 什么是计算机病毒？计算机病毒的种类有哪些？各有什么特点？

9. 计算机感染病毒后的症状是什么？

10. 预防计算机病毒的主要措施有哪些？

第 2 章　计算机基本操作

本章学习目标

通过本章的学习，读者应了解计算机的基本操作，包括硬件之间的连接操作、开机关机操作、键盘操作、鼠标操作，并至少掌握一种输入法，以进行汉字输入。

学习重点和难点

- 计算机各部件的连接
- 键盘操作
- 鼠标操作
- 汉字输入法

2.1　计算机各部件的连接

第 1 章讲述了一台典型计算机的组成部分，本节将对常用的计算机硬件部件：主机、键盘、鼠标、显示器和打印机等连接进行简要介绍。对于个人计算机使用者来说，这几部分的连接是常用而且容易掌握的。

2.1.1　连接显示器

显示器是通过一根 VGA 连接线与主机上的显卡输出口连接。一般的主板上都集成有显卡，当然为了更好地显示效果和运行性能也可以使用独立显卡，独立显卡是以独立板卡形式存在，可在具备显卡接口的主板上自由插拔的显卡。独立显卡具备单独的显存，不占用系统内存。在使用 VGA 连接线进行连接时，应注意 D 型连接头具有方向性，接反了插不进去，连接时应小心对准，无误后再稍用力直至将插头插紧，如图 2-1。然后上紧两边的两颗用于固定的螺钉。VGA 线连接好后，再连接电源线，注意电源线的连接头也具有方向性。

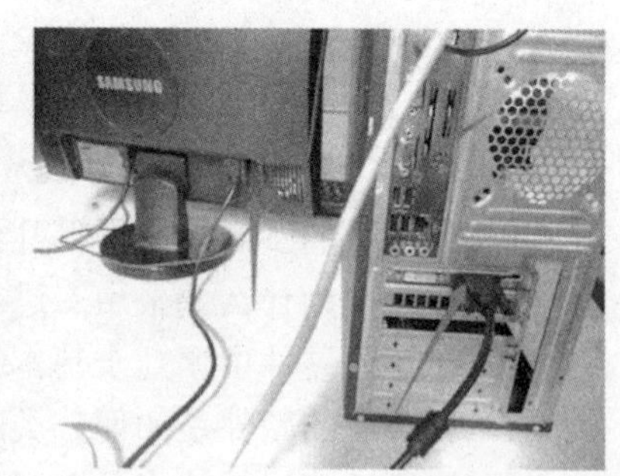

图 2-1　连接显示器信号线

2.1.2　连接键盘和鼠标

现在大部分用的键盘和鼠标分两种接口的，一种是 PS/2 接口，一种是 USB 接口。PS/2

的接口在主板的后部，是圆形的。PS/2 接口的键盘和鼠标插头上有向上的标记，连接时按照这个方向将插头对准主板上的接口，轻轻推入，对准后再用力插紧，注意鼠标通常占用浅绿色接口，键盘占用紫色接口。如图 2-2 所示这两个接口一般是不能混插，这是由它们在电脑内部不同的信号定义所决定的，如图 2-3 所示。USB 接口的键盘和鼠标支持热插拔，即插即用，在使用中可能略方便一些，而且主机上的 USB 接口很多，前置面板和后部都有，有不分接口的功能，每个都可以使用直接对准接口，轻轻推入即可。除此之外还有无线键盘和鼠标，连接方式也是将接收器插入主机上的 USB 接口即可。

图 2-2 各接口标识

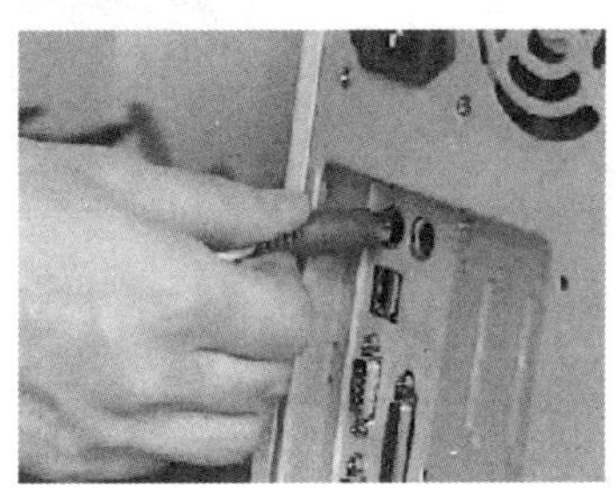

图 2-3　连接 PS/2 接口键盘

2.1.3　连接音箱和耳机

音箱或耳机连接在主机的声卡上。现在一般的主板上都集成有声卡，集成的声卡已经可以满足普通用户的要求，当然为了更好的音质输出效果和丰富的音频可调功能也可以使用独立声卡。独立声卡安装时应根据接口不同插入到主板上正确的扩展槽中。通常声卡上有 IN（接信号输入线）、OUT（接信号输出线）、MIC（接麦克风）和 JOYSTICK（接游戏杆）四个插口。音箱或耳机接在 OUT 插口上，如图 2-4 所示。麦克风接口是当需要用麦克风录音或在网上进行实时对话时用的，连接时直接将麦克风信号线接入即可。

图 2-4　音箱或耳机接在 OUT 插口上

2.1.4　连接网卡

随着网络的普及，现在的计算机一般需要通过网线连接网卡进行上网。现在一般的计算机主板上都集成有网卡，可以从主机箱后面或打开主机箱看到。网卡的接口通过 RJ45 水晶头连接双绞线，在网卡接口附近有指示灯，灯亮时表明线路已连接，灯闪烁则表示有数据交换，如图 2-5 所示。除了集成网卡常用的还有 PCI 插口网卡、USB 插口有线网卡、无线网卡等。

图 2-5　连接网卡

2.1.5　连接打印机

打印机一般是通过 USB 接口连接到主机上的。将打印机连接到主机上后，需要安装对应品牌型号的驱动才能够使用。

2.2　开机与关机

计算机系统的各个部件连接好后，就可以准备加电开机了。但在开机前必须再仔细检查一下各部件的连线，确保无误后方可加电。

2.2.1　开关计算机系统

计算机在开关电源时产生的冲击电流会对机器造成不良的影响，因而开关计算机要遵循其特定的顺序。计算机的开机顺序为先开外设，再开主机。开外设的顺序为先开音箱、打印机等，再开显示器。关机的顺序正好相反，先关主机，再关外设。在计算机运行时死机，需要关机后重新启动时，切记关机后要等待 10 秒再加电重启，否则易对机器造成损坏。

2.2.2　重新启动的方式

对于已经在运行的计算机，也会经常遇到需要重新启动的情况，如系统死机、安装软件或更新了硬件的驱动程序等。重新启动计算机的方式有如下三种：

1．热启动

热启动是指不关闭计算机的电源，同时按下键盘上的【Ctrl+Alt+Delete】组合键来启动系统。在 Windows 7 操作系统下使用该方式，会弹出界面，在界面中点击右下角关机键或通过关机键旁边的下拉菜单选择重启键，就可以实现关机或重启了。

2. 冷启动

冷启动是指用关闭计算机电源再打开的方式来重新启动系统。除非是进行特殊的操作时系统要求这么做，或是机器对热启动已经没有反应，否则不要使用这种方式。

3. 复位启动

复位启动是介于冷启动与热启动之间的一种启动方式，是采用使机器瞬间掉电的方式实现机器重启。在计算机的机箱控制面板上有一个标有【Reset】的复位键，按下该键即可实现复位启动。

2.3　键盘操作

键盘是目前计算机系统最重要的输入设备，只有学会和熟练使用键盘，才能更好地使用计算机。

2.3.1　键盘分区

计算机在不断地发展，键盘也在不断地变化。尽管现在的键盘各式各样，但其基本功能都是一样的。早期人们普遍使用 101 键的键盘，目前广泛使用的是 104 键和 107 键的键盘。104 键的键盘是在 10l 键键盘的基础上增加了三个使用 Windows 系统的快捷键。

104 键的键盘上有 104 个按键，整个键盘可划分为五个区域：功能键区、状态指示区、主键盘区、编辑键区和辅助键区，如图 2-6。

图 2-6 104 键盘布局

1. 功能键区

功能键区位于键盘的最上方，共有 13 个键，包括【Esc】键和【Fl】～【Fl2】键。功能键在不同的程序中被赋予不同的含义，可以实现不同的功能，使用功能键或者功能键与【Ctrl】

或【Alt】键组合，可以使某些操作变得非常简单，例如，在 Windows 中利用【Alt+F4】组合键可以关闭打开的窗口或正在运行的程序。功能键在不同的程序中有不同的含义，因此操作者在使用前必须先了解功能键的含义，才能轻松地实现简便快捷的操作。

2. 主键区

主键区是打字录入和控制计算机工作的主要区域，共有 61 个键，下面分别介绍这些键的作用。

- 数字、符号键：共有 21 个，包括数字、运算符号和标点符号等。这 21 个键都是双字符键，其上面的数字或符号，分别称为上档字符和下档字符。输入下档字符时，直接按此键进行输入即可；若输入上档字符，则需要【Shift】键和该键配合使用。
- 字母键：共有 26 个。通过字母键可以输入大小写英文字母，当要输入大写字母时，只需在按住【Shift】键的同时，按所需的字母键即可。
- 控制键：共有 14 个，在这 14 个键中，【Shift】【Alt】【Ctrl】和 Windows 键左右各有一个，功能完全相同，只是为了方便操作。
- 制表位键【Tab】：按此键，光标可向右移动 8 个字符，从而方便光标的移位。需要注意的是，【Tab】键在不同的编辑器中，有不同的功能。
- 大小写锁定键【Caps Lock】：键盘的初始状态为英文小写字母状态。按【Caps Lock】键，键盘右上方的【Caps Lock】指示灯变亮，这时键盘处于英文大写字母状态。若再按一下此键，则又转为小写状态。

当只是输入一个或几个大写英文字母时，还可以采用按住【Shift】键的同时再按要输入的字母键。若要输入大量的大写英文字母，最好按【Caps Lock】键进行大写锁定，这样可以提高输入速度。

- 换档键【Shift】：此键用于输入双字符键的上档字符。当同时按此键与双字符键时，输入双字符键上的上档字符。另外，【Shift】键与其他的键组合使用还可以成为快捷键。
- 控制键【Ctrl】：该键与其他键组合使用，能完成一些特定的控制功能。在不同的系统和软件中，此键的使用方法和功能也不相同。
- 转换键【Alt】：此键和【Ctrl】键的功能相似，也是与其他键组合产生特殊的作用。例如，按【Alt+F4】组合键，将关闭当前正在使用的窗口；在 Windows 系统中，按【Ctrl+Alt+Delete】组合键，可强制关闭正在执行的程序；如果连续两次【Ctrl+Alt+Delete】组合键，计算机将重新启动。在不同的工作环境下，转换键转换的状态也不完全相同。
- 退格键【BackSpace】：此键的作用是使光标向后退回一个字符位，并删除该位置上原有的字符。
- 回车键【Enter】：【Enter】键是利用率最高的键之一，它起确认的作用，但在文字编辑中，此键的作用是使当前光标下移一行。
- 空格键：位于键盘下方最长的那个键就是空格键，此键可以用来输入空格。按此键，

光标向右移动一个字符位并出现空格符。

3. 编辑控制键区

编辑控制键区共有 13 个键，下面分别进行介绍。

- 屏幕打印控制键【Print Screen】：用于将当前屏幕的内容放到 Windows 的“剪贴板”中或用打印机打印出来。
- 屏幕锁定键【Scroll Lock】：当显示的文件较长时，按此键可以停止文件的滚动。
- 暂停键【Pause】：当程序和命令正在执行时，按此键可使当前操作暂停，若要继续执行，按任意键即可。
- 插入和改写键【Insert】：按此键，进入“插入”状态，可在光标位置插入所输入的字符。再按此键，进入“改写”状态，这时输入的字符会覆盖光标所在位置的字符。
- 起点键【Home】：按此键，光标将自动回到行首。
- 向前翻页键【PageUp】：按此键，可使屏幕显示的内容回到上一页。
- 终点键【End】：按此键，光标自动移到行尾。
- 删除键【Delete】：用于删除当前光标位置处的字符或选中的对象。
- 向后翻页键【Page Down】：按此键，可使屏幕显示的内容翻到下一页。
- 光标左移键【←】：按此键，光标向左移一个字符位。
- 光标右移键【→】：按此键，光标向右移一个字符位（右侧无字符时不能移动）。
- 光标上移键【↑】：按此键，光标向上移一行。
- 光标下移键【↓】：按此键，光标向下移一行（下面无字符时不能移动）。

4. 辅助键区

位于键盘右侧的 17 个键属于辅助键区。辅助键区（小键盘区）有 9 个数字键，可用于数字的连续输入，用于大量输入数字的情况，如在财会的输入方面。当使用小键盘输入数字时应按下【Num Lock】，此时对应的指示灯亮。

2.3.2 指法分区

正确的指法是提高输入速度的关键，因此，计算机初学者必须从一开始就严格地按照正确的键盘指法进行练习。

1. 打字姿势

打字时首先要有正确的姿势，只有这样才能做到准确快速地输入而又不会容易疲劳。正确的打字姿势是：

①两脚平放，腰背挺直，两臂自然下垂，两肘贴于腋边，桌、椅间的距离以手指能轻放在基准键位为准。

②调整椅子的高度，使得前臂与键盘的高度在同一水平面上，前臂与后臂所成角度约为90度，手指自然弯曲成弧形。

③身体可略倾斜，距离键盘约20～30厘米。

④打字文稿放在键盘左边，或用专用夹，夹在显示器旁边。

⑤打字时眼观文稿，身体不要跟着倾斜。

2. 控键方法

准备打字时，除拇指外其余的八个手指分别放在基本键上，拇指放在空格键上，如图2-7，十指分工，包键到指，分工明确。

图2-7 基本键位

每个手指除了指定的基本键外，还分工有其他字键，称为它的范围键。如图2-8所示，其中黄色的键位由小手指负责，红色的键位由无名指负责，蓝色由中指负责，绿色键位由食指负责，紫色空格键由大拇指负责。

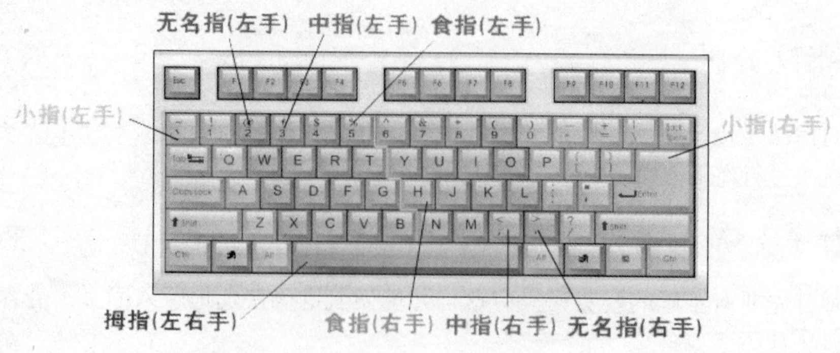

图2-8 手指分工

3．击键的方法

在击键前，双手要放在基准键位上。击键开始时，利用指关节弹出击键，做到“瞬间击打”。击完键后，手指要迅速返回基准键位，在返回的同时，其他手指伸出击打下一个键。在击键过程中，整个手应尽量保持不动，最多只能有手腕的移动。正确的指法和熟练掌握键盘操作一样重要，只有将两者有机结合，才能做到“运指如飞”。

各个手指必须严格遵守指法分区。从一开始就要严格要求，不然错误的打法一旦养成了习惯，正确的打法就难于学习了。

2.3.3　指法练习

正确的指法是快速录入的前提。但要真正做到这一点，还要配以大量的练习。初学者在练习过程中，往往容易犯急功近利的毛病，一味追求速度而忽略了培养正确的指法习惯，这对以后提高速度是不利的。所以在以下的练习中，一定要以正确的指法为前提，逐步提高输入速度。

1．基准键位的练习

在所有键位的练习中，基准键位的练习可以说是重中之重。因为每一次击键完毕手指都要回到基准键位，所以只有熟练使用基准键，才能实现“盲打”的目的。在基准键位练习的过程中，要同时练习“空格键”、“回车键”和“上档键”的使用。

请反复练习以下字母和符号：

aaaa ssss dddd ffff jjjj kkkk llll ;;;;

asdf asdf jkl; jkl; asdf jkl; asdf jkl;

aa ss dd ff jj kk ll ;; jksll; alk lsk ;al

2．小指控制键的练习

小指控制的键有【Q】【A】【Z】【P】【;】和【/】，由于小指击键的准确度低，应反复练习击键及回位动作，并注意体会小指移动的距离和角度。

请反复练习以下字母和符号：

qqqq pppp zzzz //// qqqq pppp zzzz ////

qzpzp/p/ qzpzp/p/ qzpzp/p/ qzpzp/p/

aqaz;p;/ aqaz;p;/ aqaz;p;/ aqaz;p;/qazp

3．无名指控制键的练习

无名指控制的键有【W】【S】【X】【O】【L】和【.】，无名指击键时容易引起其他手指随着移动，在击键时，应尽量保持不击键的手指处在基准键位。

请反复练习以下字母和符号：

wox. wox. wox. wox. wox. wox. wox. wox.

wwww xxxx pppp .... wwww xxxx pppp ....

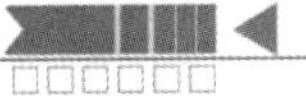

waxs ol.l wsxs ol.l wsxs ol.l wsxs ol.ll

4．中指控制键的练习

中指控制的键有【E】【D】【C】【I】【K】和【,】，在中指击键时，注意击键完毕后要立即回到基准键位，否则会引起其他手指的移动，降低输入速度。

请反复练习以下字母和符号：

eic，eic，eic，eic，eic，eic，eic，eic，

edcd ik，k edcd ik，k edcd ik，k edcd ik，k

dedc kik，dedc kik，dedc kik，dedc kik，

5．食指控制键的练习

食指控制的键有【R】【F】【V】【T】【G】【B】【Y】【H】【N】【U】【J】和【M】，食指在录入时起着最重要的作用，手指基准键位的放置要靠食指定位，所以食指击键和返回的速度一定要快。

请反复练习以下字母和符号：

rtyu vbnm rtyu vbnm rtyu vbnm rtyu vbnm

rfvf tfbf yjnj ujmj rfvf tfbf yjnj ujmj

tgbg yhnh tgbg yhnh tgbg yhnh tgbg yhnh

6．数字键的练习

在英文输入时，数字键的作用不是很大，但在中文输入时，尤其是财务人员，数字键有很大的作用。数字键离基准键位较远，在练习中有一定的困难，所以应加大练习的力度。

请反复练习以下字母和符号：

l al a2s2s 3d3d 4f4f 5f5f

6j6j 7j7j 8k8k91910;0;

12345 67890 12345 67890

1616 2727 3838 4949 5050

7．大写字母键的练习

大写字母在英文输入时是必不可少的，尤其是在大小写字母混合录入时，用户很难掌握，要不断练习才能熟练地输入。

请反复练习以下字母和符号：

aAaA qQqQ zZzZ sSsS wWwW

xXxX dDdD eEeE cCcC

fFfF rRrR vVvV tTtT gGgG bBbB

hHhH yYyY nNnN jJjJ uUuU mMmM

,.; ,.; ,.; ,.; ,.;

“:<>?:<>?”<>?

8. 英文录入

英文录入的实质就是指法练习的强化，它对进一步熟悉键盘和协调各个手指之间的工作有很大帮助，只要反复练习就可以提高英文录入速度。

2.4　鼠标操作

鼠标是当前除键盘外使用最多的一种通用、廉价的输入设备。利用它可以方便快捷地指定光标在屏幕上的位置，特别是在软件窗口中，通过鼠标上的按键还可以完成某种特定的功能，如选择菜单项、绘图等。

2.4.1　鼠标类型

鼠标根据按键的数目，可分为单键鼠标、双键鼠标、三键鼠标和多键鼠标。其中，单键鼠标是苹果机上的专用鼠标；两键鼠标是微软公司开发的标准鼠标，一般称为 MS Mouse；三键鼠标是 IBM 公司开发的标准鼠标，一般称为 PC Mouse；多键鼠标即新一代多功能鼠标，它在左、右键基础上增加了若干个可自定义功能的按键。

鼠标根据内部构造，可分为机械式鼠标、光电式鼠标和光学机械式鼠标等类别。其中，机械式鼠标通过内部橡皮球的滚动，带动两侧的转轮来定位，其原理简单，成本低，但易磨损，因而寿命短、精度差，目前基本已趋于淘汰；光电式鼠标是利用光的反射来确定鼠标指针的移动，鼠标内部有红外光发射和接收装置，光电鼠标的优点是精度高，而且由于它完全没有机械运动部分，使用寿命长，但由于要配备一块专用的感光板，成本较高，因此现在光电式鼠标也有被淘汰的趋势；光学机械式鼠标是目前市场上最为成熟和普及的产品，它结合了机械式鼠标和光电式鼠标的优势，在技术上不断改进，其精度已经达到甚至超过了光电式鼠标的水平，成本与机械式鼠标相差无几，而且寿命比机械式鼠标长，是现在鼠标市场的主流产品。除了上述所讲的几种之外，还有光学轨迹球、无线鼠标和 Web 鼠标等。另外根据鼠标的接口类型，又可将其分为总线型、PS/2 型、串行口（COM）型和 USB 型四大类。

2.4.2　鼠标的基本操作

在 Windows 操作系统中，鼠标已成为最常用的输入设备，大量操作都需通过鼠标来完成。

1. 鼠标的结构

一般鼠标有三个按键：主键（左键）、副键（右键）、滚动键（滑轮键）。

2. 正确操作鼠标的方法

正确操作鼠标的方法是：食指和中指自然地放置在鼠标的左键和右键上，拇指横向放在鼠标左侧，无名指和小拇指放在鼠标右侧，拇指与无名指及小指轻轻握住鼠标；手掌心轻轻贴住鼠标后部；手腕自然垂放在桌面上，需要时带动鼠标做平面运动。

3. 鼠标的基本使用方法

在 Windows 中，鼠标的基本操作如表 2-1。鼠标指针是屏幕上随着鼠标的移动而移动的光标，通常为箭头形状。鼠标指针的形状会根据它所处的位置和所使用的应用程序以及应用程序的当前状态而变化。

表 2-1 鼠标的基本操作

操作	方法	用途
指向	移动鼠标指针到某对象上	使鼠标指向要操作的对象
单击	单击鼠标左键一次	选择对象
双击	连续单击鼠标左键两次	运行对象所对应的程序
右击	单击鼠标右键一次	打开快捷菜单
拖动	将鼠标指针指向对象并按住鼠标左键拖动至目标位置	将对象移动的目标位置
滚动	滚动左右键之间的滚轮	移动滚动条或翻页

2.4.3 鼠标指针的不同标记

在 Windows 操作环境中，鼠标指针有各种不同的符号标记，各种鼠标指针出现的位置和含义见表 2-2。

表 2-2 指针符号及含义

指针符号	指针名及含义
	标准选择指针：出现在非文本区中，如在菜单栏、工具栏、状态栏等区域。在菜单项的下拉菜单中执行命令时，以及拖动选定的项目或操作滚动条元素时显示
?	求助指针：在 Windows 应用程序中，执行“帮助”菜单中的“这是什么?”命令时，将出现这种指针，用它单击某项目，可得到关于这个项目的帮助信息
	后台操作指针：表明计算机正在进行一些后台处理工作
	砂漏型指针：表示计算机正处于执行用户某一命令的过程中
I	文字选择指针：出现在文本区，可利用它移动和确定插入点（插入点符号为“|”）位置，或用它选定文本块，这种指针符号也被称为“I 光标”
	不可用指针：表明当前的操作无效
↕	调整垂直大小指针：可调整对象垂直方向的大小，出现在窗口边框等处

表 2-2　指针符号及含义（续）

↔	调整水平大小指针：可调整对象水平方向的大小，出现在窗口边框等处
↘ ↗	对角线调整指针：在对角线方向上调整对象大小，出现在窗口角等处
✥	移动指针：在窗口的控制菜单中执行“移动”命令时，出现此指针，拖曳鼠标可移动整个窗口
☝	链接指针：指向并选定桌面或窗口中的文件或文件夹时出现，此时单击相应的链接，可打开文件夹或启动相应的程序。利用系统帮助信息时也常出现此指针，单击其所指的主题，可获得相应的帮助信息
↗	选定区指针：出现在文本区左边的选定区，利用它可选取文字块

2.5　汉字输入法

我国是汉字的发源地，大量的信息都是用汉字表示的，所以输入汉字已成为信息处理的重要环节。在计算机中输入汉字需要专门的中文输入程序，即汉字输入法。

2.5.1　汉字编码方案

键盘是按英文字母特点设计的，不能直接输入汉字，而且汉字数量繁多、结构复杂，从而使计算机的汉字输入不能采用一键一字或一键多字的方式进行。怎样才能将汉字高效、准确地输入到计算机中去呢？要把汉字输入到计算机中，就需要将汉字根据其音、形、意编成代码，这种方法就叫汉字编码，也叫做汉字输入法。据不完全统计，全世界研究发表的汉字输入方法有一千多种，可谓万“码”奔腾，对这些汉字编码进行归类，可以分以下四种类型：

1．数字编码

这种方法起源于最初的四码电报，是由一位丹麦人为清朝政府设计的，他将一万个常用汉字从 0000 开始，依次编制成流水号，直到 9999，一个字一个流水号，一个流水号就代表一个汉字。这种方法的特点是不会产生重码，但编码本身难以记忆，不易推广。

具有代表性的数字编码法就是采用 GB2312—1980 规定的汉字和基本图形字符的编码，即国标区位码。区位码由四个数字键组成，前两位是区码，取 01～94，后两位是位码，也取 01～94，其中的 01～15 区是图形符号和字母，16～87 区是汉字。

2．形码

形码是将汉字的字形分类后得出的编码，这种编码符合汉字的组字规律，即用一个一个字根码，可以像搭积木那样把汉字组合起来。经常使用的五笔字型、表形码、郑码等都属于形码输入法。

3. 音码

音码是将汉语拼音作为编码，可以直接利用键盘上的 26 个英文字母键进行输入。这种输入方法对有一定拼音基础的人来说简单易学，但由于汉字同音字太多，几万个汉字只有四百多种读音，再加上四种声调，也不足 1200 种，所以重码率高，屏幕选字较难，从而影响输入速度。另外，如果遇到不认识的字，那就无法输入了。

常见的音码输入法有全拼、双拼和智能 ABC 输入法等。它们都可以直接在 Windows 环境下使用，而且现有的拼音输入法已具有智能调整的新功能，即可以自动根据使用者的使用频率把常用字、词排在前面，大大提高了输入速度。

4. 音形码

这是将汉字的读音与字形结合起来构成的一种编码。音形码可以在编码中利用部首、笔画、拼音、笔顺，有的还利用声调等这些具有确定性的汉字信息，所以音形码的重码率低。其采用的编码信息与汉字常识十分接近，易学易用。这类编码有认知码、自然码等。

2.5.2 主要输入法简介

由于键盘上的键是英文字母或符号，不可能直接输入汉字，因此，人们就设计了许多输入方法，用一串英文字母或符号键来对应一个汉字。操作系统一般提供了多种中文输入法软件，当需要输入中文时，必须调入一种输入法。

在 Windows 系统中单击任务栏右侧的输入法图标 En，在弹出的输入法选择菜单中选择一种中文输入法即可。使用快捷切换如下：

【Ctrl+空格键】：转换中英文输入法。

【Ctrl+Shift】：在各种输入法和英文之间切换。

在 Linux 发行版中，有关输入法的快捷方式为：

【Ctrl+空格键】：启用输入法 2。

【Alt+Shift】：切换各种输入法。

【Shift】：切换中文和英文。

下面将介绍几种常用的汉字输入方法。

1. 搜狗输入法

搜狗输入法是基于搜索引擎技术的、特别适合网民使用的、新一代的输入法产品，由于采用了搜索引擎技术，输入速度有了质的飞跃，在词库的广度、词语的准确度上，搜狗输入法都远远领先于其他输入法，用户还可以通过互联网备份自己的个性化词库和配置信息。搜狗拼音输入法为中国国内如今主流汉字拼音输入法之一。它有以下特点：

（1）情景感知：搜狗输入法能根据用户当前所处的情景，智能地调整候选排序，轻按空格就能让用户马上打出想要的文字！例如你输入 qlz，在动漫网站上会首选“七龙珠”，在淘宝上会首选“情侣装”，在地图搜索时会变成“七里庄”等等，更智能地匹配你要输入的词语。

（2）文思泉涌：输入诗词，按下空格或标点后，搜狗立刻为用户展示诗词下句，让用户轻松写作，还有一些惊喜等用户去发现哦！对于古诗爱好者来说绝对是个好东西。

（3）妙笔生花：当你想表达某个意思时，突然词穷，想不出用什么词语好的时候怎么办？妙笔生花帮用户忙，根据输入自动匹配，各种好词随用户挑，为用户的写作锦上添花！

（4）搜狗卷轴：我们在输入时如果发现候选字特别多，一般都会不断地翻页去找，一直翻了好多页又怀疑是否之前几页就已错过了，然后傻乎乎地往回再翻。这样的悲催状况真的很折磨人，搜狗卷轴功能就能让你翻页像卷轴那么方便地“一览众候选”，找字更容易了！

（5）拼音纠错：我们经常键盘输入太快容易打错字，譬如“什么”输入成“shen em”。当用户敲错拼音时，搜狗会自动为用户纠正，并进行提示，帮用户省去修改拼音的麻烦。

（6）长词联想：用更少的拼音，打出用户想要的长词。

2. 微软拼音

微软拼音输入法（MSPY）是一种基于语句的智能型的拼音输入法，采用拼音作为汉字的录入方式，用户不需要经过专门的学习和培训，就可以方便使用并熟练掌握这种汉字输入技术。微软拼音输入法更为一些地区的用户着想，提供了模糊音设置。 它有以下特点：

（1）采用基于语句的整句转换方式，用户连续输入整句话的拼音，不必人工分词、挑选候选词语，这样既保证了用户的思维流畅，又大大提高了输入的效率。

（2）为用户提供了许多特性，比如自学习和自造词功能。使用这两种功能，经过短时间的与用户交流，微软拼音输入法能够学会用户的专业术语和用 词习惯。从而，微软拼音输入法的转换准确率会更高，用户用得也更加得心应手。

（3）和 OFFICE 系列办公软件密切地联系在一起，安装了 OFFICE WORD 即安装了该输入法，也可以手动安装。

（4）自带语音输入功能，具有极高的辨识度，并集成了语音命令的功能。

（5）支持手写输入。

（6）2009 年微软推出的微软拼音 2010 又推出简洁版和新体验。新体验在兼具以往微软的风格的基础上添加了一些反应更快捷敏锐、打字准确流畅、打字随心所欲、词汇多不胜数、即打即搜等的特点。

3. 智能 ABC

智能 ABC 包含全拼、简拼、混拼、笔形、音形及双打输入法，全拼和简拼等输入法可以在使用时查阅相关的帮助。

智能 ABC 输入法有以下特点：

（1）全拼输入

如果对汉语拼音比较熟悉，可以使用全拼输入法，输入规则是：按规范的汉语拼音输入，输入过程和书写汉语拼音的过程完全一致。

（2）简拼输入

如果对汉语拼音把握不准确，可以使用简拼输入法，输入规则是：取各个音节的第一个字母组成简拼编码，对于包含 zh、ch、sh（知、吃、诗）的音节，也可以取前两个字母组成简拼编码。隔音符号“’”在进行简拼输入时起着辨析的作用，例如：xian（先），在加入隔音符号后为xi'an（西安），拼音含义发生变化。

（3）混拼输入

混拼输入是汉语拼音开放式、全方位的输入方式，其输入规则是：两个音节以上的词语，有的音节全拼，有的音节简拼，隔音符号在混拼时起着分隔音节的重要作用。

（4）笔形输入

笔形输入是为不会汉语或者不知道某字读音的用户提供的一种输入法，其输入规则是：在智能ABC中，按照基本的笔画形状，共分为8类，见表2-3。取码时按照笔顺，即写字的习惯，最多取6笔。含有笔形“十（7)”和“口（8)”的结构，按笔形代码7或8取码，而不将它们分割成简单的笔形代码1～6，具体用法参见帮助中的相关主题。

表2-3　基本笔画

笔形代码	笔形	笔形名称	实例	注解
1	一（㇀）	横（提）	二、要、厂、政	“提”也算作横
2	丨	竖	同、师、少、党	
3	丿	撇	但、箱、斤、月	
4	丶（㇏）	点（捺）	写、忙、定、间	“捺”也算作点
5	㇕（㇆）	折（横折勾）	对、队、刀、弹	顺时针方向弯曲，多折笔画，以尾折为准，如“了”
6	㇗	弯	匕、她、绿、以	逆时针方向弯曲，多折笔画，以尾折为准，如“乙”
7	十（乂）	叉	草、希、档、地	交叉笔画只限于正叉
8	口	方	国、是、吃	四边整齐的方框

（5）音形混合输入

音形混合输入规则为：（拼音+[笔形描述]）+（拼音+[笔形描述]）+…+（拼音+[笔形描述]），其中，拼音可以是全拼、简拼或混拼。对于多音节词的输入，拼音一项是必不可少的，而笔形描述项可有可无，最多不超过两笔，对于单音节词或字，允许纯笔形输入。

拼音和笔形的混合输入是为了减少在全拼或简拼输入时出现的重码。

（6）智能特色

智能ABC具有明显的智能特色，它的智能特色表现为：自动分词和构词，自动记忆，强制记忆，朦胧记忆，频度调整和记忆，系统自动处理构词过程中的前加成分和后加成分，约6万词条的基本词库。

4. 王码五笔

王码五笔输入法属于形码编码输入法。该方法具有重码少、输入速度快、操作直观且便于盲打、“字词兼容”且无需换档等优点。一旦学会该输入法，可方便输入汉字。但需要记

忆大量的字根与编码规则，学习起来比较困难，关于这些规则，这里不作详细叙述。

5. 二笔输入

音码虽然容易学，会读音就会打字，但输入速度慢，而且要求读音准确；形码虽然速度快，但字根多，难记难学。二笔输入法把编码类型的选择定位在音码和形码之间，将汉字分为独体字和合体字，把汉字的笔画定义为横、竖、撇、点、折五类，在五类单笔画的基础上两两组合成双笔画，采用音形结合的编码方式，取拼音的首字母为第一码，其余各码按笔顺规则取码，两笔为一键，平均两键打一字。故称二笔输入法。这种音形结合的编码方式，兼具音码和形码的优势，并形成了优势互补。

习　　题

一、选择题

1. 在计算机运行死机，需要关机后重新启动时，至少需要等待（　　）再加电重启，否则易对机器造成损坏。

A. 5 秒　　B. 10 秒　　C. 5 分钟　　D. 10 分钟

2. 当按下计算机主机箱上的 Reset 复位键时，可使计算机（　　）。

A. 冷启动　　B. 热启动　　C. 复位启动　　D. 不启动

3. 功能键区位于键盘的最上方，共有 13 个键，下面哪个键不包括在其中（　　）。

A.【Esc】键　　B.【F12】键　　C.【F11】键　　D.【Shift】键

4. 主键区是打字录入和控制计算机工作的主要区域，共有 61 个键，下面哪个键不包括在其中（　　）。

A.【Shift】键　　B.【Esc】键　　C.【Caps Lock】键　　D.【BackSpace】键

5. 按下键盘上的（　　）键，此时键盘右上方的 Num Lock 指示灯变亮，键盘处于数字锁定状态，可以输入数字。

A.【Scroll Lock】　　B.【Insert】　　C.【Caps Lock】　　D.【Num Lock】

6. 在 Windows 操作环境中，将鼠标指针先指向某个对象，然后按住鼠标左键不放，将鼠标指针移到目标位置后再释放鼠标，这种操作属于（　　）操作。

A. 移动并指向　　B. 单击　　C. 双击　　D. 拖曳

二、判断题

1. 整个键盘可划分为三个区域：功能键区、状态指示区、主键盘区。（　　）

2. 复位启动是介于冷启动与热启动之间的一种启动方式。（　　）

3. 位于键盘右侧的 17 个键属于辅助键区。（　　）

4. 鼠标指针是屏幕上随着鼠标的移动而移动的光标，通常为箭头形状。（　　）

5. 鼠标根据内部构造，分为机械式鼠标、光电式鼠标和光学机械式鼠标等类别。（　　）

三、填空题

1．计算机的开机顺序为＿＿＿＿＿＿＿；计算机的关机顺序为＿＿＿＿＿＿＿＿。

2．热启动是指＿＿＿＿＿＿＿，同时按键盘上的＿＿＿＿＿＿来启动系统。

3.冷启动是指＿＿＿＿＿＿＿＿＿＿＿＿，按下计算机机箱控制面板上的＿＿＿＿＿按钮，即可实现复位启动。

4．104 键的键盘上有 104 个按键，按功能和排列顺序可分为五个区：＿＿＿＿＿＿、＿＿＿＿＿＿、＿＿＿＿＿＿、＿＿＿＿＿＿和＿＿＿＿＿＿。

5．鼠标根据内部构造，可分为＿＿＿＿＿＿、＿＿＿＿＿＿和＿＿＿＿＿＿等类别。

6．根据接口类型，可将鼠标分为＿＿＿＿＿＿、＿＿＿＿＿＿、＿＿＿＿＿＿和＿＿＿＿＿＿四大类。

7．具有代表性的数字编码法就是采用 GB2312-80 规定的汉字和基本图形字符的编码，即＿＿＿＿＿＿。

8．经常使用的五笔字型、表形码、郑码等都属于＿＿＿＿＿＿输入法。

9．常见的全拼、双拼和智能 ABC 等都属于＿＿＿＿＿＿输入法。

三、简答题

1．简述怎样实现计算机各部件的连接。

2．简述键盘的指法分区及控键方法。

3．简述使用计算机输入汉字时的正确击键方法。

上 机 指 导

1．熟悉键盘，练习使用正确指法输入英文。

2．打开“附件”中的记事本，按以下内容进行指法练习。

Another theory applied to hydraulic machines is that the pressure put on a confined liquid is transmitted equally throughout the liquid.For example, If we push down on a piston with a force of 50kgs.Now, if the area of the piston is 25cm, each square centimeter must push on the liquid with a 2kg force. But this is not all.As the liquid is confined, the pressure transmitted equally throughout the liquid can be used to do work for us with a force of 2kg/cm.

3．打开“附件”中的记事本，选择一种中文输入法输入下面这段方字：

人生，好比是一条坎坷不平、蜿蜒曲折的道路，而你就像是一个跋涉者。年轻时，只因为心中一直有一个梦想，那就是总想走到最终的目的地，而无暇顾及路旁美丽的风景。可是当到了尽头，也就是生命到了尽头时，你已是一位走过了几十个春夏秋冬的白发老人，再回首，却发现路边的风景是那么的美。活得实在是一种幸福，而你以前却没发现，最终只留下满腹的遗憾和感慨。

朋友，人活着就是为了幸福，希望你在追逐功名利禄的同时，让心在海的港湾中停一停，欣赏一下沿途的美丽风景。

第 3 章　中文版 Windows 7 操作系统

本章学习目标

通过本章的学习，读者应了解 Windows 操作系统的发展及其特点；掌握中文版 Windows 7 操作系统的桌面组成及其操作，资源管理器的使用，文件和文件夹的概念及操作，磁盘的维护及管理，系统的设置、常用附件的使用，以及 Windows 8 和 Windows 10 操作系统的新增功能。

学习重点和难点

- 中文版 Windows 7 基础知识
- 文件和文件夹的基本操作
- 磁盘的管理及维护
- Windows 7 的系统设置
- 常用附件的使用
- 了解 Windows 8 和 Windows 10

3.1　中文版 Windows 7 概述

中文版 Windows 7 是美国微软公司推出的基于图形用户界面的多任务操作系统。1983 年，微软公司推出了第一代 Windows 操作系统——Windows 1.0，以后又陆续推出了 Windows 3.0、Windows 3.1、Windows 3.2、Windows 95、Windows NT、Windows 98、Windows 2000、Windows Me、Windows XP、Windows Server 2003 、Windows 7、Windows 8 以及 Windows 10 版本的操作系统。Windows 操作系统经过多年的发展，其版本不断升级，功能也在不断增强，但它们的基本特点却没有改变。

3.1.1　中文版 Windows 7 特点

中文版 Windows 7 是一个基于图形用户界面的操作系统，其凭借着简洁的操作、美观的界面、稳定的运行环境、丰富的数字媒体世界和更为完善的网络功能等优点而成为应用最为广泛的桌面操作系统。如果用户掌握了 Windows 7，就能够轻松自如地对计算机进行管理和维护。

Windows 7 完全面向家庭计算机用户，特别针对网络时代家庭用户日新月异的需求进行了改进，在以前的 Windows 版本（如 Windows XP）的基础上又增加了多种新功能。它采用了新型的 Windows 引擎，具有更高的稳定性、安全性和保密性，并允许用户自由发掘计算机的各种新用途，从而使其成为了家庭用户的首选操作系统。

Windows 7 的特点主要体现在以下几个方面：

1. 易于使用

中文版 Windows 7 改进了桌面、窗口以及开始菜单的外观和功能，使得 Windows 7 更容易学习和使用。Windows 7 统一并简化了一般的任务，添加了新的可视化界面帮助用户使用计算机。

2. 出色的应用程序与设备兼容性

中文版 Windows 7 在很多方面改进了对硬件和设备的支持，特别是对系统稳定性和设备兼容性的支持。中文版 Windows 7 简化了计算机硬件的安装、配置和管理过程，并进一步增强了对 USB 及其他总线结构的支持。

3. 增强的帮助与支持服务

在中文版 Windows 7 中，微软公司统一的帮助和支持服务中心将提供所有的服务，如远程协助、自动更新、联机帮助以及其他工具等集中在一个地方，用户能够随时随地获取专家的帮助、对多种资源进行搜索及查看计算机的相关信息。

3.1.2 中文版 Windows 7 的运行环境和安装

在使用任何一种操作系统之前，用户都必须先将它安装到计算机上。操作系统的安装一般分为两种情况，即升级安装和全新安装，中文版 Windows 7 操作系统也是如此。对于一台裸机，可以选用全新安装；如果计算机已经安装了 Windows XP 等早期版本的 Windows 操作系统，可以选用升级到 Windows 7 的方式进行安装。

1. 中文版 Windows 7 的运行环境

中文版 Windows 7 在以前版本的基础上增添了许多功能，因此，在硬件上也有较高的要求，只有这样才能发挥出它的优越性能。安装中文版 Windows 7 系统对硬件环境的要求见表 3-1。

表 3-1 中文版 Windows 7 的硬件环境

硬件	基本配置
CPU	主频为 1GHz 以上的微处理器
内存	1 GB （32 位）或 2 GB （64 位）
安装硬件空间	16 GB 可用硬盘空间（32 位）或 20 GB（64 位）
显示卡	附带 WDDM 1.0 或更高版本驱动程序的 DirectX 9 图形设备

2. 中文版 Windows 7 的安装

与早期版本相比，Windows 7 大大缩短了安装时间，并简化了安装过程，中间虽然偶尔也要提一些问题或要求输入一些信息，但总体上要求用户干预的情况比较少，而且系统的提示也很简单。安装 Windows 7 操作系统的具体操作步骤如下：

（1）将 Windows 7 的系统安装光盘放入光驱，并设置电脑的第一启动设置为光驱，重新启动电脑，系统将自动运行安装程序，并开始检测电脑设备并加载，如图 3-1 所示。

图 3-1　加载界面

图 3-2 “Windows 7 安装程序”界面

（2）检测完成后将显示“Windows 7 安装程序”界面（如图 3-2 所示），点击安装“下一步”按钮开始安装 Windows 7。在语言和输入法选择界面选择需要的选项，如图 3-3 所示。在弹出的“Windows 7 许可协议”界面中，根据屏幕左下方的提示，点击下一步继续安装，如图 3-4 所示。

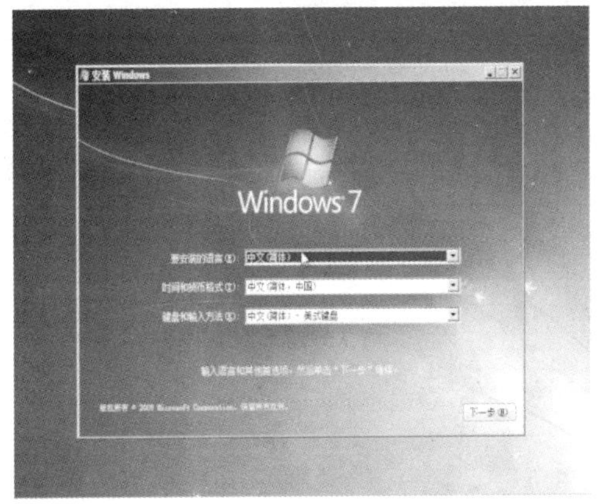

图 3-3　语言和输入法选择界面

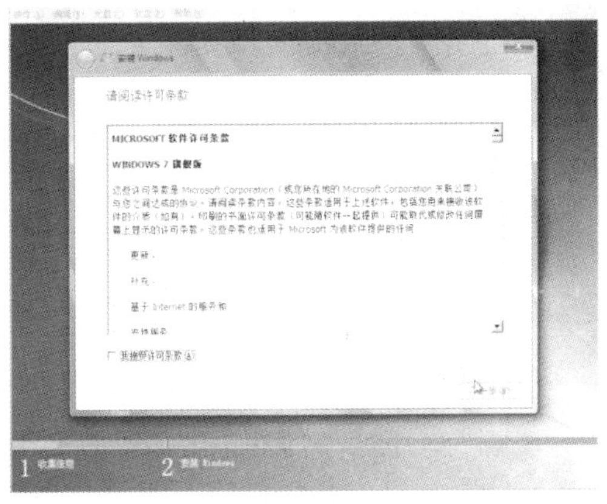

图 3-4　“Windows 7 许可协议”界面

（3）屏幕提示用户选择要安装到的硬盘分区（如图 3-5 所示），一般系统默认选择 C 分区，直接点击下一步确认。

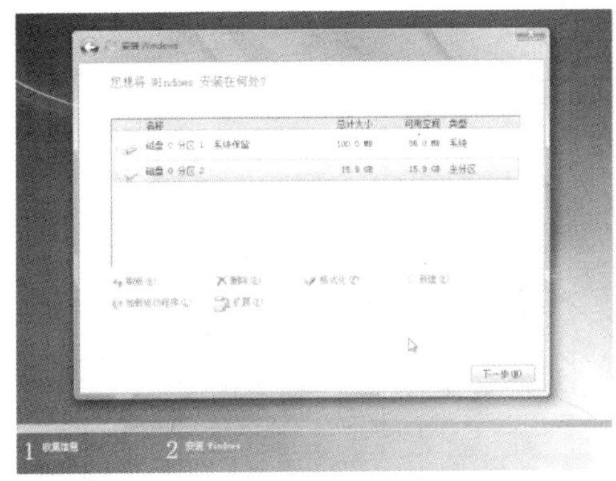

图 3-5 选择硬盘分区

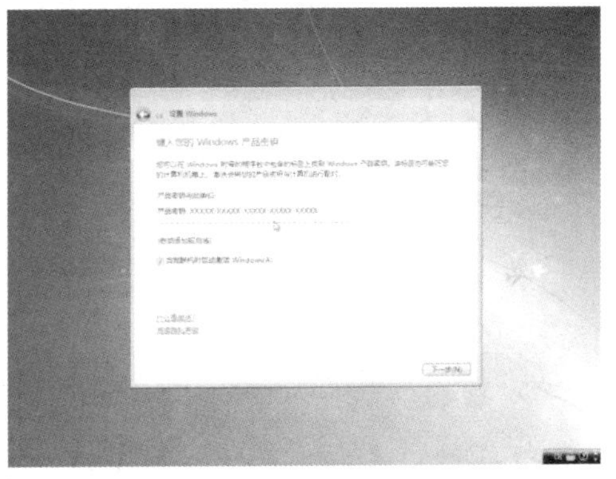

图 3-6 密钥输入界面

专家指点

如果在“Windows 7 安装程序”界面中选择升级安装 Windows 7，安装程序会将系统运行所需的系统文件重新安装一遍，而安装后的系统将保留以前的设置。

（4）系统提示用户输入 Windows 7 产品密钥，如图 3-6 所示。

（5）接下来会开始复制 Windows 文件并展开文件， 开始安装系统，如图 3-7 所示。

（6）在安装过程中，系统会弹出一些系统设置对话框，要求用户设置用户信息、计算机名称、管理员密码等，根据屏幕相关提示，设置好相关信息，然后依次单击“下一步”按钮即可继续安装，如图 3-8 所示。

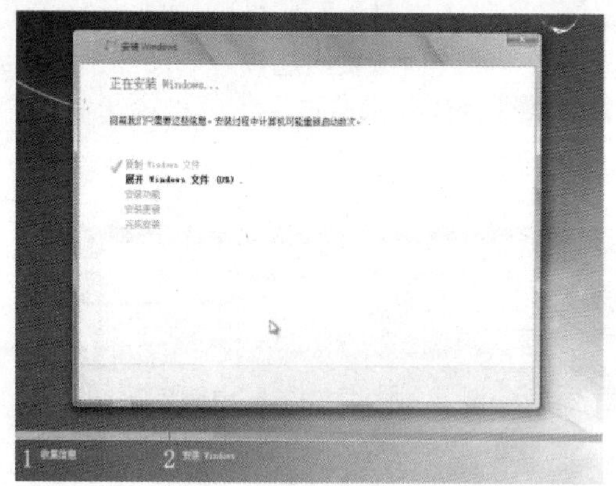

图 3-7 安装 Windows 界面

图 3-8 安装程序准备界面

（7）安装系统成功后会进入 Windows 7 桌面，如图 3-9 所示。

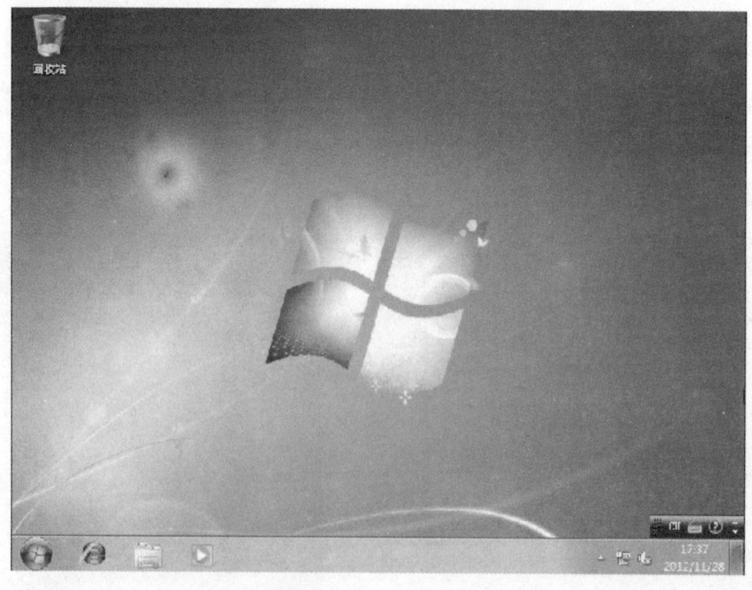

图 3-9 Windows 7 系统界面

3.2　中文版 Windows 7 基础知识

本节将介绍一些 Windows 7 最基础的操作知识，如 Windows 7 的启动与退出、鼠标和键盘的操作、系统的基本界面、我的电脑、资源管理器及帮助的使用等。

3.2.1　Windows 7 的启动与退出

要使用计算机进行工作，首先要启动计算机，然后用户才能进行文档的创建、查看和编辑等操作。

1．启动 Windows 7

启动 Windows 7 的操作步骤如下：

（1）打开外部设备电源，再打开主机电源。稍后，屏幕上将显示用户计算机的自检信息，如主板型号、内存大小、显卡缓存等。

（2）如果计算机只安装了 Windows 7，计算机将自动启动 Windows 7。如果计算机同时安装有多个操作系统，系统会显示一个操作系统选择菜单。用户可以使用键盘上的方向键选择 Microsoft Windows7 项，如图 3-10 所示。

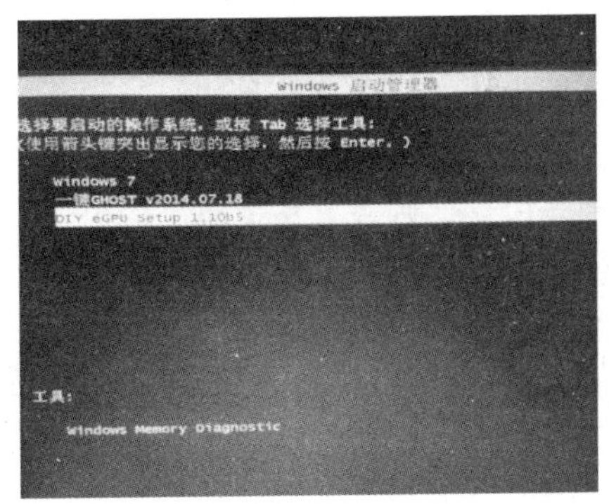

图 3-10　操作系统选择菜单

（3）按【Enter】键，计算机将开始启动 Windows7。

（4）系统正常启动后，如果设置了多个用户，将出现选择用户界面，要求选择一个用户名，如图 3-11 所示。用户可以单击要选择的用户名，进入相应的用户界面。如果用户设置了密码，在用户账户图标右下角会自动出现一个空白文本框，并在其中出现一个闪动的光标，要求输入用户密码，如图 3-12 所示。

图 3-11　Windows 7 登录界面

图 3-12　输入密码

（5）输入正确的密码后，按键盘上的【Enter】键，计算机将开始检测用户配置。等待几秒后，就可以看到 Windows 7 的工作界面。

专家指点

> 如果选中的用户没有设置密码，系统将直接登录。如果输入的密码错误，系统会提示用户再次输入密码。如果用户遗忘密码，可单击重设密码进行设置。

2．退出 Windows 7

当完成工作后，需退出程序并关闭计算机。用户在关闭计算机时要注意，不能直接关闭计算机电源，而应该在确保已经退出 Windows 7 操作系统的前提下，再断开计算机电源，否则可能会破坏一些未保存的文件和正在运行的程序，造成系统不能正常使用。

正确关闭计算机的方法如下：

单击“开始”|“关机”命令，如图 3-13 所示。在该对话框中单击“关机”按钮，系统会自动切断电源。展开有“重新启动”、“切换用户”、“锁定”等，如果系统未自动切断电源，则需要按主机上的电源开关，然后再关闭外部设备电源。

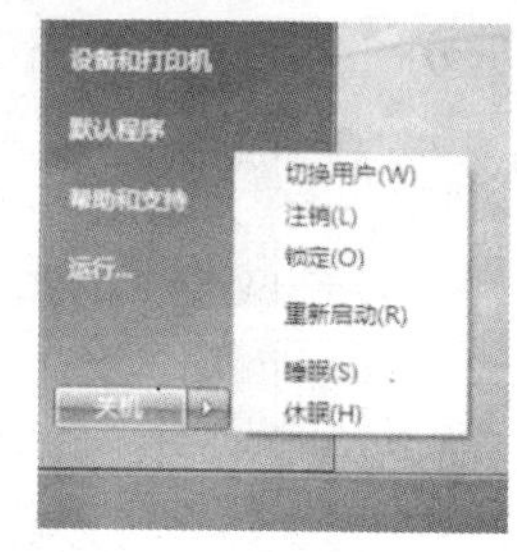

图 3-13 “关闭计算机”对话框

3.2.2 Windows 7 的桌面组成

启动 Windows 7 后，将显示 Windows 7 的界面，如图 3-14 所示。该界面又被称为桌面。桌面主要由桌面背景、快捷图标和任务栏三部分组成。

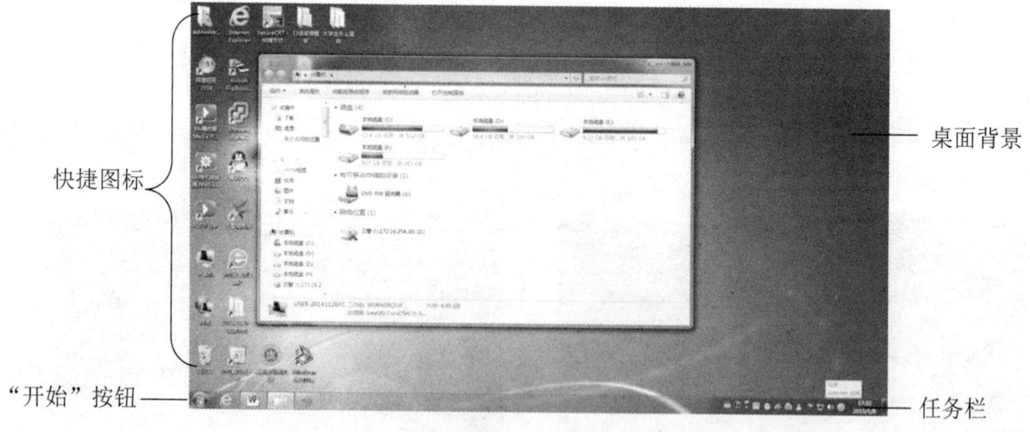

图 3-14 Windows 7 操作系统界面

桌面是打开计算机并登录到 Windows 之后看到的主屏幕区域。就像实际的桌面一样，它是用户工作的平面。打开程序或文件夹时，它们会自动呈现在桌面上。用户还可以根据自己的需求将一些项目（如文件、文件夹或快捷方式图标等）放在桌面上，并且随意排列它们。

从更广义上讲，桌面有时包括任务栏。任务栏位于屏幕的底部，显示正在运行的程序，并可以在它们之间进行切换。和以前的 Windows 版本相比，Windows 7 对桌面图标进行了重新设计，延续了 Vista 的 Aero 风格，并且更胜一筹，图标和字体显示更加平滑圆润。

1．桌面的组成

桌面主要由桌面图标、任务栏、桌面背景等组成。其中任务栏包括“开始”按钮、快速启动栏和通知区域等。下面对各部分进行分别介绍：

（1）桌面图标

图标是代表文件、文件夹、程序和其他项目的小图片。首次启动 Windows 时，用户将在桌面上至少看到一个图标：回收站。用户在购买或使用计算机之前，制造商可能已将其他图标添加到桌面上，用户也可以自己在桌面上添加、删除、修改或排列图标。图 3-14 所示的桌面上各种大小的图案就是桌面图标。

（2）任务栏

Windows 的任务栏默认状态处于桌面的最下方，即位于屏幕底部的水平长条。与桌面不同的是，桌面可以被打开的窗口覆盖，而任务栏几乎始终可见。

（3）桌面背景

图 3-14 所示为 Windows 7 默认的桌面背景，用户可以根据自己的喜好选择桌面背景。桌面背景将不再是单一的图片，用户可以以幻灯片的方式显示图片。绚丽的桌面背景可以让用户保持学习、工作愉悦的心情。

2．桌面的新增功能

Windows 桌面上新增的功能可以使用户轻松地组织和管理多个窗口。可以在打开的窗口之间轻松切换，以便集中精力处理重要的程序和文件。部分新增功能有助于用户向桌面添加个性化的设置。

（1）Snap

使用 Snap 功能，通过简单地移动鼠标即可排列桌面上的窗口并调整其大小。使用 Snap，可以使窗口与桌边的边缘快速对齐、使窗口垂直扩展至整个屏幕高度或最大化窗口使其全屏显示。

（2）Shake

通过使用 Shake 功能，可以快速最小化除桌面上正在使用的窗口外的所有打开窗口。只需单击要保持打开状态的窗口的标题栏，然后快速前后拖动（或晃动）该窗口，其他窗口就会最小化。再次晃动打开的窗口，即可还原最小化的窗口。

（3）Aero Peek

使用 Aero Peek 功能，可以在无需最小化所有窗口的情况下快速预览桌面，也可以通过指向任务栏上的某个打开窗口的缩略图来预览该窗口。

3.2.3 桌面小工具库及应用

Windows 7 设计了一个桌面小工具库（包括“时钟”“日历”“天气”“源标题”等小程序），让用户可以在不影响正常使用计算机的前提下随时了解一些动态信息。例如，可以在打开程序的旁边利用“源标题”显示新闻标题。这样，用户不需要停止当前的工作就可以切换到新闻网站跟踪发生的新闻事件。

1．小工具的调用

用户要在桌面上使用这些程序，需要自己动手打开小工具库来调出需要的小工具，具体的操作方法如下：

（1）在桌面空白处单击鼠标右键，在弹出的快捷菜单中选择“小工具”选项。

（2）选择“小工具”选项后，即弹出如图 3-15 所示的桌面小工具库窗口。窗口中提供了许多小程序。

（3）将鼠标指针移至要放置的小工具图标上并双击鼠标左键，即可在桌面右侧显示该小工具。

图 3-15　桌面小工具库

2．小工具的安全

2012 年 8 月微软对外宣布停止对 Windows 7 官方小工具的下载和支持，并在较新版本的 Windows 7 中停用了此功能。因为 Windows 7 中的 Windows 边栏平台具有严重漏洞。黑客可以随时利用这些小工具损害用户的计算机、访问计算机上的文件、显示令人厌恶的内容或更改小工具的行为，甚至可能使用某个小工具完全接管用户的计算机。

因此，用户可以尽量选用不需要联网的小工具，比如时钟、日历等。如果担心受到攻击或者下载到恶意小工具可以应用微软发布的自动化 Microsoft Fix it 解决方案，禁用 Windows 边栏和小工具。

3.2.4　Windows 7 的窗口

每当打开程序、文件或文件夹时，它都会在屏幕上称为窗口的框或者框架中显示（这是 Windows 操作系统获取其名称的位置）。我们使用操作系统学习或办公时，最频繁的操作就是在打开的各种窗口中查看、创建和管理文件。因此，了解窗口的结构及其操作步骤非常重要。下面介绍窗口的构成和基本操作。

1．窗口的结构

虽然每个窗口的内容各不相同，但所有窗口都有一些共同点：窗口始终显示在桌面（屏幕的主要工作区域）上；大多数窗口都具有相同的基本部分。如图 3-16 所示。

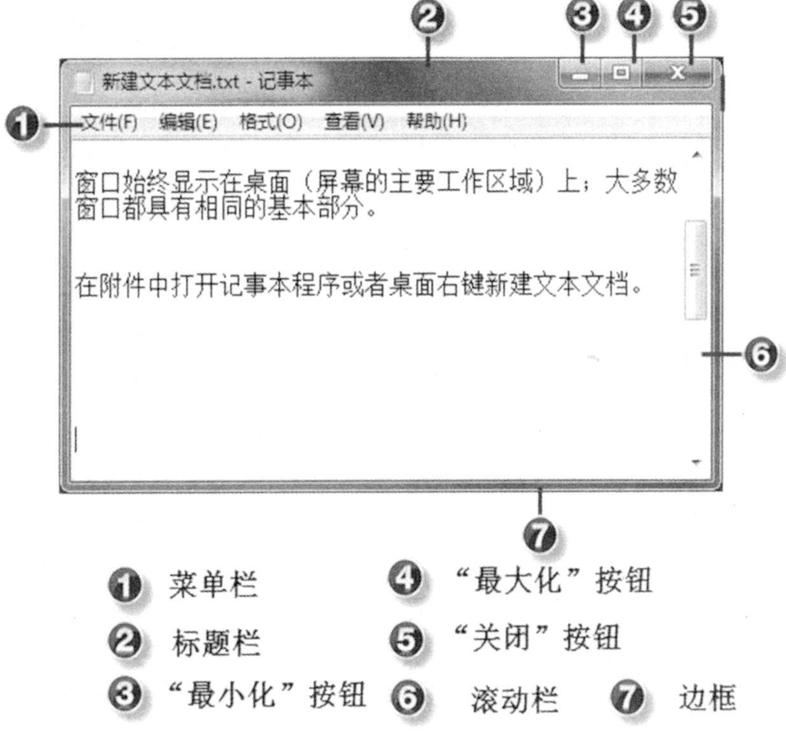

图 3-16　典型窗口的基本部分

大多数窗口都具有相同的基本部分：

（1）标题栏

标题栏显示文档和程序的名称，如果正在文件夹中工作，则显示文件夹的名称。

（2）最小化、最大化和关闭按钮

这些按钮分别可以隐藏窗口、放大窗口使其填充整个屏幕以及关闭窗口。

（3）菜单栏

菜单栏包含程序中可单击进行选择的项目。请参阅使用菜单、按钮、滚动条和复选框。

（4）滚动条

当文档、网页或图片超出窗口大小时，会出现滚动条，滚动条可以滚动窗口的内容以查看当前视图之外的信息。

（5）边框和角

如果窗口没有被最大化，可以用鼠标指针拖动这些边框和角以更改窗口的大小。

另外，其他的窗口也可能具有其他的按钮、框或栏，它们通常也具有基本部分。图 3-17 所示为“计算机”的窗口。这样的窗口通常由标题栏、地址栏、搜索栏、菜单栏、工具栏、任务窗格、工作区和状态栏组成。了解这些组成部分的操作方法和意义，需要我们对 Windows 7 不断的实际应用中去掌握。

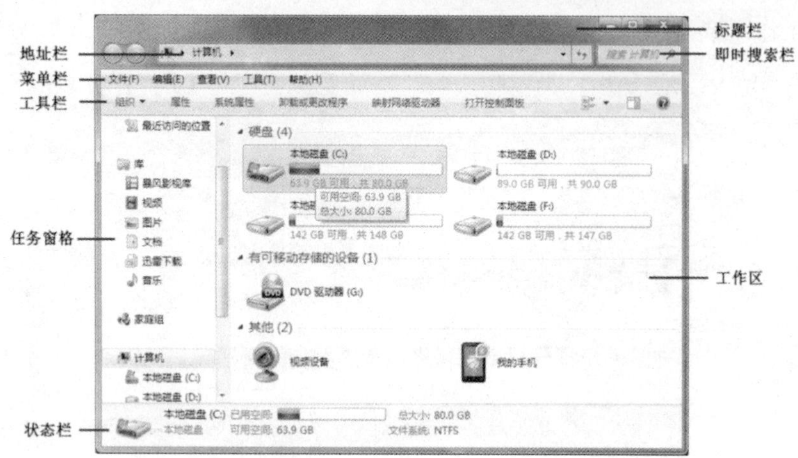

图 3-17 “计算机”窗口的组成

2. 窗口的基本操作

窗口的操作通常包括打开、移动、更改大小、隐藏、切换、排列、最大化以及关闭等。窗口的大部分操作都可以用鼠标来完成。值得注意的是，这些操作都有相应的快捷键。有时，依靠鼠标和键盘快捷键的结合操作能让我们的工作效率更高。关于快捷键的定义可以到 Windows 7 的“帮助和支持”系统里所搜得到。下面对各项常用操作进行逐一介绍。

（1）打开窗口

打开窗口的操作很简单，用鼠标双击文件、快捷方式图标或者文字链接都可以打开相应的窗口。比如要打开“网络”窗口，鼠标双击桌面上的“网络”图标就可以了。

（2）移动窗口

若要移动窗口，请用鼠标指针指向其标题栏（最好是中间的空白处），然后按住鼠标左键按钮，用指针移动窗口将其拖动到希望的位置后释放鼠标按钮即可。移动窗口的前提是当前窗口不能处于最大化或最小化的状态。

专家指点

> 移动窗口的操作只能在窗口未被最大化时使用。一旦窗口被最大化，将无法进行移动窗口的操作。

（3）更改窗口大小

更改窗口大小可以分为以下三种情况：

①如果要使窗口填满整个屏幕，可以单击其“最大化”按钮或双击该窗口的标题栏。最大化的窗口要还原到以前大小，单击其“还原”按钮（此按钮出现在“最大化”按钮的位置上）或者双击窗口的标题栏即可。

②如果要最小化窗口，可以单击标题栏右侧的“最小化”按钮。窗口会从桌面中消失，只在任务栏上显示为按钮。由于窗口只是临时消失而不是将其关闭，通常也称为隐藏窗口。若要使最小化的窗口重新显示在桌面上，单击其任务栏按钮，窗口会准确地按最小化前的样

子显示。

③如果要调整窗口的大小（已最大化的窗口必须先还原才能调整其大小），请指向窗口的任意边框或角。如图 3-18 所示，当鼠标指针变成双箭头时，拖动边框或角可以缩小或放大窗口。

图 3-18　调整窗口大小

虽然多数窗口是可以最大化、最小化和调整大小的，但也有一些固定大小的窗口是不能更改大小的，比如对话框。关于对话框的详细信息将在“菜单和对话框”部分单独讲述。

（4）窗口间的切换

如果打开了多个程序或文档，桌面会快速布满杂乱的窗口。通常不容易跟踪已打开了哪些窗口，因为一些窗口可能部分或完全覆盖了其他窗口。这时需要掌握窗口的切换方法，常用的方法有以下两种：

①使用任务栏。任务栏提供了整理所有窗口的方式。每个窗口都在任务栏上具有相应的跟踪按钮。若要切换到其他窗口，只需单击其任务栏按钮。该窗口将出现在所有其他窗口的前面，成为活动窗口（即当前正在使用的窗口）。

②使用【Alt+Tab】组合键。通过按【Alt+Tab】组合键可以切换到先前的窗口，或者通过按住【Alt】键并重复按【Tab】键循环切换所有打开的窗口和桌面，当循环到目标窗口时，释放【Alt】键可以即可显示所选的窗口。

（5）关闭窗口

在 Windows 7 中关闭窗口有以下 3 种常用方法：

①在窗口标题栏最右侧点击“关闭”按钮，即可关闭窗口，这是最常用的关闭方式。

②右键单击任务栏上的窗口跟踪按钮，选择“关闭窗口”选项。

③用鼠标指向任务栏上窗口跟踪按钮，在显示的缩略窗口预览区中单击“关闭”按钮。

需要注意的是，如果关闭某文档，而未保存对其所做的任何更改，则会显示提示信息对话框，给出选项以保存更改。

3.2.5 任务栏的组成、操作及属性设置

在 Windows 7 中，任务栏默认情况下处于桌面的最下方。任务栏是操作系统桌面的重要组成部分，许多操作都离不开任务栏的参与。利用任务栏可以完成查看设置、启动程序、管理在处理的文件等操作。

1. 任务栏的组成

任务栏主要由以下三个部分组成，如图 3-19 所示。

（1）“开始”菜单按钮

“开始”按钮位于任务栏最左端，使用该按钮将弹出“开始”菜单，可以访问程序、文件夹和计算机设置。

（2）任务按钮区

任务按钮区位于任务栏的中间部分，是使用最频繁的部分。打开的多个程序和文件的跟踪窗口即位于这一区域。用户可以用跟踪窗口来切换要处理的多个任务。

（3）通知区域

通知区域是包括时钟以及一些告知特定程序和计算机设置状态的图标（小图片）。

图 3-19 任务栏的组成

2. 任务栏的日常操作

（1）将程序锁定到任务栏

Windows 7 不再包含“快速启动”工具栏。若要快速打开程序，可以将程序直接锁定到任务栏，以便快速方便地打开该程序，而无需在“开始”菜单中浏览该程序。

将程序锁定到任务栏的步骤如下:

①如果此程序已在运行，则右键单击任务栏上此程序的图标（或将该图标拖向桌面）来打开此程序的跳转列表，然后单击“将此程序锁定到任务栏”。

②如果此程序没有运行，则单击“开始”，浏览到此程序的图标，右键单击此图标并单击“锁定到任务栏”。

③用户还可以通过将程序的快捷方式从桌面或“开始”菜单拖动到任务栏来锁定程序。

另外，如果要从任务栏中删除某个锁定的程序，可以打开此程序的“跳转列表”，然后单击“将此程序从任务栏解锁”。

（2）解锁和移动任务栏

任务栏通常位于桌面的底部，用户可以将其移动到桌面的两侧或顶部。移动任务栏之前，需要解除任务栏锁定。

①解锁任务栏。右键单击任务栏上的空白空间。如果“锁定任务栏”旁边有复选标记，

则表示任务栏已锁定。此时单击“锁定任务栏”（删除此复选标记）即可以解除任务栏锁定。

②移动任务栏。单击任务栏上的空白空间，然后按下鼠标按钮，并拖动任务栏到桌面的四个边缘之一。当在所需的位置出现任务栏轮廓时，释放鼠标按钮。

通常操作中，需要将任务栏锁定，这样可以防止无意中移动任务栏或调整任务栏大小。

（3）排列任务栏上的图标

在程序和在处理文件的操作过程中，为了使工作更有条理，思路更清晰，我们经常会根据自己的需要或者使用频率重新排列和组织任务栏上的图标顺序（包括锁定的程序和未锁定但正在运行的程序）。这时，可以将图标从当前位置拖动到任务栏上的其他位置，然后释放鼠标。如果程序已锁定到任务栏，则任务栏图标将停留在将其拖动到的任意位置。如果程序未锁定到任务栏，则在关闭该程序之前图标将停留在将其拖动到的位置。

（4）通知区域

通知区域位于任务栏的最右侧，包括一个时钟和一组图标。这些图标表示计算机上某个程序的状态，或提供访问特定设置的途径。将指针移向特定图标时，会看到该图标的名称或某个设置的状态。例如，指向音量图标将显示计算机的当前音量级别。

3.2.6 “开始”菜单的组成与设置

Winclows 操作系统中的“菜单”是指一组操作命令的集合，它是用来实现人机交互的主要形式，通过菜单命令，用户可以向计算机下达各种命令。Windows 7 中有四种类型的菜单，分别是“开始”菜单、标准菜单、快捷菜单与控制菜单。

“开始”菜单是计算机程序、文件夹和设置的主门户。至于“开始”的含义，在于它通常是要启动或打开某项内容的位置。之所以称之为“菜单”，是因为它提供一个选项列表，就像餐馆里的菜单那样。Windows 7“开始”菜单的新变化和新功能使用户日常操作更加方便。

1. 使用“开始”菜单可执行的常见活动

（1）启动程序。

（2）打开常用的文件夹。

（3）搜索文件、文件夹和程序。

（4）调整计算机设置。

（5）获取有关 Windows 操作系统的帮助信息。

（6）关闭计算机。

（7）注销 Windows 或切换到其他用户帐户。

2.“开始”中的一些常用选项

（1）文档：打开文档库窗口，里面保存了用户的文档。

（2）图片：打开图片库，里面保存了用户的图片和其他图片文件。

（3）音乐：打开音乐库窗口，里面保存了用户的音乐和其他音频文件。

（4）家庭组：可访问家庭组中其他人员共享的库和文件夹。

（5）游戏：运行和管理计算机系统中自带的游戏。

（6）计算机：用于访问计算机的硬盘、可移动存储设备、外设及其相关信息。

（7）控制面板：可设置计算机的外观和功能，添加或删除程序，设置网络连接和用户账号等。

（8）设备和打印机：对设备、打印机进行管理、添加、查看及进行其他相关设置。

（9）默认程序：选择用于浏览网页、收发电子邮件、播放音乐和其他默认的程序。

（10）帮助和支持：提供功能强大的帮助和支持中心，选择该命令或直接按【F1】键可进入 Windows 帮助和支持界面。

3．“开始”菜单的组成部分

单击屏幕左下角的按钮，或者按键盘上的 Windows 徽标键可以打开“开始”菜单。如图 3-20 所示为 Windows 7 的“开始”菜单。

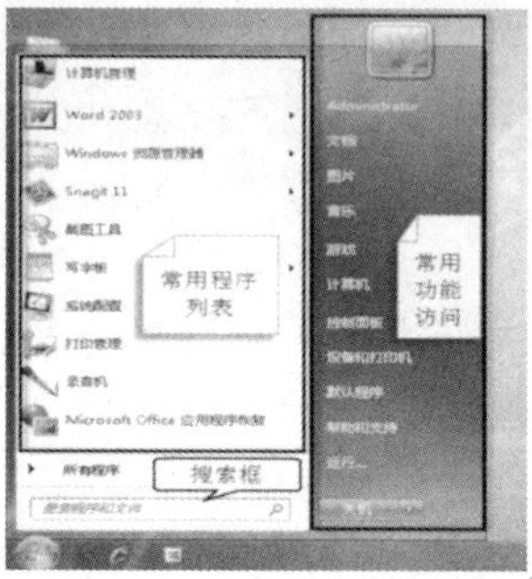

Windows 7“开始”菜单可以分为三个基本部分：

（1）左边的大窗格中显示计算机上程序的一个短列表。用户或者计算机制造商可以自定义此列表，所以每台计算机此处的外观会有所不同。单击“所有程序”选项可显示完整的程序列表。

图 3-20 “开始”菜单

（2）左边窗格的底部是搜索框，通过键入想要搜索的内容可以在计算机上查找程序和文件。

（3）右边窗格提供对常用文件夹、文件、设置和功能的访问。在这里用户还可以注销 Windows 7 或关闭计算机。另外，右窗格右上方图标是用户帐户的图像，点击图标会进入用户帐户的设置。鼠标指针移动至右窗格的常用管理工具列表中的选项上时，此位置的图标会变成相应所选项的图标。

4．从“开始”菜单打开程序

日常学习和工作中，使用“开始”菜单最常见的一个用途就是打开计算机上安装的应用程序。

若要打开“开始”菜单左边窗格中显示的程序，单击它，程序打开后，“开始”菜单会随之关闭。如果找不到要打开的程序，可单击左边窗格底部的“所有程序”。左边窗格会立即按字母顺序显示程序的长列表。单击某个程序的图标可以启动相应的程序，“开始”菜单也随之关闭。长列表中会有很大一部分文件夹，这些文件夹里是已安装的更多程序。例如，单击“附件”就会显示存储在该文件夹中的程序列表。单击任一程序即可将其打开。

如果不清楚某个程序是做什么用的，可将指针移动到其图标或名称上。会出现一个框，该框通常包含了对该程序的描述。若要返回到刚打开“开始”菜单时看到的程序，可单击菜单底部的“返回”。

下面以启动“附件”里的“记事本”小程序为例，介绍具体的操作步骤：

（1）单击“开始” 菜单按钮，在弹出的“开始” 菜单中单击“所有程序”选项，鼠标指针选中“附件”文件夹。

（2）单击“附件”文件夹，将鼠标指针放到 “记事本”小程序选项上（自动出现的框内给出了录音机小程序的描述）。

（3）点击“记事本”小程序即可启动。

5. “开始”菜单设置

（1）将程序图标附到“开始”菜单

打开“开始”菜单，然后在“开始”菜单中右击程序图标，在弹出的快捷菜单中选择“附到“开始”菜单命令，或者直接将程序图标拖到“开始”菜单的左上角来锁定程序。

（2）删除程序图标

单击“开始”按钮，右击需要删除的程序图标，在弹出的快捷菜单中选择“从列表中删除”命令。

（3）清除最近打开的文件和程序

右击“开始”菜单，在弹出的快捷菜单中选择“属性”命令，在打开的“任务栏和「开始」菜单属性”对话框中的“「开始」菜单”选项卡中，在“隐私”选项组中取消选择“存储并显示最近在「开始」菜单和任务栏中打开的项目”复选框，然后单击“确定”按钮，如图 3-21 所示。

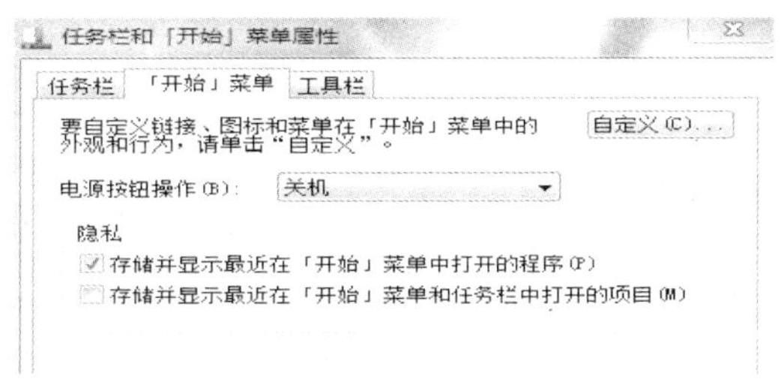

图 3-21　清除最近打开的文件和程序

3.2.7　我的计算机

“计算机”是文件和文件夹，以及其他计算机资源的管理中心，可直接对磁盘、映射网络驱动器、文件夹与文件等进行管理。对于已经连入网络的计算机，用户还可以通过“我的电脑”来方便地访问本地网络中的共享资源和 Internet 上的信息。

在 Windows 7 的桌面上，双击“计算机”图标，可打开“计算机”窗口，如图 3-22 所示。用户可以通过“计算机”来查看和管理包括文件和文件夹在内的几乎所有的计算机资源。

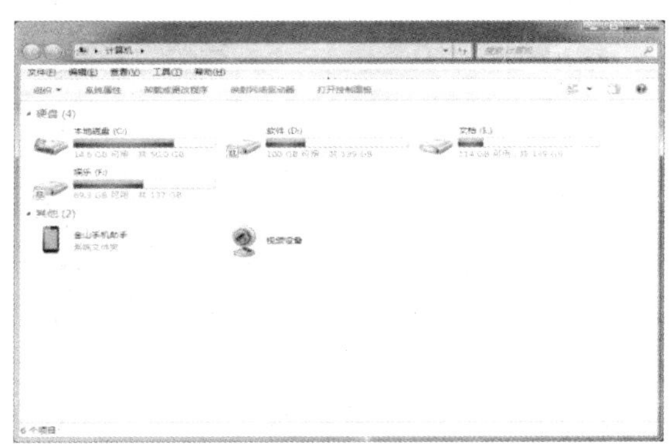

图 3-22　“计算机”窗口

在“计算机”窗口中，用户可以看到计算机中所有的磁盘列表。在窗口工具栏中有“系统属性”、“卸载或更改程序”、“映射网络驱动器”和“打开控制面板”四个选项卡，通过单击这些选项卡按钮，用户可以方便地在不同窗口之间进行切换。选中磁盘驱动器后单击右键，在“属性”选项区中将显示选中驱动器的大小、已用空间、可用空间等相关信息。用户还可以用鼠标双击任意驱动器来查看它们的内容。选中文件或文件夹时单击右键，在“属性”选项区中将显示该文件或文件夹的修改时间等信息。

单击“更改用户的视图”按钮，可以在几种视图方式中进行切换，也可以单击右侧的“▼”按钮选择更多的视图显示方式。

在“计算机”窗口中浏览文件时，需要从“计算机”开始，按照层次关系，逐层打开各个文件夹，再在文件夹窗口中查看文件。虽然逐层打开文件夹窗口的过程较麻烦，但在桌面上同时打开多个文件夹窗口后，通过鼠标的拖动操作就可以在不同的文件夹窗口之间方便地完成常用的操作。找到要打开的文件后，双击该文件就可以将其打开。

“计算机”窗口中的工具栏包括一些常用的菜单命令，以方便用户对文件和文件夹的管理。例如，单击“后退”按钮，将返回至上次的“计算机”窗口；单击“前进”按钮，将撤销最新的“后退”操作。

3.2.8 Windows 7 的菜单

1. 正常的菜单项与灰显得菜单项

正常的菜单项是用黑色字符显示的，表示该菜单当前可用。用灰色字符显示的菜单项表示当前不可用。没有选中任何对象时，其“编辑”菜单下的“剪切”、“复制”等菜单项是灰色的，表示它们当前不可用，如果选中了某一对象或文件，则这些菜单项就可以使用了，如图 3-23 所示。

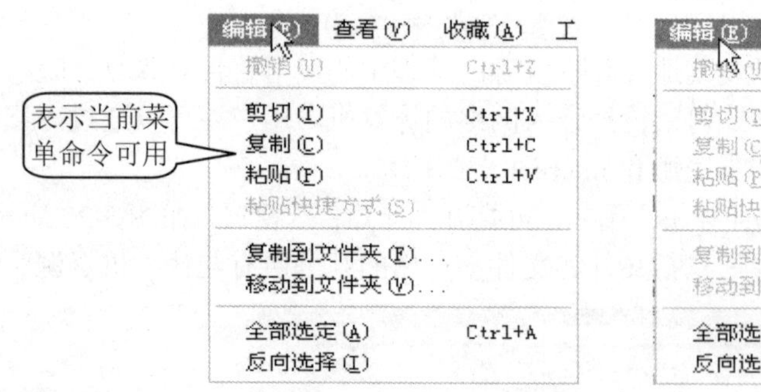

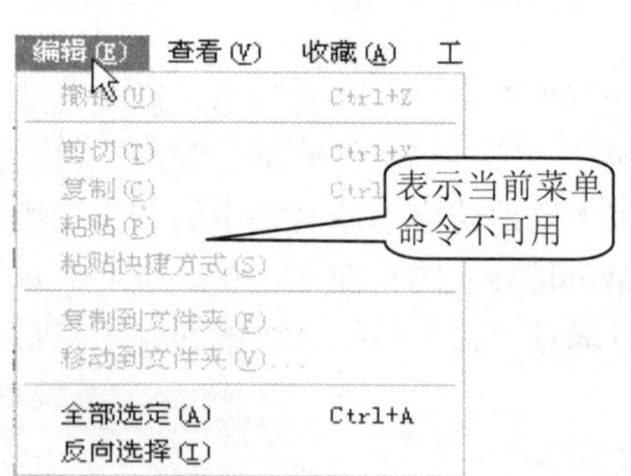

图 3-23 正常菜单和灰显菜单

2. 菜单名前带“√”和“●”标记的菜单项

带“√”标记的菜单项表示可在各个状态之间进行切换；而带“●”标记的菜单项表示是可选用的菜单项，但在它的分组菜单中，同时只有一个且必定只有一个被选中，被选中的菜单项前带“●”标记。若后来又选中了同一组中的另一个菜单项，则前一个菜单项的“●”标记自动消失，如图 3-24 所示。

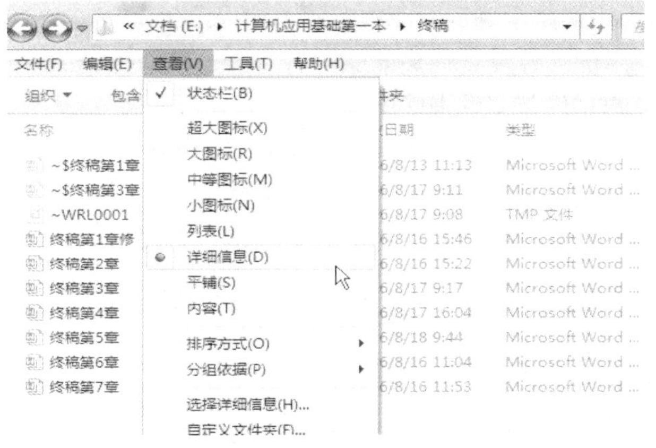

图 3-24 "√"和"●"标记的菜单

3.3　文件与文件夹的基本操作

要有效地管理计算机中的文件，首先要了解文件及文件夹的基本概念。下面从介绍文件和文件夹的类型开始，逐步深入学习如何在计算机中管理文件及文件夹资源。

3.3.1　文件与文件夹的概念

在介绍文件与文件夹的基本操作之前，我们先来了解一下文件与文件夹的概念。

1. 什么是文件

Windows 7 是以"文件"形式管理磁盘上的数据的，如一个程序、一篇文章、一幅图片、一段音乐等，都是以文件的形式存储在磁盘上的。文件是指赋予名字并存储于磁盘上的一组相关信息的集合。同时，Windows 7 也把设备看做一个文件进行操作，如软盘驱动器、硬盘驱动器、打印机等设备。

我们还经常使用"文档"这个概念，文档是指在应用程序中保存所做工作时创建的文件，如用文字处理软件编辑的一篇文章、用绘图软件绘制的一幅图画等。换句话说，文档通常都对应着一个应用程序。

2. 什么是文件夹

磁盘上的文件很多，为了管理方便，通常要将它们分类组织起来，就像办公室的文件袋一样，相关的一批文件放在同一个文件袋中。只是在 Windows 7 中不叫"文件袋"，叫做"文件夹"。

3.3.2　文件的命名规则

（1）Windows 下的文件名最长可达 256 个字符，但是有些程序不能识别很长的文件名，因此文件名一般不应超过 8 个字符，而且文件名中不能包含以下字符：\ / ： * ? < > | 。

（2）某些系统文件夹不能被更改名称，如"Documents and Settings""Windows"或

“System32”等，因为它们是正确运行 Windows 操作系统所必需的。

（3）不同文件夹中的文件及文件夹能够同名。

（4）不同磁盘中的文件及文件夹能够同名。

（5）同一文件夹中，文件与文件之间、文件夹与文件夹之间不能重名。

（6）同一文件夹中，文件与文件夹之间可以重名。

（7）一个完整的文件名由文件名和扩展名组成，文件名和扩展名之间用小圆点“.”隔开，扩展名表示文件的类型，通常由 1～3 个字符组成。默认情况下，不同的图标代表不同的文件类型，浏览时不显示已知文件类型的扩展名。用户可以到“文件夹选项”对话框中的“查看”选项卡下选择显示文件的扩展名。

Windows 系统对文件和文件夹的命名作了限制，当输入非法的名称时 Windows 会出现如图 3-25 所示的提示，主文件名可以使用最大达 255 个字符的长文件名（可以包含空格）。除了文件夹没有扩展名外，文件夹的命名规则与文件的命名规则相同。

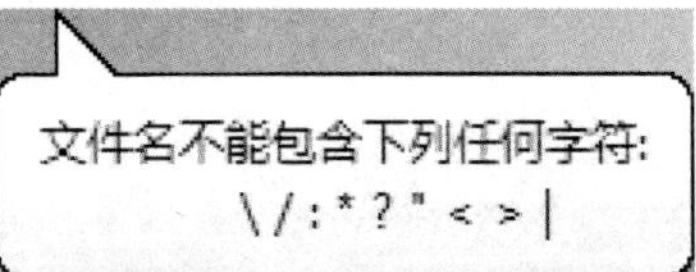

图 3-25 文件命名错误提示

扩展名标明了文件的类型，不同的类型的文件用不同的应用程序打开，常见文件类型 如表 3-2 所示。

表 3-2 常见文件扩展名

扩展名	文件类型	扩展名	文件类型	扩展名	文件类型
.exe	可执行程序文件	.pptx	PowerPoint 2010 演示文稿	.hlp	帮助文件
.htm	超文本网页文件	.mp3	一种音乐文件	.txt	文本文件
.docx	Word 2010 文档	.jpeg	一种图片文件	.rar	WinRAR 压缩文件
.xlsx	Excel 2010 电子表格	.accdb	Access 2010 数据库文件	.mpeg	一种视频文件

此外，操作系统为了便于对一些标准的外部设备进行管理，已经对这些设备作了命名，因此用户不能使用这些设备名作为文件名。常见的设备名如表 3-3 所示。

表 3-3 见设备名

设备名	含义	设备名	含义
CON	控制台：键盘 / 显示器	COMl/AUX	第 1 个串行接口
LPTl/PRN	第 1 台并行打印机	COM2	第 2 个串行接口

在 DOS 或 Windows 中，允许使用文件通配符表示文件主名或扩展名，文件通配符有“*”和“？”，“*”表示任意一串字符（≥0 个字符），而“？”表示任意一个字符。

同一文件夹中不能有同名的文件或者子文件夹，但在不同的文件夹中可以有同名的文件，在不同的驱动器里也可以有同名的文件。

3.3.3　新建文件或文件夹

创建文件或文件夹便于把计算机中的文件进行分类存放，同时还可以方便查找和简化管理。要建立新的文件或文件夹，可按如下步骤进行操作：

（1）确定文件夹的位置。例如，要在 D 盘的根目录下新建一个文件夹，首先要打开 D 磁盘。

（2）在打开的磁盘驱动器窗口工具栏中“新建文件夹”单击“创建一个新文件夹”超链接。

（3）此时在磁盘驱动器窗口中会出现一个新的文件夹，其名称被置为“高亮显示”，这时可以输入新建文件夹的名称。

（4）按【Enter】键或者在该文件夹之外的区域单击鼠标左键，即可完成文件夹的创建。

3.3.4　打开、关闭文件或文件夹

文件或文件夹的打开与关闭是最基本的操作，下面将分别进行介绍。

1. 打开文件或文件夹

要打开文件或文件夹，可按下列步骤进行操作：

（1）双击“计算机”图标，打开“计算机”窗口。

（2）在“计算机”窗口中，双击包含该文件的磁盘驱动器。

（3）在磁盘驱动器窗口中双击要打开的文件或文件夹，也可以在选中的文件或文件夹上单击鼠标右键，在弹出的快捷菜单中选择“打开”选项。如图 3-26 所示

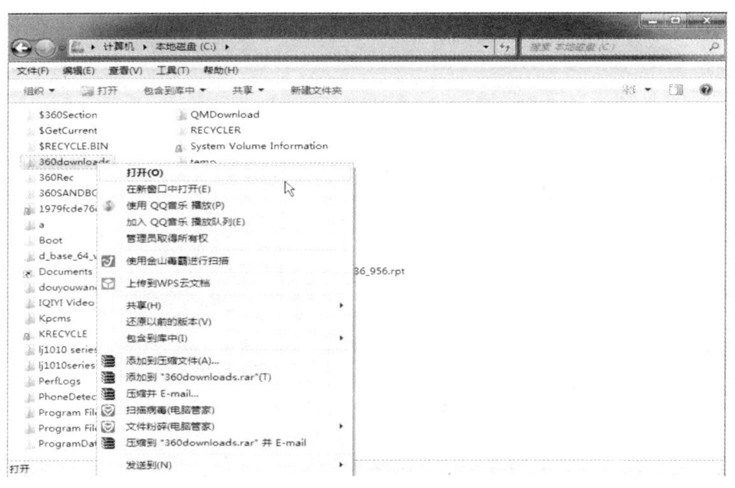

图 3-26　打开文件夹

2. 关闭文件或文件夹

单击“文件”|“关闭”命令，或单击标题栏上的“关闭”按钮，即可关闭文件或文件夹。

3.3.5 选择文件或文件夹

在对文件或文件夹进行操作之前，需要先选定要进行操作的文件或文件夹。在资源管理器中，选定文件或文件夹有很多方法，下面简单地进行介绍：

- 选定单个文件或文件夹：用鼠标单击要选择的文件或文件夹图标。
- 选定多个连续的文件或文件夹：先选定第一个文件或文件夹图标，再按住键盘上的【Shift】键，单击最后一个文件或文件夹图标。如图 3-27 所示
- 选定多个不连续的文件或文件夹：先按住键盘上的【Ctrl】键，再逐个单击想要选择的文件或文件夹图标。
- 选定全部文件或文件夹：单击“编辑”|“全部选定”命令或按【Ctrl+A】组合键即可，如图 3-28 所示。

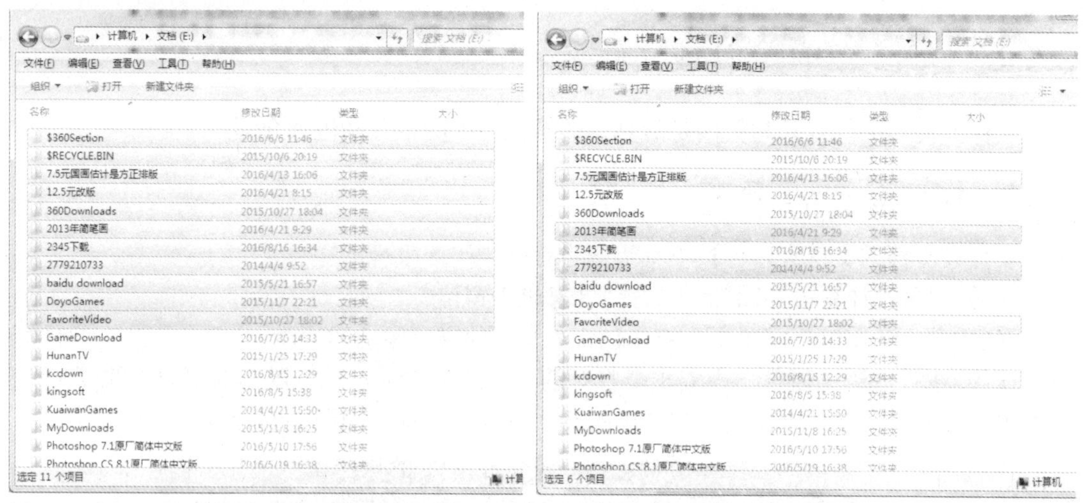

图 3-27 选择多个连续文件夹　　　　图 3-28 选择多个不连续的文件

3.3.6 复制、剪切文件或文件夹

复制是指将操作对象在原位置上保留的同时，在目标位置上生成一个与其完全一样的备份。例如，为了避免本机出现问题而造成工作数据的丢失，可将工作文件或文件夹在本地局域网的服务器上或移动盘上进行备份。

1. 复制文件或文件夹

复制文件或文件夹的操作步骤如下：

（1）选定要复制的文件或文件夹。

（2）用鼠标右键单击要复制的文件或文件夹，在弹出的快捷菜单中选择“复制”选项。

（3）在打开的目标驱动器或文件夹窗口的空白处单击鼠标右键，从弹出的快捷菜单中选择“粘贴”选项，即可完成文件的备份操作。

专家指点

使用快捷键也可以复制文件或文件夹：先选中要复制的文件或文件夹，按【Ctrl+C】组合键复制文件内容，然后打开目的文件夹窗口，按【Ctrl+V】组合键进行粘贴。

2. 剪切文件或文件夹

移动文件或文件夹的操作步骤如下：

（1）选定要剪切的文件或文件夹。

（2）用鼠标右键单击要剪切的文件或文件夹，在弹出的快捷菜单中选择“剪切”选项。

（3）在打开的目标驱动器或文件夹窗口的空白处单击鼠标右键，从弹出的快捷菜单中选择“粘贴”选项，即可完成文件的剪切操作。

3.3.7　删除、恢复文件或文件夹

经过一段时间的工作，计算机中总会出现一些过时的、没用的文件。为了保证计算机硬盘的容量和文件系统的整洁，需要删除硬盘上没有用处的文件和文件夹。

1. 删除文件或文件夹

删除文件或文件夹的操作步骤如下：

（1）选定要删除的文件或文件夹，直接按键盘上的【Delete】键，此时将弹出“确认放入回收站”对话框。如图3-29所示。

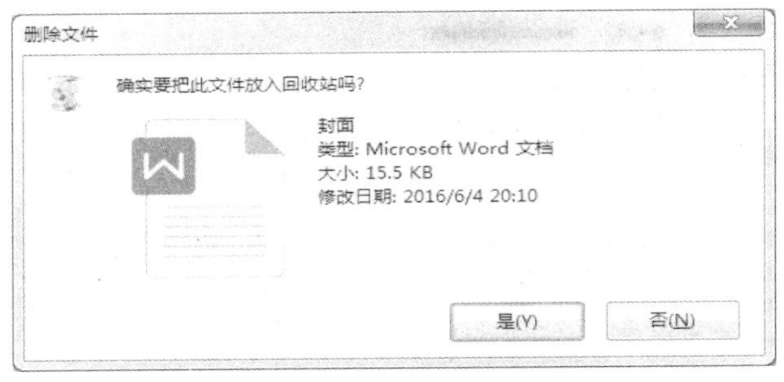

图3-29　“确认放入回收站”对话框

（2）单击该对话框中的“是”按钮，系统将选中的文件或文件夹中的所有内容放入“回收站”中；单击“否”按钮，则取消该操作。

专家指点

如果错误地进行了删除操作，可单击“编辑”|“撤销删除”命令来取消删除操作。

2. 恢复文件或文件夹

Windows 7将暂时删除的文件放入“回收站”中，用户可以使用“回收站”恢复误删除

的文件，也可以将“回收站”中的文件（部分或全部）从磁盘中真正删除。

专家指点

如果在按住【Shift】键的同时删除文件或文件夹，则被删除的文件或文件夹将不移入“回收站”，而是直接被删除，即删除的文件或文件夹不能被恢复。所以，使用此方法进行删除时要特别注意，一定要确认要删除的文件或文件夹确实已没有用。

3.3.8 重命名文件或文件夹

新建的文件或文件夹，系统会为它自动取一个名字。如果用户觉得不太满意，可以重新给文件或文件夹命名，具体操作步骤如下：

用鼠标右键单击想要重新命名的文件或文件夹，在弹出的快捷菜单中选择“重命名”选项，然后在名称框中输入所需要的名字即可。

专家指点

文件或文件夹的名字不能与同一文件夹中的文件或文件夹相同，否则不能进行重命名操作。如果更改文件的扩展名，系统会给出“可能会导致文件不可用”的提示信息，除非特殊需要，一般不要轻易更改文件的扩展名。

3.3.9 搜索文件或文件夹

搜索文件或者文件夹的具体操作步骤如下：

（1）双击“计算机”图标，打开“计算机”窗口。

（2）在窗口的右上角“搜索”文本框中输入要搜索的文件名或文件夹名。如图 3-30 所示。

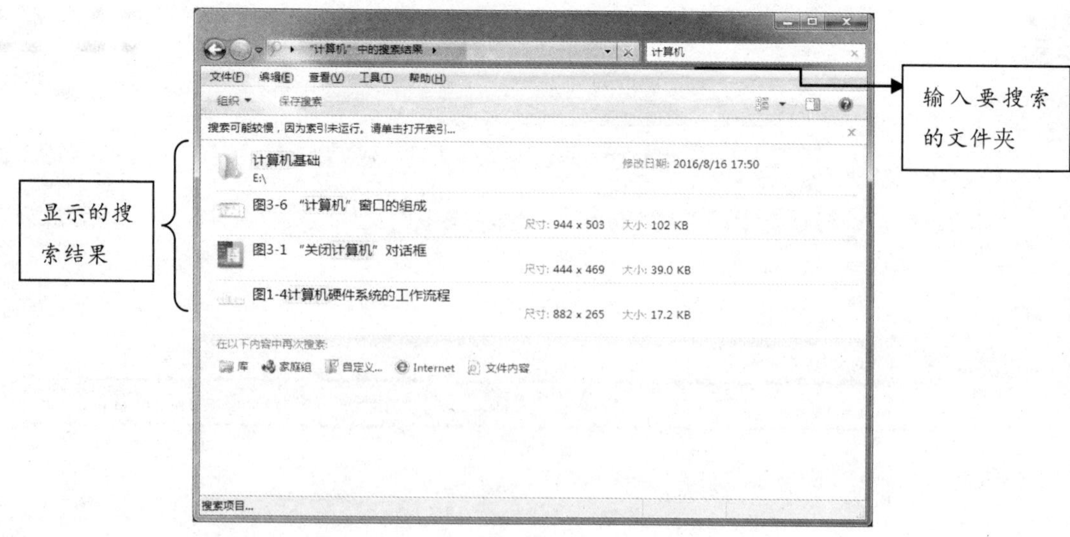

图 3-30 搜索文件或文件夹

用户在这里可以按修改日期和文件（文件夹）的大小进行搜索。在显示窗口中可以直观的看到根据搜索条件显示的搜索结果。

专家指点

可以使用通配符“*”和“？”来帮助进行搜索。“*”表示代替文件名中任意长的字符串，例如，输入文件名 A*A，它可匹配 AOA、A123A 和 AA 文件，而不能匹配 BAOA、AOAB 文件。“？”表示代替单个字符，例如，输入文件名 A？A，它可匹配 AOA 文件，而不能匹配 A123A 和 AA 文件。

3.3.10　使用回收站

“回收站”是一个特殊的文件夹，是被删除文件的暂时存放处，就像日常工作生活中使用的废纸篓。用户可以选择删除和恢复“回收站”中的文件。

1. 永久删除和恢复回收站中的文件

如果要永久删除单个文件，右键单击该文件，选择 “删除”然后单击“是”确定删除。如果要删除所有文件，在工具栏上单击“清空回收站”，然后单击“是”即可。右键单击回收站后单击“清空回收站”可在不打开回收站的情况下将其清空，要将文件在不发送到回收站的情况下永久删除，可单击选中文件并按【Shift+Delete】组合键。对于误删除的文件或文件夹，只需在回收站内选择它，单击鼠标右键，在快捷菜单中选择“还原”命令，就会恢复到到被删除前的位置。

2. 设置回收站属性

在桌面上右键单击“回收站”图标，从弹出的快捷菜单中选择“属性”命令，打开“回收站 属性”对话框。用户可以在该对话框调整“回收站”占用空间大小、设置是否显示确认删除对话框和直接将文件彻底删除等。

另外，从计算机以外的位置（如网络文件夹、U 盘）删除以及超过“回收站”设置的存储空间的文件会被永久删除，而不会存储在回收站中。

3.4　磁盘的管理与维护

软盘和硬盘都是计算机的存储设备，无论是安装程序、存取文件，还是拷贝文件、删除文件，其实都是对磁盘的数据进行操作。因此，对磁盘进行有效地管理和维护是非常重要的，只有管理与维护好磁盘，才能提高磁盘性能和保护数据的安全。

3.4.1 查看磁盘属性

每一个磁盘都具有它的属性。通过查看磁盘属性，可以了解到磁盘的总容量、可用空间和已用空间的大小，以及该磁盘的卷标（即磁盘的名字）等信息。此外，还可以为磁盘在局域网上设置共享、进行压缩磁盘等操作。

要查看磁盘属性，首先在“计算机”窗口中用鼠标右键单击要查看属性的磁盘驱动器，然后在弹出的快捷菜单中选择“属性”选项，打开磁盘属性对话框，如图 3-31 所示。

其中有四个选项卡，各选项卡的功能如下：

- 常规：在此选项卡的卷标文本框中显示了当前磁盘的卷标，用户可以在此文本框中设定或更改磁盘的卷标。在此选项卡中还包含有当前磁盘的类型、文件系统、已用和可用空间等信息；对话框的中部还有一个大的圆盘，上面标识了当前驱动器上已用和可用空间的对比情况。单击“磁盘清理”按钮，还可以对当前磁盘进行整理。
- 工具：该选项卡由“查错”、“备份”和“碎片整理”三个选项区组成。在该选项卡中可以完成检查磁盘错误、备份磁盘上的内容、以及整理磁盘碎片等操作。
- 硬件：使用此选项卡可以查看计算机中所有磁盘驱动器的属性。
- 共享：使用此选项卡可以设置当前驱动器在局域网上的共享信息。

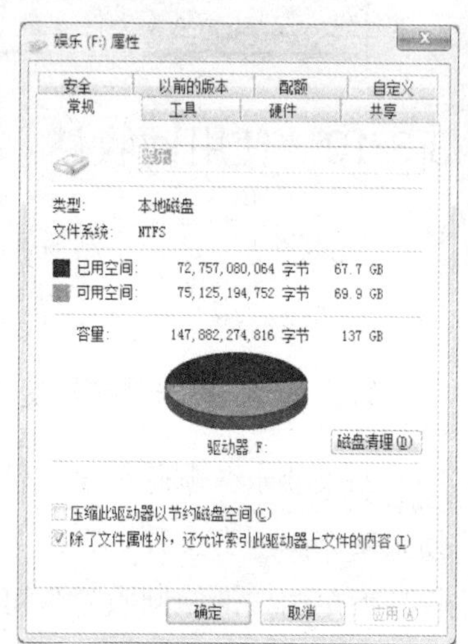

图 3-31 磁盘属性对话框

3.4.2 格式化磁盘

磁盘是专门用来存储数据信息的，格式化磁盘就是给磁盘划分存储区域，以便操作系统把数据信息有序地存放在里面。如果新买的磁盘在出厂时未格式化，那么必须对其进行格式化操作后才能使用。格式化磁盘将删除磁盘上的所有信息，因此，格式化之前应先将有用的信息备份到可靠位置，特别是格式化硬盘之前，应先关闭该磁盘上的所有文件和应用程序。

打开“计算机”或 Windows 资源管理器窗口，在准备格式化的磁盘驱动器上单击鼠标右键，在弹出的快捷菜单中选择“格式化”选项，打开如图 3-32 所示的对话框。在该对话框的“容量”、“文件系统”、“分配单元大小”下拉列表框中选择需要的选项，在“卷标”文本框中输入用于识别磁盘内容的标识，在“格式化选项”选项区中可以选中“快速格式化”或“启用压缩”等复选框。单击“开始”按钮，系统将弹出提示信息框，提示格式化操作将删除该磁盘上的所有数据，单击“确定”按钮，系统开始按照格式化选项的设置对磁盘进行格式化处理，并且在对话框的底部实时地显示格式化的进度。

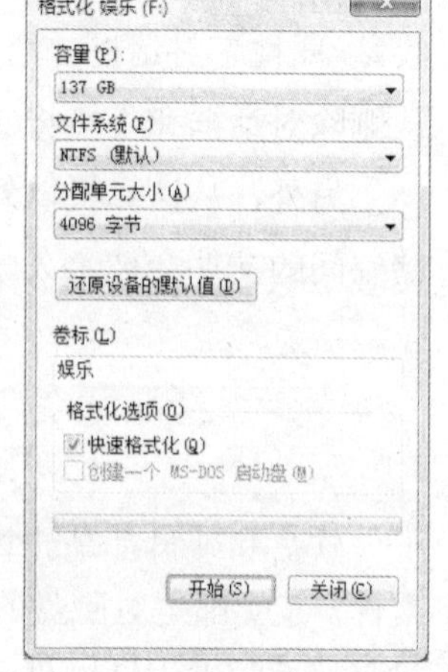

图 3-32 格式化磁盘对话框

3.4.3　整理磁盘碎片

碎片整理是为了分析、合并本地卷的碎片和文件夹，以使每个文件或文件夹都可以占用卷上单独而连续的磁盘空间，并降低新文件出现碎片的可能性，从而提高对磁盘空间的利用率和系统的速度。整理磁盘碎片的操作步骤如下：

（1）单击“开始”|“所有程序”|“附件”|“系统工具”|“磁盘碎片整理程序”命令，打开“磁盘碎片整理程序”窗口，如图 3-33 所示。

（2）选中要分析或整理的磁盘，如果要分析磁盘，可单击“分析”按钮；如果要整理该磁盘，可单击“碎片整理”按钮。

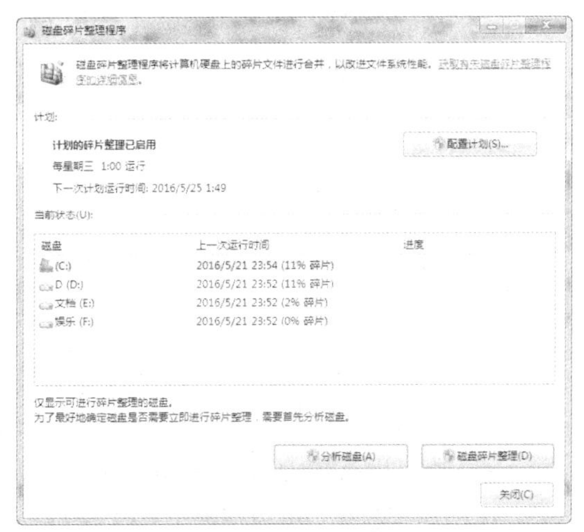

图 3-33　“磁盘碎片整理程序”窗口

由于磁盘碎片整理的时间比较长，因此在整理磁盘前一般要先进行分析以确定磁盘是否需要进行整理。单击“分析”按钮，系统便开始对当前磁盘进行分析。分析完毕后，将弹出磁盘分析结果对话框。

为了有效防止或减少磁盘碎片的产生，有必要了解一下容易产生磁盘碎片的情况，大致有以下几种：

- 创建和删除文件或文件夹。
- 安装新软件或从 Internet 上下载文件。
- 当存储一个比较大的文件时，若没有足够大的可用空间，计算机会将尽可能多的文件保存在最大的可用空间上，然后将剩余数据保存在下一个可用空间上，依此类推。因此当卷中大部分空间都被用做存储文件和文件夹后，大部分新文件则被存储在卷的碎片中。删除文件后，再存储新文件时剩余的空间将随机填充。

这样，随着在这几种情况下操作次数的增多，卷中的碎片也越来越多，计算机文件的输入/输出性能也会变得越来越差，因此需要合理地整理磁盘空间。

3.4.4　管理磁盘空间

在使用计算机的过程中，经常会遇到磁盘空间不够用的情况。这是由于一些无用文件占用了磁盘，如 Internet 浏览过程中产生的临时文件、运行应用软件时存储的临时信息文件，以及“回收站”中的文件等。为此，需要定期清理磁盘的空间。

清理磁盘的操作步骤如下：

（1）单击“开始”|“程序”|“附件”|“系统工具”|“磁盘清理”命令，弹出“选择驱动器”对话框，如图 3-34 所示。

（2）在“驱动器”下拉列表框中选择要清理的磁盘，如选择驱动器 C，单击“确定”按钮，将弹出“(C:) 的磁盘清理”对话框，如图 3-35 所示。

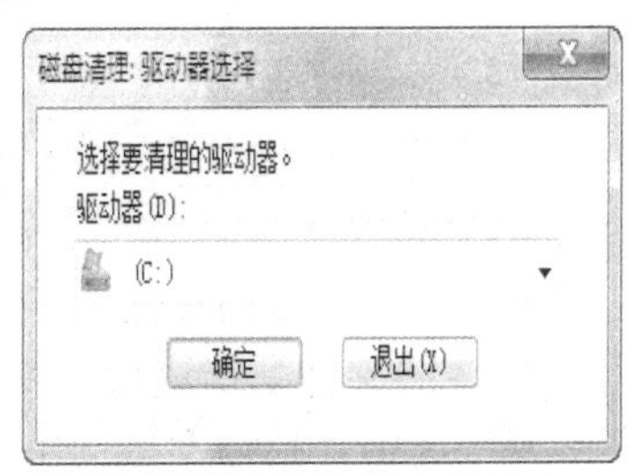

图 3-34　“选择驱动器”对话框

（3）在“要删除的文件”列表中选择要删除的文件类型。

（4）单击“其他选项”选项卡，如图 3-36 所示。

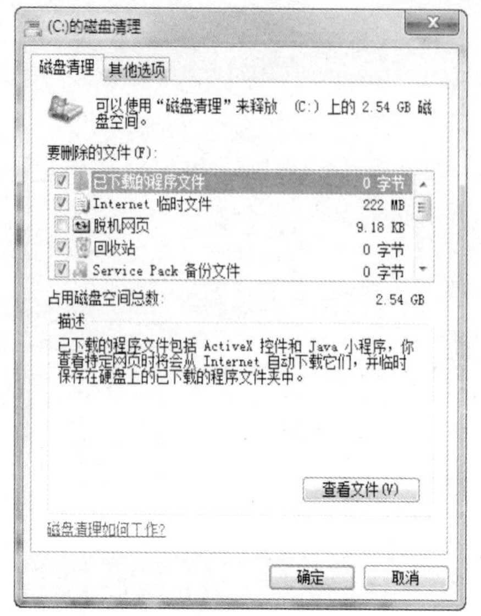
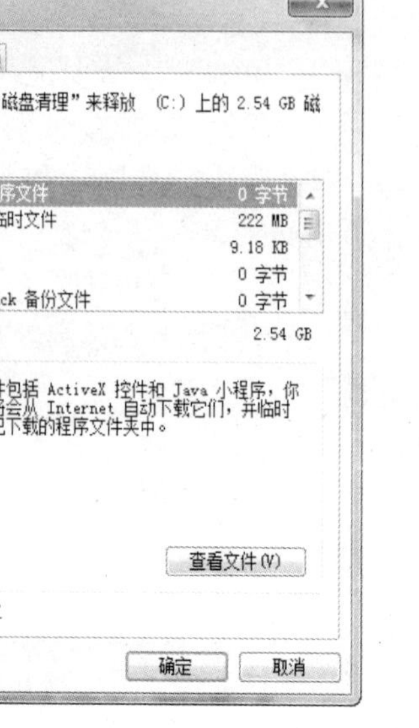

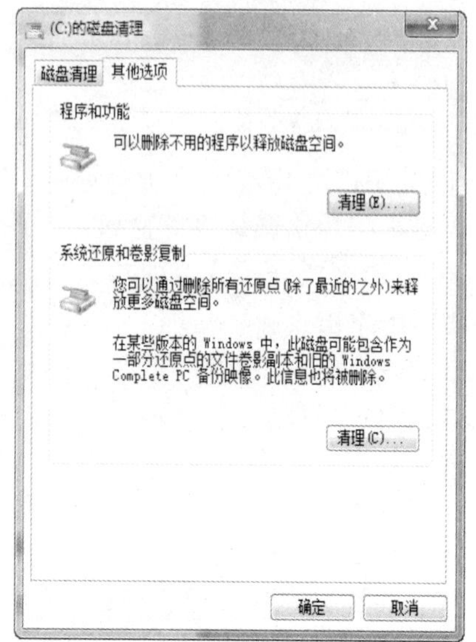

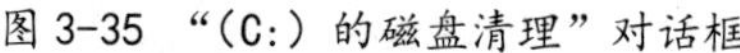

图 3-35 “(C:) 的磁盘清理”对话框　　图 3-36 “其他选项”选项卡

在该选项卡中，包含两个个选项区，可以进行如下操作：

● 在“安装的程序”选项区中单击“清理”按钮，将打开“添加或删除程序”对话框。在该对话框中，可以卸载一些无用或旧的应用软件，同样可以达到释放硬盘空间的目的。

● 在“系统还原和卷影复制”选项区中单击“清理”按钮，将删除系统上保留的一些还原点，从而释放一些硬盘空间。

3.4.5 磁盘维护

磁盘经过长期的使用，可能会出现一些坏的扇区或磁道。如果不检查和纠正这些错误，会影响磁盘的正常使用。检查和纠正磁盘错误的操作步骤如下：

（1）打开“计算机”窗口，用鼠标右键单击想要检查和纠正错误的磁盘（以 C 盘为例），在弹出的快捷菜单中选择“属性”选项，将打开“本地磁盘（C:）属性”对话框。

（2）在其中单击“工具”选项卡，该选项卡中包含“查错”、“碎片整理”和“备份”三个选项区，如图 3-37 所示。

（3）单击“查错”选项区中的“开始检查”按钮，将打开“检查磁盘 本地磁盘（C:）”对话框，如图 3-38 所示。

其中“磁盘检查选项”选项区包含“自动修复文件系统错误”和“扫描并试图恢复坏扇区”两个复选框。

● 选中“自动修复文件系统错误”复选框，指定 Windows 在磁盘检查过程中是否修复发现的文件系统错误。要运行该程序，必须关闭所有文件。

● 选中“扫描并试图恢复坏扇区”复选框，指定 Windows 是否修复在磁盘检查过程中发现的文件系统错误以及是否定位坏的扇区。

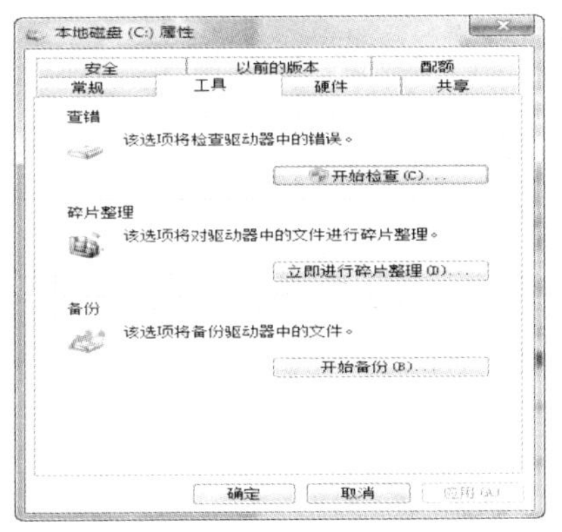

图 3-37　“工具”选项卡

图 3-38　“检查磁盘本地磁盘（C:）”对话框

专家指点

> 要运行该程序，必须关闭所有文件。如果驱动器正在使用，系统会弹出提示信息，询问是否在下次启动计算机时重新计划磁盘检查。在检查磁盘的过程中，驱动器不能执行其他任务。如果选中“扫描并试图恢复坏扇区”复选框，就无需选中“自动修复文件系统错误”复选框，Windows 将修复该磁盘上的所有错误。

（4）根据需要选中相应的复选框后，单击“开始”按钮，系统开始检查和纠正磁盘错误，完成后单击“确定”按钮即可。

3.5　Windows 7 的“控制面板”

在 Windows 7 操作系统中控制面板包含用来改变软硬件设置的工具，一般使用以下方法打开控制面板：

- 单击“开始”|“控制面板”命令。

从图 3-39 中可以看到，“控制面板”窗口中有许多图标，它们都对应着一个方面的功能，点击这些图标即可在系统的引导下完成相应的设置操作。

图 3-39　“控制面板”窗口

3.5.1 设置外观和个性化

中文版 Windows 7 提供了比较灵活的人机交互界面，用户可以方便地设置它的外观，包括设置桌面背景、屏幕保护程序、窗口颜色和声音等。

1．设置桌面背景

在 Windows 7 中，桌面背景又称墙纸。设置桌面背景的具体操作步骤如下：

（1）右击桌面空白处，在弹出的快捷菜单中选择“个性化”命令，打开“个性化”窗口，单击窗口底部的“桌面背景”链接，如图 3-40 所示。

图 3-40 “个性化窗口”

（2）在打开的窗口中，找到并选中图片，在“图片位置”下拉框中选择合适效果，最后单击“保存修改”按钮，返回“个性化”窗口。

若所选的是一个图形文件，它的大小一般与屏幕的大小并不相符合，可供选择的图片位置的五种显示方式有“填充”、“适应”、“居中”、“平铺”和“拉伸”，如图 3-41 所示。

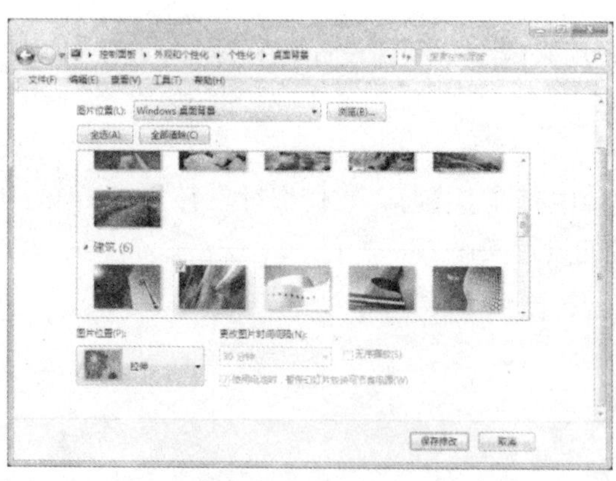

图 3-41 “桌面背景”选项卡

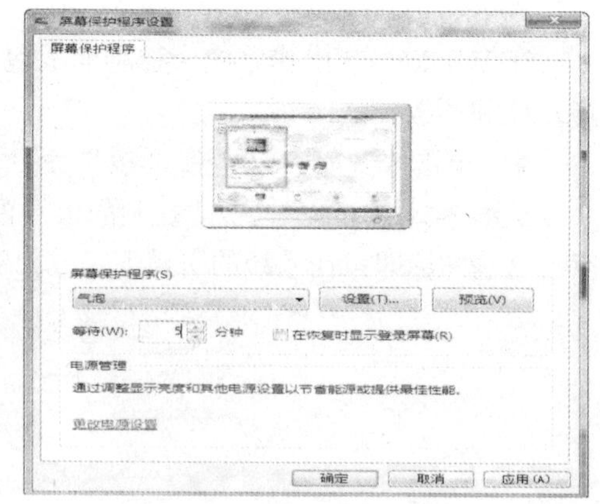

图 3-42 屏幕保护程序设置

2．设置屏幕保护

设置屏幕保护程序的具体操作步骤如下：

（1）右击桌面空白处，在弹出的快捷菜单中选择“个性化”命令，打开“个性化”窗口，单击窗口底部的“屏幕保护程序”链接，如图 3-40 所示。

（2）打开“屏幕保护程序设置”对话框，在“屏幕保护程序”下拉框中选择合适选项，在“等待”微调器上输入所需时间，如图 3-42 所示，最后点击“确定”按钮。

3．设置显示器分辨率

要设置显示器分辨率，右击桌面空白处，在弹出的快捷菜单中选择“屏幕分辨率”命令，（如图 3-43 所示），在“分辨率”选项中调整到所需要的屏幕分辨率，完成后单击“确定”按钮即可。

图 3-43 “屏幕分辨率”选项卡

3.5.2　更改系统的日期和时间

要更改系统日期和时间的具体操作步骤如下：

（1）单击任务栏上的“时间”区域，打开“更改日期和时间”对话框，如图 3-44 所示。

（2）单击“更改日期和时间”链接。

（3）单击“更改日期和时间”按钮进行设置。在“时间”选项区中可以进行小时、分钟和秒的设置。

（4）设置完成后，单击“确定”按钮，完成更改日期和时间的操作。如图 3-45 所示。

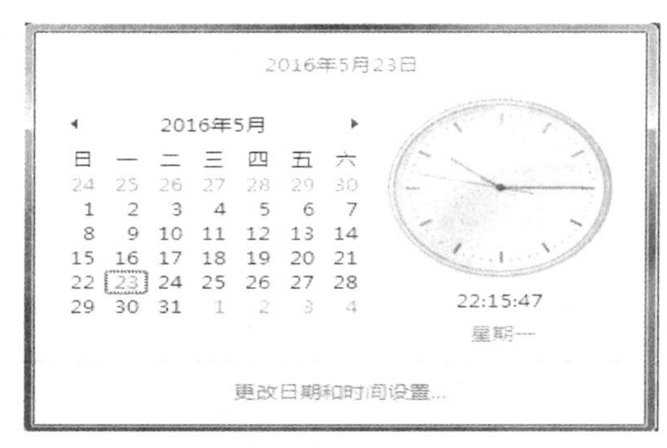

图 3-44 “更改日期和时间”对话框

专家指点

在“日期和时间 属性”对话框中单击“Internet 时间”选项卡（如图 3-46 所示），在其中可以设置自己的计算机和 Internet 时间服务器同步，但同步操作只有在用户的计算机和 Internet 连接时才能进行。

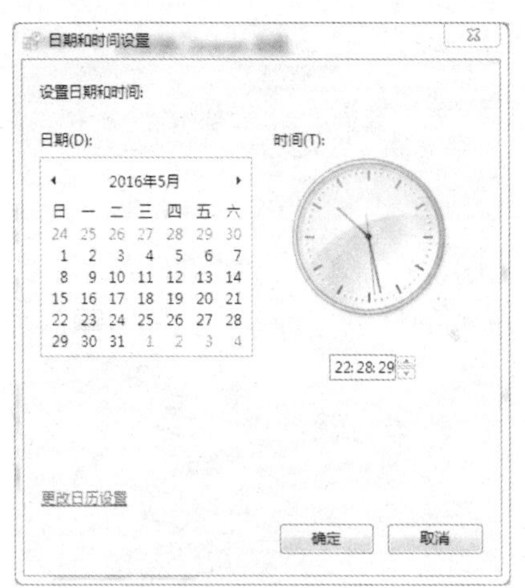

图 3-45 “日期和时间设置”选项卡

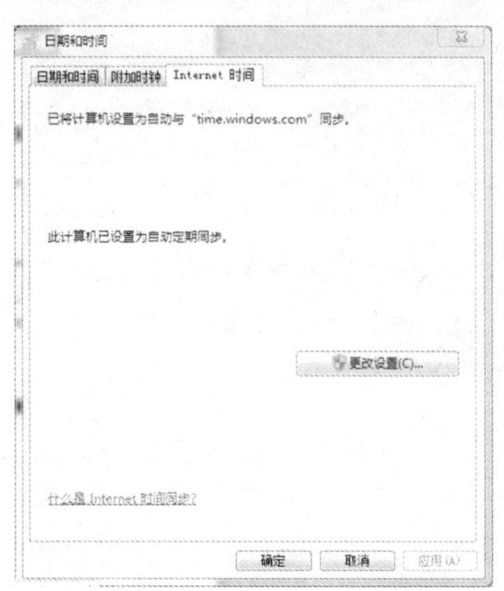

图 3-46 “Internet 时间”选项卡

3.5.3 设备和打印机

在 Windows 7 中，存在一个单一的“设备和打印机”位置，用于连接、管理和使用打印机、电话和其他设备，从此处可以与设备交互、浏览文件以及管理设置，而不像过去必须要转到 Windows 中的不同位置来管理不同类型的设备。

在控制面板中单击“查看设备和打印机”命令，“设备和打印机”窗口中显示的设备通常是外部设备，可以通过端口或网络连接到计算机或从计算机断开连接，通常包括：

①插入到计算机上 USB 端口的所有设备，包括外部 USB 硬盘驱动器、闪存驱动器、摄相机、键盘和鼠标。

②连接到计算机的所有打印机，包括通过 USB 电缆、网络或无线连接的打印机。

③连接到计算机的无线设备，包括 Bluetooth 设备和无线 USB 设备。

3.5.4 安装和卸载程序

计算机用来执行特定任务（如文字处理、统计或数据管理）的指令集称为应用程序，简称程序。在计算机上做任何事都需要使用程序。例如，想要绘图，则需要使用绘图或画图程序。若要写报告，需使用字处理程序。若要浏览 Internet，需使用称为 Web 浏览器的程序。

1. 安装应用程序

Windows 中附带的程序和功能可以执行许多操作，但有时还需要安装其他程序完成特定操作。安装程序的方法有以下几种：

以前通常从 CD 或 DVD 光盘安装。将安装光盘插入计算机的光驱，通常程序会自动启动程序的安装向导，选择相应的选项进行安装即可。如果程序不自动启动安装向导，则可以双击打开光盘盘符浏览整张光盘，然后打开程序的安装文件（文件名通常为 Setup.exe 或 Install.exe）完成安装。

（1）从磁盘安装

磁盘安装程序的来源通常来自光盘、网络下载或者其他 U 盘等可移动磁盘。在本地磁盘上，找到软件的安装程序，双击其图标，按照提示和自身需要完成安装即可。

（2）从 Internet 安装

在用户的 Web 浏览器中，单击指向程序的链接。若要立即安装程序，请单击“打开”或“运行”，然后按照屏幕上的指示进行操作。若要以后安装程序，请单击“保存”，然后将安装文件下载到用户的计算机上，执行从磁盘安装的安装方法。

2. 卸载应用程序

卸载应用程序就是将不需要的应用程序从计算机中删除。用户安装的应用程序是不能直接通过点击右键选择“删除”命令完成的，必须进行“卸载”操作。在控制面板图 3-39 中单击“程序”下的“卸载程序”命令，可以打开如图 3-47 所示的“程序和功能”窗口。在该窗口中选择要卸载或更改的程序，然后单击“卸载”或“更改”完成相应的操作。

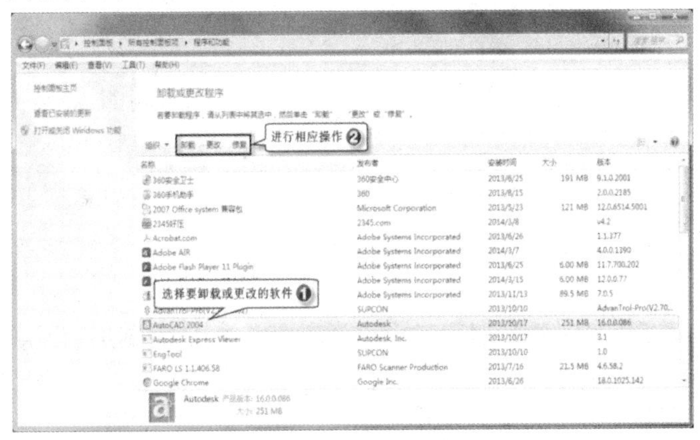

图 3-47 “程序和功能”窗口

3.5.5 用户账户

用户帐户是通知 Windows 用户可以访问哪些文件和文件夹，可以对计算机和个人首选项（如桌面背景或屏幕保护程序）进行哪些更改的信息集合。通过用户帐户，我们可以在拥有自己的文件和设置的情况下与多人共享计算机。每个人都可以使用用户名和密码访问自己的用户帐户。在“控制面板”中选择“用户账户和家庭安全”命令，在对话框单击“用户帐户”命令，即可打开用户帐户窗口。

Windows 7 中有三种不同类型的帐户，分别是 Administrator 管理员帐户、标准用户帐户和 Guest（来宾）帐户。

①管理员帐户可以对计算机进行最高级别的控制，属于系统保留帐户，只有在必要时才使用。管理员使用该帐户可以更改安全设置，安装软件和硬件，访问计算机上的所有文件，对其他用户帐户进行更改等许多系统的高级管理操作。

②标准帐户适用于日常计算，用户自建帐户默认都属于标准帐户。在一台计算机中可以根据实际需要创建多个用户帐户。使用标准帐户登录到 Windows 时，用户可以执行管理员帐

户下的几乎所有的操作，但是如果要执行影响该计算机其他用户的操作（如安装软件或更改安全设置），则 Windows 7 会要求提供管理员帐户的密码。建议为每个用户创建一个标准帐户以防止用户做出对计算机其他用户造成影响的更改（如删除计算机工作所需要的文件），从而帮助保护计算机。

③来宾帐户主要针对需要临时使用计算机的用户。Windows 7 中自带了 Guest（来宾）帐户，该帐户默认是禁用的。使用该帐户只能进行基本的计算机操作，不能更改计算机的重要设置。

3.6 常用附件

在日常办公中，经常需要处理大量的文字、表格、图形和图像等，为此，Windows 7 为用户提供了一个 Windows 常用附件（如写字板、记事本等）。利用其中的程序，用户可以进行一些简单的文字、图像的处理操作，以满足用户日常需要。

3.6.1 写字板

写字板是一个可用来创建和编辑文档的基本文本编辑程序。与记事本不同，写字板文档可以包括复杂的格式（如斜体、粗体和下划线）和图形，并且可以在写字板内链接或嵌入对象（如图片、数学公式或其他文档等）。单击“开始”|“所有程序”|“附件”|“写字板”命令，即可打开“文档-写字板”窗口，如图 3-48 所示。

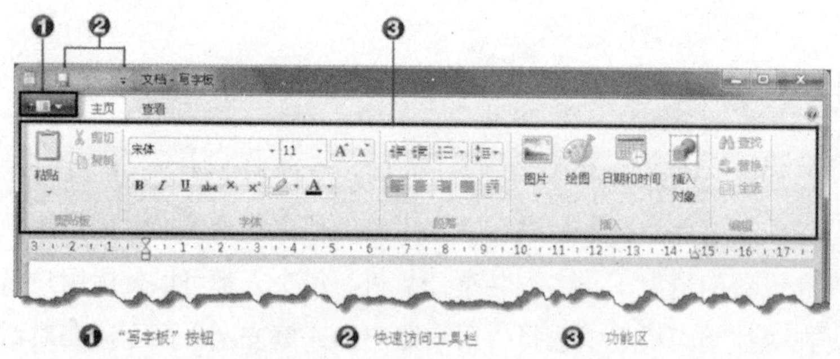

图 3-48 “文档-写字板”窗口

写字板可以用来打开和保存文本文档（.txt）、多格式文本文件（.rtf）、Word 文档（.docx）和 OpenDocument Text （.odt） 文档，其他格式的文档会作为纯文本文档打开，但可能无法按预期显示。将最常用的命令放在“写字板”功能区的“快速访问工具栏”上可以大幅提高“写字板”的工作效率。若要将“写字板”中某个命令添加到“快速访问工具栏”，右键单击该按钮或命令，然后单击“添加到快速访问工具栏”即可。

写字板的很多操作和功能与后面要学习的 Word 类似，Word 虽然功能强大，但是其体积也非常大，需要占据大量的磁盘空间。写字板就不一样了，其体积小，节省空间，易于访问的优点可以满足用户处理基本的文档。

3.6.2　记事本

记事本是 Windows 7 系统提供一种用来创建文档的基本文本编辑程序，最常用于查看或编辑文本文件。文本文件是通常由 .txt 文件扩展名标识的文件类型。

单击“开始”|“所有程序”|“附件”|“记事本”命令，即可打开“无标题-记事本”窗口。在记事本“格式”菜单下可以更改文本的字形和字号，文档中的文本超出屏幕右边缘可以用 “自动换行”在不滚动的情况下，看到所有文本。在“编辑”菜单下，可以对文本进行全选、剪切、复制、粘贴或删除，查找和替换特定的字符或单词等操作。利用“文件”菜单，可以新建、保存、进行页面设置并打印文本。

3.6.3　画图

画图工具是 Windows 7 系统自带的图像处理程序。使用画图工具可以绘制、编辑图片以及为图片着色。可以像使用数字画板那样使用画图来绘制简单图片、有创意的设计，或者将文本和设计图案添加到其他图片，如那些用数字照相机拍摄的照片。

1. 启动画图工具

单击“开始”|“所有程序”|“附件”|“画图”命令，即可打开“画图”程序。“画图”中使用的绘图工具都可以在“功能区”中找到，“功能区”位于“画图”窗口的顶部。如图 3-49 显示了“画图”中的“功能区”和其他部分区域。

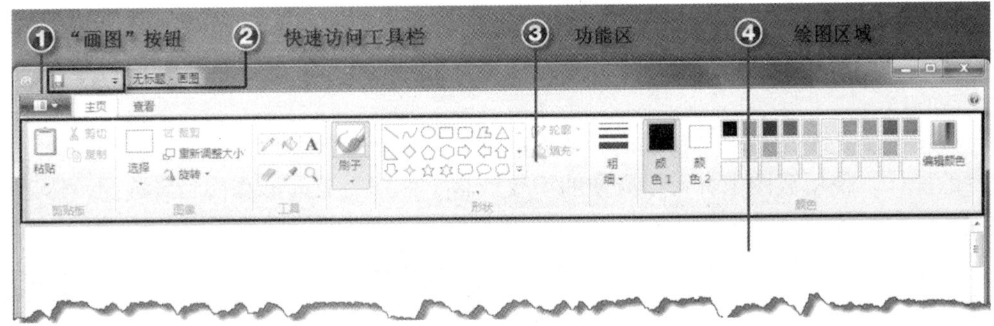

图 3-49　画图工具的窗口组成部分

2. 绘图工具

（1）绘制图形

用户可以利用工具绘制线条、各种形状，在图片中添加文本等。常用的绘制线条的工具有“铅笔”、“刷子”、“直线”、“曲线”等；各种形状除已有的形状（矩形、椭圆、三角形、箭头、心形、闪电形或标注等），还可以使用“多边形”工具可以绘制具有任意边数的自定义形状；利用“文本”工具可以在图片中添加文本或消息。

（2）选择并编辑对象

在“画图”中，可能要对图片或对象的某一部分进行更改。为此，可以选择图片中要更改的部分，然后进行编辑。可以进行的更改包括：调整对象大小、移动或复制对象、旋转对象或裁剪图片使之只显示选定的项。这时可以使用“选择”、“裁剪”、“旋转”、“橡皮擦”等工具。

（3）处理颜色

画图提供了很多帮助处理颜色的工具，在绘制和编辑内容时我们使用自己期望的颜色。常用处理颜色的工具有颜料盒、颜色选取器、用颜色填充、编辑颜色等。

（4）查看图片

查看图片时我们可以选择多种处理图片的方式。可以根据需要用“放大镜”放大图片的特定部分；要编辑图像的一小部分，可以用“放大”工具放大这部分内容以便能够看清；如果图片太大而无法在屏幕上显示，可以用“缩小”工具缩小以便能够看到整个图片；还可以在“画图”中工作时显示标尺和网格线，以便更好地在“画图”中工作。

3. 保存图片

在“画图”中编辑图片时，应经常保存进行的工作，以免意外丢失所绘制的图形。单击“画图”按钮，然后单击“保存”即可保存上次保存之后对图片所做的全部更改。如果是首次保存新图片，需要给图片指定一个文件名。具体步骤如下：

①单击“画图”下拉按钮，然后单击“保存”。

②在“保存类型”文本框中，选择需要的文件格式。

③在“文件名”框中键入名称，然后单击“保存”。

3.6.4 截图工具

截图工具是 Windows 7 提供的一种新的附件程序，日常学习和工作中，经常会用到截取图片的操作，使用截图工具可以方便的捕获屏幕上任何对象的屏幕快照或截图，然后对其添加注释、保存或共享该图像。

单击“开始”|“所有程序”|“附件”|“截图工具”命令，即可打开程序“截图工具”窗口，如图 3-50 所示。

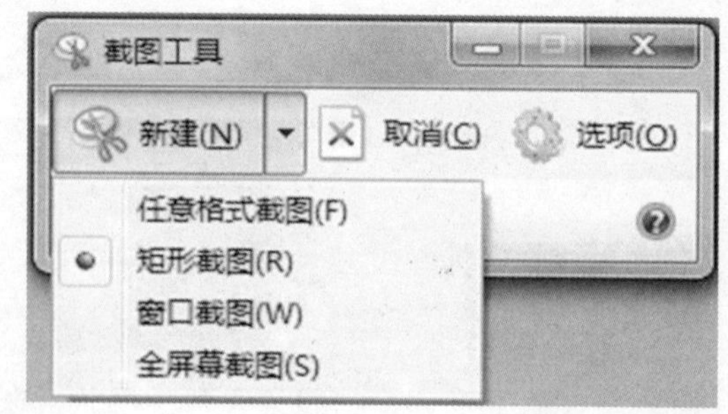

图 3-50 截图工具

单击“新建”按钮旁边的箭头，从列表中选择“任意格式截图”、“矩形截图”、“窗口截图”或“全屏幕截图”，然后选择要捕获的屏幕区域，即可完成截图进入编辑界面。列表中各项含义分别介绍如下：

“任意格式截图”：围绕对象绘制任意格式的形状。

“矩形截图”：在对象的周围拖动光标构成一个矩形。

“窗口截图”：选择一个窗口，例如希望捕获的浏览器窗口或对话框。

“全屏幕截图”：捕获整个屏幕。

编辑好图片后，在标记窗口中单击“保存截图”按钮。在“另存为”对话框中，输入截图的名称，选择保存截图的位置，然后单击“保存”即可。

3.6.5　计算器

1. 认识计算器

在 Windows 7 中，用户可以使用“计算器”进行加减乘除的简单运算，也可以利用“计算器”进行进制转换、统计信息、函数计算等高级功能运算。

单击“开始”|“所有程序”|“附件”|“计算器”命令，即可打开“计算器”程序，如图 3-51 所示。计算机程序主要由标题栏、菜单栏、数字显示区和工作区组成。单击“查看”菜单，可以根据需要切换计算机的计算模式和其他使用选项。

图 3-51 “计算器”窗口

用户可以单击计算器按钮执行计算，也可以通过按【Num Lock】键，使用数字键盘键入数字和运算符计算。计算器除了提供加、减、乘、除的简单运算，还提供了编程计算器、科学型计算器和统计信息计算器的高级功能。

2. 计算器模式

计算器默认为标准型计算模式，单击“查看”菜单，可以选择所需计算模式。计算器使用过程中切换模式时，将清除当前的计算数据，但会保留“记忆钥匙”所存储的计算历史记录和数字。

（1）科学性计算模式

在科学型模式下，计算器会精确到 32 位数，当采用科学型模式进行计算时，计算器采用运算符优先级。

（2）程序员计算模式

在程序员模式下，计算器最多可精确到 64 位数，这取决于所选择的字大小，使用程序员模式进行计算时，计算器采用运算符优先级，程序员模式只是整数模式，其小数部分将被舍弃。

（3）统计信息计算模式

使用统计信息模式时，可以输入要进行统计计算的数据进行计算。输入数据时，数据将显示在历史记录区域中，同时所输入数据的值将显示在计算区域中。在统计信息计算模式下，键入或单击首段数据，单击“添加”将数据添加到数据集中，然后单击要进行统计信息计算的按钮即可完成计算。

3.7 了解 Windows 10 操作系统

3.7.1 Windows 10 的新增功能

1．开始菜单化

Windows 10 的开始菜单功能，点击屏幕左下角的 Windows 键打开开始菜单之后，不仅会在左侧看到包含系统关键设置和应用列表，标志性的动态磁贴也会出现在右侧。

2．Cortana 所带来的搜索和控制功能

Cortana 可以用来搜索硬盘内的文件，系统设置，安装的应用，甚至是互联网中其他信息。作为一款私人助手服务，Cortana 还能像在移动平台那样帮你设置基于时间和地点的备忘。

3．Edge 浏览器

Edge 将作为 Windows 10 的缺省浏览器亮相，IE 继续得以保留，但仅提供给用户用以兼容遗留软件。Edge 提供了触控屏涂鸦功能以及全新的阅读模式，小娜也将在浏览器中出现，帮助用户执行搜索任务。

4．桌面应用

用户可以调整应用窗口大小，标题栏在窗口上方，最大化与最小化按钮也给了用户更多的选择和自由度。

5．虚拟桌面与任务栏

虚拟桌面作为 Windows 10 最重要的功能之一，深受重度桌面用户的关注。在此前的版本中，打开的应用会出现在每一个桌面的任务栏中，容易引起混淆。现在，微软提供了过滤选项，让应用只在当前桌面的任务栏中出现。

6．Snap Assist

自 Windows 7 以来，Snap 作为一项新功能深受用户喜爱。Windows 10 更进一步，推出全新的“Snap Assist”，当有窗口停靠在桌面一侧之后，Snap Assist 便会将余下窗口集中显示出来，供用户进一步安排桌面布局。

7．命令提示符窗口升级

Windows 老用户对命令行窗口一定非常熟悉，连 Windows 10 也没有忽略这一功能。用户现在可以使用【Ctrl+V】将目录粘贴进命令行窗口，虽然简单，但却非常实用。

8．全新的平板电脑模式

Windows 10 提供了针对触控屏设备优化的功能，同时还提供了专门的平板电脑模式，开始菜单和应用都将以全屏模式运行。如果设置得当，系统会自动在平板电脑与桌面模式间切换。

9．多桌面

在该功能的帮助下，可以将窗口放进不同的虚拟桌面当中，并在其中进行轻松切换。这样一来，原本杂乱无章的桌面也就变得整洁起来。

10．计划重新启动

Windows 在安装系统升级之后一般都需要进行重启。在过去，系统会通过弹窗告知你重启会在多少分钟后进行，而 Windows 10 会询问你希望在多长时间之后进行重启。

11．设置和控制面板

Windows 8 的设置应用同样被沿用到了 Windows 10 当中，该应用会提供系统的一些关键设置选项，用户界面也和传统的控制面板相似。

12．生物识别功能

Windows 10 所新增的 Windows Hello 功能将带来一系列对于生物识别技术的支持。除了常见的指纹扫描之外，系统还能通过面部或虹膜扫描来让你进行登入。

13．DirectX 12

Windows 10 将带来最新版本的图形 API—DirectX 12。在带来大幅性能提升的同时，DirectX 12 依然能够支持许多现有的显卡。除了造福游戏玩家之外，它还能加速其他的图形类应用，包括 CAD 等绘图软件。

3.7.2　Windows 10 的基本操作

安装好 Windows 10 之后，就可以正式开始体验 Windows 10 操作系统的魅力了。与以前版本的 Windows 相比，Windows 10 的整体界面变化很大，下面将简单介绍一些 Windows 10 系统的基本操作。

1．启动 Windows 10

打开显示器、打印机等外设的电源开关，然后再按下主机箱的电源开关启动计算机。如果计算机上注册了多个用户，启动 Windows 10 后，在弹出的 Windows 10 欢迎界面中，将显示当前计算机中建立的用户账户。若登录 Windows 10，可先单击用户名，根据屏幕提示输入正确的密码后，单击“密码”文本框右侧的箭头按钮或按【Enter】键，即可登录 Windows 10。

2. 退出 Windows 10

在较长时间内不需要使用计算机时，用户可以执行关闭计算机的操作。关闭计算机不要直接关闭电源，应该关闭 Windows 操作系统，它会帮助用户切断计算机电源。关机时应注意以下情况：

- 在已退出 Windows 10 操作系统前提下，断开计算机电源，否则可能会破坏一些未保存的文件和正在运行的程序，造成计算机不能正常使用。
- 如果未退出 Windows 10 就直接关闭电源，系统将认为这是非正常中断，这样操作可能会造成致命的错误并导致系统无法再次启动。
- 当系统处在死机状态，不再对鼠标和键盘的各项指令进行反应时，就需要强行关闭计算机，方法是按住电源开关保持几秒钟不动，直至计算机关闭。

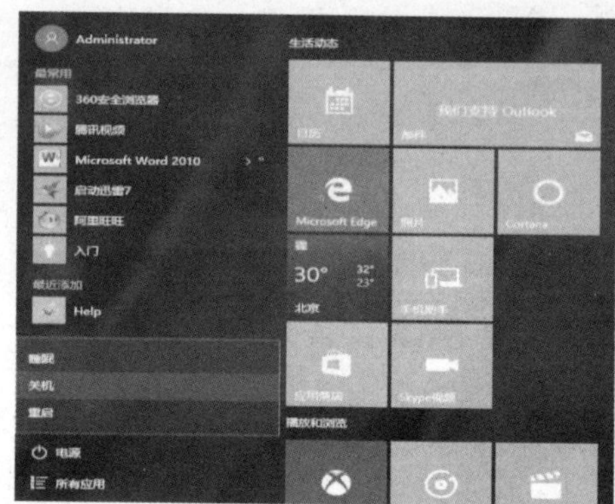

图 3-52　关闭计算机

关机的正确操作方法如下：单击“开始”按钮，在弹出的“开始”菜单中单击“电源”按钮，在弹出的快捷菜单中选择“关机”选项，如图 3-52 所示。

3. 设置背景的视觉特效

Windows 10操作系统最明显的变化就是使用了一种称作全新用户界面，该界面使窗口的立体感更强，下面将简单介绍启用这些特效的方法。具体操作步骤如下：

（1）在桌面上单击鼠标右键，在弹出的快捷菜单中选择“个性化”|“背景”，如图 3-53 所示。

（2）在“背景”窗口中，系统提供了 3 种显示样式，图片、幻灯片和和新增加的纯色。在纯色背景中，用户可以根据需要选择相应的颜色的纯色色块（如图 3-54 所示），改变 Windows 背景的颜色。

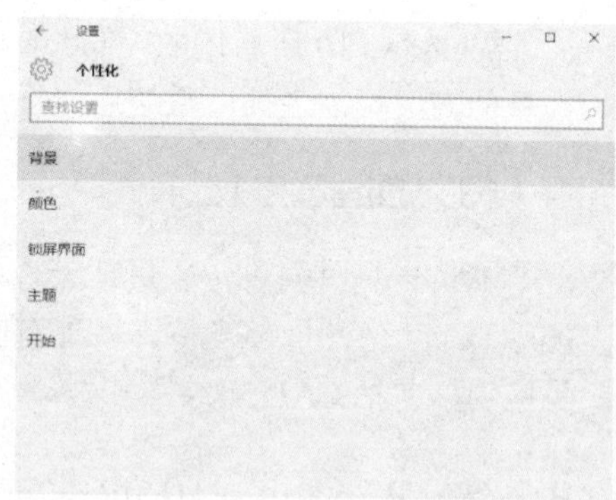

图 3-53　个性化设置

（3）针对好换桌面背景图片的用户，则可以使用幻灯片放映模式，将多个背景图片添加，设置变换频率时间和播放效果等选项，如图 3-55 所示。

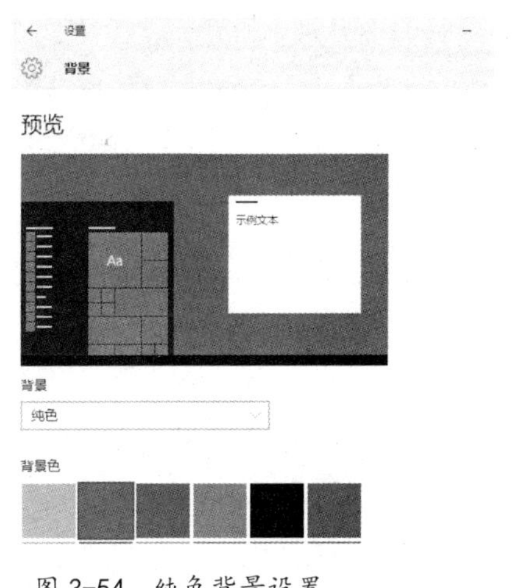

图 3-54　纯色背景设置

图 3-55　幻灯片放映背景设置

4. 设置通知中心

Win10 是一款跨平台的操作系统，可以兼容 PC 和移动设备，因此 Win10 上面就默认内置了过去移动设备上才有的通知中心。同样，通知中心依然是不变的用途，在手机上是为用户传达各种应用推送消息的信息聚合平台。在 PC 上也类似，主要是提示用户系统、软件、网络连接的各种消息。

安装 Windows 10 后，系统默认情况下，Windows 通知呈开启状态。与其他 Windows 对象一样，Windows 通知也有自身的属性，用户可以对通知的属性进行更改。设置通知属性的具体操作步骤如下：

（1）单击“开始”|“设置”命令，弹出“设置”窗口，点击“Windows 通知属性”图标 通知和操作，弹出“通知和操作”属性设置栏，如图 3-56 所示。

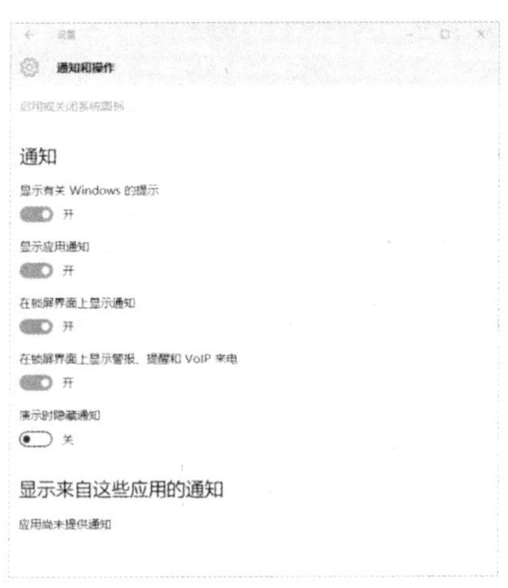

图 3-56　通知和操作属性

（2）根据需要可以关闭系统提供的“显示有关 Windows 的提示”，即使操作系统更新或出错都不会提供任何通知提示；关于应用程序通知，如若关闭之后，那么任何程序的通知你都将无法接收到。“演示时隐藏通知”功能是当演示程序时关闭所有通知。

习 题

一、选择题

1．操作系统是______的接口。

A．用户与软件　　B．系统软件与应用软件

C．主机与外设　　D．用户与计算机

2．Windows 7 操作系统是一个______。

A．单用户多任务操作系统　　B．单用户单任务操作系统

C．多用户单任务操作系统　　D．多用户多任务操作系统

3．记录在磁盘上的一组相关信息的集合称为______。

A．数据　　B．外存　　C．文件　　D．内存

4．以下对 Windows 文件名取名规则的描述，______是不正确的。

A．文件名的长度可以超过 1 1 个字符　　B．文件的取名可以用中文

C．在文件名中不能有空格　　D．文件名中不允许使用西文符号"："

5．Windows 提供了长文件命名方法，一个文件名的长度最多可达到______个字符。

A．200 多　　B．不超过 2 00　　C．不超过 1 00　　D．8

6．下列文件格式中，______表示图像文件。

A．*. docx　　B．*.xlsx　　C．*.bmp　　D．*.txt

7．记事本是可用于编辑______文件的应用程序。

A．ASCII 文本　　B．表格

C．扩展名为 doc 的　　D．数据库

8. Windows 的文件夹组织结构是一种 ______。

A．表格结构　　B．树形结构　　C．网状结构　　D．线形结构

9．Windows 对磁盘信息的管理和使用是以______为单位的。

A．文件　　B．盘片　　C．字节　　D．命令

10．在 Windows 中，文件夹中包含______。

A．只有文件　　B．根目录

C．文件和子文件夹　　D．只有子文件夹

二、填空题

1．______是计算机所有软件的核心，是计算机与用户的接口，负责管理所有计算资源，协调和控制计算机的运行。

2．Windows 7 中有四种类型的菜单，分别是______、标准菜单、______与控制菜单。

3．为了区别不同的文件，每一个文件都有唯一的标识，称为文件名。文件名由名称和______两部分组成，两者之间用分隔符______分开。

4．Windows 系统内置了很多中文输入法，按______键可以在输入法间循环切换。如果要快速切换中、英文输入法，可以按下______键。

三、简答题

1．Windows 7 操作系统有哪些主要特点？
2．Windows 窗口由哪些元素组成？
3．“我的电脑”与“资源管理器”的功能分别是什么？
4．如何设置屏幕保护程序？
5．如何设置计算机的分辨率？

上 机 指 导

1．对桌面元素进行设置与排列。要求：①改变桌面图标的大小。②改变桌面图标的位置，然后以不同的方式排列图标。③创建一个快捷方式图标。

2．对任务栏进行更改与设置。要求：①改变任务栏的宽度。②改变任务栏的位置。③隐藏任务栏。

3．查看 C 盘的常规属性。要求：①写出磁盘大小、已用空间、剩余空间、文件系统类型。②将 C 盘重新命名为“系统盘”。

4．在桌面上建立一个名称为“计算机 1”的文件夹，然后将“计算机 1”文件夹复制 2 个，分别命名为“计算机 2”和“计算机 3”，并将“计算机 2”文件夹移动到“计算机 1”文件夹中，将“计算机 3”文件夹复制到“计算机 1”文件夹中，最后将桌面上的“计算机 3”文件夹删除。

5．在 D 盘上建立一个名称为“资料”的文件夹，在“写字板”中输入“计算机考试”字样，将文件以“练习”为名称保存到刚才创建的“资料”文件夹中，然后删除“资料”文件夹。

6．打开【回收站】窗口，还原“资料”文件夹，然后清空回收站。

7．显示器的个性化设置。要求：①设置显示器的分辨率为 1 024×768 像素。②隐藏“计算机”和“回收站”图标。③设置桌面主题为“建筑”。

8．设置系统时间与日期。要求：①修改系统日期为 2013 年 6 月 12 日，时间为 12:00。②附加一个时钟，设置为“夏威夷”时间。③设置计算机时间与 Internet 时间同步。

9．创建一个名称为“张三”的新帐户。设置帐户密码为 123456。

第4章 文字处理软件——中文版 Word 2010

本章学习目标

通过本章的学习，读者应掌握中文版 Word 2010 文档的基本操作、格式的设置、表格的制作、页面的设置及打印输出等内容，并了解中文版 Word 2013 的新增功能。

学习重点和难点

- 文本的编辑
- 设置文档格式
- 表格制作
- 图形处理及图文混排
- 页面设置

4.1 中文版 Word 2010 简介

Word 2010 是美国微软公司 Microsoft Office 2010 办公套装软件的重要组成部分，它是一款文字处理软件，可用来处理文字的输入、修改、排版和输出等一整套工作。Word 2010 是非常经典的一个版本，它集成了之前 Word 中的基本功能并且将其具体化，使用户操作起来更顺手、更方便。它的工具设计更人性化。通过本章的学习可了解 Word 的基本功能，从而熟练掌握 Word 2010 文字处理软件。本节先来简单了解一下中文版 Word 2010 的工作环境及其基本操作。

4.1.1 中文版 Word 2010 的安装、启动与退出

下面首先介绍中文版 Word 2010 的安装，以及如何启动与退出中文版 Word 2010。

1. Word 2010 的安装

中文版 Word 2010 是 Office 2010 的一个重要组件，要安装中文版 Word 2010 就需要安装 Office 2010。

打开已有的安装程序文件夹（现在大多数家庭用户可直接从网上直接下载安装程序文件），然后双击"setup"应用程序文件，即弹出如图 4-1 所示的安装界面。用户只要按照 Microsoft Office 2010 安装向导提示进行操作就可轻松地完成安装。用户也可以选择需要的组件进行安装，在以后的使用过程中遇到尚未安装的程序或命令时，Office 2010 会自动弹出对话框，询问是否立即进行安装。

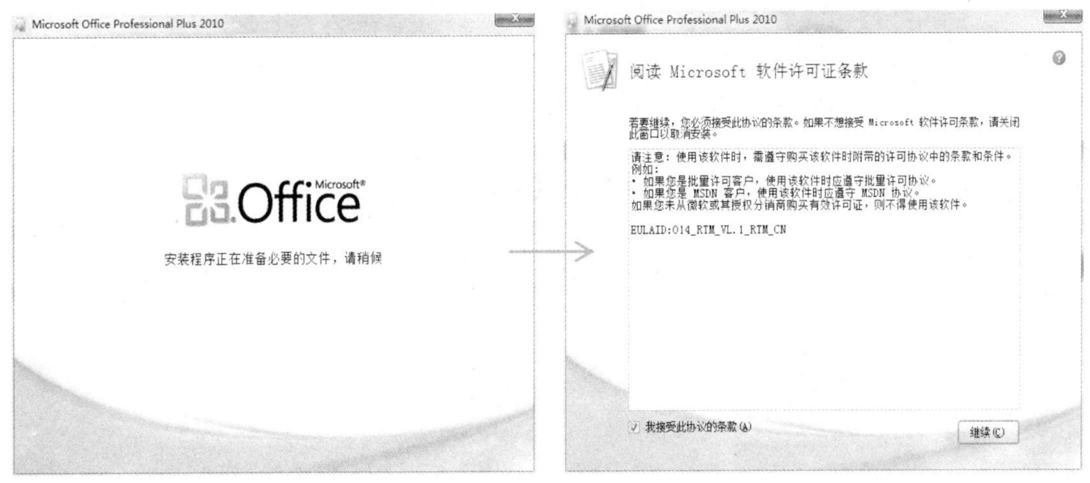

图 4-1　Office 2010 的安装界面

2. Word 2010 的启动

安装了 Office 2010 以后，用户就可以启动中文版 Word 2010 了。启动 Word 2010 的常用方法：

- 单击“开始”|“所有程序”|“Microsoft Office”|“Microsoft Word 2010”命令。
- 双击桌面上已有的 Word 2010 快捷方式。
- 双击任意一个已保存的 Word 文档，即扩展名为“. doc”的文档。

3. Word 2010 的退出

退出中文版 Word 2010 的常用方法有以下四种：

- 单击“文件”|“退出”命令。
- 单击窗口右上角的“关闭”按钮。
- 双击窗口标题栏左侧的控制图标。
- 按【Alt+F4】组合键。

4.1.2　中文版 Word 2010 的工作界面

Word 文档的工作界面就是程序启动后的窗口，是用户使用 Word 文档程序以及编辑文本的重要场所，一定要认识界面的组成元素及其作用。Word 2010 的窗口界面相对于以前版本的 Word 而言，更具美观性与实用性。在 Word 2010 中，选项卡与选项组代替了菜单与工具栏。Word 2010 的窗口组成如图 4-2 所示。

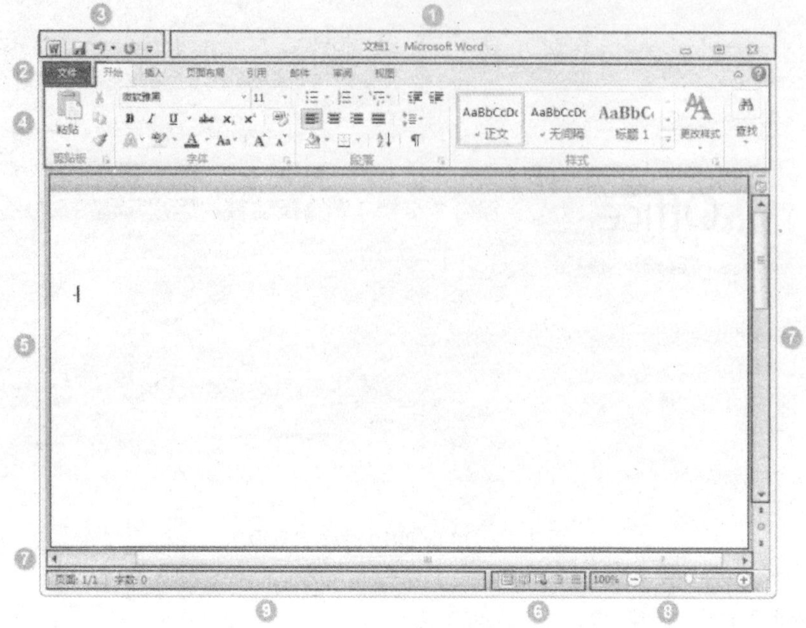

图 4-2　中文版 Word 2010 的工作界面

（1）标题栏：显示正在编辑的文档的文件名以及所使用的软件名。

（2）“文件”选项卡：基本命令（如“新建”“打开”“关闭”“另存为...”和“打印”）位于此处。

（3）快速访问工具栏：常用命令位于此处，例如“保存”和“撤消”。也可以添加个人常用命令。

（4）功能区：工作时需要用到的命令位于此处。它与其他软件中的“菜单”或“工具栏”相同。

（5）“编辑”窗口：显示正在编辑的文档。

（6）“显示”按钮：可用于更改正在编辑的文档的视图模式以符合用户的要求。

（7）滚动条：可用于更改正在编辑的文档的显示位置。

（8）缩放滑块：可用于更改正在编辑的文档的显示比例设置。

（9）状态栏：显示正在编辑的文档的相关信息。

4.2　文档的基本操作

Word 2010 是一款文字处理软件，可用来处理文字的输入、修改、排版等一整套工作。简单地说，就是把文字组合后变成单位公函、学术论文，甚至书籍、报刊等。功能强大是 Word 文字处理软件的突出特点。Word 2010 最基本的操作就是创建新文档、输入文字、关闭文档和保存文档等。本节将介绍文档的最基本的操作，通过学习，读者应掌握如何在 Word 2010 中新建文档、打开文档、关闭文档和管理文档。

4.2.1　创建新文档

使用 Word 2010 的目的是处理文档，在进行处理之前，必须先创建文档来放置将要处理的内容。新建文档的常用方法有以下几种：

- 启动 Word 2010 自动创建一个名为“文档 1”的新文档，用户可以在这个文档中开始工作。
- 在桌面空白处单击鼠标右键，在弹出的快捷菜单中选择“新建”|“Microsoft Word 文档”命令，便会在桌面空白位置新建一个 Word 文档。

4.2.2　打开文档

如果用户想打开一个已经保存过的文档，可执行如下操作：

（1）选择“文件”|“打开”按钮。

（2）在“快速访问工具栏”中，单击“打开”按钮，如图 4-3 所示，选中所要打开的文档，单击“打开”按钮即可。

图 4-3　“打开”对话框

4.2.3　关闭文档

关闭文档的操作分以下两种情况：

- 关闭单个文档：可单击“文件”|“关闭”命令，或窗口右上角的“关闭”按钮。
- 关闭多个文档：可在按住【Shift】键的同时单击“文件”|“全部关闭”命令。

4.2.4　保存文档

保存文档的常用方法如下：

选择“文件”|“保存”或“另存为”按钮。

- 在“快速访问工具栏”中，单击“保存”按钮。

- 按【Ctrl+ S】组合键。

当首次保存文档或另存文档时，会弹出“另存为”对话框，如图 4-4 所示，按图所示选择保存位置，输入文件名，然后单击“保存”按钮。

图 4-4 “另存为”对话框

4.2.5 选择视图方式

Word 是一款“所见即所得”的文字处理软件，即从屏幕上所看到的文档效果和打印出来的效果完全一样。Word 向用户提供了多种不同的页面视图方式，即页面视图、阅读版式视图、Web 版式视图、大纲视图和草稿视图，它们各具特色，在不同的情况下使用有着不同的优势。

1. 页面视图

页面视图是按照用户设置的页面大小进行显示的视图方式，它的显示效果与打印效果完全一致。用户可从页面视图中看到各种对象（包括页眉、页脚、水印和图形等）及其在页面中的实际打印位置（在其他视图中不能看到），所以，对于编辑页眉和页脚、调整页边距，以及处理边框、图形对象及分栏等操作，都必须在页面视图中进行。

切换到页面视图的方法是：单击“视图”|“文档视图”|“页面视图”或单击“页面视图”按钮。

2. 阅读版式视图

阅读版式视图是为了方便用户在 Word 中进行文档的阅览而设计的。在阅读版式视图下将不显示文档的背景、页边距，不可进行文本的键入、编辑等操作，不显示文档的页眉和页脚。

选择“视图”|“文档视图”|“阅读版式视图”命令，或单击“阅读版式”按钮，均可切换至阅读版式视图。

3. Web 版式视图

在 Web 版式视图中，用户可以创建能在屏幕上显示的 Web 页或文档。在该视图中，可以看到背景和为适应窗口而换行显示的文本，并且图形位置与在 Web 浏览器中的位置一致。

切换到 Web 版式视图的方法是：选择“视图”|“文档视图”|“Web 版式视图”命令或单击“Web 版式视图”按钮。

4. 大纲视图

在大纲视图中，不仅能查看文档的结构，还可以通过拖动标题来移动、复制和重新组织文本，甚至可以通过折叠文档来查看主要标题，或者展开文档以查看所有标题乃至正文内容。大纲视图还使得主控文档处理起来更为方便。主控文档有助于使较长文档（如有很多部分的报告或多章节的书）的组织和维护更为简单易行。大纲视图中不显示页边距、页眉、页脚、图片和背景。

此外，用户还可以将正文或标题“提升”到更高的级别或“降低”到更低的级别，方法是：使用“大纲”工具栏上的“升级”按钮和“降级”按钮。还可以在“显示级别”下拉列表框中选择在大纲视图中显示各个大纲级别的文档内容。

5. 草稿视图

“草稿视图”取消了页面边距、分栏、页眉页脚和图片等元素，仅显示标题和正文，是最节省计算机系统硬件资源的视图方式。

选择“视图”|“文档视图”|“草稿视图”命令，或单击“草稿视图”按钮，均可切换至草稿视图。

4.3　文本编辑

使用 Word 最基本也是最常用的操作就是文本的编辑，本节将主要介绍文本的输入、保存、选择、剪切、复制、删除、查找、替换、定位、恢复和浏览等操作。

4.3.1　输入文本

文本是文字、符号、特殊字符、图形等内容的总称。创建文档以后，要想在文档中输入内容，应首先按照前面介绍的方法选择一种汉字输入法，然后进行输入。

1. 基本输入操作

在文档中输入文本的基本操作包括：输入文本、在文档中插入被遗漏的文本、删除或修改输入错误的文本等。如果要在小范围内移动光标，可以使用键盘上的【↑】、【↓】、【←】、【|】四个方向键；如果要在大范围内移动光标，可将鼠标指针移至指定位置，然后单击鼠标左键即可。将光标移动到指定的位置后，按【Backspace】键可删除光标前面的字符，按【Delete】键可删除光标后面的字符。

在中文版 Word 2010 中，默认的输入状态是插入状态。如果按键盘上的【Insert】键或双击状态栏中的“改写”标记，则可在插入与改写状态之间进行切换。在改写状态下，输入新文本后原有内容将自动被替换。

2．输入符号

可以输入到 Word 2010 中的不只是汉字，还包括标点符号、英文字母、空格和各种特殊符号等。输入符号的操作方法：

选择菜单“插入”|“符号”命令，弹出“符号”下拉菜单，在打开的下拉列表中选择所需的符号，选择下拉列表中的“其他符号”选项，弹出“符号”对话框，如图 4-5 所示。在“字体”选项卡中选择不同的字体，选择所需符号，单击“插入”按钮。

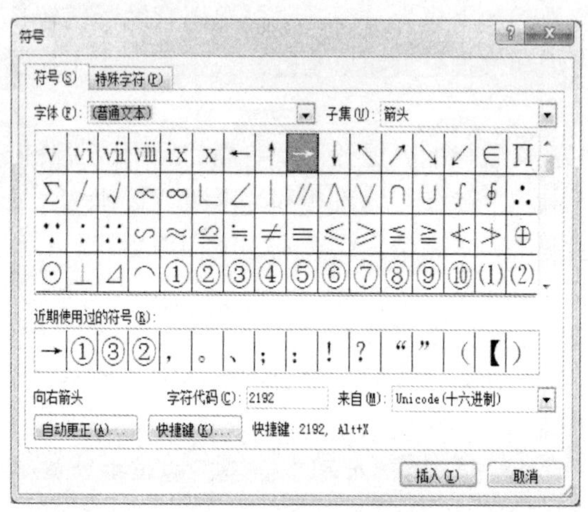

图 4-5 “符号”对话框

3．输入常用的数学公式

在制作论文等文档时，有时需要输入数学公式加以说明与论证。Word 2010 为用户提供了二次公式、二项式定理等 9 种公式。

输入公式的操作方法如下：

（1）选择“插入”|“公式”下拉按钮，在打开的下拉列表中选择公式类别即可，如图 4-6 所示。

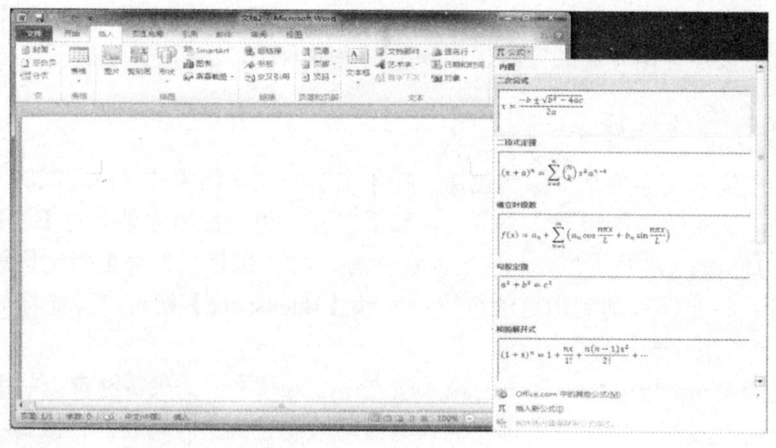

图 4-6 常用数学公式

（2）在下拉列表中选择“Office.com 中的其他公式”，可以插入一些其他的数学公式。

（3）在下拉列表中选择“插入新公式”，文档中会出现公式编辑框，并出现“公式工具设计”选项卡，其中有很多创建公式的按钮，方便用户创建数学公式。

（4）公式输入完毕，在编辑框外单击鼠标。

另外，还可以用“Microsoft 公式 3.0”输入公式，方法如下：

（1）将光标移到要插入数学公式的位置。

（2）选择“插入”|“文本”|“对象”下拉按钮，在打开的下拉列表中选择“对象”选项，在弹出的“对象”对话框中选择“Microsoft 公式 3.0”。

（3）单击“确定”按钮，弹出“公式”工具栏，并出现公式编辑框，进入公式编辑环境，如图 4-7 所示。

（4）在公式编辑框中利用“公式”工具栏提供的工具输入公式。

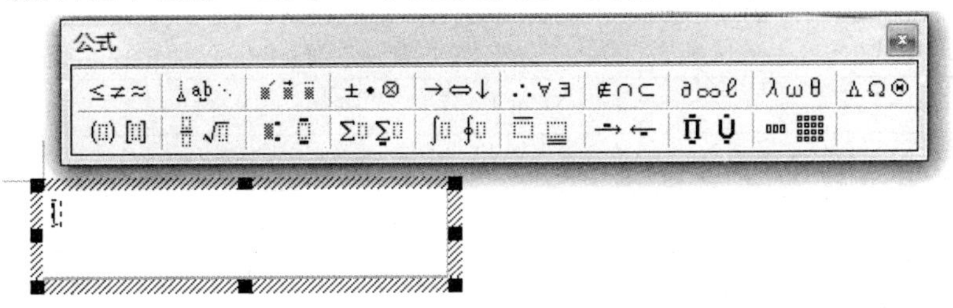

图 4-7 “公式”工具栏和公式编辑框

4.3.2　选择文本

在编辑文档的过程中，经常需要选择文本，以便对选择的文本进行删除、复制、移动等操作。选择文本有多种方式，下面将分别对其进行介绍。

1. 利用鼠标选择文本

使用鼠标选择文本的操作方法如表 4-1 所示。

表 4-1 使用鼠标选择文本

选择文本	操作方法
字词	双击该字词
一个句子	按住【Ctrl】键，单击该句子任何位置
一行	单击该行左侧的选项区
连续多行	在选取区按垂直方向拖动鼠标
一段	双击该段左侧选取区，或在该段任何位置三击
整个文档	按【Ctrl+A】，或按【Ctrl】同时单击选取区
矩形区域	按【Alt】同时拖动鼠标

2. 使用键盘选择文本

在键盘上按住【Shift】键不放，再按键盘上的方向控制键选择文本，如表 4-2 所示。

表 4-2 使用键盘选择文本

按键	按键效果
←或|	向左或向右选择一个字符
↑或↓	向上或向下选择一行
Home	选择到行首
End	选择到行尾
Ctrl+ Home	选择到文档的开头
Ctrl+ End	选择到文档的结尾
Ctrl+↑或↓	向上或向下移动一个段落

3. 利用选定栏选择文本

在文档窗口左边界到正文左边界之间有一个长方形的空白区域，此区域称为选定栏。通过选定栏可以进行多种选择文本的操作：

- 选定一行：将鼠标指针移到文档窗口的选定栏内，当鼠标指针变成向右的箭头形状时，单击鼠标左键就可以选定这一行文本。
- 选定多行：将鼠标指针移到选定栏中要选中行的左侧，按住鼠标左键并拖动鼠标至适当位置后释放鼠标，即可选定多行文本。
- 选定整个段落：在选定栏中双击鼠标左键，可以选定当前鼠标指针所处的整个段落。
- 选定整篇文档：按住【Ctrl】键的同时将鼠标指针移到选定栏中单击鼠标左键，可以选定整篇文档；或者在选定栏中快速单击鼠标左键三次，也可选定整篇文档。

4.3.3 移动、复制和删除文本

移动、复制和删除是编辑工作中最常用的操作。例如，对重复出现的文本，不必一次次地重复输入；对放置不当的文本，可快速将其移动到满意的位置。

1. 移动文本

当文档中的某个句子或某个段落的位置不恰当时，就需要移动其位置，从而使文档前后井然有序。常用方法如下：

- 使用“开始”选项卡：在文档中选择需要移动的文本，选择“开始”|“剪贴板”|“剪切”按钮，然后选择目标位置，选择“剪贴板”|“粘贴”按钮。
- 使用键盘：选择要移动的内容，按【Ctrl+ X】组合键，将光标移到目标位置，按【Ctrl+ V】组合键。
- 使用快捷菜单：选择要移动的文本，在选择的内容上右击，在弹出的快捷菜单中选择“剪切”，将光标移到目标位置右击，在快捷菜单“粘贴选项”中选择“保留源格式”。

2. 复制文本

复制文本，是将文本以副本的方式移动到其他位置，通过复制文本可以在文档中多次显示该文本。常用方法如下：

- 使用“开始”选项卡：在文档中选择需要复制的文本，选择“开始”|“剪贴板”|“复制”按钮，然后选择目标位置，选择“剪贴板|粘贴”按钮。
- 使用键盘：选择要复制的内容，按【Ctrl+ C】组合键，将光标移到目标位置，按【Ctrl+ V】组合键。
- 使用快捷菜单：选择要复制的文本，在选择的内容上右击，在弹出的快捷菜单中选择“复制”，将光标移到目标位置右击，在快捷菜单的“粘贴选项”中选择“保留源格式”。

3. 删除文本

对于不需要或错误的文本内容，需要将其删除。文本的删除操作很简单，只需选定要删除的文本，然后按【Delete】键即可。

4.3.4　查找、替换和定位文本

在编辑一篇较长的文本时，利用查找功能可以快速定位到要查找字符的位置。使用替换功能，可以高效地完成文字内容的替换。

1. 查找

当用户编辑完一篇文档后，如果需要查找相关内容，可按如下方法进行操作：

- 选择“开始”|“编辑”|“查找”下拉按钮，在打开的下拉列表中选择“查找”选项，在左边的导航栏的搜索框中输入要查找的内容，找到的内容会突出显示。
- 选择“开始”|“编辑”|“查找”下拉按钮，在打开的下拉列表中选择“高级查找”选项，弹出“查找和替换”对话框，如图 4-8 所示。在对话框中选择“查找”选项卡，在“查找内容”文本框中输入要查找的内容，单击“查找下一处”按钮进行查找。

当在文档中找到第一个要查找的内容时，Word 将突出显示查找到的内容。对找到的内容，可在文档窗口中直接进行修改。若要继续查找下一处内容，可继续单击“查找下一处”按钮，直至查找完成。

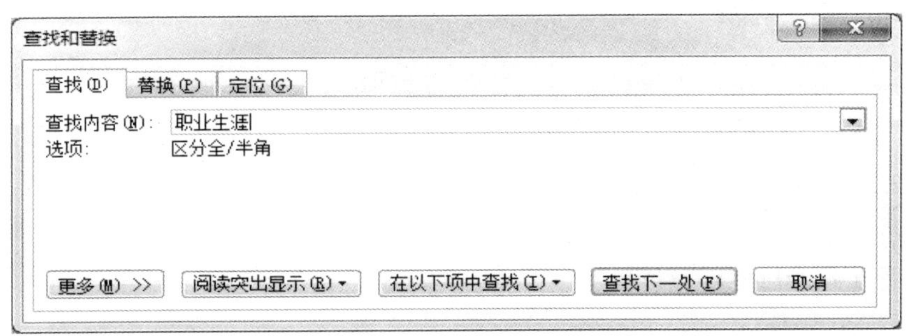

图 4-8　“查找和替换”对话框的“查找”选项卡

2. 替换

在编辑文档时，有时需要对整个文档中的某一类单词或词组进行修改，这时可以使用“替换”命令，这样既可加快修改文档的速度，又可避免重复操作。要替换文档中的内容，可按如下方法进行操作：

- 选择“开始”|“编辑”|“替换”按钮。
- 在“查找内容”与“替换为”文本框中分别输入查找内容与替换内容。

选择以下操作之一：

单击“替换”按钮，替换找到内容并查找下一处目标。

单击“全部替换”按钮，替换所有找到的内容。

单击“查找下一处”按钮，对当前内容不替换，继续查找下一处目标，如图 4-9 所示。

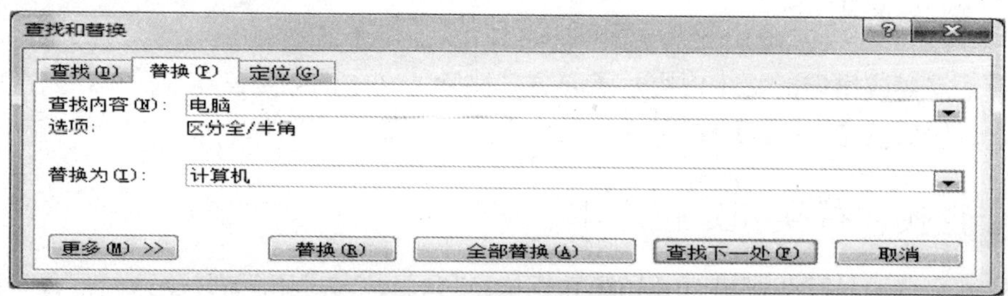

图 4-9 “替换”选项卡

3. 定位

使用“定位”命令可以快速定位到用户要查找的页、节、图形等。在“查找和替换”对话框中单击“定位”选项卡，也可按【Ctrl+G】组合键，都可以打开如图 4-10 所示的“定位”选项卡，在“定位目标”列表框中选择一个选项（如“页”），在其右侧的文本框中输入需要定位的具体内容的编号（如“页码”），按【Enter】键或单击“定位”按钮即可跳转到目标位置。

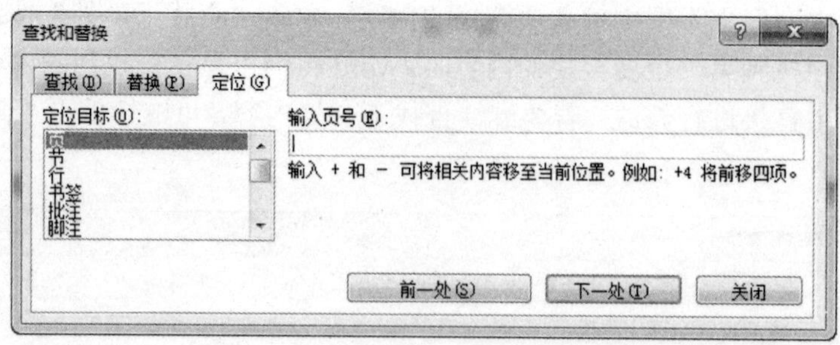

图 4-10 “定位”选项卡

4.3.5 撤销和恢复操作

在编辑文档的过程中，常会发生输入错误的字符或删除不应删除的文本等误操作或不满

意的操作。这时可以利用“撤销”与“恢复”功能。“撤销”操作与当前完成的操作有着密切联系，它不断地改变以反映上一次的操作。例如，刚删除文档中的一些内容，若发现不应删除，最简单的方法是单击“快速访问工具栏”上的“撤销”按钮。进行“撤销”操作的常用方法如下：

1. 撤销操作

单击“快速访问工具栏”上的“撤销”按钮。另外，单击“撤销”按钮旁边的下拉按钮即可，选择需要撤销的操作，可以一次撤销多个操作。单击“撤销”按钮右侧的下拉按钮，在弹出的下拉列表中可以一次撤销多步操作，如图 4-11 所示。

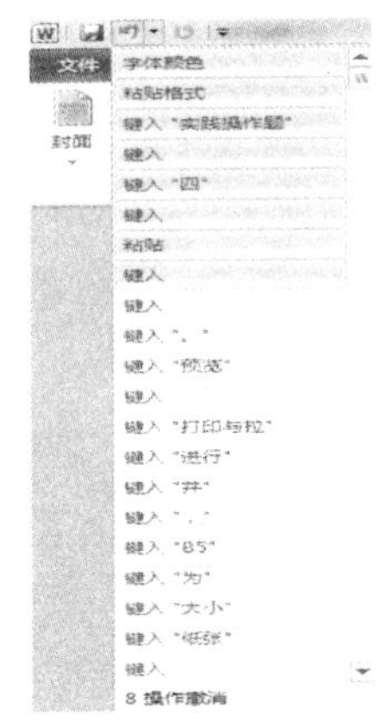

图 4-11　撤销操作

2. 恢复操作

执行完一次“撤销”命令后，如果用户又想恢复“撤销”操作之前的内容，可单击“恢复”按钮或按【Ctrl+Y】组合键。

同样，要想恢复多步操作，可重复单击“恢复”按钮或“恢复”命令，还可以单击“恢复”下拉按钮，在弹出的下拉列表中保存了可以恢复的操作，无论用户选择哪一项，该项操作以及其后的所有操作都将被恢复。不过，只有在刚进行了撤销操作后，“恢复”命令才生效。

4.3.6 浏览文档

无论是输入的文档还是打开的文档，对其进行浏览是很有必要的，下面就来介绍浏览文档的操作。

1. 快速定位浏览对象

在 Word 2010 中，用户可以通过选择浏览对象操作来快速地定位浏览文档，其操作步骤如下：

（1）在 Word 文档的右下角有一个“选择浏览对象”按钮，单击该按钮，可以打开如图 4-12 所示的“选择浏览对象”选项板。

（2）用户可通过单击所需项目来浏览活动文件，在此可选择按页、节、脚注、域、表格、图形等方式浏览，也可使用定位命令，在打开的对话框中根据自己的定位进行浏览。单击该按钮上方与下方的“前一页”“下一页”按钮，可翻页浏览。

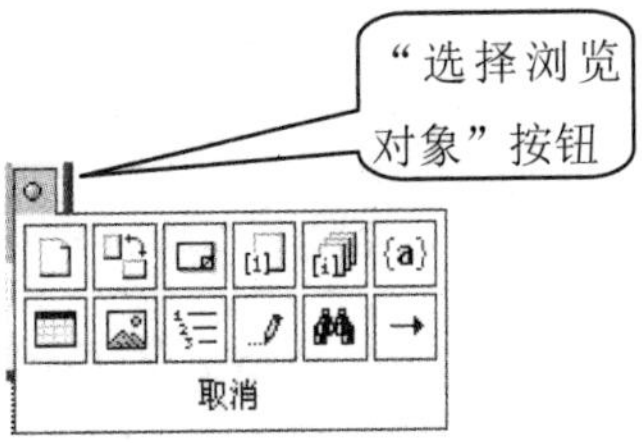

图 4-12　“选择浏览对象”选项板

2. 控制浏览文档的显示比例

在编辑文档时，为了看清文字，有时需要将版面显示得大些，而有时为了查看版面的编排，可能需要调小版面的显示。这时，可单击“视图”|“显示比例”|“显示比例”命令，打开“显示比例”对话框，如图 4-13 所示。

在“显示比例”对话框的“显示比例”选项区中选择合适的显示比例，或在“百分比”数值框中输入需要的数值，然后单击“确定”按钮，即可以按指定的比例显示文档。用户还可以选中“多页”单选按钮，并通过单击其下的按钮，在弹出的下拉面板中拖曳鼠标，设置显示页面数，如图 4-14 所示。释放鼠标，单击确定按钮，文档即以多页显示，如图 4-15 所示。

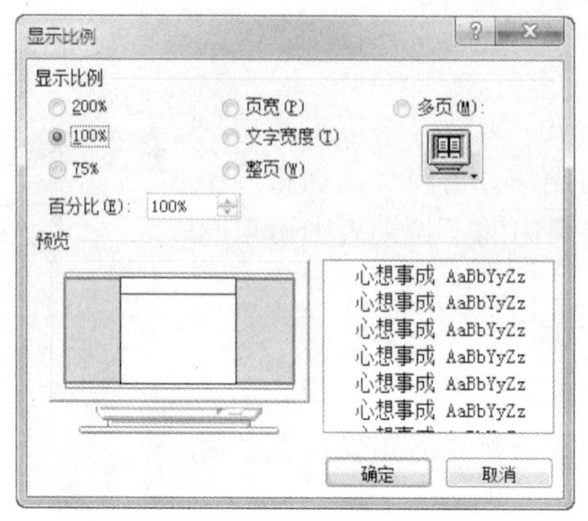

图 4-13 “显示比例”对话框

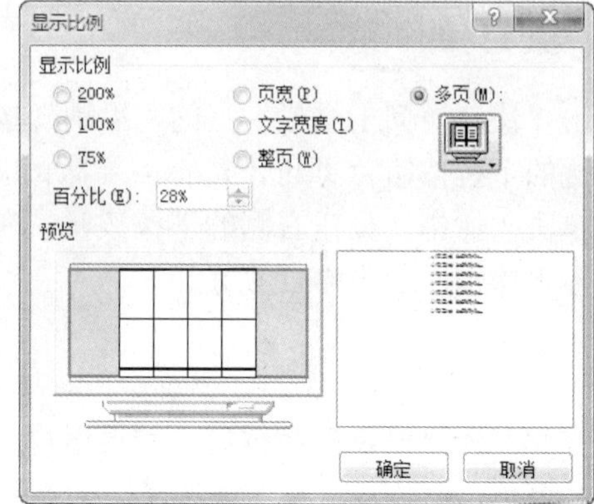

图 4-14 设置多页显示

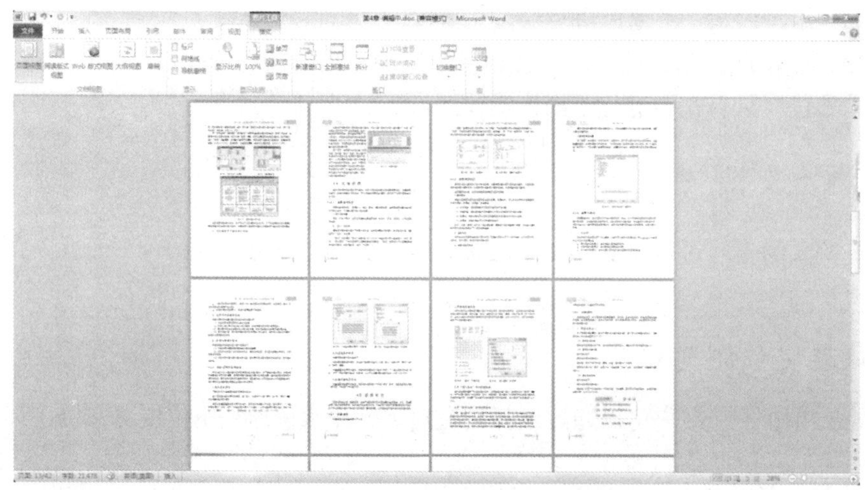

图 4-15 文档多页显示的效果

还有更简便的操作办法，用户可以一只手按住【Ctrl】键，另一只手拨动鼠标的滚动轮，来方便地控制文档的显示比例，系统还可以根据窗口的大小自动地调节文档的显示页面数。

3. 同时在窗口中显示多个文档

如果用户要在窗口中同时显示多个文档，可以单击“视图”|“窗口”|“全部重排”命令，这样就会将所有打开了的且未被最小化的文档显示在屏幕上，每个文档存在于一个小窗口中，标题栏高亮显示的文档是当前活动文档，如图 4-16 所示。如果要在各文档之间切换，只需在要激活

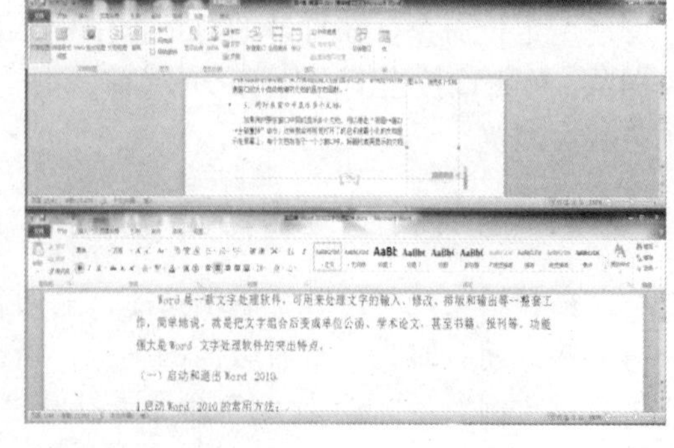

图 4-16 浏览多个文档

窗口的任意位置单击鼠标左键即可。

在“窗口”选项组中如果单击“新建窗口”命令或“拆分”命令，可以将同一个文档的内容分别显示在两个或多个窗口中，从而能在两个或多个窗口中同时看到一个文档的不同部分。此外，不仅可利用多窗口同时查看一个文档的不同部分，而且还可以对同一个文档的前后内容或不同文档中的内容进行参考比较、复制、粘贴和移动等操作。

4.4　文 档 排 版

文档排版需要对文档进行格式化，文档的格式化主要包括设置字符格式、设置段落格式等。给文档设置必要的格式，可以使文档版面更加美观，便于用户阅读和理解文档的内容。

4.4.1　设置字符格式

字符格式包括字体、字符大小、形状、颜色、特殊的阴影等。如果在没有设置格式的情况下输入文本，则 Word 按照默认格式设置。

1．字体格式设置

使用“开始”|“字体”组可以快速地设置文字格式，如字体、字号、字形等，从而提高工作效率。

2．“字体”对话框

按钮和列表框只能提供一些简单的功能，如要对字符进行更复杂、更精致的排版，就需要打开“字体”对话框。

“字体”对话框的“字体”选项卡如图 4-17 所示，在这里同样可以设置字体、字号、字形。“字体颜色”下拉列表框可以用来设置文字的颜色；“效果”选项组则可以用来设置文字的多种效果，如隐藏文字、上标、下标等。

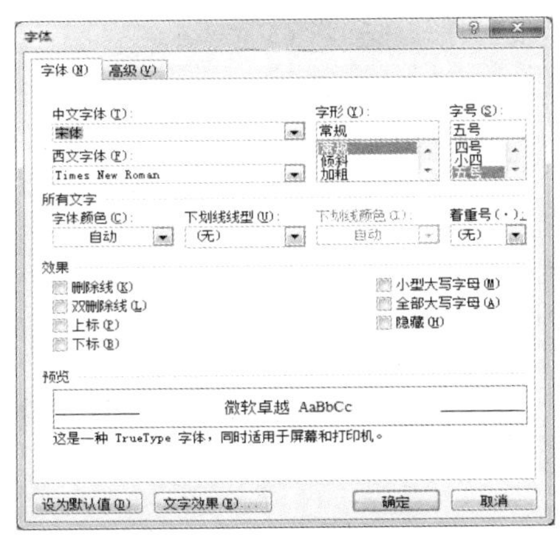

图 4-17 “字体”选项卡

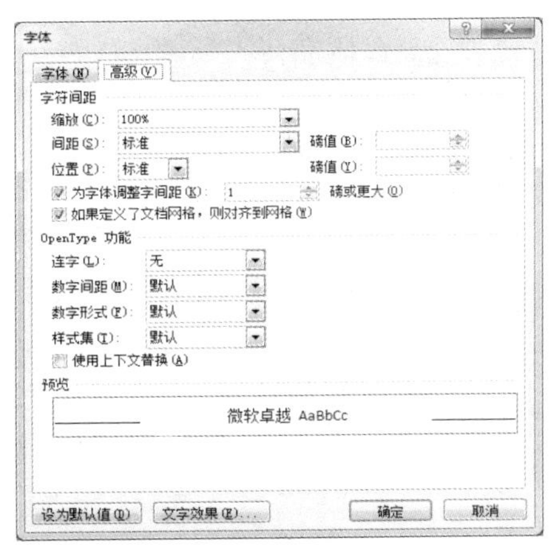

图 4-18 字体“高级”选项卡

“高级”选项卡如图 4-18 所示，在“缩放”下拉列表框中可以调整文字的缩放大小；“间距”下拉列表框可调整文字之间的间距。选定文本，在“开始”选项卡的“样式”组中可以对不同形式的文本进行样式设置，同时可以定义新样式。

4.4.2 设置段落格式

段落格式是以段落为单位的格式设置。设置段落格式之前不需要选定段落，只需要将光标定位在某个段落即可。如果要同时设置多个段落的格式，则需要选定多个段落。

选定段落的方法：用鼠标拖动或在编辑窗口左侧双击。

1. 段落缩进

缩进决定段落到左页边距或有页边距的距离。在 Word 中，可以利用水平标尺设置段落的首行缩进、左缩进、右缩进、悬挂缩进。

（1）首行缩进：拖动该滑块可调整首行文字的开始位置。

（2）悬挂缩进：拖动该滑块可调整段落中首行以外其余各行的起始位置。

（3）左缩进：拖动该滑块可以同时调整段落首行和其余各行的开始位置。

（4）右缩进：拖动该滑块可以调整段落右边界。

另外，单击“段落”组中的“减少缩进量”按钮或“增加缩进量”按钮，所选文本段落的所有行将减少或增加一个汉字的缩进量。

2. 段落对齐

对齐方式决定段落边缘的外观和方向。在 Word 2010 中有 5 种对齐方式，分别是左对齐、右对齐、居中对齐、两端对齐和分散对齐。

3. 段落间距和行距

段落间距决定段落前后空白距离的大小。行距决定段落中各行文本间的垂直距离，其默认值是单倍行距。

4. 段落的其他设置

在“段落”对话框的“换行和分页”选项卡中，用户可以控制换行和分页的方法，如是否段前分页、是否确定段中不分页等，“换行和分页”选项卡如图 4-19 所示。在“中文版式”选项卡中，可以设置中文段落的格式，如段落换行方式、段落字符间距的自动调整方式等。

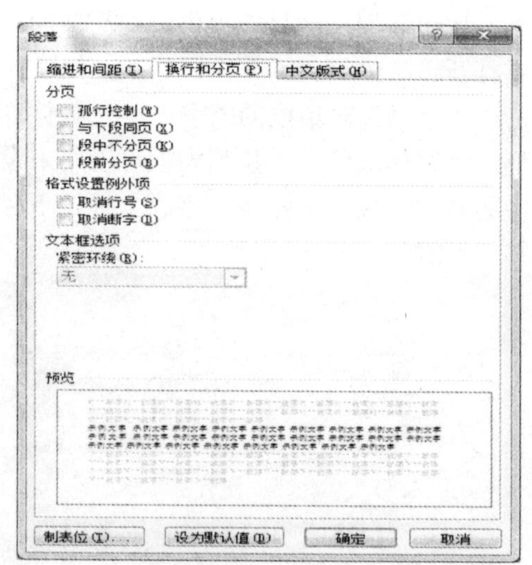

图 4-19 “换行和分页”选项卡

4.4.3　设置制表位

在编辑文档时，经常需要将几行文本垂直对齐（例如，制作目录时就需要将标题和页码排列整齐），这用空格键是做不到的。制表位使用户能够向左、向右或居中对齐文本行，或者将文本与小数字符或竖线字符对齐，也可在制表符前自动插入特定字符，如句号或点划线。

1. 制表符

先在“视图”|“显示”|“标尺”中，把标尺勾选出，出现水平标尺，在水平标尺的最左端有一个按钮，单击它可以改变制表符类型。在 Word 2010 中主要有以下几种制表符类型：

- 左对齐式制表符：文本在此制表符处左对齐。
- 右对齐式制表符：文本在此制表符处右对齐。
- 居中式制表符：文本的正中间都位于此制表符的竖向延伸线上。
- 小数点对齐式制表符：数字中的小数点在此制表符处对齐，如果没有小数点，则与右对齐式制表符作用相同。
- 竖线对齐式制表符：在此制表符处画一条竖线。

2. 使用标尺设置制表位

使用水平标尺设置制表位的具体操作步骤如下：

（1）将光标定位在需要输入文本的位置。

（2）不断单击水平标尺最左端的按钮，直到它变为所需的制表符类型。

（3）在水平标尺上单击要插入制表位的位置，则用户选择的制表符将出现在此处。

（4）按【Tab】键，直到光标移动到该制表符处，输入文本，此时输入的文本将按用户选择的制表符类型对齐。

3. 使用“制表位”命令设置制表位

使用“制表位”命令设置制表位的具体操作步骤如下：

（1）将光标定位在需要输入文本的位置。

（2）打开“段落”对话框，单击对话框底部“制表位”命令，打开“制表位”对话框。

（3）在“制表位位置”文本框中输入字符数值，“对齐方式”中选择要设置的制表符类型，在“前导符”类型中选择是否添加前导符类型。设置完成后，单击“确定”按钮。

（4）按【Tab】键，光标移动到该制表符处，输入文本，此时输入的文本将按用户选择的制表符类型对齐，如图 4-20 所示。

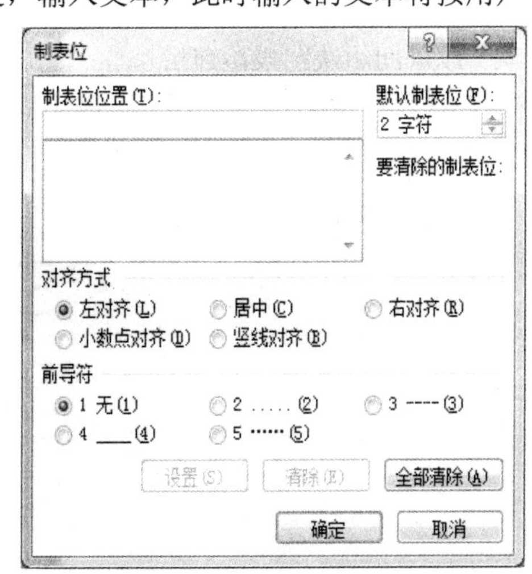

图 4-20　“制表位”对话框

4. 删除或移动制表位

删除或移动制表位的具体操作步骤如下：

（1）将光标定位在要删除或移动制表位的段落。

（2）将鼠标指针定位在制表位标记上，按住鼠标左键，将制表位拖离水平标尺，即可删除该制表位。

（3）将鼠标指针定位在制表位标记上，在水平标尺上左右拖动制表位标记，即可移动制表位。

4.4.4 添加项目符号和编号

在 Word 2010 中使用编号和项目符号功能是很常见的。写一篇文章或书稿时，需要把它有条理地分章节排列出来，甚至需要把几段文本的要点内容列出来，这时会用到项目符号和编号的功能。编号分为行编号和段编号两种，它是按照大小顺序为文档中的行或段落加编号；项目符号则是在段落的前面加上完全相同的符号。

1. 添加项目符号

下面介绍几种为段落添加项目符号的方法。

选中需要添加项目符号的段落，在“插入”|“符号”|“符号”按钮，可以快速添加项目符号。

也可以右击需要添加项目符号的文本，在弹出的快捷菜单中选择“项目符号”|“定义新项目符号”命令，打开“定义新项目符号”对话框，从中可设置项目符号样式，包括“字体”“符号”“图片”“对齐方式”及“预览”选项，如图 4-21 所示。

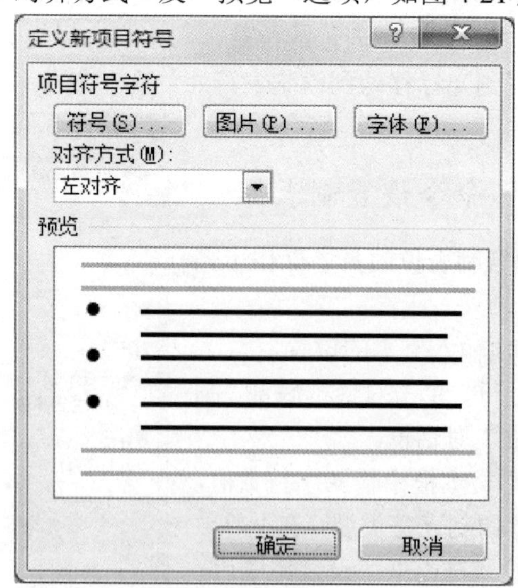

图 4-21 “定义新项目符号”对话框

2. 为段落添加编号

为段落添加编号的方法如下。

如果要对段落进行编号，可以选中要编号的文本，单击“插入”|“符号”|“编号”按钮。

右击需要添加编号的文字，在弹出的快捷菜单中选择“编号”|“定义新编号格式”命令，打开“定义新编号格式”对话框，从中可以设置自定义编号样式，如图 4-22 所示。

图 4-22“定义新编号格式”对话框

3. 创建多级编号列表

右击需要添加编号的文字，在弹出的快捷菜单中指向“编号”命令，在其级联菜单里的“编号库”中选择一种样式即可。

4.5 表格制作

用表格表述内容，效果直观，往往一张表格就可以代替大篇的文字叙述，所以，在文字处理中经常会使用表格。与以往的 Word 版本相比，Word 2010 提供了极强的表格制作功能，用户可以很轻松地制作出各种各样实用、美观的表格，从而完成基于各种要求的复杂的表格。

4.5.1 创建表格

创建表格的方法主要有以下 3 种：

1. 用按钮创建表格

这种方法可以方便地在 Word 2010 中插入表格。它的方法很简单，只需先将光标定位到要插入表格的位置，然后单击“插入”|“表格”按钮，弹出下拉框，在“插入表格”选项中按住鼠标左键并拖动到所需的表格行和列格数，如图 4-23 所示，松开鼠标便会出现一个满页宽的表格。

图 4-23 “表格”下拉列表

2. 用“插入表格”命令创建表格

这种方法其实跟第一种方法是类似的，只不过是单击“插入”|“表格”按钮后，在下拉框中选择“插入表格”命令，在弹出的“插入表格”对话框中输入要插入表格的行数和列数即可，相比第一种方法可以绘制更多行和列的表格，“插入表格”对话框如图 4-24 所示。

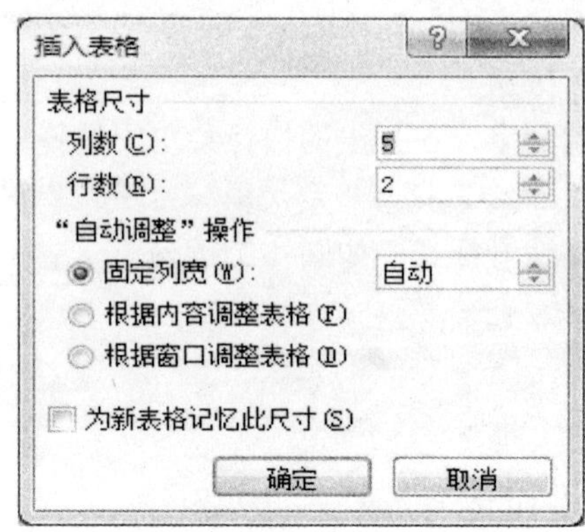

图 4-24 “插入表格”对话框

3. 用“绘制表格”命令创建表格

使用“绘制表格”命令可以创建不同规则和复杂的表格，如图 4-25 所示，可用鼠标灵活地绘制不同高度或每行包含不同列数的表格。当使用“绘制表格”命令创建表格时，鼠标指针会变成铅笔装，将指针移到文本区中，按住鼠标左键并拖动至其对角，可以确定表格的外围边框。在创建的外框或已有表格中，可以利用铅笔形指针绘制横线、竖线、斜线等，如图 4-26 所示，若要去掉某一条表格线，或者合并某些单元格，就可以使用选项卡中的相应按钮完成，这样就可以很方便地制作出各种效果的表格，以适合不同的需要。

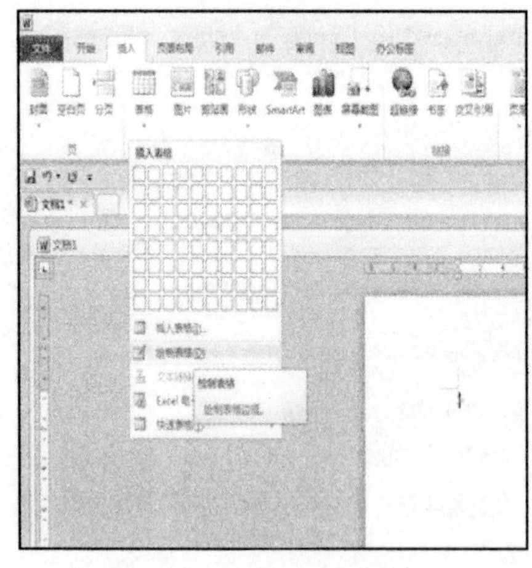

图 4-25 “绘制表格”命令框

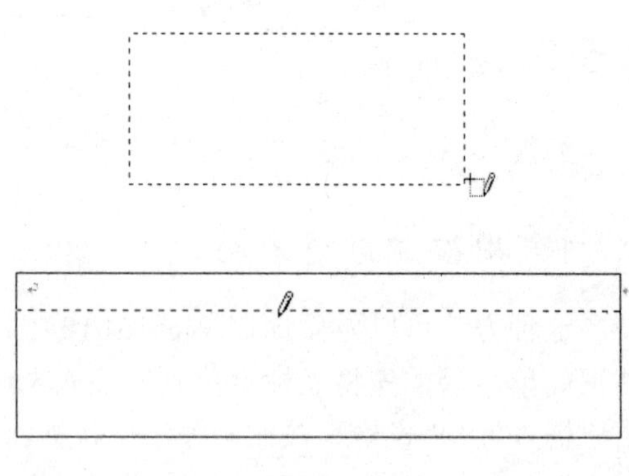

图 4-26 绘制表格横线

4.5.2　编辑表格

表格建立好后，为了使表格看起来更美观、更清晰，且结构更合理，有时还需要对其进行修改，如调整表格大小、选中单元格内容、插入/删除行列及单元格、合并或拆分单元格、绘制斜线表头等。

1．调整表格大小

为了使表格更加美观，也为了使表格与文档更加协调，用户可以调整表格的大小。调整表格大小的方法主要有以下 3 种：

（1）使用鼠标调整

移动光标到表格的右下角，当光标变成双向箭头时，拖动鼠标即可调整表格大小。

（2）使用对话框调整

操作方法如下：

①光标定位到表格中。

②选择“布局”|“表”|“属性”按钮，弹出“表格属性”对话框。

③在对话框中的“表格”选项卡中，通过设置“尺寸”栏的“指定宽度”的值来调整表格大小。

（3）使用自动调整

操作方法如下：

①将光标定位到表格中。

②选择“布局”|“单元格大小”|“自动调整”下拉按钮，在打开的下拉列表中，选择所需的选项即可，如图 4-27 所示。

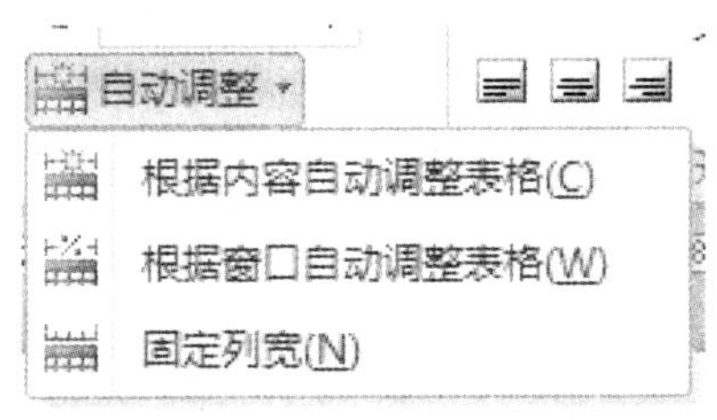

图 4-27　“自动调整”下拉列表

2．调整行高、列宽

调整行高、列宽的方法主要有以下 3 种：

（1）使用鼠标调整

移动光标到行高或列宽的边框线上，当光标变成÷或+||+双向箭头形状时，拖动鼠标，如图 4-28 所示，至目标位置后释放鼠标，即可实现行高或列宽的调整，效果如图 4-29 所示。

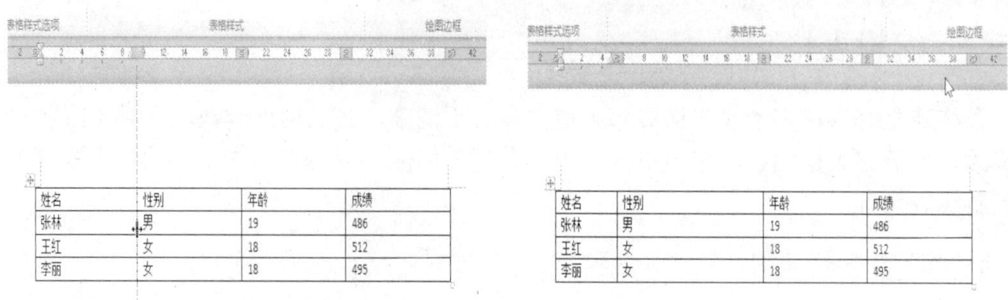

图 4-28　鼠标拖拽调整列宽　　　　图 4-29　调整后的效果

（2）使用标尺调整

将光标移到“水平标尺”上，拖动标尺中的“移动表格列”滑块，此时屏幕上会出现一条垂直的虚线，如图 4-30 所示。或将光标移到“垂直标尺”上，拖动标尺中的“调整表格行”滑块，可以调整表格的行高或列宽。

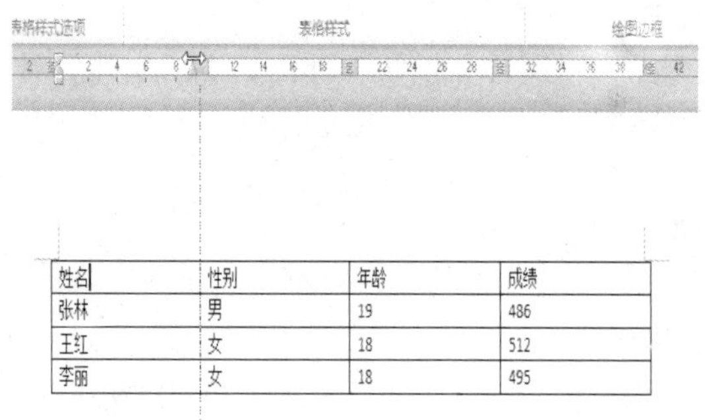

图 4-30　使用标尺调整表格

（3）使用“表格属性”对话框调整

使用“表格属性”对话框调整行高，操作方法如下：

①选择需要调整高度的行。

②选择“布局”|“表”|“属性”按钮，弹出“表格属性”对话框。

③在对话框中选择“行”选项卡。

④在“尺寸”栏，选择“指定高度”，在“行高值是”框，输入行高值，如图 4-31 所示。

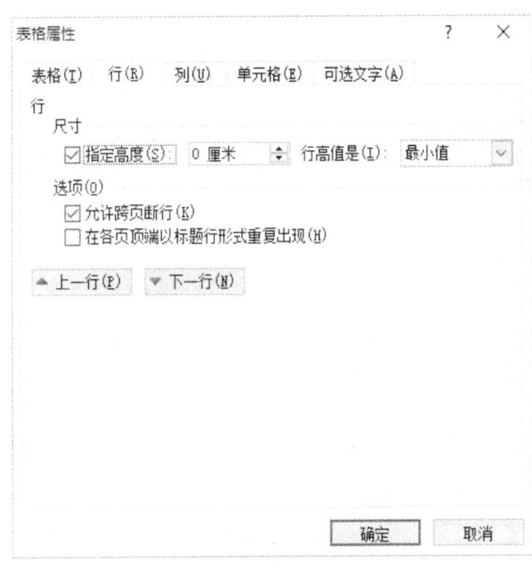

图 4-31　“表格属性”对话框

（4）使用“表格属性”对话框调整列宽，操作方法如下：

①择需要调整宽度的列。

②“表格属性”|“列”选项卡。

③在“字号”栏中，输入“指定宽度”的值，在“度量单位”框，选择单位。

④在对话框中单击“前一列”与“后一列”按钮，可以快速选择前一列或后一列单元格，避免重复打开该对话框。

3. 选定单元格

选中特定单元格是 Word 2010 表格的基本操作，在设置单元格格式等操作时首先需要选择单元格。选中单元格内容可以采用三种方式之一。

（1）在单元格内容上，单击鼠标左键拖拉选中文字内容。

（2）将鼠标放置在单元格左侧，鼠标变成向右的黑色箭头，单击鼠标即可选中单元格内容，如图 4-32 所示，如果在鼠标指针呈黑色箭头形状时拖动鼠标，则可以选中连续多个单元格，如图 4-33 所示。

姓名	性别	年龄	成绩
张林	男	19	486
王红	女	18	512
李丽	女	18	495

图 4-32　选定单个单元格

姓名	性别	年龄	成绩
张林	男	19	486
王红	女	18	512
李丽	女	18	495

图 4-33　选定多个单元格

（3）单击准备选中的单元格后，选择“表格工具”|“布局”选项卡，如图 4-34 所示，单击“表”|“选择”按钮，并在打开的列表中选择“选择单元格”命令选中相应单元格，或选择“选择列”、“选择行”可以选择当前列或当前行，如果单击“选择表格”命令，则可以选择当前整个表格。

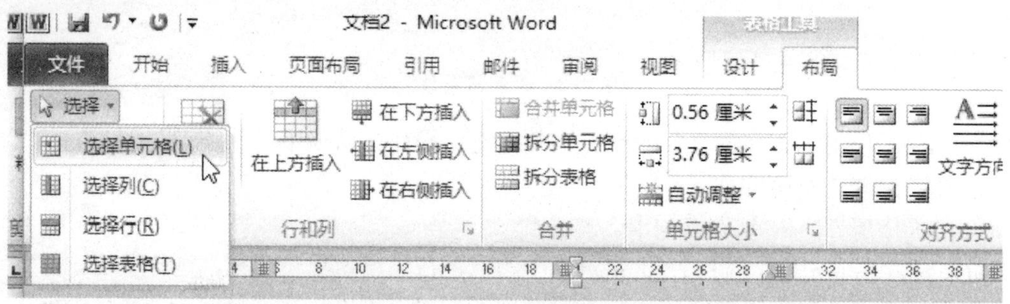

图 4-34　通过“表格工具”中“布局”选项卡 选定单元格

4．在表格中插入行、列、单元格

对已经创建好的表格，用户可以对其进行插入行、列、单元格等操作。要插入行、列、单元格，首先要选择行、列、单元格，然后单击“表格工具”|“布局”选项卡中“行和列”组中的“表格插入单元格”启动器按钮，弹出的“插入单元格”对话框如图 4-35 所示。除此之外，也可以选中行或列，然后单击鼠标右键，在弹出的快捷菜单中选择“插入”级联菜单中的命令。

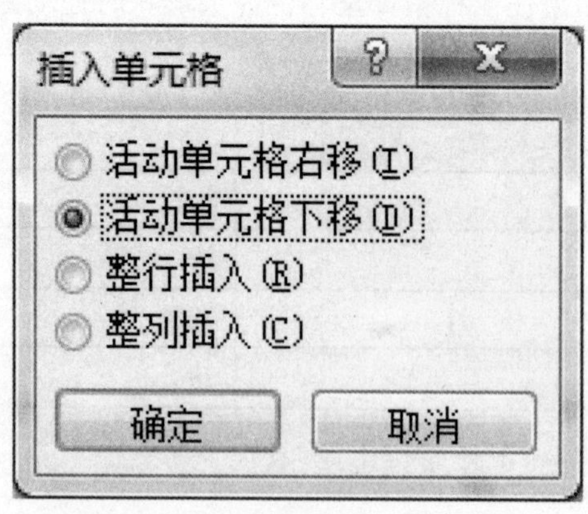

图 4-35　“插入单元格”对话框

5. 删除行、列、单元格

在创建表格或在表格中输入了文本后，有时可能会有多余的单元格或不需要的文本内容，这时就需要将其多余的部分删除。删除单元格的操作步骤如下：

（1）右键单击准备删除的单元格，在打开的快捷菜单中选择“删除单元格”命令，也可以在“布局”选项“行和列”组中选择“删除”按钮，在弹出的下拉列表中选择“删除单元格”命令。

（2）在打开的“删除单元格”对话框中，如图 4-36 所示。若选中“右侧单元格左移”单选钮，则删除当前单元格，

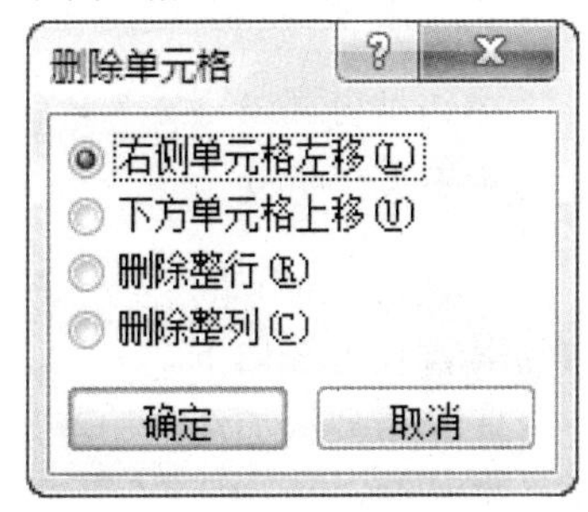

图 4-36　“删除单元格”对话框

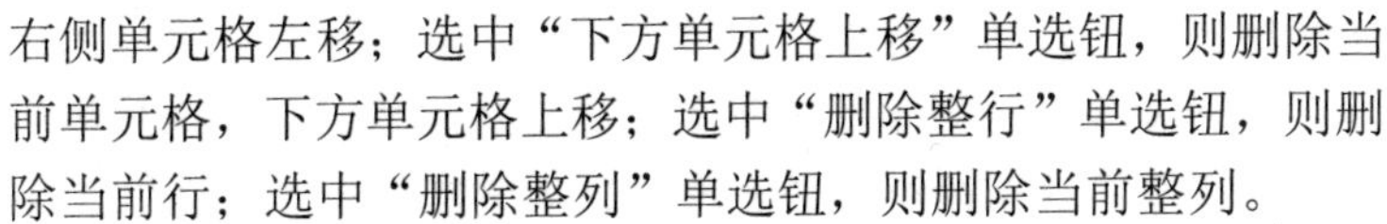
右侧单元格左移；选中“下方单元格上移”单选钮，则删除当前单元格，下方单元格上移；选中“删除整行”单选钮，则删除当前行；选中“删除整列”单选钮，则删除当前整列。

6. 合并及拆分单元格

如果要合并单元格，应首先选择需要合并的单元格，然后单击鼠标右键，在弹出的快捷菜单中选择“合并单元格”命令。

如果要拆分单元格，应首先选择要拆分的单元格，然后单击鼠标右键，在弹出的快捷菜单中选择“拆分单元格”命令，打开“拆分单元格”对话框，输入要拆分的行数和列数，单击“确定”按钮即可，“拆分单元格”对话框如图 4-37 所示。

图 4-37　“拆分单元格”对话

7. 绘制斜线表头

在使用表格时，经常需要在表头（第 1 行第 1 列单元格）中绘制斜线，这时用户可以单击“表格工具”|“设计”选项卡中“绘图边框”组中的对话框启动器按钮打开“边框”对话框，将光标定位在第 1 行第 1 列单元格中，对单元格添加斜下框线来进行制作，如图 4-38 所示，然后通过插入矩形形状制作行标题和列标题。

也可以单击“插入”|“插图”|“形状”按钮，从下拉框中选择直线进行绘制斜线表头，然后通过插入矩形形状制作行标题和列标题来制作比较复杂的斜线表头。

单击“插入”|“表格”|“表格”按钮，在下拉框中“绘制表格”命令，可以任意绘制表格。

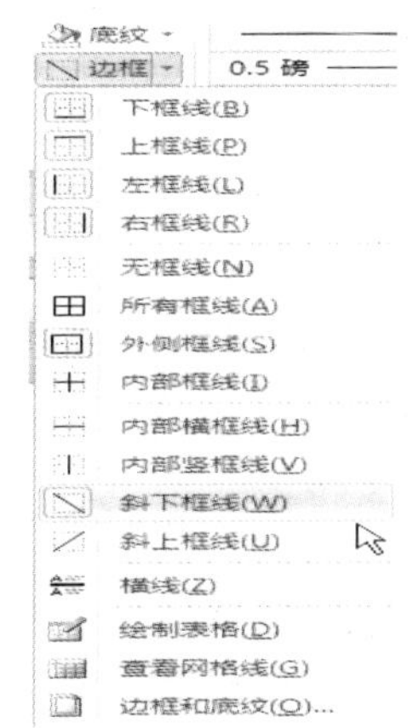

图 4-38　“绘制斜线表头”

4.5.3　美化和修饰表格

创建一个表格时，Word 2010 会以默认的 0.5 磅的单实线表示表格的边框，除此之外，

用户可以对表格的边框进行粗细、线型的设置，以及自动套用格式以使表格显示出特殊的效果。

1. 设置表格的边框

用户可以通过设置表格边框的线条类型与颜色，来增加表格的美观性与可视性。设置表格边框有两种方法。

（1）按钮添加

其操作方法如下：

①选择要添加边框的单元格区域。

②选择“设计”|“表格样式”|“边框”下拉按钮，在下拉列表中选择所需的边框线样式即可。

（2）对话框添加

其操作方法如下：

①选择要添加边框的单元格区域。

②选择“设计”|“表格样式”|“边框”下拉按钮，在打开的下拉列表中选择“边框和底纹”选项，弹出“边框和底纹”对话框。

③在对话框中，选择“边框”选项卡，设置边框的样式、颜色、宽度等参数，如图 4-39 所示。

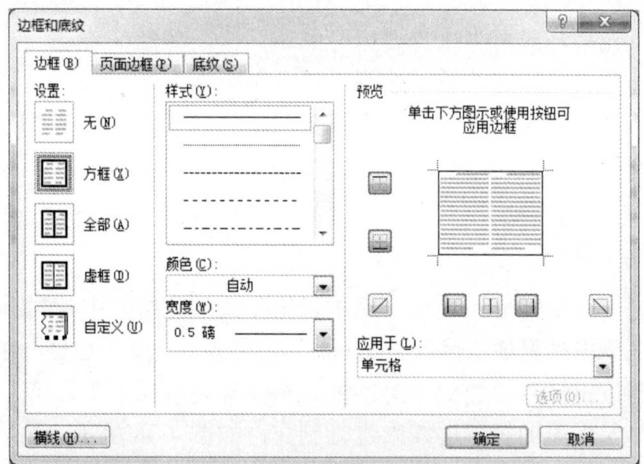

图 4-39 “边框”选项卡

2. 添加底纹

用户还可以通过设置表格的底纹颜色的方法，来进一步增加表格的美观性。添加底纹主要有两种方法。

（1）按钮添加

其操作方法如下：

①选择要添加底纹的单元格区域。

②选择选择“设计”|“表格样式”|“底纹”下拉按钮，在其下拉列表中选择一种底纹颜色即可，如图 4-40 所示。

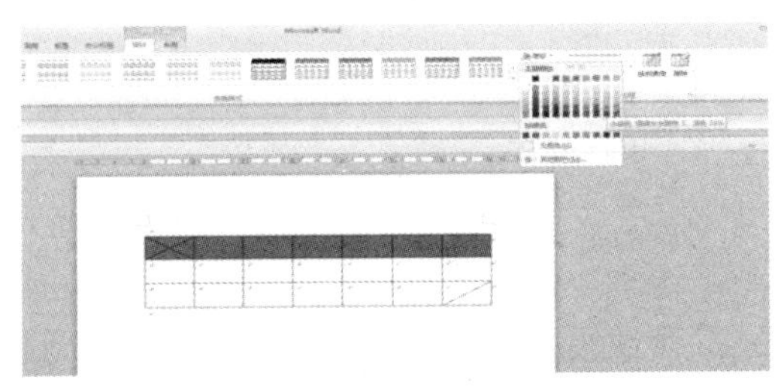

图 4-40 “按钮”添加底纹

③选择“底纹”下拉列表中的“无颜色”按钮，可以取消底纹颜色。

④选择“其他颜色”按钮，可以在弹出的“颜色”对话框中设置底纹颜色。

（2）对话框添加

其操作方法如下：

①选择要添加底纹的单元格区域。

②选择选择“设计”|“表格样式”|“边框”下拉按钮，在打开的下拉列表中选择“边框和底纹”选项，弹出“边框和底纹”对话框。

③在对话框的“底纹”选项卡中，可以设置底纹的填充颜色与图案样式，如图 4-41 所示。设置了边框和底纹后的表格效果如图 4-42 所示。

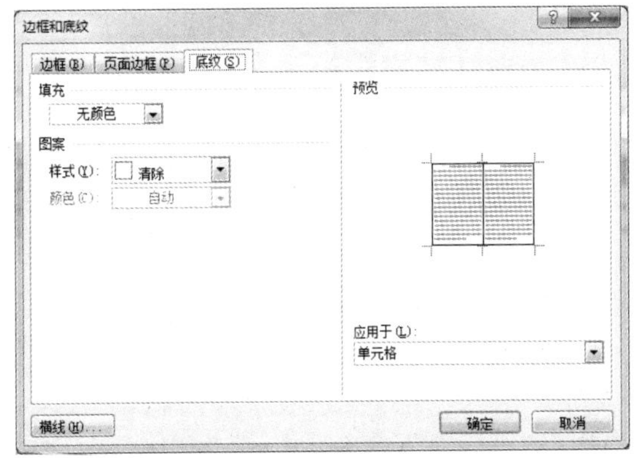

图 4-41 “底纹”选项卡

姓名	性别	年龄	成绩
张林	男	19	486
王红	女	18	512
李丽	女	18	495

图 4-42 设置了边框和底纹后的表格效果

3. 自动套用格式

除了采用手动的方式设置表格中的字体、颜色、底纹等格式以外，使用 Word 2010 表格的“表样式”功能可以快速将表格设置为较为专业的表格格式。

打开 Word 2010 文档窗口，单击要应用表格样式的表格，再切换到“设计”选项卡，通过选中或取消“表格样式选项”组中的复选框控制表格样式。

单击“设计”选项卡“表格样式”组中某一样式，表格将应用其样式。在任意样式上右击鼠标，在弹出的快捷菜单中可以新建、修改或删除样式，如图 4-43 所示。

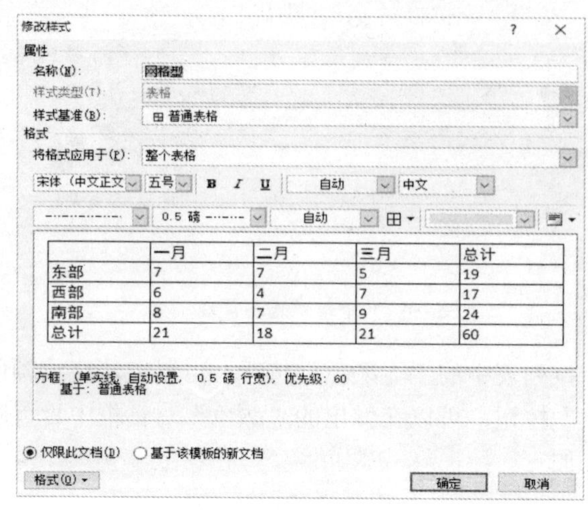

图 4-43 修改表格样式

4.5.4 表格的排序和计算

在 Word 表格中，可以依照某列对表格中的数据进行排序，对数值型数据还可以按从小到大或从大到小的不同方式对其进行排序，另外还可以利用表格的计算功能对表格中的数据执行一些简单的运算。

1. 在表格中排序

在表格中，可以将表格中的文本、数字或数据按升序（A 到 Z、0 到 9，或最早到最晚的日期）进行排序，也可以按降序（Z 到 A、9 到 0，或最晚到最早的日期）进行排序。当用户在表格中对文本进行排序时，可以选择对表格中单独的列或整个表格进行排序，也可以在单独的表格列中对多个项进行排序。例如，如果一列同时包含名字和姓氏，可以按姓氏或名字进行排序，就像姓氏和名字是在列表中而不是表格中一样。在表格中进行排序的具体操作步骤如下：

（1）单击“表格工具”|“布局”|“数据”|“排序”命令，打开“排序”对话框，如图 4-44 所示。

（2）在“主要关键字”选项区中，可以选择用于排序的主要关键字。在“主要关键字”下拉列表框中选择用于排序的列，在“类型”下拉列表框中选择需要排序的数据类型，其中有“数字”、“笔画”、“日期”和“拼音”四个选项可供选择。

（3）选中“升序”或“降序”单选按钮，可设置不同的排序方式。要指定多个列作为排序的基准，可以在“次要关键字”、“第三关键字”选项区中进行设置。

（4）设置完成后单击“确定”按钮，即可实现表格的排序操作。

2. 在表格中计算

在表格内进行计算的操作方法如下：

（1）将光标定位在表格中需要存放计算结果的单元格。

（2）选择“布局”|“数据”|“公式”按钮，弹出“公式”对话框，如图 4-45 所示。

（3）在对话框的“公式”框输入函数，也可以从“粘贴函数”框选择所需的函数。

例如，对光标所在单元格左边的单元格求和，可输入“=sum(left)”；求平均值，可输入“=average(left)”；求数值个数，可输入“=count(left)”。

对光标所在单元格上边的单元格进行计算，只需将上述公式的参数改为“above”即可。

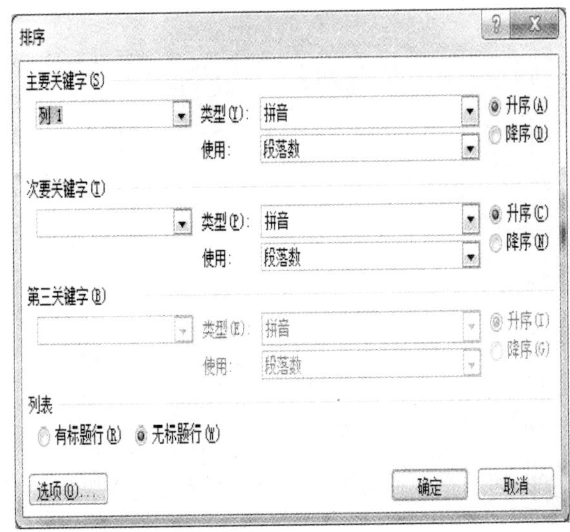

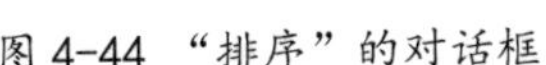
图 4-44 “排序”的对话框

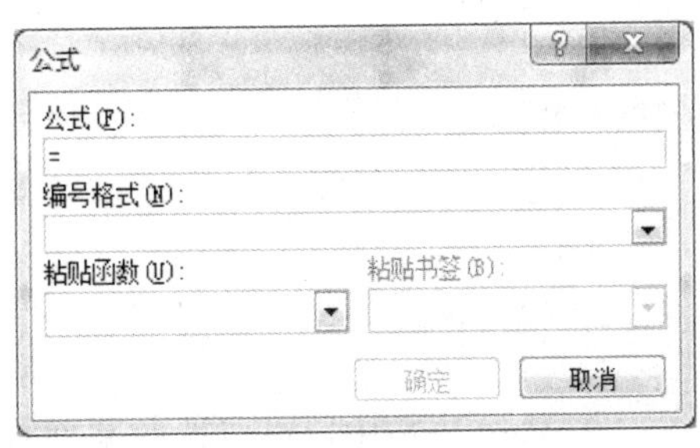

图 4-45 “公式”对话框

4.6 美化文档

一篇图文并茂的文章会给人赏心悦目的感觉，在中文版 Word 2010 中可以进行图文混排，通过对文字与图形进行特殊设置达到图文并茂的效果。本节将介绍如何在文档中插入图片、图形、艺术字、文本框以及设置背景等。

4.6.1 插入图片

用户可以很方便地在 Word 2010 文档中插入图片，图片可以是一个剪贴画或一幅图画。插入到文档中的图片可以从剪贴画库、扫描仪或数码相机中获得，也可以从本地磁盘、网络驱动器以及 Internet 上获取。

Word 2010 中的剪贴画属于矢量图，而在文档中插入的其他各种类型的图片文件属于位图。Word 为用户提供了一个剪贴画库，用于管理计算机中的所有图形、图片。剪贴画库中有大量矢量图片，用户可以随时使用剪贴画库中的图片。

在 Word 2010 文档中插入剪贴画的具体操作步骤如下：

（1）单击“插入”|“插图”|“剪贴画”命令，打开“剪贴画”任务窗格，如图 4-46 所示。

（2）在“搜索文字”文本框中输入所要搜索的内容，例如输入“计算机”，单击“搜索”按钮，即可得到相应的剪贴画内容（如图 4-47 所示），单击列表中搜索到的剪贴画，即可将所选的剪贴画插入到文件中。

图 4-46 “剪贴画”任务窗格

图 4-47 搜索到的结果

除了插入剪贴画之外，可以在 Word 中插入图片，单击“插入”选项卡中“插图”组中的“图片”按钮，在弹出的“插入图片”对话框中选择要插入的图片，如图 4-48 所示，单击“插入”按钮即可。

图 4-48 “插入图片”对话框

4.6.2　设置图片版式

在 Word 文档中插入图片或剪贴画后，一般不会符合排版的需要，因此，还需要对图片的版式进行必要的设置。设置图片格式的方法有如下两种。

（1）单击选中的图片，会出现一个“图片工具”|“格式”选项卡，用户可以利用它对图片的格式进行具体设置，如图 4-49 所示。

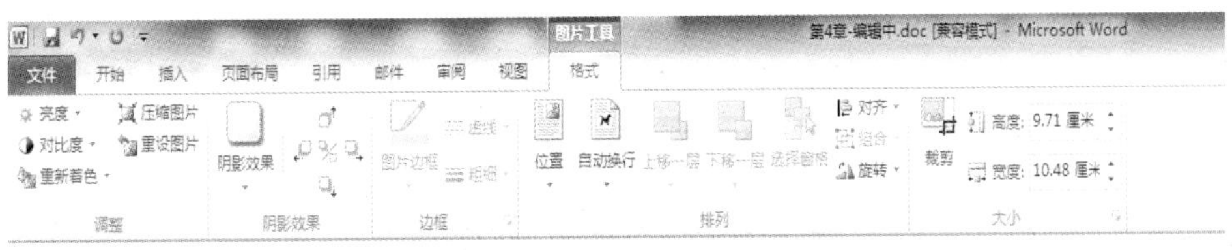

图 4-49　“图片工具”|“格式”选项卡

（2）右击图片，在弹出的快捷菜单中选择“设置图片格式”命令，用户可以在弹出的“设置图片格式”对话框中设置图片的填充、线条颜色、线型、阴影、三维等，如图 4-50 所示。当既有图片又有文字时就需要进行图文混排，这时，单击“图片工具”|“格式”|“排列”|“自动换行”按钮可设置文字环绕，从下拉框中选择一种环绕方式即可，如图 4-51 所示。文字环绕方式共 7 种，分别是四周型环绕、嵌入型、紧密型环绕、穿越型环绕、上下型环绕、衬于文字下方、浮于文字上方。

图 4-50　“设置图片格式”对话框

图 4-51　文字环绕方式

4.6.3　插入文本框

在文本框中，可以像处理一个新页面一样来处理文字，如设置文字的方向、格式化文字、设置段落格式等。文本框有两种，一种是横排文本框，一种是竖排文本框。它们没有本质上的区别，只是文本方向不同而已。操作方法为：

（1）将光标定位到要插入文本框的位置。

（2）单击“插入”|“文本”|“文本框”按钮，单击选择文本框类型，在页面中插入一个简单文本框，在文本框中输入文字即可。可以通过单击文本框的方式，选择“绘图工具”-“格式”选项，设置文本框的格式。

图 4-52 所示为在文档中插入简单文本框，并在“格式”|“排列”|“位置”|“中间居右，四周型文字环绕”所得到的效果。

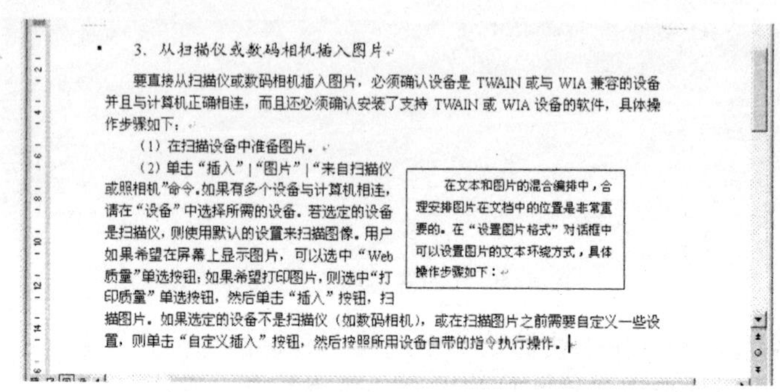

3. 从扫描仪或数码相机插入图片

要直接从扫描仪或数码相机插入图片，必须确认设备是 TWAIN 或与 WIA 兼容的设备并且与计算机正确相连，而且还必须确认安装了支持 TWAIN 或 WIA 设备的软件，具体操作步骤如下：

（1）在扫描设备中准备图片。

（2）单击“插入”|“图片”|“来自扫描仪或照相机”命令。如果有多个设备与计算机相连，请在“设备”中选择所需的设备。若选定的设备是扫描仪，则使用默认的设置来扫描图像。用户如果希望在屏幕上显示图片，可以选中“Web 质量”单选按钮；如果希望打印图片，则选中“打印质量”单选按钮，然后单击“插入”按钮，扫描图片。如果选定的设备不是扫描仪（如数码相机），或在扫描图片之前需要自定义一些设置，则单击“自定义插入”按钮，然后按照所用设备自带的指令执行操作。

在文本和图片的混合编排中，合理安排图片在文档中的位置是非常重要的。在“设置图片格式”对话框中可以设置图片的文本环绕方式，具体操作步骤如下：

图 4-52　插入文本框并设置格式后的效果

4.6.4 插入艺术字

在 Office 中可通过艺术字编辑器完成对艺术字的处理。艺术字被当作图形对象，因此，对艺术字设置时可与一般图片对象同样对待。在“插入”|“文本”|“艺术字”按钮，单击“艺术字”按钮，弹出的艺术字库中包含 Word 为用户提供的艺术字样式，如图 4-53 所示，用户可以根据需要选择其中一种艺术字样式。

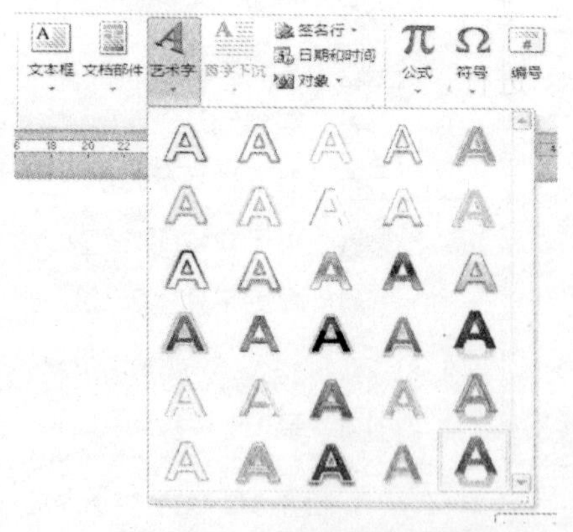

图 4-53　“艺术字库”对话框

图 4-54　编辑艺术字内容

选择一种艺术字样式后便会出现艺术字编辑区，从中编辑艺术字的文字内容，如图 4-54 所示。有时创建的艺术字不是全部都符号用户需求的，因此需要对插入的艺术字进行格式设置。选中插入的艺术字便会出现“绘图工具”-“格式”选项卡，里面包含了对艺术字格式设置的选项。

“绘图工具”-“格式”选项卡中包括“插入形状”组、“形状样式”组、“艺术字样式”组、“文本”组、“排列”组、“大小”组，从中可以对艺术字进行设置。也可以选择艺术字，单击鼠标右键，在弹出的快捷菜单中选择“设置形状格式”命令，在弹出的“设置形状格式”对话框中对艺术字进行设置，如图 4-55 所示。

图 4-55 “设置形状格式”对话框

也可以通过单击“绘图工具”-“格式”选项卡中“艺术字样式”组中的对话框启动器按钮，在弹出的“设置文本效果格式”对话框中进行设置。

4.6.5 设置背景和水印

1. 添加背景

利用背景填充效果中的渐变、纹理、图案、图片等选项，可以为背景增加许多新的元素，使文档更加美观、亮丽。设置页面背景的操作方法如下：

（1）选择“页面布局”|“页面背景”|“页面颜色”下拉按钮，如图 4-56 所示。

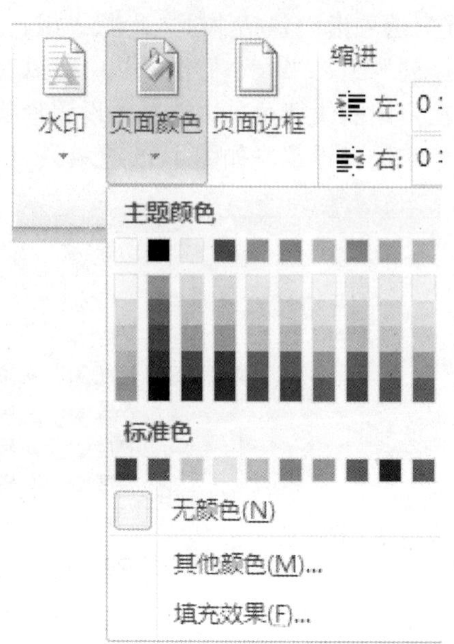

图 4-56 “页面颜色”下拉列表

（2）在下拉列表中选择合适的颜色，可设置页面背景颜色，选择“其他颜色”，可以在“颜色”对话框中，选择背景颜色。

（3）在下拉列表中选择“填充效果”选项，弹出“填充效果”对话框。

①在“填充效果”对话框中，选择“渐变”选项卡，如图 4-57 所示，在“颜色”框选择颜色，“底纹样式”选择底纹样式。

②在“填充效果”|“纹理”选项卡，如图 4-58 所示，选择一种纹理效果。单击“确定”按钮，即可得到纹理背景效果。

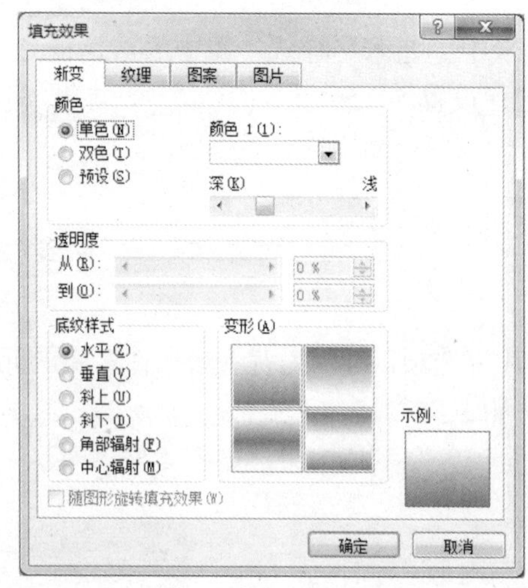

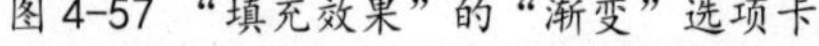

图 4-57 “填充效果”的“渐变”选项卡

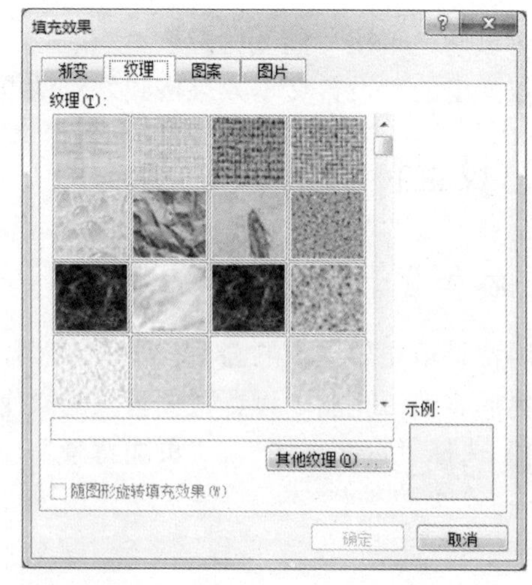

图 4-58 “填充效果”的“纹理”选项卡

③“填充效果”|“图案”选项卡，在“图案”栏，选择一种样式；在“前景”框，选择“前景色”；在“背景”框，选择背景色，单击“确定”按钮。

④在“填充效果”|“图片”|“选择图片”按钮，弹出“选择图片”对话框，在对话框中选择合适的背景图片，单击“插入”按钮。返回“填充效果”对话框，单击“确定”按钮，可得到图片效果的背景。

2．添加水印

选择“页面布局”|“页面背景”|“水印”下拉按钮，打开“自定义水印”对话框，如图 4-59 所示。

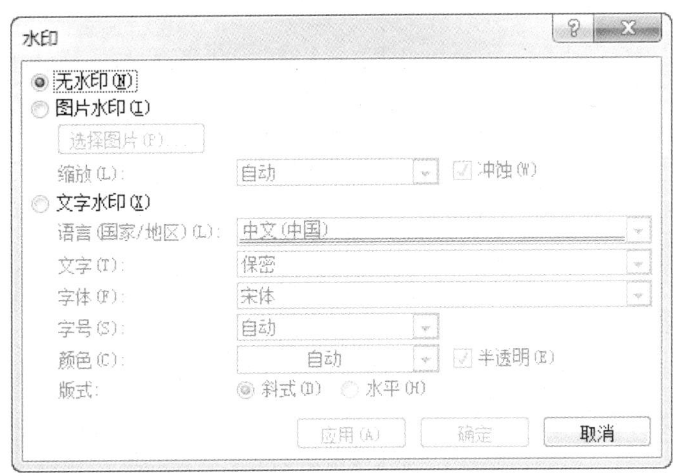

图 4-59 “水印”对话框

若要插入一幅图片作为水印，则选中“图片水印”|“选择图片”|“插入图片”对话框，选择所需的图片后，单击“插入”按钮即可。

若要插入文字水印，则选中“文字水印”单选按钮，然后选择或输入所需文本，还可以设置所输入文本的字体、尺寸、颜色及版式，设置完成后单击“应用”按钮即可。

4.7　页面设置及打印

创建文档的主要目的是为了保存和发布信息，用户经常需要将编写的文档打印出来，在打印之前，需要对文档进行页面设置，页面设置包括设置“页边距”“纸张”“版式”等。

4.7.1　设置页面

在“页面设置”对话框有“页边距”“纸张”“版式”“文档网格”4 个选项卡。

1．页边距

在“页面设置”|“页边距”|“自定义边距”选项卡如图 4-60 所示，“页边距”选项组中的“上”和“下”微调框中的数值分别表示文档内容距离页面顶部和底部的距离。如果要产生一个装订用的边距，可使用“装订线”微调框来设置，一般为 0.5~1.0cm 装订线既可位

于页面顶端，也可位于页面左侧。页边距太窄会影响文档的装订，太宽又会影响美观且浪费纸张，所以需要调整。在“纸张方向”选项组中可以设置纸张为“横向”或“纵向”。

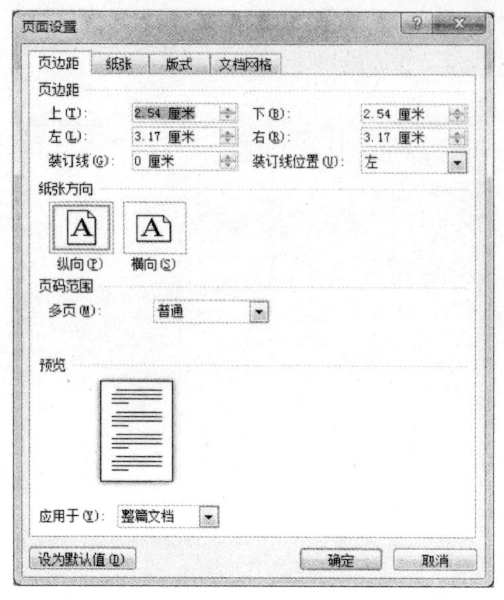

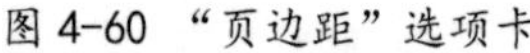
图 4-60 “页边距”选项卡

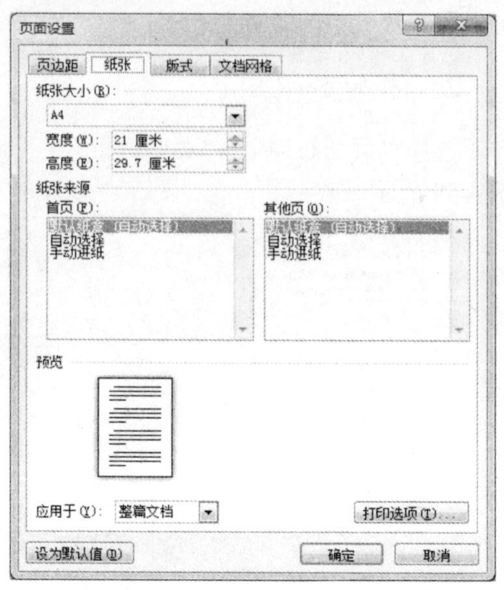

图 4-61 “纸张”选项卡

2. 纸张

在“纸张大小”选项卡中可设置文档的纸张大小，打开“其它页面大小”对话框，“纸张”选项卡如图 4-61 所示。在“纸张大小”下拉列表框中可选择相应的纸张型号。一般使用 A4 纸、16 开纸和 B5 纸。也可以在“宽度”和“高度”微调框中设置需要的纸张大小数值。当选择了预定义的尺寸后，Word 将在“宽度”和“高度”微调框中显示尺寸。如果当前使用的纸张为特殊规格，Word 将在“纸张大小”下拉列表框中显示“自定义大小”选项。建议用户选择标准的纸张尺寸，这样有利于和打印机匹配。“纸张来源”选项组则用于设置打印纸的来源。

3. 版式

版式布局功能用于设置有关页眉与页脚、分节符、垂直对齐方式及行号的特殊版式等选项。“页面设置”|“页边距”|“自定义边距”|“版式”选项卡如图 4-62 所示。

该选项卡各选项区中参数的作用如下：

- “节”选项区：可以在“节的起始位置”下拉列表框中选定开始新节的同时结束前一节的位置。
- “页眉和页脚”选项区：在该选项区中可以设置奇偶页的页眉和页脚是否相同，首页与其他页的页眉和页脚是否相同，以及页眉和页脚距边界的距离。
- “页面”选项区：在该选项区的“垂直对齐方式”下拉列表框中可以设置页面中文本的垂直对齐方式。
- “预览”选项区：在该选项区中可以预览效果。单击“行号”和“边框”按钮，可以分别打开“行号”和“边框和底纹”对话框，以进行相应的设置。

4. 文档网格

在“页面设置”对话框中单击“文档网格”选项卡，如图 4-63 所示。

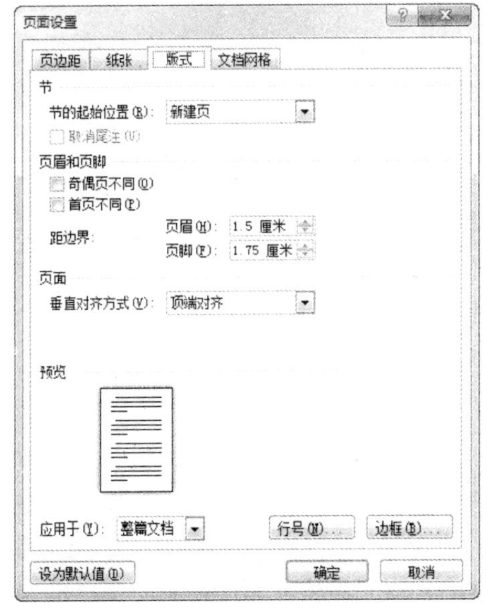

图 4-62 “版式”选项卡

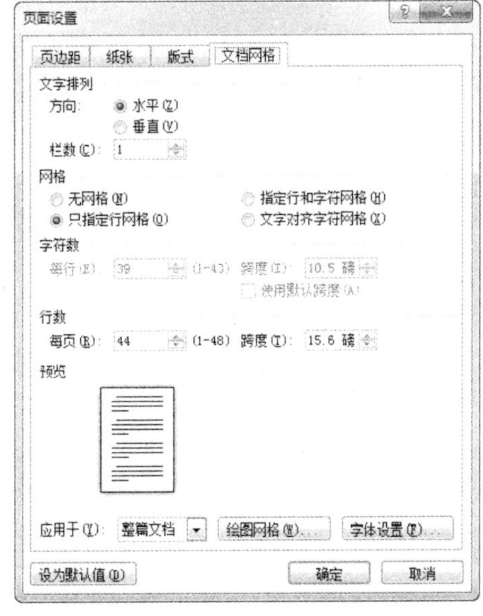

图 4-63 “文档网格”选项卡

“文档网格”选项卡中部分选项的含义及作用如下：

- 文字排列：该选项区用于设置文本的排列方式，可以设置方向为水平或垂直排列方式，还可以选择文档的栏数。
- 网格：该选项区用于为线条和字符网格设置选项。有“无网格”、“指定行和字符网格”、“只指定行网格”和“文字对齐字符网格”四个单选按钮可供选择。
- 字符：设置字符跨度和每行的字符数。
- 行：设置行的跨度和每页的行数。
- 绘图网格：单击该按钮，将打开“绘图网格”对话框，可以在其中对网格进行各项设置，其中有“对象与网格对齐”“对象与其他对象对齐”等选项。选中“对象与网格对齐”复选框，可以打开不可视网格，这样用户可以在拖曳或绘制对象时通过按住【Alt】键暂时打开或关闭该选项；选中“对象与其他对象对齐”复选框，可以自动把对象和其他自选图表对象对齐。在“网格起点”选项区中，选中“使用页边距”复选框，可以在屏幕上显示网格线。此选项只用于显示，网格线不会被打印出来。单击“默认”按钮，可以将当前设置保存为绘图网格的默认设置，所做更改会影响所有根据 Normal 模板创建的新文档。

4.7.2 修饰页面

在文档中进行页面修饰的设置，主要是为了美化文档和其他实际需要。

1. 创建页眉与页脚

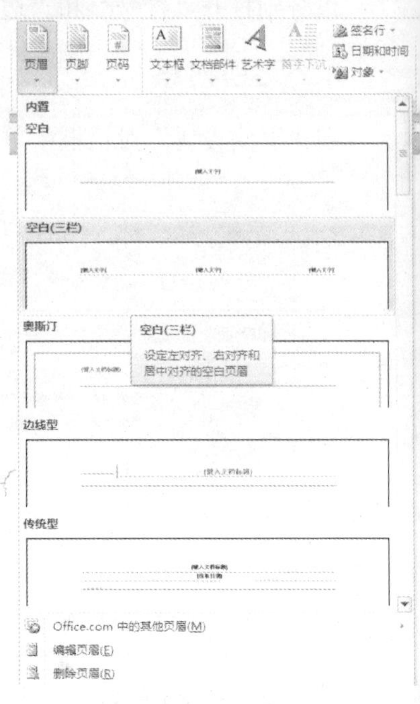

图 4-64 “插入”-“页眉”样式

页眉和页脚通常用于显示文档的附加信息，如页码、日期、作者名称、单位名称、徽标或章节名称等。页眉出现在每一页顶端，而页脚则出现在每一页的底端，都是由文字或图形组成的。

在 Word 2010 中，系统提供了多种内置的页眉样式，用户可以根据需要在其中进行调用。

插入页眉的操作方法如下：

①选择“插入”|“页眉和页脚”|“页眉”下拉按钮，在打开的下拉列表中选择所需的页眉样式，如图 4-64 所示。

②此时，可在文档中插入页眉。在其文本框中输入页眉的内容。

③单击“关闭页眉与页脚”按钮。

注意：如果需要创建奇偶页不同的页眉，在插入页眉状态选择“设计”|“选项”|“奇偶页不同”复选框，如图 4-65 所示。

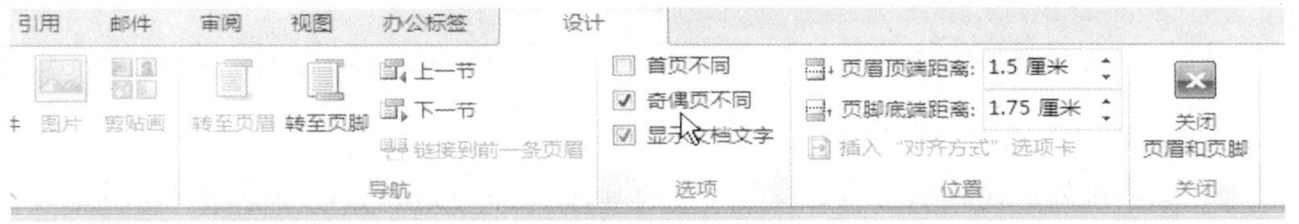

图 4-65 “奇偶页不同”复选框

选择“导航”选项组中的“上一节”“下一节”按钮，可在奇偶页眉间切换。

插入页脚的操作方法如下：

①选择“插入”|“页眉和页脚”|“页脚”下拉按钮，在打开的下拉列表中选择所需的页脚样式。

②此时，可在文档底部显示页脚编辑区，在其文本框中输入页脚的内容。

③单击“关闭页眉与页脚”按钮。

如果需要创建奇偶页不同的页脚，跟页眉的设置方法一样。

4.7.3 分栏排版

有时候，用户会觉得文档的某一行文字太长，不便于阅读。此时可以使用分栏排版将版面分成多栏，这样就会使文本更便于阅读，使版面显得更生动。选中要设置分栏格式的正文，单击“页面布局”|“页面设置”|“分栏”|“更多分栏”命令，弹出“分栏”对话框，可以使用预设的分栏样式，也可以由用户自定义分栏样式，在“列数”微调框中可输入想要的

分栏列数，还可以设置每栏的宽度和间距等，“分栏”对话框如图 4-66 所示。图 4-67 所示为使用“分栏”对话框中预设的两栏选项得到的效果。

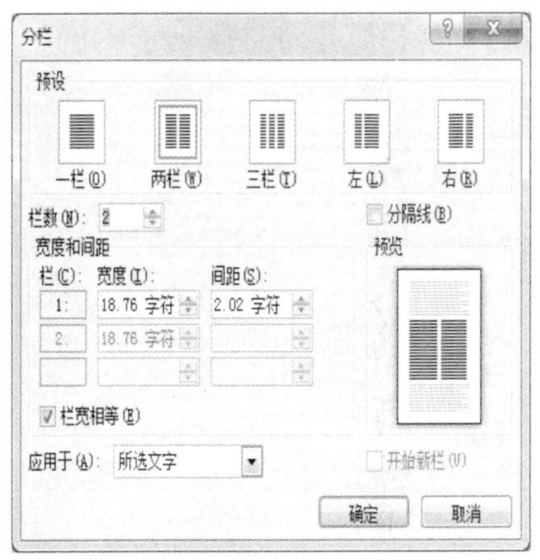

图 4-66　“分栏”对话框

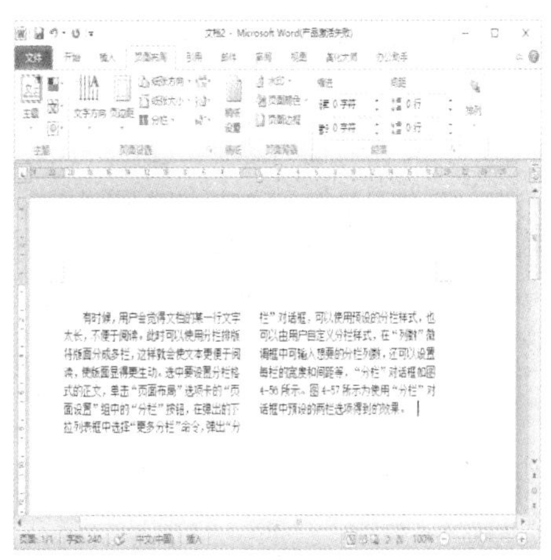

图 4-67　设置成两栏的文档

4.7.4　文档打印

文档编辑完成后，就可以通过打印机将文档打印在纸张上了，其打印效果与预览时的显示效果是一致的。具体操作步骤如下：

（1）选择“文件”|“打印”命令，打开如图 4-68 所示界面，Word 2010 的右边部分就是预览效果，如图 4-69 所示。通过打印预览可以调整文档的打印选项、页面设置、显示比例，然后即可开始打印。

（2）在“打印机”下拉列表中可选择一台合适的打印机，在“设置”下拉列表中可以选择打印的指定范围及其他选项。其中，自定义打印页码范围的设置：选择打印范围下的“打印自定义范围”选项，然后在“页数”文本框中输入打印页码。例如，输入“1-12”便会打印第 1~12 页。输入“1，3，6，8”，则会分别打印这些页。

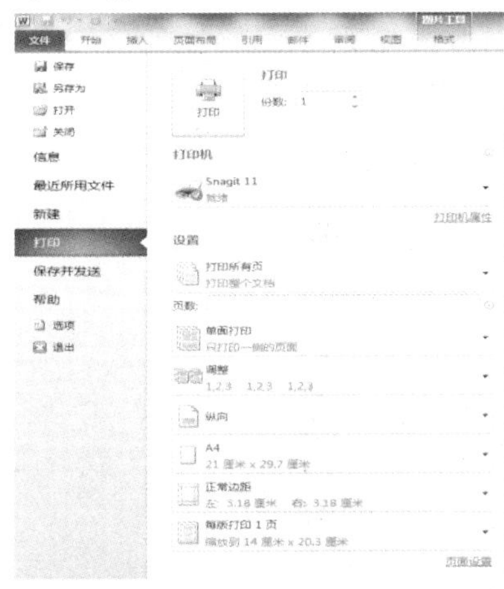

图 4-68　“打印”对话框

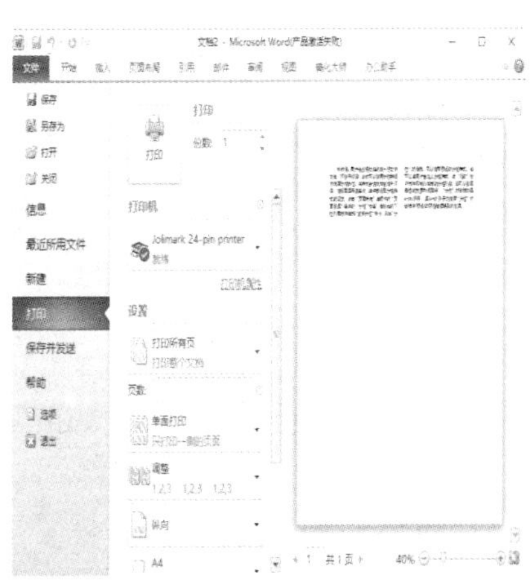

图 4-69　打印预览效果

该对话框中常用选项的含义及作用如下：

- 打印页面范围，即是整个文档还是当前页面或者一个范围。
- 打印份数，即该文档需要打印几份。
- 是否在一张纸上打印多版（即每页打印的版数）。如果要打印的是一份非正式文档，可以考虑选择在一张纸上打印多页内容的方式，以提高纸张的利用率。
- 是否需要双面打印。
- 按纸张大小缩放要打印的文档，可以在列表中选择要使用的纸张大小。

单击该对话框中的“属性”按钮，打开“打印机属性”对话框进行相关的打印设置。

4.8 中文版 Word 2013 简介

Word 2013 在 Word 2010 版本的基础上增加和改进了许多功能，它提供了一套完整的工具，让用户在全新的界面中创建文档并为其设置格式，从而制作出具有专业水准的文档。高效的数据集成可确保文档与重要业务信息源的时刻相连。

4.8.1 Word 2013 的新增功能

下面简单介绍一下 Word 2013 的新增功能：

- 云保存和共享文件：云就像空中文件存储。用户可以在联机的任何时候获取它。现在可以轻松使用 SharePoint 或 SkyDrive 共享文档。用户可以访问和共享 Word 文档、Excel 电子表格和其他 Office 文件。甚至可以在同一时间与同事协作处理相同的文件。
- 提供模板：当打开 Word 2013 时，将显示一些精美的新模板，帮助用户从最近查看的文档的列表开始，这样用户可以立即返回到离开的位置。如果不使用模板，请单击“空白文档”。
- PDF 编辑：在 Word 2013 中，用户可以直接打开和编辑 PDF 文件，无需将其转换为另一种格式。编辑段落、列表和表格，就像熟悉的 Word 文档一样。润饰内容，让它看起来更加出色。
- 插入联机图片和视频：将联机视频直接添加到读者在 Word 中就可以查看的文档。

从联机照片服务网站添加图片，而无需首先将图片保存到用户的计算机中。还可以直接在 Word 中观看联机视频，无需离开文档，使用户可以专注于内容。如图 4-70 所示。

图 4-70 联机视频

● 增加布局选项：Word 在不同版本中采用了多种方式提供对象环绕文本的功能。在新的 Word 2013 中，有了“布局选项”按钮和菜单，用户可以更容易地找到这些选项并在它们之间快速切换——只需单击“布局选项”按钮并从菜单中选择所需的选项即可。想要修改和设置默认的环绕风格也非常简单，只需右键点击“布局选项”样式，选择“设为默认值”即可。下一次当我们插入图片、图表或 SmartArt 图形等对象时，Word 2013 就会使用上次设置的默认环绕选项。

● 回复批注：批注现在具有回复按钮，如图 4-71 所示。用户可以在相关文字旁边讨论和轻松地跟踪批注。当批注已回复并且不再需要关注时，用户可以将其标记为完成。它将呈灰色显示以远离用户的视线，但是如果稍后需要重新访问它，对话将仍在那里。

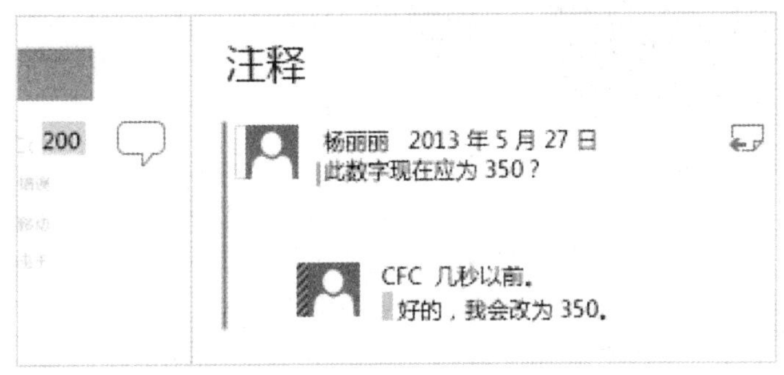

图 4-71 回复批注

● 实时的版式和对齐参考线：在文档中调整和移动照片和形状时获取实时预览。新的对齐参考线使用户可以轻松地将图表、照片和图示与文本对齐，如图 4-72 所示。

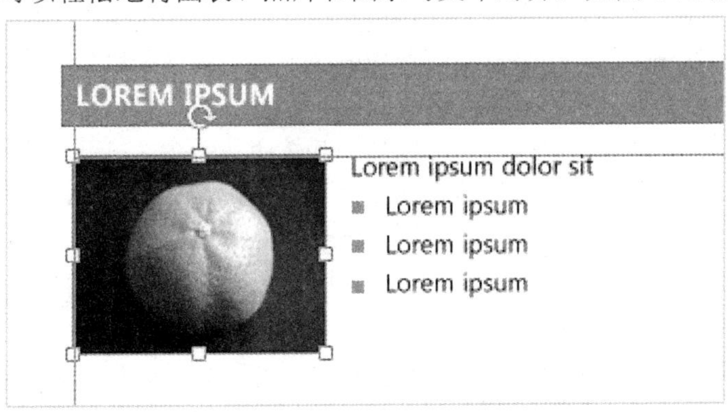

图 4-72 对齐参考线

4.8.2 Word 2013 的工作环境

Word 2013 的操作环境给人以赏心悦目的感觉，而且该版本的设计比早期版本更完善、更能提高工作效率；新的版本还对一些功能进行了加强和改进，使其更加便于用户使用。

打开 Word 2013 的界面如图 4-73 所示。最左侧一栏可以快速打开最近使用过的文档以及电脑上其他的文档。在搜索框内键入关键字可以在 Office.com 上查找联机模板。在右上角，可以登录自己的账号，能够获取联机存储的文件。界面的主要工作区部分，可以建立各种模板，像空白文档、书法字帖、简历等。按【Enter】键或者【Esc】键可以直接转到空白文档。

图 4-73　打开 Word 2013 时的界面

Word 2013 的工作界面如图 4-74 所示。它主要包括快速访问工具栏、标题栏、功能区选项卡和导航窗口、编辑区、状态栏和视图栏等几部分。

快速访问工具栏：这里的命令始终可见，它提供了经常使用的按钮，如图 4-75 所示，使用户操作起来更为方便、快捷，如“保存”按钮和“撤销”按钮等，单击其中的按钮即可执行相应的操作。也可以右击一个命令，比如“粘贴”，点击“添加到快速工具访问栏”选项，就可以将它添加到此处，如图 4-76 所示。

标题栏：右面的问号是获得帮助的按钮，问号右侧有个箭头的按钮是功能区显示选项。单击它会跳出三个选项，分别是自动隐藏功能区，显示选项卡以及显示选项卡和命令，如图 4-77 所示，可以根据自己喜好设定。

功能区选项卡：单击任意选项卡，以显示其按钮和命令，打开任意一个文件时，默认出现“开始”选项卡。有些选项卡只会在需要时才会显现，像选中 Word 里的表格时，就会出现“表格工具”选项卡。

导航窗口：按【Ctrl+F】组合键可以快速打开。可以在窗口中拖动文档标题重新组织文档或者使用搜索框在长文本中搜索内容。

状态栏和视图栏：状态栏位于工作界面底端的左半部分，用来显示 Word 文档当前的状态，如当前文档页码、总页数、字数、当前文档检错结果和输入法状态等内容。状态栏的右侧是视图栏，包括三个切换视图按钮，分别是阅读视图，页面视图和 Web 版式视图，单击不同的视图按钮，即可在不同的模式下查看文档内容。最右边则是缩放按钮，移动滑块调节视图的缩放比例。

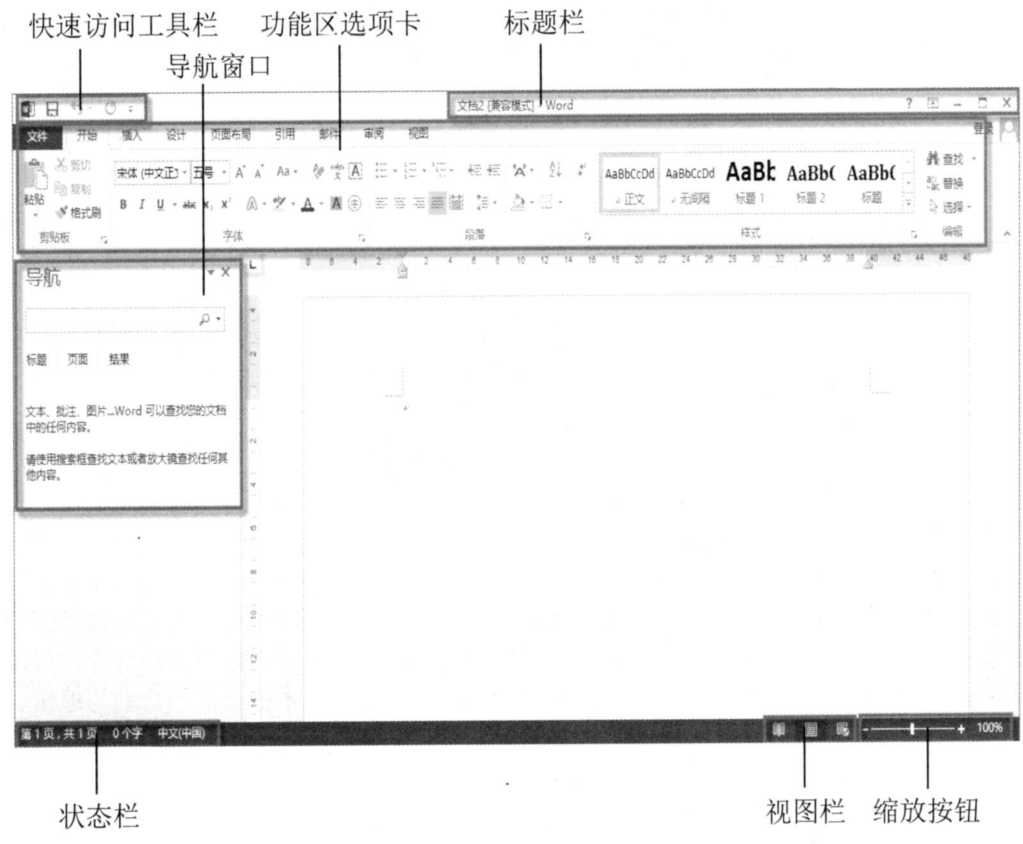

图 4-74 Word 2013 工作界面

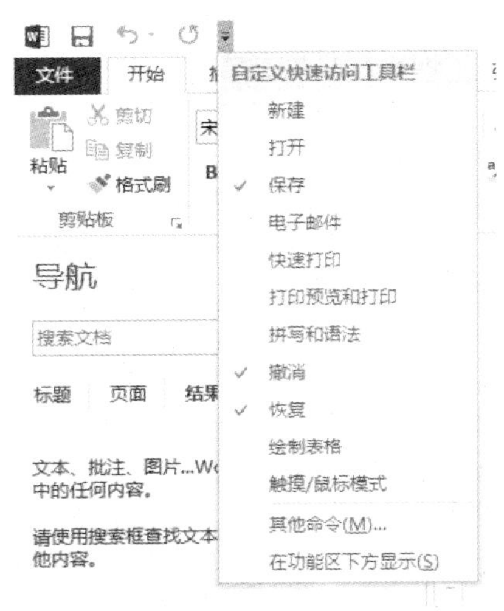

图 4-75 快速访问工具栏

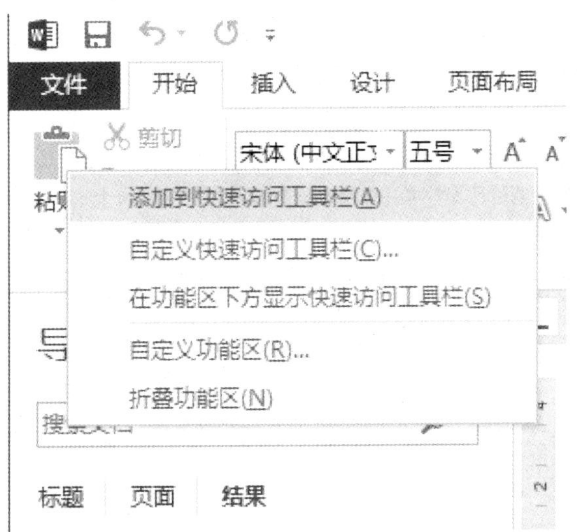

图 4-76 添加命令到快速访问工具栏

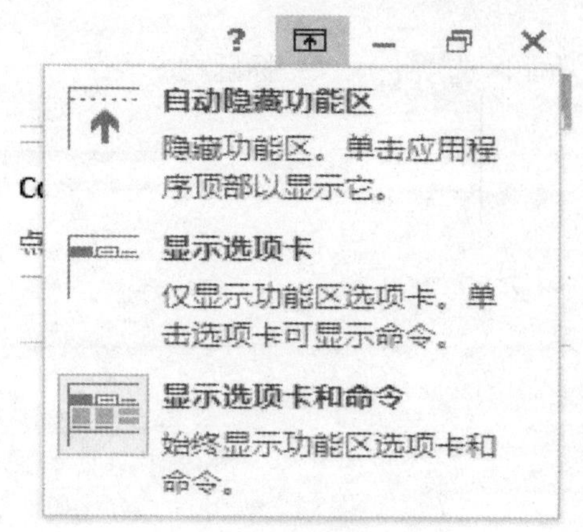

图 4-77 功能区 显示选项

4.8.3 Word 2013 的基本操作

Word 2013 是 Office 2013 软件系统的核心软件，是专门为文本编辑、排版、以及打印而设计的软件，具有强大的文字输入、处理和自由制表等功能，是目前世界上最优秀、最流行的文字处理及排版软件之一。本节主要介绍 Word 2013 的一些基本操作，如启动与退出、新建文档、保存文档、打开文档和关闭文档等。

1. Word 2013 的启动与退出

要启动 Word 2013，可以单击“开始”按钮，在弹出的“开始”菜单中选择“程序”|“Microsoft Office”｜“Microsoft Word 2013”选项，如图 4-78 所示。

退出 Word 2013 有以下几种方法：

- 单击 Word 2013 标题栏上的“关闭”按钮，弹出一个提示信息框（如图 4-79 所示），单击“是”按钮，保存文档并退出程序；单击“否”按钮，不保存文档并退出程序；单击“取消”按钮，将返回文档编辑窗口而不退出应用程序。
- 在任务栏中的 Word 2013 程序图标上，单击鼠标右键，在弹出的快捷菜单中选择“关闭”选项。
- 按【Alt+F4】组合键。

图 4-78　启动 Word 2013

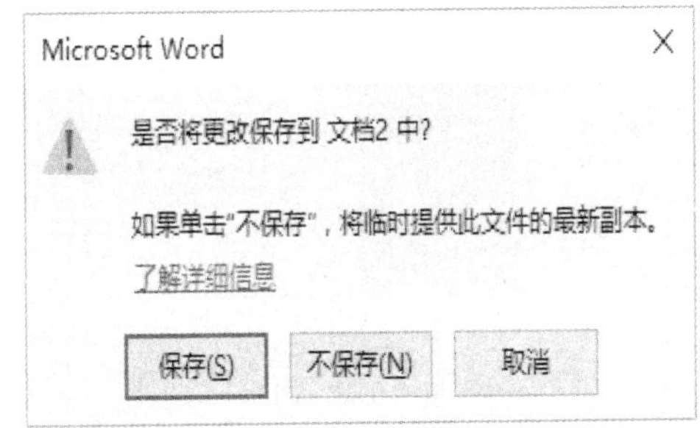

图 4-79　提示信息框

2．新建文档

Word 2013 新建文档有两种方法：

方法一：启动 Word 2013 程序，在打开的开始屏幕中选择“空白文档”，选项即可新建一个空白文档，如图 4-80 所示。

方法二：用户在 Word 2013 文档中进行文字编辑时，如果需要再次新建一个空白文档，只需在“文件”选项中单击“新建”命令，即可创建一个空白文档，如图 4-81 所示。

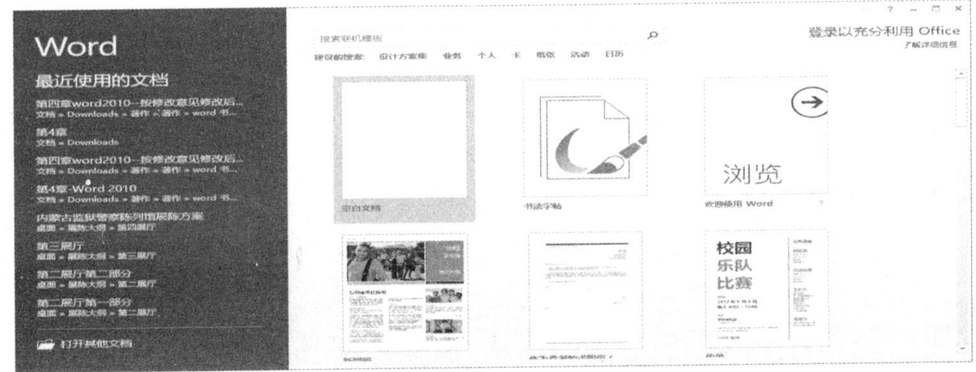

图 4-80　选择“空白文档”选项新建文档

图 4-81 “文件”-“新建”文档

3. 打开文档

在 Word 2013 中单击“文件”-“打开”命令，弹出“打开”界面，如图 4-82 所示，在其中选择要打开的文档，即可打开已有的 Word 文档。

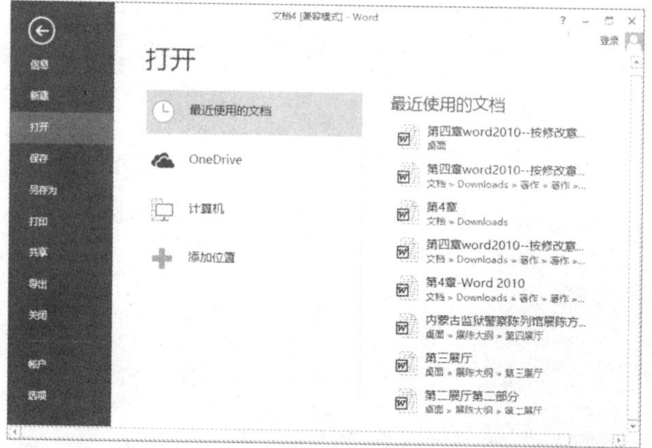

图 4-82 “打开”界面

4. 保存文档

在 Word 2013 中，保存文档有以下几种方法：

- 单击“文件”|“保存”命令。
- 单击快速访问工具栏中的“保存”按钮。
- 按【Ctrl+S】组合键。

当执行上面的操作保存文档时，如果文档已被保存过，Word 会自动将文档的修改内容保存起来；如果文档还未保存，系统将自动弹出“另存为”界面，如图 4-83 所示，当选择“计算机”时，用户可以在弹出的对话框中指定文件名以及保存位置等，如图 4-84 所示，然后单击“保存”按钮即可。

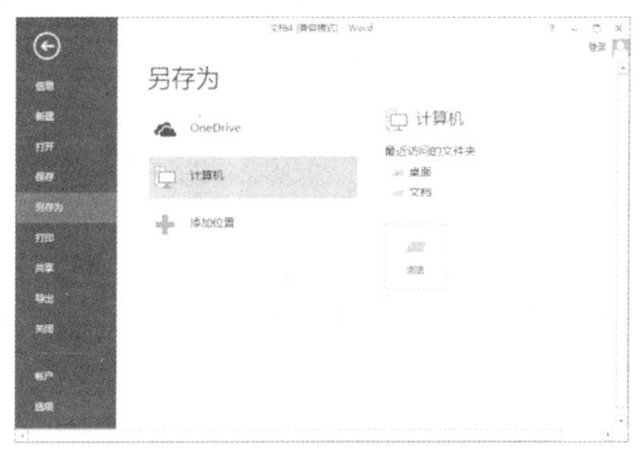

图 4-83 “另存为”界面

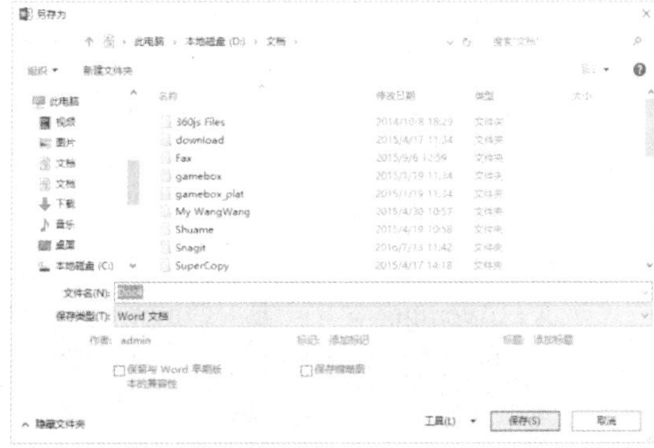

图 4-84 “另存为”对话框

5. 关闭文档

关闭文档与关闭应用程序窗口的操作方法有相同之处，但关闭文档并不一定要退出应用程序，用户可以使用下面任意一种方法来关闭 Word 2013 文档：

- 单击工作界面左上角的控制菜单按钮 ，在弹出的下拉面板中单击“关闭”命令。
- 双击控制菜单按钮
- 单击标题栏右端的“关闭”按钮 。
- 按【Alt+F4】组合键。

习　　题

一、选择题

1．Word 2010 中，文档的扩展名为（　　　）。

A．.txt　　B．.doc　　C．.wps　　D．.docx

2．（多选）中文版 Word 2010 中的视图显示方式有（　　　）。

A．普通视图　　B．Web 版式视图　　C．页面视图　　D．大纲视图

3．在 Word 2010 中，能显示页边距的视图方式是（　　　）。

A．普通视图　　B．Web 版式视图　　C．页面视图　　D．大纲视图

4．（多选）在中文版 Word 2010 中段落缩进方式有（　　　）。

A．首行缩进　　B．左缩进　　C．悬挂缩进　　D．右缩进

5．（多选）图片的环绕方式有（　　　）。

A．紧密型　　B．四周型　　C．上下型

D．衬于文字上方　　E．浮于文字下方　　F．穿越型

6．中文版 Word 2010 文档的新建、保存、另存为可以通过（　　）来执行。

A．文件　　B．编辑　　C．视图　　D．插入

7．用户在（　　）任务窗格中，可以方便地整理和查找 Web 剪贴画。

A．样式和格式　　B．帮助　　C．剪贴画　　D．邮件合并

8．在 Word 2010 编辑状态下，格式刷可以复制（　　）。

A．段落的格式和内容　　B．段落和文字的格式和内容

C．文字的格式和内容　　D．段落和文字的格式

9．在 Word 2010 中，可用于计算表格中某一数值列平均值的函数是（　　）。

A．Average　　B．Count　　C．Abs　　D．Total

10．在 Word 2010 编辑状态下，要设置分栏效果，应单击（　　）功能区选项卡。

A．开始　　B．插入　　C．页面布局　　D．视图

二、填空题

1．要新建一个 Word 文档，可以单击“文件”|“新建”命令，还可以使用______组合键。

2．在中文版 Word 2010 中输入文本需要换行到下一行输入时，可按________键。

3．在中文版 Word 2010 中选取整篇文档可以按【Ctrl+A】组合键，还可以单击“编辑”中的________。

4．在中文版 Word 2010 中，文本区左边有一____________区，可以用于快捷选定文字块。

5．在中文版 Word 2010 中，默认的输入状态是_________状态。如果按键盘上的________键或双击状态栏中的__________标记，则可在_____________状态之间进行切换。

上机指导

1．在文档中插入一个表格，然后选中多个单元格并把它们合并成一个单元格，合并后重新将它拆分为原来的状态。

2．使用 Word 中的插入符号功能插入版权符“©”和注册符“®”。

3．输入一段文本，然后用“段落”命令设置该段的行间距和对齐方式。

4．在 Word 中打开一个文档，然后单击水平滚动条左侧的四个视图按钮，查看文档在不同视图下的显示效果。

5．利用页眉和页脚的功能，在一篇文档的页眉中输入“欢迎使用中文版 Word 2010”，要求字体为楷体，字号为小五号，设置纸张大小为 B5，并进行打印预览。

6．制作一个中文信封，内容自定。

7．选择“文件”选项“新建”命令，利用其中的“书法字帖”模板创建一个自己的字帖。

第 5 章　电子表格处理软件——中文版 Excel 2010

本章学习目标

通过本章的学习，应了解中文版 Excel 2010 基本知识、Excel 基本概念，掌握工作表、工作簿的基本操作和格式化，编辑单元格并学会使用公式、函数、图表和工作表打印等操作。

学习重点和难点

- 中文版 Excel 2010 的基本概念
- 工作簿和工作表的基本操作
- 单元格的编辑、工作表的格式化
- 公式、函数和图表的使用
- 数据的排序、筛选与汇总

5.1　中文版 Excel 2010 的基础知识

中文版Excel 2010是Microsoft公司推出的一个典型的电子表格制作软件，它具有界面直观、操作简单、即时数据更新、数据分析函数丰富等特点，可以通过图表、图形的形式显示各种数据信息，深受广大财务、统计人员、办公室人员的喜爱。

5.1.1　中文版 Excel 2010 功能简介

中文版 Excel 2010 是一个用于创建和维护电子表格的应用软件，使用它可方便地制作统计、财务、会计、金融和贸易等方面的各种复杂的电子表格，并进行繁琐的数据计算。实际上，电子表格就是一种用于输入/输出、显示数据及对输入的数据进行各种复杂统计运算的表格，同时它还能形象地将一批枯燥的数据变为多种形式的图表显示或打印出来，大大增强了数据的可读性。

中文版 Excel 2010 提供的 SmartArt 图、自绘图形工具和 OLE 等功能，使电子表格的处理功能更加完善。它可以导入包括 Word、PowerPoint 等文件在内的各种文档、图片和幻灯片，使电子表格图文并茂，为用户的工作增添了许多乐趣。

中文版 Excel 2010 提供了多种模板，使初学者可以更快地熟悉和使用电子表格。对于高级用户或专业用户，可以根据工作需要，定制自己的排版格式并将模板格式保存起来，以便日后使用，极大地提高了工作效率。

5.1.2 中文版 Excel 2010 的启动和退出

1. 启动中文版 Excel 2010

启动 Excel 2010 的方法有以下几种：

- 单击“开始”|“所有程序”|“Microsoft Office”|“Microsoft Office Excel 2010”命令。
- 双击 Excel 2010 的快捷方式图标。如果桌面上没有中文版 Excel 2010 的快捷方式图标，按住【Ctrl】键，然后用鼠标把“开始”菜单中的 Excel 图标拖曳到桌面上即可。

2. 退出中文版 Excel 2010

退出 Excel 2010 的方法有以下几种：

- 单击 Excel 2010 窗口右上角的“关闭”按钮☒。
- 单击“文件”|“退出”命令或按【Alt+F4】组合键。
- 双击 Excel 2010 窗口左上角的控制图标。

如果 Excel 文件中的内容自上次存盘之后又进行了修改，则在退出 Excel 2010 之前将弹出提示信息框，询问用户是否保存修改的内容。单击“是”按钮将保存修改，单击“否”按钮将不保存修改，单击“取消”按钮则取消退出 Excel 2010 的操作。

5.1.3 Excel 工作窗口的组成

作为 Office 的办公套装软件，Excel 与 Word 的操作有着许多相似之处。双击 Excel 2010 的快捷方式图标，启动中文版 Excel 2010，其工作窗口如图 5-1 所示。

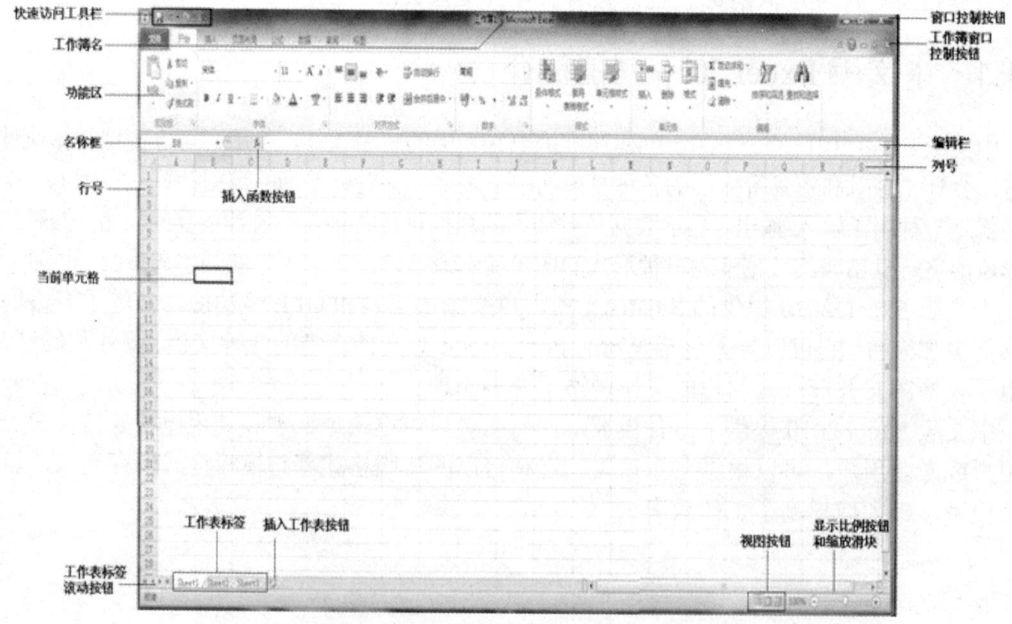

图 5-1　中文版 Excel 2010 的工作窗口

表 5-1　Excel 2010 操作界面各组件说明

序号	名称	功能
1	快速访问工具栏	集成了多个常用的按钮
2	工作簿名	显示工作簿的名称
3	窗口控制按钮	控制 Excel 程序的主窗口，一个主窗口下可有多个工作簿窗口
4	工作簿窗口控制按钮	用于控制一个工作簿的窗口
5	功能区	不同的选项卡下面有多个选项组，每个选项组中有多个命令
6	名称框	显示当前单元格区域的地址；在输入公式时为“函数”框
7	行号	行号用数字命名，单击可选中一行
8	编辑栏	显示当前单元格中输入的内容
9	列号	列号用字母命名，单击可选中一列
10	“插入函数”按钮	单击此按钮可弹出“插入函数”对话框
11	当前单元格	当前被选中的单元格
12	工作表标签滚动按钮	单击可实现工作表的切换
13	工作表标签	用于识别工作表名称，单击可切换
14	“插入工作表”按钮	单击可以插入一个新工作表
15	“视图”按钮	单击某按钮可切换到对应的视图方式下
16	“显示比例”按钮和缩放滑块	可改变页面显示的比例

5.1.4　Excel 基本概念

在 Excel 2010 中，单元格、工作表和工作簿是最常用的操作对象，对表格中的数据进行复杂的运算也是通过在公式或函数中引用单元格来完成的。

1．单元格

在 Excel 中，行和列交叉的区域称为单元格，它是 Excel 电子表格中最小的组成单位，主要用来输入与存储数据。当要向单元格中输入数据或文本时，应当首先使之成为活动单元格。活动单元格的四周显示为粗边框，且所在的行和列的标号呈凸起显示。

每个单元格的命名是由它所在的列标和行号组成的。例如，B 列 5 行交叉处的单元格名为 B5，C8 为第 8 行第 C 列交叉处的单元格。如果要表示一个连续的单元格区域，可以在该区域第一个单元格名与最末单元格名之间加冒号，例如，A3:D6 指的是 A 列的第 3 行与 D 列的第 6 行所围成的区域。

2. 工作表

启动 Excel 2010 后，窗口中布满单元格的区域就是工作表。每个工作表下面都有一个标签，第一张工作表默认的标签名为 Sheet1，第二张工作表默认的标签名为 Sheet2，……以此类推。每一张工作表最多可包含 65 536 行和 256 列。

3. 工作簿

Excel 是以工作簿为单元来处理工作数据和存储数据的，一个 Excel 文件即为一个工作簿。它就像一个日常工作的文件夹，里面可以夹一张或若干张表格文件，即工作簿中可以包含若干张工作表。启动 Excel 后，系统默认以 Book1 命名一个新的工作簿。

一个工作簿内最多可以打开 255 个工作表。工作簿除了可以存放工作表之外，还可以存放图表等。

单元格、工作表和工作簿三者的关系是：单元格是构成工作表的基本单位，而工作表是构成工作簿的基本单位。

4. 公式与函数

在 Excel 2010 中，提供了大量的函数和公式，该功能可以帮助用户进行各种复杂的统计计算。在使用函数时，用户必须按要求给出所需的参数。公式是由值、单元格、名字、函数或运算符组成的式子，它包含于单元格中并从现有值中产生一个新值。

5.2 工作簿的管理

工作簿是在 Excel 2010 中用来运算或存储数据的文件，其默认扩展名为“.xlsx”。一个工作簿可以包含多张工作表，用户可以将若干相关工作表组成一个工作簿，操作时可直接在同一文件的不同工作表中方便地切换。一个工作簿可以包含多个工作表。默认情况下，每个工作簿中有三个工作表，分别以 Sheet1、Sheet2、Sheet3 来命名。工作表的名字显示在工作簿文件窗口的底部标签里，如图 5-2 所示。

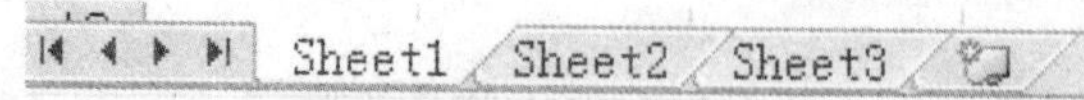

图 5-2 系统默认的工作表

启动 Excel 后，用户首先看到的是名称为“工作簿 1”的工作簿。“工作簿”是一个默认的、新建的和未保存的工作簿。如果启动 Excel 后直接打开一个已有的工作簿，“工作簿 1”会自动关闭。

5.2.1 工作簿的新建、打开、保存

1. 新建工作簿

如果还没有创建工作簿，对于工作簿的操作就无从谈起，当然也就无法进行任何数据处

理工作。所以，应用 Excel 的第一步就是要建立一个工作簿。建立工作簿主要有两种方法：

- 创建新的空白工作簿：单击“文件”|“新建”命令，打开如图 5-3 所示的“新建工作簿”任务窗格，在任务窗格的“新建”选项区中单击“空白工作簿”超链接即可。
- 创建基于模板的工作簿：单击“文件”|“新建”命令，在“Office.com 模板”（如图 5-3 所示）列表框中选择一个模板后，单击“确定”按钮就完成了一个基于模板的工作簿的创建。

图 5-3 “新建工作簿”任务窗格

2. 打开工作簿

打开一个已经存在的工作簿的操作步骤如下：

（1）单击“文件”|“打开”命令，打开“打开”对话框，如图 5-4 所示。

（2）在“查找范围”下拉列表框中选择工作簿所在的位置。

（3）选中工作簿后单击“打开”按钮，即可打开该工作簿。

图 5-4 “打开”对话框

3. 保存工作簿

要保存工作簿，可单击“文件”|“保存”命令，或在工具栏中单击“保存”按钮。如果是新建的文件，此时将打开“另存为”对话框，在“查找范围”下拉列表框中选择存放文件的目录，在“文件名”下拉列表框中输入想要保存的文件名，然后单击“保存”按钮即可。

5.2.2 隐藏/显示工作簿

1. 隐藏工作簿

单击“视图”|“窗口”|“隐藏”按钮。退出 Excel 时，将询问“是否保存对隐藏工作簿的更改”。如果希望下次打开工作簿时隐藏工作簿窗口，单击“保存”。

2. 显示隐藏的工作簿

单击“视图”|“窗口”|“取消隐藏”按钮，弹出“取消隐藏”对话框，选择取消隐藏工作簿的文件名，单击“确定”。

如果“取消隐藏”命令无效，则说明工作簿中没有隐藏的工作表。如果“重命名”和“隐藏”命令均无效，则说明当前工作簿正处于防止更改结构的保护状态。需要撤消保护工作簿之后，才能确定是否有工作表被隐藏，取消保护工作簿可能需要输入密码。

5.2.3 工作簿模板的使用与创建

模板也是一种文档类型，用户可以根据需要，先在其中添加一些常用的文本或数据，并进行适当的格式化，还可以包含公式和宏等，以一定的文件类型保存在特定的位置。

1. 使用自定义模板创建新工作簿

Excel 2010 提供了很多默认的工作簿模板，使用模板可以快速创建同类型的工作簿。以“血压监测”模板为例，其操作步骤是：

（1）单击“文件”|“新建”命令，在右侧的“可用模板”栏中单击“样本模板”模板，如图 5-5 所示。

（2）在该列表框中选择“血压监测”|“创建”按钮，或者直接双击“血压监测”选项。

（3）在打开的工作表中已经设置好了格式和内容，在工作簿中输入数据，如图 5-6 所示。

（4）单击“保存”按钮，新建模板就会存放在 Excel 的模板文件夹中。

图 5-5 新建“样本模板”

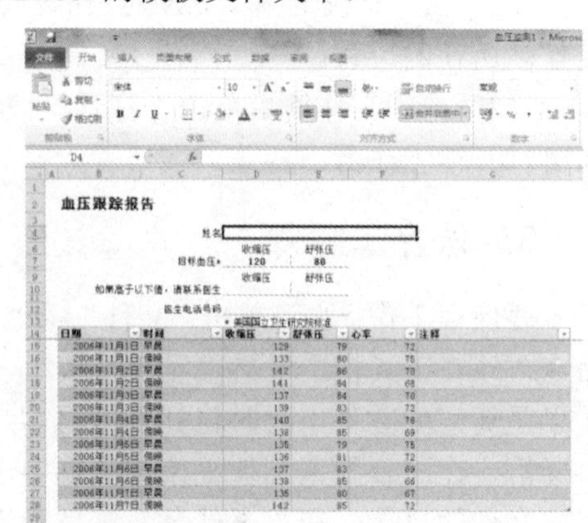

图 5-6 新建“血压监测”模板

2. 创建模板

创建模板的操作步骤：

（1）打开要用做模板的工作簿。

（2）在打开的工作簿中进行调整和修改，模板中只需要包含一些每个类似文件都有的公用项目，而对于那些不同的内容则可以删除，公式可以保留。

（3）选择“文件”|“另存为”命令，打开“另存为”对话框。

（4）在“文件名”中输入模板的名称，在“保存类型”下拉列表中选择“Excel 模板”。

（5）单击“保存”按钮，新建的模板就会存放在 Excel 的模板文件中。

在这里要注意：在“另存为”对话框中，不要改变文档的存放位置，以确保以后在使用模板创建新的工作簿时该模板可以使用。

5.3　工作表的管理

为方便用户编辑和维护工作表，Excel 提供了多种编辑命令，用来对工作表进行添加、删除、移动、复制、切换、重命名及隐藏等操作。

5.3.1　选择工作表

在进行工作表操作时，首先需要选定相应的工作表。选择工作表的方法见表 5-2。

表 5-2　工作表的选择方法

选择对象	执行操作
单张工作表	单击工作表标签。如果看不到所需的标签，那么单击标签滚动按钮可滚动标签，然后单击它
两张或多张相邻的工作表	先选中第一张工作表的标签，再按住【Shift】键单击最后一张工作表的标签
两张或多张不相邻的工作表	单击第一张工作表的标签，再按住【Ctrl】键单击其他工作表的标签
工作簿中所有的工作表	用鼠标右键单击工作表标签，然后在弹出的快捷菜单中选择“选定全部工作表”选项

5.3.2　添加和删除工作表

在 Excel 默认打开的工作簿中，只有三个工作表标签，但是工作簿中最多可以打开 255 个工作表，因此用户可以在工作薄中添加工作表。

1. 添加工作表

添加工作表的方法是：选择要插入工作表的位置，如选择 Sheet1，右键单击 Sheet1 工作

表标签，选择“插入”|“工作表”命令，这样就在工作表 Sheet1 之前插入了一张新的工作表。也可以单击图 5-2 中所示 Sheet3 后面的“插入工作表”按钮，这样在最后就插入了一张新的工作表。

2. 删除工作表

利用 Excel 2010 中的命令，可以把不需要的工作表删除。删除工作表的方法是：用鼠标右键单击要删除的工作表标签，如 Sheet1，在弹出的快捷菜单中选择“删除”选项即可。

5.3.3 移动和复制工作表

● 在同一个工作簿中移动工作表

如果要在一个工作簿中调整工作表的顺序，可单击工作表标签，沿着选项卡进行拖动选中的工作表到达新的位置，释放鼠标左键即可将工作表移到新的位置。在拖动过程中，屏幕上会出现一个黑色的三角形，指示工作表插入的位置。

● 将工作表移到另外一个工作簿中

在原工作簿工作表的选项卡右键单击要移动的工作表，在出现快捷菜单中选择“移动或复制工作表”命令，弹出“移动或复制工作表”对话框，如图 5-7 所示；在“工作簿”列表框中，选择目的工作簿，单击“确定”按钮。

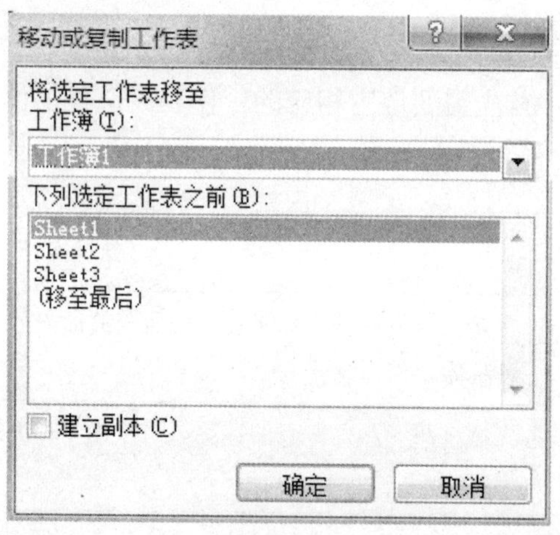

图 5-7 移动和复制工作表对话框

● 在工作簿中复制工作表

如果要复制工作表，需要在拖动鼠标的同时按住【Ctrl】键。注意，拖动时鼠标指针上方会显示一个“+”号，表示进行的是复制操作。也可以使用移动图表的方法，勾选图 5-7 所示的“建立副本”复选框。

● 将工作表复制到其他工作簿中

将工作表复制到其他工作簿中，同工作表移到其它工作簿中的操作相同，在图 5-7“移动或复制工作表”对话框中，勾选“建立副本”复选框，点“确定”按钮即可。

5.3.4　切换工作表

1．利用键盘在工作间切换

要在工作表中进行工作，必须打开相应的工作簿及工作表。通过“视图”|“切换窗口”可以在同时打开的工作簿间进行切换；通过单击相应的工作表标签，可以在工作表间切换。此外，通过键盘也可以实现工作表间的切换操作。

按【Ctrl+PageUp】组合键，将打开前一个工作表；按【Ctrl+PageDown】组合键，将打开后一个工作表。

2．利用“定位”命令在工作表间切换

（1）单击“开始”|“查找和选择”|“定位条件”按钮；如图 5-8 所示。

（2）或者按【Ctrl+G】快捷键，调出定位对话框，点击“定位条件”；

（3）都可打开“定位条件”对话框，根据不同的选项进行定位，如图 5-9 所示。

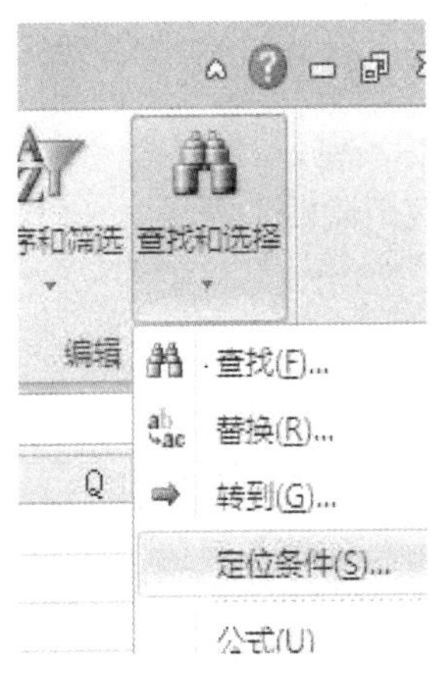

图 5-8　“定位条件”选项卡

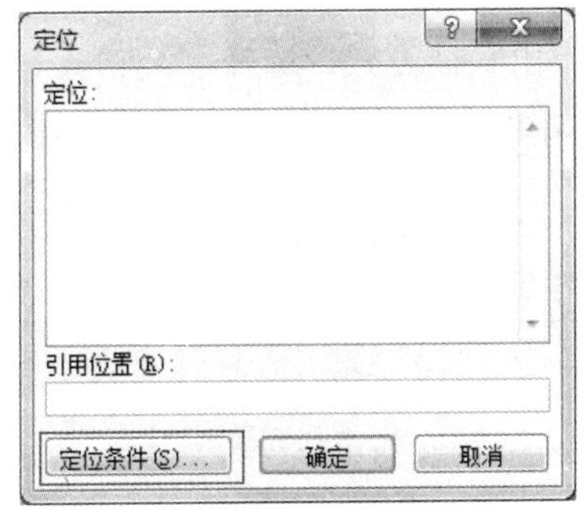

图 5-9　“定位条件”对话框

5.3.5　重命名工作表

在 Excel 2010 中，默认的工作表以 Sheet1、Sheet2、Sheet3……方式命名。在完成对工作表的编辑后，如果继续沿用默认的名称，则不能直观地表达每个工作表中所包含的内容，也不利于用户对工作表进行查找、分类等工作。因此，用户有必要重命名工作表，使每个工作表的名称都能形象地表达其中的内容。

重命名工作表的方法有两种：即直接重命名和使用快捷菜单重命名。

1．直接重命名

直接重命名工作表的具体操作步骤如下：

（1）双击需要重命名的工作表标签。

（2）输入新的工作表名称，按【Enter】键确认。

2. 使用快捷菜单重命名

使用快捷菜单重命名工作表的方法如下：

（1）用鼠标右键单击需要重命名的工作表标签，在弹出的快捷菜单中选择“重命名”选项。

（2）输入新的工作表名称，按【Enter】键确认。

5.3.6 隐藏和显示工作表

1. 隐藏工作表

在某些情况下，需要隐藏工作表，以保护某些重要的资料。隐藏工作表的方法如下：

（1）打开工作簿，选择要隐藏的工作表。

（2）单击右击，弹出如图 5-10 所示的对话框，选择“隐藏”命令，即可隐藏该工作表。

2. 显示隐藏的工作表

如果要显示被隐藏的工作表，具体操作步骤如下：

（1）打开工作簿，在任意一个工作表标签上单击鼠标右键；

（2）弹出快捷方式，选择取消隐藏。这时会弹出“取消隐藏”对话框，如图 5-11 所示，选择需要显示的工作表，单击“确定”即可。

图 5-10 隐藏工作表

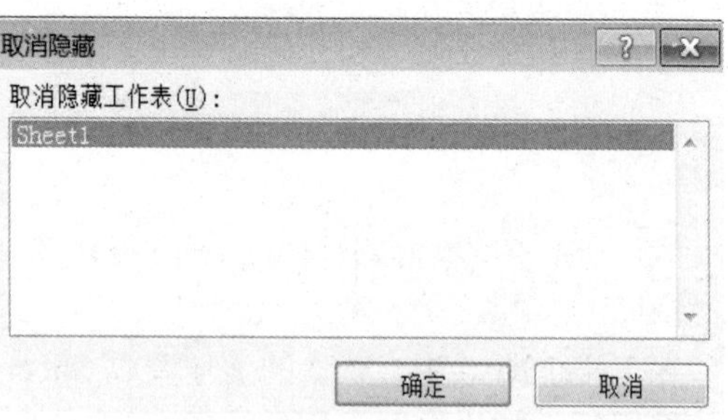

图 5-11 取消隐藏工作表

5.3.7 设置工作表标签颜色

工作表标签的颜色可以进行设置，右击工作表标签，在弹出的快捷菜单中选择“工作表标签颜色”选项，在展开的颜色列表中单击一种需要的颜色。如图 5-12 所示。

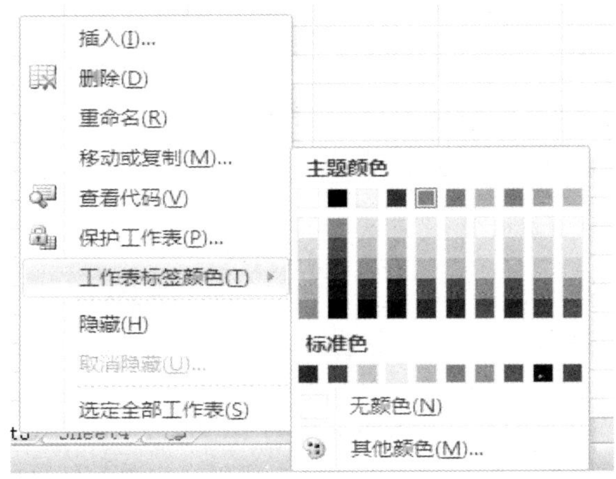

图 5-12　设置工作表标签颜色

5.4　单元格的基本操作

单元格是工作表的基本组成元素。对工作表进行编辑就是在单元格中输入和修改数据，以及插入、删除行或列。

5.4.1　选定单元格

在工作表中进行数据录入时，首先要选择相应的单元格（即激活单元格），选中的单元格是当前活动单元格，其边框显示为加粗的黑边框，对应的行号和列标将显示黄色背景，且该单元格的地址出现在名称框中。

单元格的选择有以下几种情况：

- 单个单元格：用鼠标单击相应的单元格，或按方向键移动黑边框到相应的单元格中。
- 某个单元格区域：单击区域的第一个单元格，并拖动鼠标到最后一个单元格。
- 较大的单元格区域：单击区域的第一个单元格，再按住【Shift】键单击区域中的最后一个单元格，可以通过拖动滚动条找到最后一个单元格所在的位置。
- 不相邻的单元格或单元格区域：先选中第一个单元格或单元格区域，再按住【Ctrl】键选择其他单元格或单元格区域。
- 整行或整列：单击行标题或列标题。
- 相邻的行或列：按住鼠标左键，在行标题或列标题中拖动鼠标，或者先选中第一行或第一列，再按住【Shift】键选中最后一行或最后一列。
- 不相邻的行或列：先选中第一行或第一列，再按住【Ctrl】键选择其他行或列。
- 工作表中所有的单元格：单击行号与列标相交叉的空白单元格，即单击“全选”按钮。
- 增加或减少活动区域中的单元格：按住【Shift】键，单击需要包含在新选定区域中最后一个单元格，在活动单元格与所单击的单元格之间矩形区域将成为新的选定区域。
- 取消单元格选定区域：单击相应工作表中的任意单元格。

5.4.2 输入数据

单元格被激活后，便可输入数值、日期、时间、货币格式、百分比，以及文本等常量类型的数据。

1. 输入数字

在 Excel 2010 中，输入数字相对于输入文本来说复杂些，要考虑数字的合法性、小数点的位数和数值的表示法等。

当建立新的工作表时，所有单元格都采用系统默认的数字格式。系统默认格式一般采用整数、小数格式，当数字的长度超过单元格的宽度时，Excel 将自动使用科学计数法来表示输入的数字。如果要把数字作为常量值输入，可以选定单元格并输入数字。数字可以是包括数字字符（0～9）和下面特殊字符中的任意字符：+、-、（）、，、/、$、%、.、E、e。

单元格中的数字格式将决定 Excel 工作表中数字的显示方式。如果在设置为常规格式的单元格中输入数字，Excel 将根据具体情况套用不同的数字格式。例如，当输入一个数字，而该数字前有货币符号或其后有百分号时，Excel 会自动改变单元格格式，从通用格式分别改变为货币格式和百分比格式。输入时，单元格中的数字靠右对齐。

另外，在输入数字时还应注意以下几种情况：

- 数字前面的“+”号可以省略。
- 有时输入的是分数，而系统有可能认为输入的是日期。为了避免这种情况，可以在输入分数时，在分数的前面加上 0，例如，要输入 1/2，可以输入：0 1/2。
- 在负数前应加上负号“-”或者把输入的数据放在括号内。
- 在单元格中输入的数字，系统默认的对齐方式为右对齐。

2. 输入时间和日期

在 Excel 2010 中，对日期和时间规定了严格的输入格式，并且输入的日期和时间可以进行加减运算。

- 日期：用户可以使用“/”或“-”来分隔日期中的年、月、日。传统的日期表示方法是以两位数来表示年份的，例如，要表示 2004 年 11 月 3 日，可输入 04/11/03 或 04-11-3，按【Enter】键后，Excel 2010 会自动将其转换为默认的日期格式，并将两位数表示的年份更改为 4 位数的年份。
- 时间：输入时间时，小时、分钟与秒之间用冒号分隔。若想表示上午或下午，可在输入的时间后面加上 AM 或 PM，例如，输入“3:15:06 PM”。也可采用 24 小时制表示时间，即把下午的小时时间加 12，例如，输入“15:15:06”。

3. 输入文本

Excel 中的文本通常是指字符，或者任何数字和字符的组合。输入到单元格中的任何字符，只要不被系统解释成数字、公式、日期、时间或者逻辑值，则 Excel 一律将其视为文本。在 Excel 中输入文本时，系统默认的对齐方式为左对齐。当输入的文本长度超过单元格的宽度时，超出的部分将被隐藏或放到下一空单元格内。若要完全放置在本单元格内，单击“开始”选项卡，在“对齐方式”组中单击自动换行按钮，或者按【Alt+Enter】强制换行。

对于全部数字组成的字符串，如邮政编码、电话号码、学号、身份证号等。在字符串前加英语字符“’”，这是数字变文本的快捷方法。例如，要在单元格内输入“3200069”，应输入“’3200069”，单引号是英文字符，以示与数字型数据的区别。或者单击“开始”选项卡，在“数字”组中打开文本框右侧的下拉按钮，在列表组中选择“文本”，将单元格设置为文本格式，然后输入。

5.4.3 编辑、修改单元格数据

若遇到原数据与新数据完全不一样，要对当前单元格中的数据进行修改时，可以重新输入；若原数据中只有个别字符出现错误时，可以使用以下两种方法来编辑单元格中的数据：一种是直接在单元格中进行编辑，另一种是在编辑栏中进行编辑。

1. 在单元格中编辑内容

如果要在单元格中编辑内容，可按照以下步骤进行操作：

（1）双击要编辑数据的单元格。

（2）按方向键将光标定位到要编辑的位置，按【Back Space】键删除光标左边的字符，按【Delete】键删除光标右边的字符，然后输入新的文本即可。

（3）单击编辑栏中的“输入”按钮✓，或者按【Enter】键确认输入。

2. 在编辑栏中编辑内容

如果要在编辑栏中编辑内容，可按照以下步骤进行操作：

（1）单击要编辑数据的单元格。此时，该单元格的数据显示在编辑栏中。

（2）单击编辑栏确定光标位置，并对其中的内容进行修改。

（3）编辑完毕后，单击编辑栏中的“输入”按钮✓确认输入。

3. 修改单元格数据

编辑单元格的操作包括输入数据和修改数据。对已输入数据的单元格进行修改，主要有两种方法：

- 重新输入。单击单元格，使其进入输入状态，新输入的内容将代替原有数据。
- 局部修改。双击单元格，使其进入修改状态。此时可以利用键盘上的【Delete】键或【BackSpace】键，直接修改有错的部分；或者用鼠标选中错误部分后，再输入正确内容，而不必重新输入全部内容。

对于只需少量修改的单元格数据，后一种方法显然效率更高。

5.4.4 删除单元格数据

删除单元格数据是指把一个单元格、一行、一列或一个单元格区域的内容从工作表中移去，单元格本身还留在工作表中。删除单元格数据有两种方法：

1．快速删除

在选定要删除内容的单元格或单元格区域后，按【Delete】键，就可以快速删除单元格或单元格区域中的内容。

2．利用“开始”|“清除”按钮

（1）选定要删除内容的单元格或单元格区域。

（2）单击“开始”|“编辑”|“清除”|“全部清除”按钮，即可删除单元格或单元格区域中的内容。

5.4.5　移动和复制单元格数据

单元格中的数据可以通过复制或移动操作，将它们复制或移动到同一个工作表中的其他地方、另一个工作表或另一个应用程序中。

● 利用工具栏中的图标按钮

利用工具栏中的图标按钮复制单元格的方法是：选定要复制的单元格，单击“复制”按钮；再选定要复制到的单元格区域，单击“粘贴”按钮，即可将剪贴板中的数据复制到要复制的单元格区域中。同样，利用“剪切”按钮与“粘贴”按钮，可完成单元格数据的移动操作。

5.4.6　自动填充数据

使用 Excel 时，经常需要输入大量的有一定关系的数据。可以使用 Excel 的自动填充功能，可以提高工作效率。

1．自动填充连续的数据

如果在工作表中，需要在某列或某行输入连续的编号（1、2、3、…、99），由于这些编号是连续的数据，可以使用自动填充快速输入。

如在 A1 中输入数字“1”。选中此单元格（注意选中和编辑的区别），然后将鼠标指针移动到该单元格的右下角，注意鼠标形状，此时指针变成填充句柄（黑色实心十字形）。按住鼠标左键向下拖动到要结束的位置，释放鼠标。此时，用鼠标拖动的区域被自动填充为“1、1、1、…”。在被填充区域的右下角出现“自动填充选项”，单击此按钮，在弹出的菜单中可以进一步设置填充的最终效果，如图 5-13 所示。

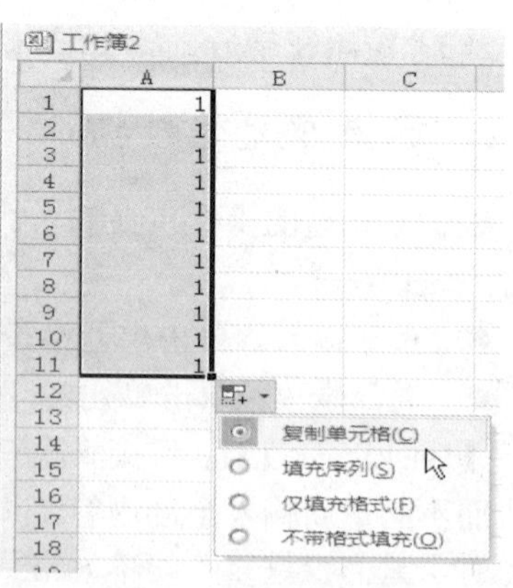

图 5-13 自动填充数据

复制单元格：填充内容变为复制 A1 单元格内容。

填充序列：按照连续的方式进行填充。

仅填充格式：不填充内容，只复制 A1 单元格的格式。

不带格式填充：按默认方式填充或复制，但不带格式。

使用鼠标右键也可以自动填充。选定 A1 单元格，鼠标指向右下角，用鼠标右键拖动填充句柄到目的单元格后松开，立即会弹出一个快捷菜单，同“自动填充选项”基本相同。

2. 自动填充等差数列

所谓等差数列是指相邻数据之间具有相同的步长。例如 10、15、20、25、30，这一组数字，相邻的差都为 5。对于这类数据 Excel 也可以进行自动填充。操作步骤如下：

（1）在两个相邻的单元格（可以横向相邻或者纵向相邻）中输入两个数据，如 10 和 15。

（2）同时选中这两个单元格。

（3）将鼠标移动到填充柄处，此时指针形状变为填充句柄（黑色实心十字形）。

（4）按住鼠标左键向下或向后拖动到结束位置，释放鼠标即可。

3. 自动填充等比数列

所谓等比数列指的是相邻数据之间具有相同的比例。例如：3、6、12、24, 48 这一组数据，公比是 2。对于这类数据 Excel 也可以进行自动填充。

方法与自动填充等差数列稍有区别，不同之处是在步骤（4）中拖动鼠标时要按住右键拖动到目标位置，然后释放鼠标，此时立即弹出快捷菜单，选择“等比序列”选项即可。

4. 自定义填充序列

文本序列也可以自动填充。例如下面序列都可以自动填充：

星期一、星期二、……、星期日　　一月、二月、……、十二月

利用“自定义序列”对话框填充数据序列，可自己定义要填充的序列。首先选择“文件”选项卡下的“选项”命令，打开“Excel 选项”对话框，如图 5-14 所示，单击左侧的“高级”选项，在“常规”栏目下单击“编辑自定义列表”打开“自定义序列”对话框，如图 5-15 所示，在对话框中使用“添加”，用户就可以根据自己需要添加数据序列。

图 5-14 “Excel 选项”对话框

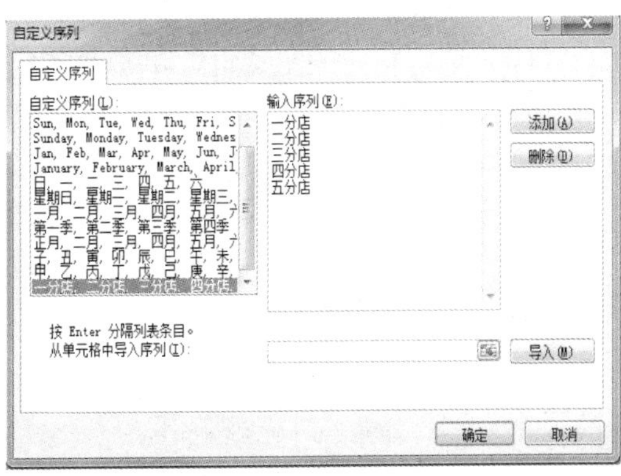

图 5-15 “自定义序列”对话框

5.4.7 插入和删除单元格、行或列

1. 插入单元格的操作步骤如下：

（1）先选定单元格，选定的单元格的数量即是插入单元格的数量，例如选择 3 个，则会插入 3 个单元格。

（2）单击“开始”|“单元格”|“插入”下拉按钮，弹出“插入”下拉列表。

（3）在下拉列表中选择“单元格”，弹出“插入”单元格对话框，如图 5-16 所示。

（4）选择“插入”单元格对话框中所需项，如“活动单元格右移”或“活动单元格下移”复选框。

（5）单击“确定”按钮，即可插入单元格。

如果在“插入”下拉列表中选择了“行”或“列”命令，则会在选定的单元格位置直接插入一行或一列。

另外，也可用快捷菜单的方法插入单元格、行或列，操作步骤如下：

（1）右击要插入的单元格。

（2）在弹出的快捷菜单中单击“插入”命令。

（3）在弹出的“插入”对话框中选择相应的复选框。

（4）单击“确定”，完成单元格、行或列的插入。

对插入的行是在所选择的单元格的上方插入一空行，对列是在所选单元格的左侧插入一空列。

2. 删除单元格、行或列

删除单元格、行或列的方法如下：

（1）右击选定的要删除的单元格、行或列。

（2）在弹出的快捷菜单中单击“删除”命令，出现“删除”对话框，如图 5-17 所示。

（3）选定相应的复选框，单击“确定”按钮。

也可单击“开始”|“单元格”|“删除”|“删除单元格”。

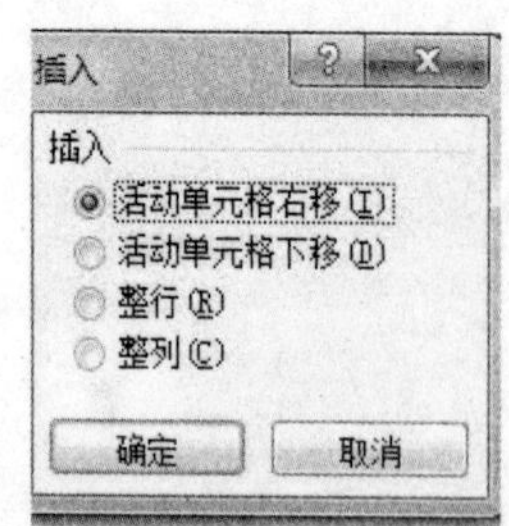

图 5-16 插入单元格对话框

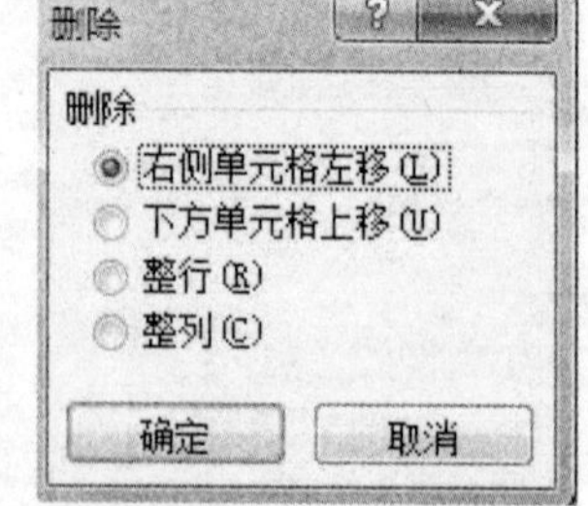

图 5-17 删除单元格对话框

3. 移动单元格

移动单元格就是将一个单元格或若干个单元格中的数据或图表从一个位置移至另一个位置，移动单元格的操作如下：

（1）选择所要移动的单元格。

（2）将鼠标放置到该单元格的边框位置，当鼠标下方出现十字箭头形状时，按下左键并拖动，即可移动单元格。

也可在“开始”|“剪贴板”组中，先“剪切”，再“粘贴”来移动单元格。

4. 行高和列宽的调整

系统默认的行高和列宽有时并不能满足需要，这时用户可以调整行高和列宽。

（1）用鼠标拖动调整行高或列宽

修改行高和列宽最简单的方法就是用鼠标拖动，具体操作如下：

将鼠标放到两个行或列标号之间，鼠标变成双向箭头形状，按下该形状的鼠标并拖动，即可调整行高或列宽。

（2）自动调整行高和列宽

选定要调整行高或列宽的区域，在“开始”|“单元格”|“格式”按钮，在列表中单击“自动调整行高”或“自动调整列宽”选项。此时，Excel 会对选定区域的行高或列宽进行自动调整，以使列宽或行高按照单元格中数据的长度或高度来调整，如图 5-18 所示。

（3）精确设置行高或列宽

选定整行或整列。单击“开始”|“单元格”|“格式”下拉按钮，在下拉列表中单击“行高”或“列宽”。在弹出的对话框中输入数值，单击“确定”即可。或者直接在选中的区域右击，在弹出的快捷菜单中选择行高或列宽，如图 5-19 所示。

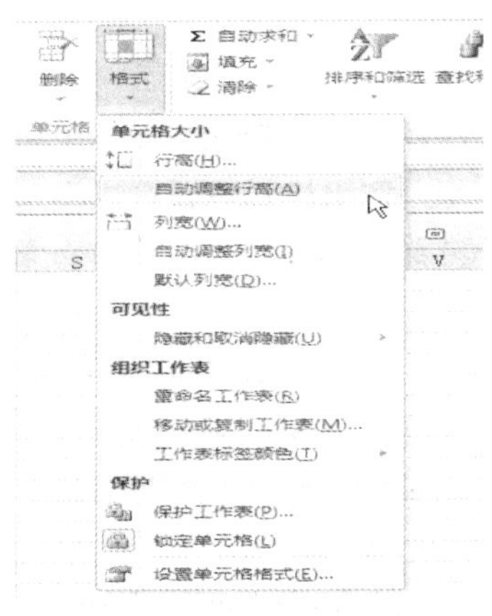

图 5-18　自动调整行高列宽

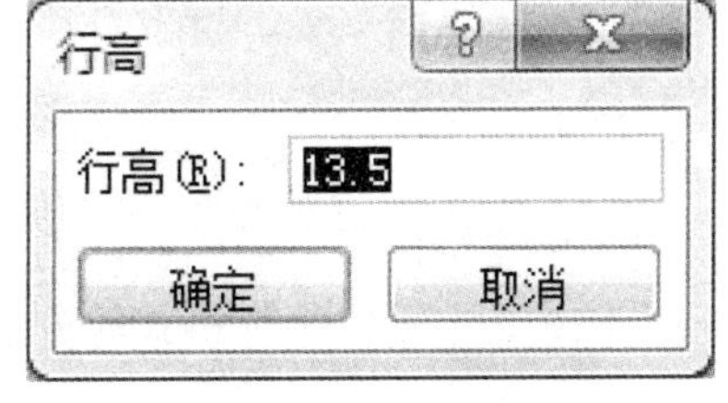

图 5-19　精确设置行高

5. 隐藏行、列

（1）选择目标行（或列）。

（2）在选中的区域内单击鼠标右键，在出现的快捷菜单中选择隐藏命令。

行或列被隐藏后，行号和列标也被隐藏。

6. 取消隐藏的行或列

（1）选择包含被隐藏行（或列）的上下相邻的行（或左右相邻的列）。

（2）单击鼠标右键，在出现的快捷菜单中选择“取消隐藏”命令。

若选取整张工作表，单击“开始”选项卡中“单元格”组的“格式”按钮，在下拉菜单中选择“隐藏或取消隐藏”下的“取消隐藏行”或“取消隐藏列”命令，将显示所有被隐藏的行或列。

7. 合并单元格

合并单元格是 Excel 中使用最频繁的操作。操作步骤如下：

选择需要合并的多个单元格，单击“开始”|“对齐方式”|“合并后居中”按钮，则所选单元格区域合并为一个单元格，且单元格内容水平居中。

如果在“开始”|“对齐方式”|“合并后居中”按钮旁边的下拉按钮，则会展开一个列表，在列表中选择不同的选项，其合并效果也不相同。

5.5 工作表的格式设置

在 Excel 中，工作表中的单元格只是显示效果，并不具有实际的框线。如果要制作可供打印的表格，需要为单元格添加边框、底纹等其他操作。此外，还可以设置单元格中数据的字体格式、对齐方式、数字格式等操作，使表格更加美观。

5.5.1. 设置单元格字体

为了是工作表中的标题和重要数据等更加醒目、直观，在 Excel 2010 中可以对单元格内的文字进行格式设置，其功能几乎和 Word 一样强大。使用格式设置可以在对数据进行存储和处理的同时，实现对数据的排版设计，使表格看起来更加专业、美观。“字体”的基本设置，可参看第 4 章。

选择“开始”选项卡的“字体”、“对齐方式”、“数字”组，单击其右下角的按钮，都会弹出的“单元格格式”对话框，利用对话框，可以对单元格的格式进行设置。

在 Excel 2010 中设置字体格式的方法和在 Word 中使用的方法基本一致。

方法一：使用“字体”组设置字体、字号、字形和颜色。

先选定单元格或单元格区域，在“开始”选项卡中的“字体”组中设置字体格式。该“字体”组中有各种功能选项，如对字体、字号、字形和颜色等设置，如图 5-20 所示。

方法二：使用“字体”对话框设置字体、字号、字形和颜色。

选定单元格或单元格区域，单击“字体”组右下角的对话框启动按钮。弹出“设置单元格格式”对话框，打开“设置单元格格式”对话框中的“字体”标签，通过该对话框设置字体格式，如图 5-21 所示。

图 5-20 “字体”组

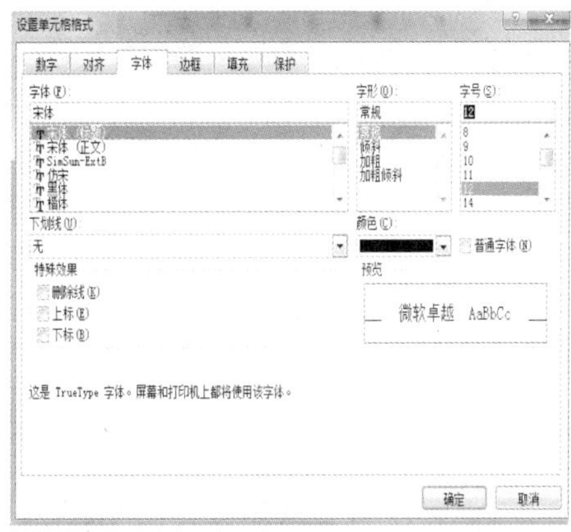

图 5-21 “设置单元格格式”对话框

5.5.2　设置单元格数字格式

前面介绍了单元格的数据可以分为文本、数字、日期等类型。对于 Excel 工作表中的数据类型，可以根据需要为它们设置多种格式。

系统默认情况下，数字格式是“常规”格式。在 Excel 2010 中除了可以使用“设置单元格格式”对话框中“数字”标签完成设置外，还可直接使用“开始”选项卡中的“数字”组来完成，操作方法如下：

单击“数字”组右下角的对话框启动按钮，在打开的“设置单元格格式”对话框中，单击“数字”标签，在“分类”中选择数据类型，如图 5-22 所示。

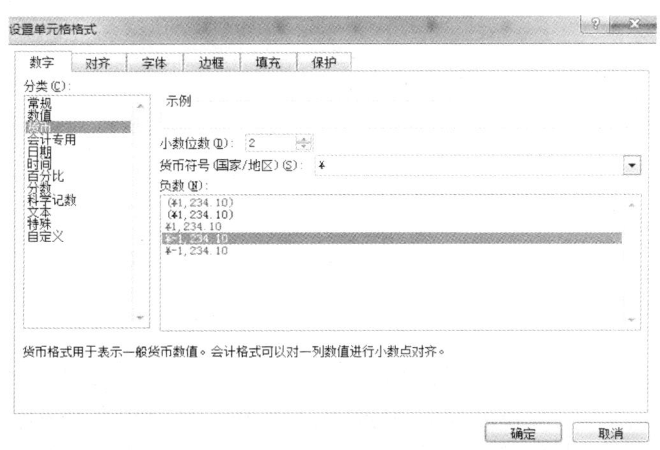

图 5-22 “数字”标签

5.5.3　设置单元格边框和底纹

Excel 中各个单元格的四周都是没有边框线的，用户在窗口中看到的只是虚的网格线。用户可以为单元格添加边框与底纹，以提升单元格的显示效果，突出显示工作表重点内容。

1. 设置单元格边框

方法一：选定单元格或单元格区域，选择“开始”|“字体”|“边框”按钮旁的下拉按钮，在弹出的下拉列表中选择边框的类型。

方法二：利用“设置单元格格式”对话框中“边框”标签，可完成对单元格或单元格区域边框样式和颜色的设置。如要取消已有的边框，在对话框中的“线条样式”中选择“无”，如图 5-23 所示。

2. 设置单元格底纹

方法一：选定单元格或单元格区域，选择“开始”|“字体”|“填充颜色”按钮旁的下拉按钮，在弹出的下拉列表中选择相应的颜色。

方法二：利用“设置单元格格式”对话框中“填充”标签，可以设置所选单元格或单元格区域的背景色和图案，如图 5-24 所示。

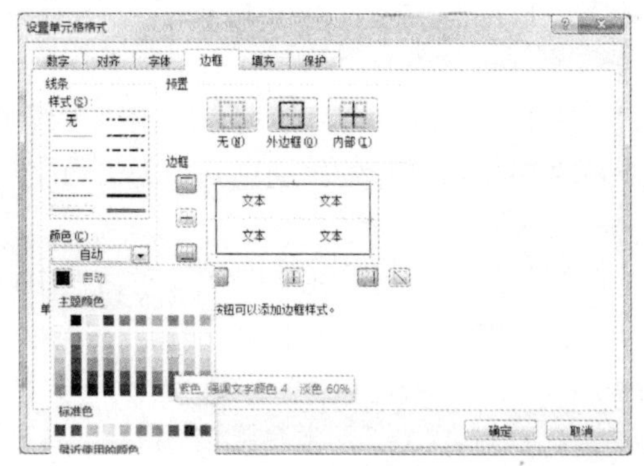

图 5-23　设置单元格边框

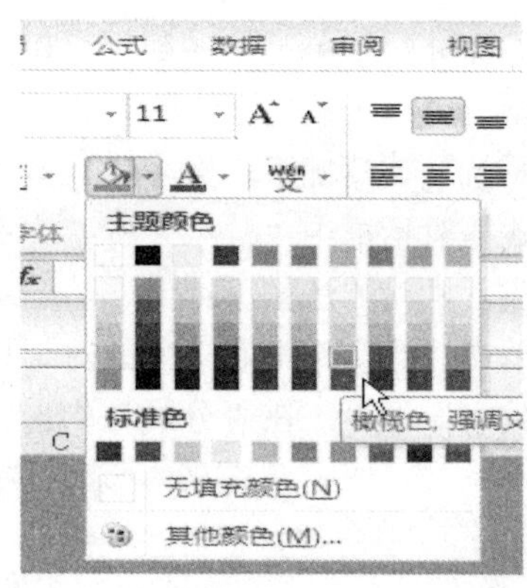

图 5-24　设置单元格底纹

5.5.4　设置对齐方式

1. 使用“对齐方式”组设置对齐方式

打开 Excel 文档，选中需要设置的单元格或单元格区域，选择“开始”|“对齐方式”组，该组中有不同的对齐方式，如：水平和垂直对齐按钮，单击相应按钮即可设置对齐方式。。

2. 使用“设置单元格格式”对话框设置对齐方式

选定单元格或单元格区域，在“开始”|“对齐方式”组右下角的对话框启动器按钮，打开“设置单元格格式”对话框中的“对齐”标签，在“水平对齐”和“垂直对齐”的下拉列表框中设置对齐方式，如图 5-25 所示。

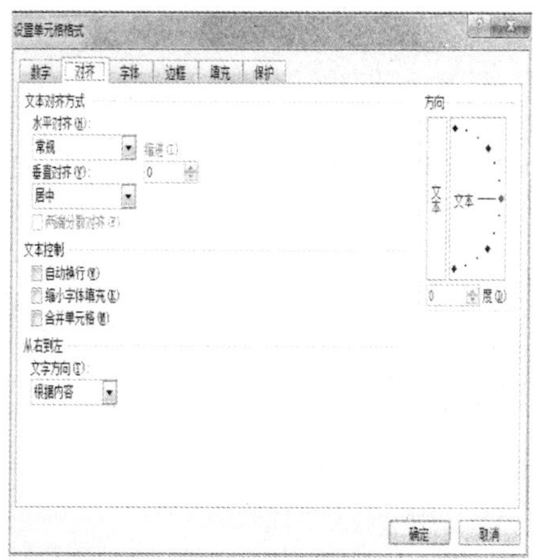

图 5-25 “对齐”标签

图 5-26 “方向”按钮的下拉列表

3. 设置数据的旋转角度

通常在制作斜线表头时，文字需要旋转到某一角度显示。在“开始”|“对齐方式”|“方向”按钮，则打开“方向”的下拉列表，通过该下拉列表可以设置文字的旋转方向，如图 5-26 所示。

5.5.5 设置“样式”组

样式是一系列格式的集合，是单元格字体、字号、对齐、边框和图案等一个或多个设置特性的组合。在 Excel 中，使用单元格样式，可以快速地为单元格设置外观。

样式包括内置样式和自定义样式。内置样式为 Excel 内部定义的样式，用户可直接使用；自定义样式是用户根据需要自己定义的组合设置，需定义样式名。样式的设置是利用“开始”选项卡内的“样式”命令组完成。

表 5-3 “样式”组

按钮	名称	功能
条件格式	条件格式	根据条件使用数据条、色阶和图标集，以突出显示相关单元格，强调异常值，以及实现数据的可视化效果
套用表格格式	套用表格格式	通过选择预定义表样式，快速设置一组单元格的格式并将其转换为表
单元格样式	单元格样式	通过选择预定义样式，快速设置单元格格式。也可定义自己的单元格样式

1. 设置条件格式

条件格式可以对含有数值或其他内容的单元格或者含有公式的单元格应用某种条件来决定数值的显示格式。使用条件格式可以让单元格中的颜色或图案根据单元格中的数值而变化，从而更加直观地表现数据的方式。

（1）使用数据条

数据条是条件格式中常用的一种，它是根据单元格中数据值的大小，而在单元格显示不同的颜色变化。

（2）使用图标集

图标集是根据单元格中数值的大小使单元格显示随数据变化的图标。

（3）突出显示单元格规则

在 Excel 2010 中，用户可以标示出符合特定条件的单元格，用不同的颜色来表示数据的分布或等级。其操作方法如下：

方法一：选定单元格区域，选择“开始”|“样式”|“条件格式”命令，选择其下的“突出显示单元格规则”操作，在下一级菜单中选择符合的进行操作。如果已有的规则不符合要求，可在下一级菜单中选择“其他规则”，如图 5-27 所示。

方法二：打开“新建格式规则”对话框，在“只为满足以下条件的单元格设置格式”选项区中设置条件，如图 5-28 所示。

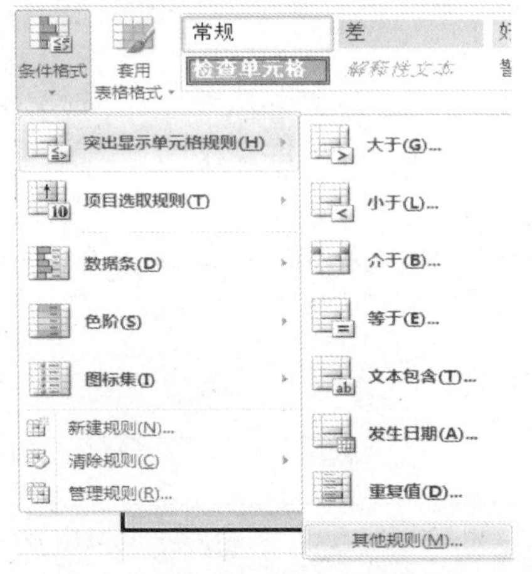

图 5-27 “突出显示单元格规则”菜单

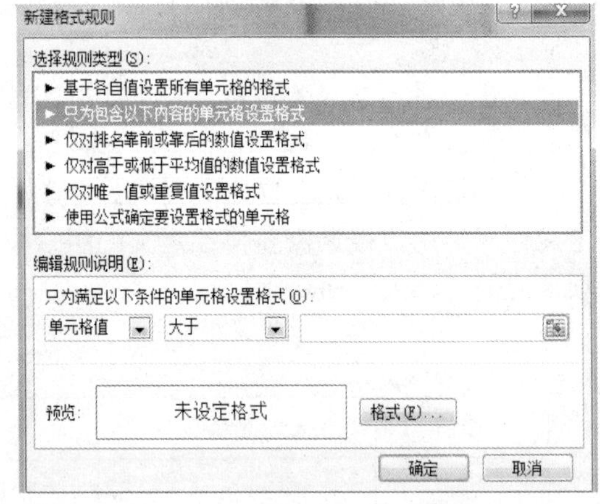

图 5-28 “新建格式规则”对话框

2. 自动套用格式

自动套用格式是把 Excel 提供的显示格式自动套用到用户指定的单元格区域中，使用户在最短的时间内完成表格格式的设置。自动套用格式是利用“开始”|“样式”|“套用表格格式”按钮来完成的。

在 Excel 2010 工作表中输入数据后，还需要对工作表进行格式化操作。Excel 2010 提供了丰富的格式命令，利用这些命令可以调整行高和列宽，以及设置单元格格式等。

5.6　公式与函数的运用

Excel 2010 作为电子表格处理软件，除了可以在表格中输入文本和数字外，还可以对它们进行计算、统计和分析。利用 Excel 2010 所提供的公式和函数，不但可以对表中的数据进行统计、求平均值，还可以进行其他复杂的运算，从而大大减轻了手工计算的繁琐与负担，并且可以避免数据计算的不准确性。

5.6.1　公式中的运算符

Excel 2010 公式中的运算符号包括：算术运算符、比较运算符、文本运算符和引用运算符等。

- 算术运算符包括有：+（加）、－（减）、*（乘）、/（除）、%（百分比）、^（乘幂）等。
- 比较运算符包括：=、>、<、>=（大于等于）、<=（小于等于）、<>（不等于）。比较运算的结果是 TRUE（真）或 FALSE（假）。
- 文本运算符包括：&（连字符）。它可以把两个或多个文本连接为一个组合文本，其操作数可以是带引号的文字，也可以是单元格地址。例如，假设 A5 单元格中的内容为文本“小李”，如果输入公式：=A5&“是优等生”，则结果是：小李是优等生。
- 引用运算符包括：“：”和“，”。“：”是区域运算符，表示对两个引用之间包括两个引用在内的所有单元格进行引用，例如，A12：A15，表示引用从 A12 到 A15 之间的所有单元格，即 A12、A13、A14、A15；“，”是联合运算符，表示将多个引用合并为一个引用，例如，SUM(B4：B16，E5：E16)，表示引用“B4 到 B16”和“E5 到 E16”两个区域的单元格。

公式中有可能会同时用到多个运算符号，Excel 2010 对运算符号的优先级作了严格规定，运算符的优先级由高到低为：引用运算（：、，）、括号（）、%、^、乘除（*、/）、加减（+、-）、&、比较运算（=、>、<、>=、<=、<>）。如果运算优先级相同，则按从左到右的顺序计算。

5.6.2　公式的创建和输入

在 Excel 2010 中，可以在公式编辑栏中输入公式，也可以在指定的单元格中输入公式。操作步骤如下：

（1）选定需要输入公式的单元格，如 F2。

（2）在单元格或者公式编辑栏中输入一个等号“=”作为开始，再输入参与计算的单元格地址及运算符号，如图 5-29 所示。

（3）按回车键或用鼠标单击编辑栏中的“输入”按钮✓确认。这样就把公式输入到了单元格内，此时在单元格内将显示运算的结果，同时在编辑栏的编辑框内显示公式，如图 5-30 所示。

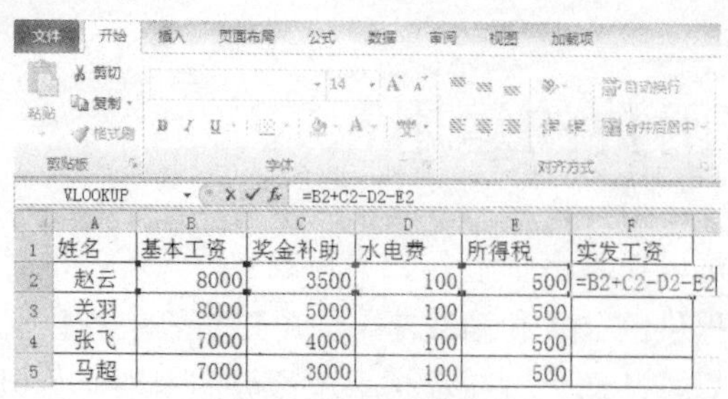

图 5-29　输入公式

图 5-30 显示计算结果并填充在单元格中

5.6.3　移动和复制公式

下面介绍在 Excel 中如何移动和复制公式。

1．移动公式

移动公式的具体操作步骤如下：

（1）选中要移动的公式所在的单元格。

（2）单击“开始”|“剪切”命令，此时单元格如图 5-29 所示。

（3）选中目标位置的单元格，单击“开始”|“粘贴”命令，公式移动即可完成，如图 5-31 所示。

从图 5-32 中可以发现，移动后的单元格内容没有任何变化，这就是所谓的绝对引用，即公式中的单元格引用不发生变化，所指向的单元格不变。如果要在编辑框中将公式的引用指定为绝对引用，则必须使用符号$，如$A$4、Sheet！$A$4 等。这样无论是移动还是复制公式，都将是绝对引用。

此外，还可以把相对引用和绝对引用混合使用，即混合引用。混合引用有绝对行相对列引用，如 A$1、Sheet!B$4 等，还有相对行绝对列引用，如$A1、Sheet!$B4 等。

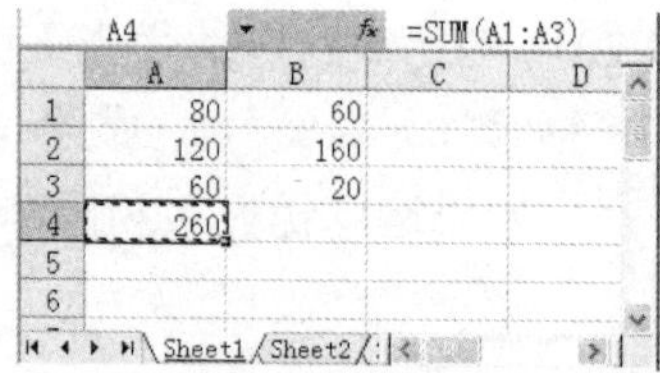

图 5-31 单击“剪切”命令

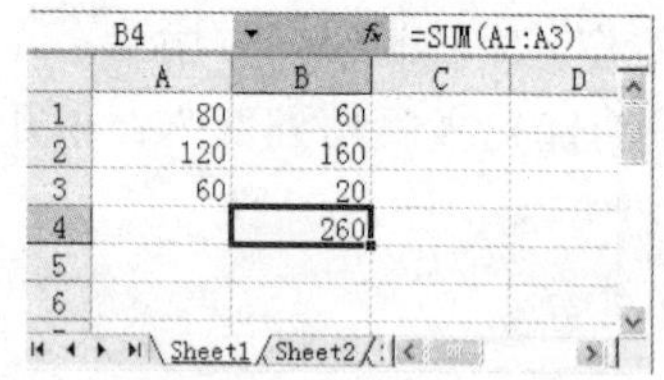

图 5-32　最后结果

专家指点

按【F4】键，单元格将在四种引用间转换；也可以直接添加或者删除引用中的绝对符号“$”来改变引用方式。

2．复制公式

当公式被频繁使用时，无需每次都进行输入，可以进行公式的复制，具体操作步骤如下：

（1）输入第一个公式以后，单击“开始”|“复制”命令，将该单元格复制，如图 5-33

所示。

（2）选中相应的公式复制区域后，单击“开始”|“粘贴”命令，按【Enter】键即可。例如，本例是 B1 至 B3 被求和，编辑栏显示为“SUM（B1:B3）”，如图 5-34 所示。

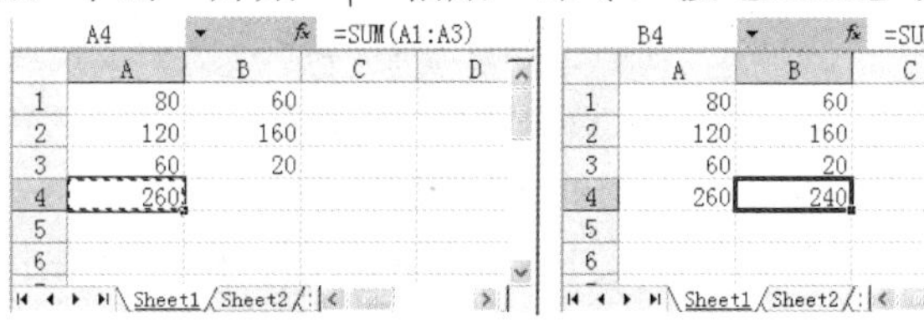

图 5-33　复制公式　　图 5-34　粘贴公式

一般情况下，复制公式时，公式中的单元格引用都是相对引用。所谓相对引用，就是指复制公式时被粘贴的单元格引用将自动更新，指向与粘贴位置相对应的单元格。在图 5-31 中，公式被复制到 B4 后，公式中的单元格引用也由 A1:A3 变成了 B1:B3。

5.6.4　单元格引用

单元格引用可以在一个公式中使用工作表不同部分的数据，或者在多个公式中使用同一单元格或单元格区域的数据，还可以引用同一个工作簿中不同工作表的单元格或单元格区域、不同工作簿的单元格或单元格区域，甚至其他应用程序中的数据。根据数据处理的需要，单元格引用可以采用相对引用、绝对引用、混合引用和三维引用四种方法。

1．相对引用

单元格相对引用是指用单元格所在的列标和行号作为其引用。例如，D5 引用了第 D 列与第 5 行交叉处的单元格。

相对引用的特点是：将相应的计算公式复制或填充到其他单元格时，其中的单元格引用会自动随着移动的位置相对变化。例如，在单元格 A5 中输入公式“=SUM（A1:A4）”，等价于“=A1+A2+A3+A4”，当将单元格 A5 中的公式复制到单元格 B5 与 C6 中时，其公式内容会相应地变为“=SUM（B1:B4）”与“=SUM（C2:C5）”。当用户需要大量使用类似的公式时，可以使用相对引用先输入一个公式，然后将公式复制到其他相应的单元格中即可。

例如，先在单元格区域 A1:A4 中分别输入 55、21、25、11，在 B1:B4 中分别输入 32、22、24、15。然后在单元格 A5 中输入公式“=SUM（A1:A4）”，按【Enter】键，得到运算的结果。如图 5-35 所示。

A5　=SUM(A1:A4)

	A	B	C	D
1	55	32		
2	21	22		
3	25	24		
4	11	15		
5	112			

图 5-35　利用公式得到运算结果

B5　=SUM(B1:B4)

	A	B	C	D
1	55	32		
2	21	22		
3	25	24		
4	11	15		
5	112	93		

图 5-36　复制含有相对引用的公式

如果将 A5 单元格中的公式复制到 B5 单元格中（先单击单元格 A5，按【Ctrl+C】组合键，再单击单元格 B5，按【Ctrl+V】组合键），由于公式从 A5 复制到 B5，即位置向右移动了一列，因此公式中的相对引用也相应地从 A1:A4 改变为 B1:B4，如图 5-36 所示。

2. 绝对引用

所谓绝对引用，就是在列标和行号前分别加上符号“$”。例如，“$A$1”表示单元格A1的绝对引用，而“$A$1:$A$4”表示单元格区域A1:A4的绝对引用。

绝对引用与相对引用的区别如下：

复制公式时，若公式中使用相对引用，则单元格引用会自动随着移动的位置而变化；若公式中使用绝对引用，则单元格引用不会发生变化。

例如，把图5-35中单元格A5的公式改为“=SUM（$A$1:$A$4）”，然后将该公式复制到单元格B5中，结果如图5-36所示。

3. 混合引用

单元格混合引用是指行采用相对引用而列采用绝对引用，或者行采用绝对引用而列采用相对引用。例如，“$A2”“A$2”均为混合引用。

例如，把图5-37中单元格A5的公式改为“=SUM（$A1+$A2+A3+A4）”，然后将公式复制到单元格B6中，结果如图5-38所示。

B5 =SUM($A$1:$A$4)

	A	B	C	D	E
1	55	32			
2	21	22			
3	25	24			
4	11	15			
5	112	112			

图5-37 复制含有绝对引用的公式

B6 =SUM($A2+$A3+B4+B5)

	A	B	C	D	E
1	55	32			
2	21	22			
3	25	24			
4	11	15			
5	112	112			
6		173			

图5-38 复制含有混合引用的公式

从图5-37中可以看出，由于单元格A1和A2使用了混合引用，当将公式复制到单元格B6时，公式相应地改变为“=SUM（$A2+$A3+B4+B5）”。此时由于“$A1”“$A2”中的列标为绝对引用，故列标不变，而行号为相对引用，故行号改变。

4. 三维引用

用户不但可以引用工作表中的单元格，还可以同时引用工作簿中多个工作表中的单元格，这种引用称为三维引用。例如，=SUM（Sheet1:Sheet3!$C$3），这个公式可以计算工作表Sheet1到Sheet3之间每一个工作表中“$C$3”单元格的总和。三维引用和一般的引用一样，用户可以在编辑栏或单元格中直接输入三维引用。

5.6.5 公式自动填充

与填充常量数据一样，使用填充柄也可以完成公式的自动填充，具体操作步骤如下：

（1）在当前工作表的单元格中输入数据，如图5-39所示。

（2）在单元格F2中输入公式“=B2+C2-D2-E2”，按【Enter】键，得到运算结果。

（3）单击F2单元格，使其成为当前单元格，向下拖动单元格F2的填充柄，即可将单元格F2中的公式自动填充到其他单元格中，如图5-39所示。

F2	=B2+C2-D2-E2				
A	B	C	D	E	F
姓名	基本工资	奖金补助	水电费	所得税	实发工资
赵云	8000	3500	100	500	10900
关羽	8000	5000	100	500	12400
张飞	7000	4000	100	500	10400
马超	7000	3000	100	500	9400

图 5-39 自动填充公式得到的结果

5.6.6 使用函数

用户在做数据分析工作时，常常要对数据进行繁杂的运算，使用函数可以为操作带来便利。Excel 2010 提供了几百个内部函数，每个函数由一个函数名和相应的参数组成，参数位于函数名的右侧并用括号括起来，它是一个函数用以生成新值或完成运算的信息来源。

1. 函数的分类

中文版 Excel 2010 提供了丰富的函数，按照功能可以分为以下几类：

- 数据库：分析和处理数据清单中的数据。
- 日期与时间：在公式中分析和处理日期值和时间值。
- 统计：对数据区域进行统计分析。
- 逻辑：用于进行真假值判断或者进行复合检验。
- 信息：用于确定保存在单元格中的数据类型。
- 查找和引用：对指定的单元格、单元格区域返回各项信息或运算。
- 数学和三角：处理各种数学计算。
- 文本：用于在公式中处理文字串。
- 财务：对数值进行各种财务运算。
- 工程：对数值进行各种工程上的运算和分析。

表 5-4 列出了中文版 Excel 2010 提供的一些常用函数。

表 5-4 Excel 2010 提供的常用函数

函数	格式	功能
SUM	=SUM（number1,number2,...）	返回单元格区域中所有数字的和
AVERAGE	=AVERAGE（number1,number2,...）	计算所有参数的算术平均值
IF	=IF（logical_test,value_if_true,value_if_false）	执行真假值判断，根据对指定条件进行逻辑评价的真假，返回不同的结果
HYPERLINK	=HYPERLINK（link-_location,friendly_name）	创建快捷方式，以便打开文档或网络驱动器，或连接 Internet
COUNT	=COUNT（value1,value2,…）	计算参数表中的数字参数和包含数字的单元格的个数

表 5-4　Excel 2010 提供的常用函数（续）

MAX	=MAX（number1,number2,…）	返回一组参数的最大值，忽略逻辑值及文本字符
SIN	=SIN（number）	返回给定角度的正弦值
SUMIF	=SUMIF（range,criteria,sum_range）	根据指定条件对若干单元格求和
PMT	=PMT（rate,nper,pv,fv,type）	返回在固定利率下投资或贷款的等额分期偿还额
STDEV	=STDEV（number1,number2,…）	估算基于给定样本的标准方差

2. 输入函数

中文版 Excel 2010 提供了两种输入函数的方法：一种是直接输入法，另一种是使用“插入函数”命令输入函数。

使用“插入函数”命令输入函数的具体操作步骤如下：

（1）选中要输入函数的单元格。

（2）单击“公式”|“插入函数”命令，或单击编辑栏中的“插入函数”按钮 f_x，打开“插入函数”对话框，如图 5-40 所示。

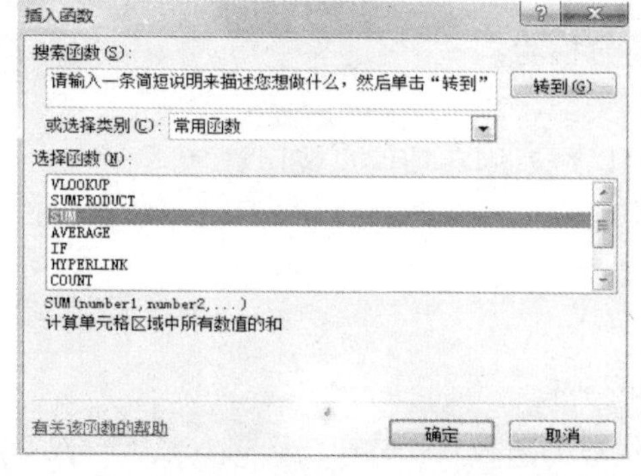

图 5-40　“插入函数”对话框

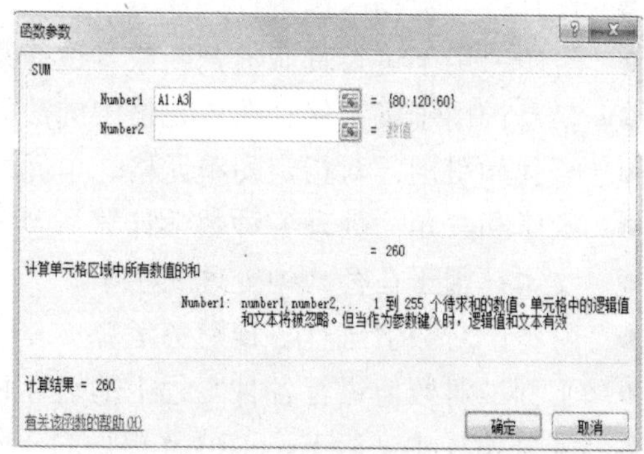

图 5-41　“函数参数”对话框

（3）若用户对将要使用的函数不熟悉，可先在“插入函数”对话框顶部的“搜索函数”文本框中输入一条简短的说明来描述想做什么，然后单击此文本框右侧的“转到”按钮，所需要的函数就会显示在其下方的“选择函数”列表框中。若用户对使用的函数比较熟悉，可以直接在“或选择类别”下拉列表框中首先确定函数类别，然后再在其下方的“选择函数”列表框中选择需要的函数。

（4）单击“确定”按钮，将会打开“函数参数”对话框，设置函数的参数如图 5-41 所示。

（5）单击“确定”按钮，计算结果将显示在所选中的单元格中。

3. 获得函数帮助

中文版 Excel 2010 提供了大量的有关函数的联机帮助，如果用户在使用时忘记了某个函数的用法或者想查看该函数的使用例子，可使用 Office 助手及时获得函数帮助。这里以函数

PMT 为例讲述获得函数的方法，具体操作步骤如下：

（1）在编辑框中输入“=”，单击编辑栏中的“插入函数”按钮，弹出“插入函数”对话框，在“搜索函数”文本框中输入 PMT，单击“转到”按钮，在“选择函数”列表框中选择 PMT 选项，然后单击“确定”按钮，系统将打开 PMT 的“函数参数”对话框，如图 5-42 所示。

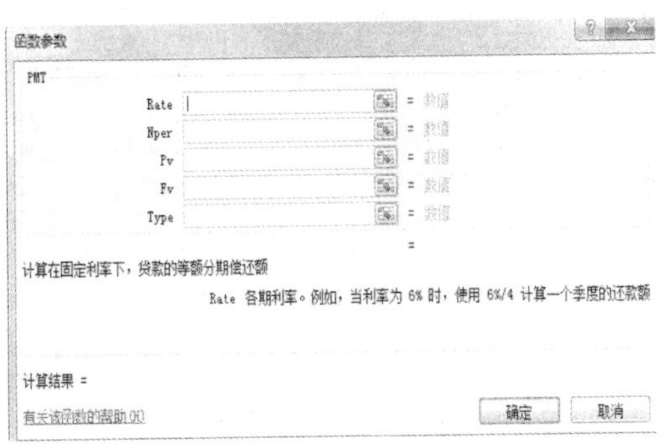

图 5-42　PMT 的“函数参数”对话框

（2）在“函数参数”对话框的左下角有一行用蓝字显示的链接“有关该函数的帮助”，单击此链接，就会弹出有关该函数的帮助信息，其中给出了该函数的详细用法和示例。

（3）查看完毕后，单击窗口右上角的“关闭”按钮。

用户也可单击“帮助”|“Microsoft Excel 帮助”命令，在弹出的任务窗格中输入需要查看的内容，然后单击“开始搜索”按钮，即可获得帮助。

5.7　数据的排序、筛选与统计

Excel 2010 为用户提供了极强的数据查询、排序、筛选以及分类汇总等功能。使用这些功能，用户可以很方便地管理、分析数据，从而为决策管理提供可靠的依据。

5.7.1　数据排序

在工作表中输入数据时，用户一般是按照数据的先后顺序进行输入，如果需要直接查找所需要的信息，很不方便。为了提高查找效率，需要重新整理数据，对此最有效的方法就是对数据进行排序。排序是 Excel 最常用的功能之一。

1. 单字段数据排序

Excel 2010 的“常用”工具栏提供了两个与排序相关的工具按钮，它们分别为：“升序”按钮 A↓Z，按字母表的顺序、数据的由小到大、日期的由前向后排序；“降序”按钮 Z↓A，按反向字母表的顺序、数据的由大到小、日期的由后向前排序。

对单字段数据进行排序，最简便的方法就是利用排序工具按钮对数据进行排序，具体操作步骤如下：

（1）在需要排序的工作表中单击要进行排序的字段名，例如，在本例中单击“实发工资”字段，即 F1 单元格。

（2）单击“快捷菜单”|“排序”|“升序”按钮（或“降序”按钮），便可实现数据的递增（或递减）排序，如图 5-43 所示。

	A	B	C	D	E	F
1	姓名	基本工资	奖金补助	水电费	所得税	实发工资
2	马超	7000	3000	100	500	9400
3	张飞	7000	4000	100	500	10400
4	赵云	8000	3500	100	500	10900
5	关羽	8000	5000	100	500	12400

图 5-43　升序排序后的效果

2. 多字段数据排序

使用“常用”工具栏中的“升序”或“降序”按钮排序非常方便，但是只能按单个字段的内容进行排序，实际使用中常常会遇到该列中有多个数据相同的情况。此时，使用“数据”选项卡中的“排序”命令，可实现对多字段数据进行排序。下面仍以上例中创建的工作表为例，来介绍多字段数据的排序，具体操作步骤如下：

（1）将光标定位在工作表输入数据的单元格中，如单元格 E4 中。

（2）单击“数据”|“排序”命令，打开“排序”对话框。

（3）单击“添加条件”，在“主要关键字”、“次要关键字”下拉列表框中分别选择“实发工资”和“基本工资”选项，并将排列数据的方式全部设置为“降序”，如图 5-44 所示。

（4）单击“确定”按钮，结果如图 5-45 所示。

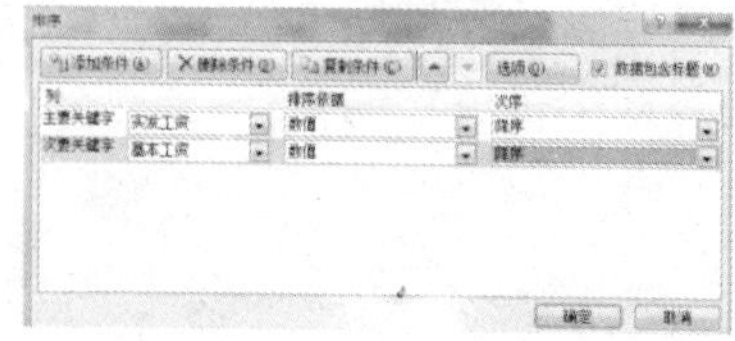

图 5-44　多关键字排序的设置

	A	B	C	D	E	F
1	姓名	基本工资	奖金补助	水电费	所得税	实发工资
2	关羽	8000	5000	100	500	12400
3	赵云	8000	3500	100	1000	10400
4	张飞	7000	4000	100	500	10400
5	马超	7000	3000	100	500	9400

图 5-45　多关键字排序结果

如果主要关键字与次要关键字都相同，还可按通过“添加条件”来增加关键字进行排序。

5.7.2　数据筛选

筛选数据的目的是为了从众多的数据中挑选出需要的数据来，它相当于数据库中的查询功能。Excel 2010 提供了两种筛选数据的方式：一是自动筛选，二是高级筛选。下面以学生成绩表为例，介绍这两种不同的筛选操作。

1. 自动筛选

自动筛选的具体操作步骤如下：

（1）将光标定位在工作表输入数据的单元格中。

（2）单击“数据”|“筛选”按钮，此时在字段名的单元格中出现了一个下拉按钮。

（3）单击“英语”所在单元格的下拉按钮，弹出如图 5-46 所示的下拉列表。列表中各选项的含义如下：选择“全部”选项，则显示所有的数据记录；选择其中的一个数据，则只显示该条记录。本例中选择其中的 80。

经过筛选后的数据清单如图 5-47 所示。从图中可以看出，英语成绩为 80 分的学生有两个。单击“数据”|“筛选”按钮，可重新显示所有数据。

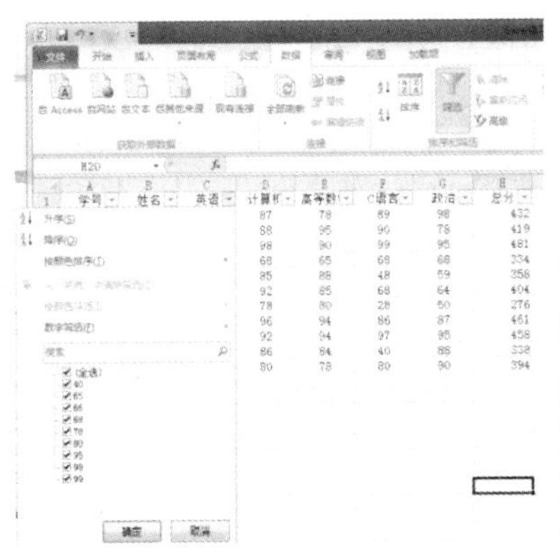

图 5-46　显示数据筛选下拉列表

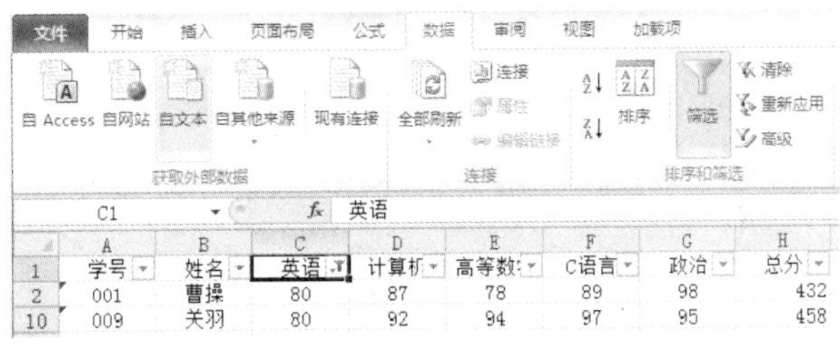

图 5-47　自动筛选结果

2. 自定义自动筛选

在使用自动筛选的同时，对于某些特殊的条件，用户可以自定义自动筛选，具体操作步骤如下：

（1）将光标定位在工作表输入数据的单元格中。

（2）单击“数据”|“筛选”按钮，此时在字段名的单元格中出现了一个下拉按钮。

（3）单击“计算机”所在单元格的下拉按钮，在弹出的下拉列表中选择“数字筛选”|“自定义筛选”选项，打开“自定义自动筛选方式”对话框。

（4）在左上角的下拉列表框中选择“大于或等于”选项，并在其后的下拉列表框中输入 88，如图 5-48 所示。

（5）单击“确定”按钮，关闭对话框，得到的筛选结果如图 5-49 所示。

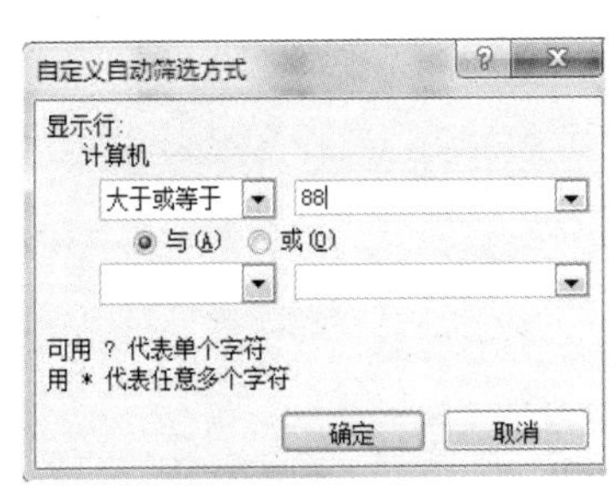

图 5-48　设置“自定义自动筛选方式”对话框

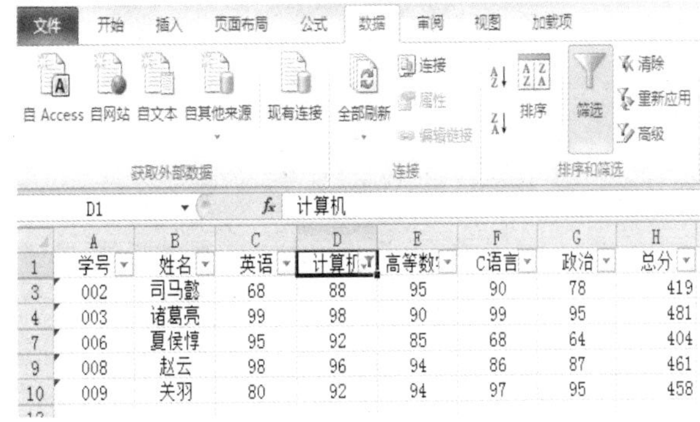

图 5-49　自定义自动筛选的结果

3. 高级筛选

Excel 2010 提供的“高级筛选”功能能够完成更复杂的筛选操作，它允许多字段条件的组合查询，但对各个条件都是进行“与”操作。

例如，在上例的工作表中，要筛选出“计算机”成绩在 85 分以上，“总分”成绩在 450 分以下的学生记录，其具体操作步骤如下：

（1）在工作表中选定某个空白单元格区域。

（2）将“计算机”和“总分”两个字段名复制过去，然后在“计算机”字段名下面的单元格中输入“>85”，在“总分”字段名下面的单元格中输入“<450”，如图 5-50 所示。

	A	B	C	D	E	F	G	H	I	J	K
1	学号	姓名	英语	计算机	高等数学	C语言	政治	总分		计算机	总分
2	001	曹操	80	87	78	89	98	432		>85	<450
3	002	司马懿	68	88	95	90	78	419			
4	003	诸葛亮	99	98	90	99	95	481			
5	004	刘备	65	68	65	68	68	334			
6	005	孙权	78	85	88	48	59	358			
7	006	夏侯惇	95	92	85	68	64	404			
8	007	王朗	40	78	80	28	50	276			
9	008	赵云	98	96	94	86	87	461			
10	009	关羽	80	92	94	97	95	458			
11	010	张飞	40	86	84	40	88	338			
12	011	马超	66	80	78	80	90	394			

图 5-50 设置高级筛选的条件区域

（3）选定单元格区域 A1:H12，单击“数据”| 筛选旁边“高级”按钮，打开“高级筛选”对话框，如图 5-51 所示。

（4）选中对话框中的“将筛选结果复制到其他位置”单选按钮，在“条件区域”选中上面输入的条件区域 J1：K2，在“复制到”文本框中选定一个区域。这里需要注意的是，所选定的区域的列数一定要大于或等于源数据区域的列数，否则有可能无法显示数据。

（5）单击“确定”按钮，筛选结果如图 5-52 所示。

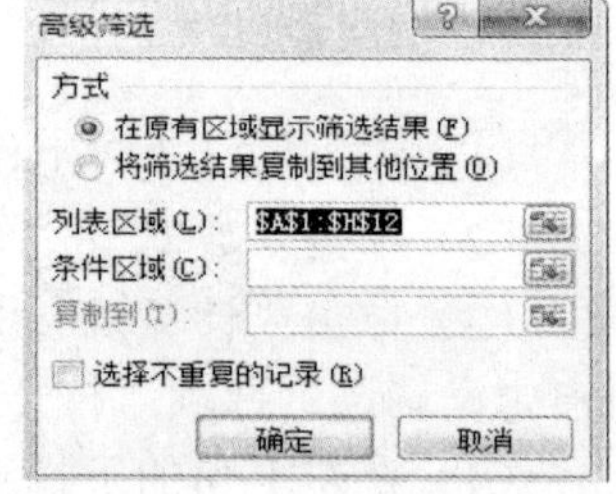

图 5-51 设置高级筛选项目

	A	B	C	D	E	F	G	H	I	J	K
1	学号	姓名	英语	计算机	高等数学	C语言	政治	总分		计算机	总分
2	001	曹操	80	87	78	89	98	432		>85	<450
3	002	司马懿	68	88	95	90	78	419			
4	003	诸葛亮	99	98	90	99	95	481			
5	004	刘备	65	68	65	68	68	334			
6	005	孙权	78	85	88	48	59	358			
7	006	夏侯惇	95	92	85	68	64	404			
8	007	王朗	40	78	80	28	50	276			
9	008	赵云	98	96	94	86	87	461			
10	009	关羽	80	92	94	97	95	458			
11	010	张飞	40	86	84	40	88	338			
12	011	马超	66	80	78	80	90	394			
13											
14	学号	姓名	英语	计算机	高等数学	C语言	政治	总分			
15	001	曹操	80	87	78	89	98	432			
16	002	司马懿	68	88	95	90	78	419			
17	006	夏侯惇	95	92	85	68	64	404			
18	010	张飞	40	86	84	40	88	338			

图 5-52 显示高级筛选结果

在筛选条件中可以是多个条件，如果将条件放在同一行，是指多个条件同时满足，相当于“与”。如果将条件放在不同行，是指条件满足其中一个，相当于“或”。

5.7.3　数据统计

对于一个工作表而言，如果能够在适当的位置加上统计数据，将使其内容更加清晰易懂，Excel 2010 提供的“分类汇总”功能能够帮助用户解决这个问题。使用“分类汇总”命令，不需要创建公式，Excel 2010 将自动创建公式，并对某个字段提供诸如求和、平均值等汇总函数，实现对分类汇总值的计算，并且将计算结果分级显示出来。

1．创建分类汇总

在执行“分类汇总”命令之前，首先应对数据进行排序，将其中关键字相同的一些记录集中在一起。当对数据进行排序之后，就可以对记录进行分类汇总了，具体操作步骤如下：

（1）对需要分类汇总的字段进行排序，从而使相同的记录集中在一起。例如，在如图 5-53 所示的工作表中，把同一图书名称排在一起。

（2）选定要进行数据汇总的单元格区域。在本例中，应选取除第一行之外的所有数据。

（3）单击“数据”|“分类汇总”命令，打开“分类汇总”对话框。

（4）在“分类字段”下拉列表框中选择所需字段作为分类汇总的依据，例如，选择“图书名称”字段。

（5）在“汇总方式”下拉列表框中，选择所需的统计函数。“分类汇总”命令可以支持求和、均值、最大值、计数等多种函数。例如，选择“求和”函数。

（6）在“选定汇总项”列表框中选中需要的汇总项。例如，选中“数量”复选框。

（7）指定汇总结果的显示位置。其中：选中“替换当前分类汇总”复选框，则按本次分类要求进行汇总；如果选中“每组数据分页”复选框，则表示将每一类分页显示；如果选中“汇总结果显示在数据下方”复选框，则表示将分类汇总数放在本类的最后一行。本例中的设置如图 5-54 所示。

（8）单击“确定”按钮，即可得到分类汇总结果，如图 5-55 所示。

	A	B	C	D	E
1	某书店销售情况表				
2	经销部门	图书名称	数量	单价	销售额（元）
3	第3分店	大学语文	111	32.8	¥3,640.80
4	第3分店	大学语文	119	32.8	¥3,903.20
5	第1分店	高等数学	123	26.9	¥3,308.70
6	第1分店	高等数学	178	26.9	¥4,788.20
7	第3分店	高等数学	168	26.9	¥4,519.20
8	第2分店	英语	145	23.5	¥3,407.50
9	第2分店	英语	167	23.5	¥3,924.50
10	第3分店	英语	180	23.5	¥4,230.00

图 5-53　按图书名称排序

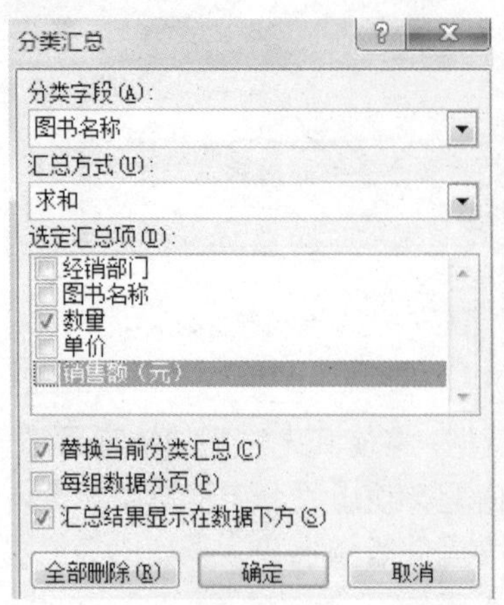

图 5-54 “分类汇总”对话框

	A	B	C	D	E
1	某书店销售情况表				
2	经销部门	图书名称	数量	单价	销售额(元)
3	第3分店	大学语文	111	32.8	¥3,640.80
4	第3分店	大学语文	119	32.8	¥3,903.20
5		**大学语文**	230		
6	第1分店	高等数学	123	26.9	¥3,308.70
7	第1分店	高等数学	178	26.9	¥4,788.20
8	第3分店	高等数学	168	26.9	¥4,519.20
9		**高等数学**	469		
10	第2分店	英语	145	23.5	¥3,407.50
11	第2分店	英语	167	23.5	¥3,924.50
12	第3分店	英语	180	23.5	¥4,230.00
13		**英语 汇总**	492		
14		**总计**	1191		
15					

图 5-55 分类汇总结果

2. 显示或隐藏清单的细节数据

从图 5-55 中可以看出，在显示分类汇总结果的同时，分类汇总表的左侧自动显示一些分级显示按钮，各按钮的作用如下：

- 隐藏细节按钮 -：单击该按钮，则隐藏分级信息，并且该按钮变成加号按钮 +，单击加号按钮，则又显示出隐藏的分级信息。利用这些分级显示按钮可以控制数据的显示。
- 分级按钮 1 2 3：分别显示级别 1、2、3。单击级别 1 按钮，则只显示总的汇总结果，即总计数据；单击级别 2 按钮，则显示部分数据及其汇总结果；单击级别 3 按钮，则显示全部数据。

3. 清除分类汇总

如果想取消分类汇总的显示结果，恢复到工作表的初始状态，其操作步骤如下：

（1）选择分类汇总数据区。

（2）单击“数据”|“分类汇总”命令，打开“分类汇总”对话框。

（3）在“分类汇总”对话框中单击“全部删除”按钮，即可清除分类汇总结果。

5.7.4 数据透视表

数据透视表是一种对大量数据快速汇总和建立交叉列表的交互式动态表格，能帮助用户分析、组织数据。例如，计算平均数、标准差，建立列联表、计算百分比、建立新的数据子集等。建好数据透视表后，可以对数据透视表重新安排，以便从不同的角度查看数据。数据透视表可以从大量看似无关的数据中寻找背后的联系，从而将纷繁的数据转化为有价值的信息，以供研究和决策所用。

我们来看图 5-56 这个数据表，在这个数据表中显示了某书店图书销售的明细数据。

经销部门	图书名称	数量	单价	销售额（元）
第3分店	大学语文	111	32.8	¥3,640.80
第3分店	大学语文	119	32.8	¥3,903.20
第1分店	高等数学	123	26.9	¥3,308.70
第2分店	英语	145	23.5	¥3,407.50
第2分店	英语	167	23.5	¥3,924.50
第3分店	高等数学	168	26.9	¥4,519.20
第1分店	高等数学	178	26.9	¥4,788.20
第3分店	英语	180	23.5	¥4,230.00

图 5-56　数据表

现在我们想统计各分店每种图书的销售数量和销售额。

（1）打开“插入”标签，单击“数据透视表”按钮，打开“创建数据透视表”对话框。如图 5-57 所示。

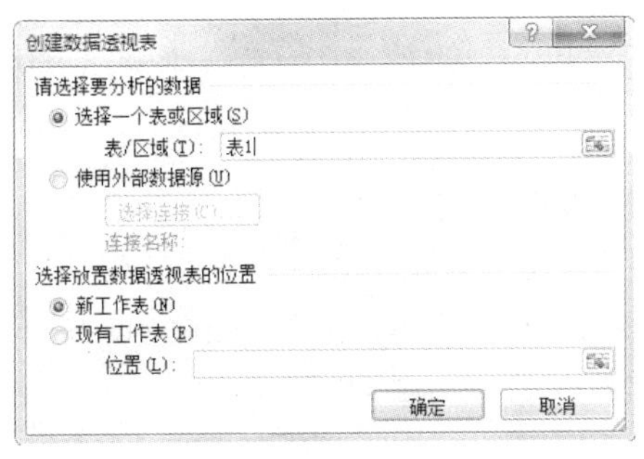

图 5-57　“创建数据透视表”对话框

（2）选择透视表的数据来源的区域，选择图 5-56 中显示的区域，接下来我们选择透视表放置的位置，选择“新工作表”，单击“确定”按钮。现在就出现了我们建立的数据透视表，如图 5-58。

在工作表的透视表的各个部分都有提示，同时界面中出现了一个数据透视表字段列表，里面列出了所有我们可以使用的字段，我们的目的是查看各分店每种图书销售情况，我们将经销部门拖动到行标签，然后拖动数量和销售额字段到数值区域，此时，我们就可以看到每个每个分店图书的销售数量和销售额显示在数据透视表中了。同样的，在数据透视表中可以直接看到数量和销售额的汇总数目，如图 5-59 所示。

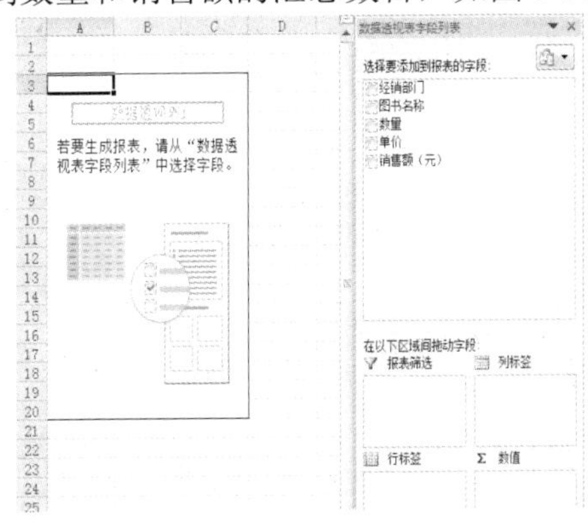

图 5-58　建立的数据透视表

行标签	求和项:数量	求和项:销售额（元）
第1分店	301	8096.9
高等数学	301	8096.9
第2分店	312	7332
英语	312	7332
第3分店	578	16293.2
大学语文	230	7544
高等数学	168	4519.2
英语	180	4230
总计	1191	31722.1

图 5-59　数据透视表

我们还可以根据数据透视表直接生成图表：点击“选项”标签，点击“数据透视图”按钮如图 5-60，在弹出的对话框中选择图表的样式后，单击“确定”就可以直接创建出数据透视图。

图 5-60 “选项”标签

不难看出这个图表如图 5-61 所示，跟我们平时使用的图表基本上一致，所不同的只是这里多了几个下拉箭头，单击“经销部门”的下拉箭头，可以进行排序，筛选等操作。其他有很多在透视表中使用的方法也可以在这个图表中使用，把图表的格式设置一下，一个漂亮的报告图就完成了。图表具体内容下节介绍。

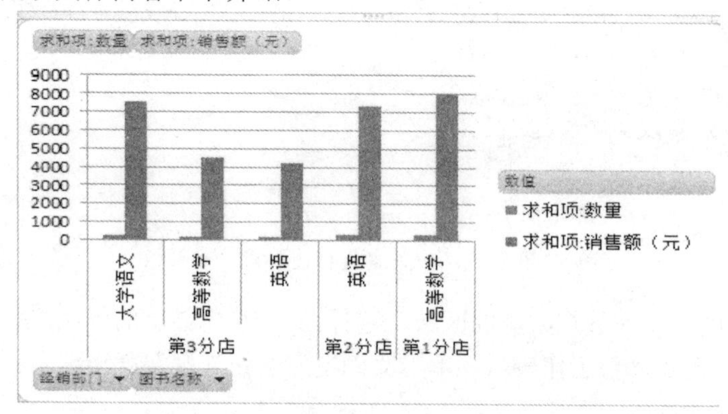

图 5-61 透视图表

5.8 图表的使用

在 Excel 2010 中可以将工作表中的数据以各种图形的形式表示，使数据更加清晰易懂，含义更加形象直观。由于工作表中的数据与图表是相关的，所以当数据发生变化时，图表也会随之发生改变。用户可以通过图表直观地了解到数据之间的关系和变化趋势。

5.8.1 创建图表

单击“插入”|“图表”中的各种图形按钮，都可以打开图表向导来创建图表。下面通过实例说明如何使用图表向导建立图表，具体操作步骤如下：

（1）在工作表中选中要建立图表的数据区域，如图 5-62 所示，注意选择区域，不是全部选择。

（2）选中“插入”|“图表”|“柱形图”，打开“柱形图”下拉列表。

（3）下拉列表选项区中，包含“二维柱形图”“三维柱形图”“圆柱图”等选项，用于设置图表数据的形状。本例中选择“二维柱形图”列表中的的“簇状柱形图”。

（4）即可插入如图 5-63 所示的“簇状柱形图”图表。

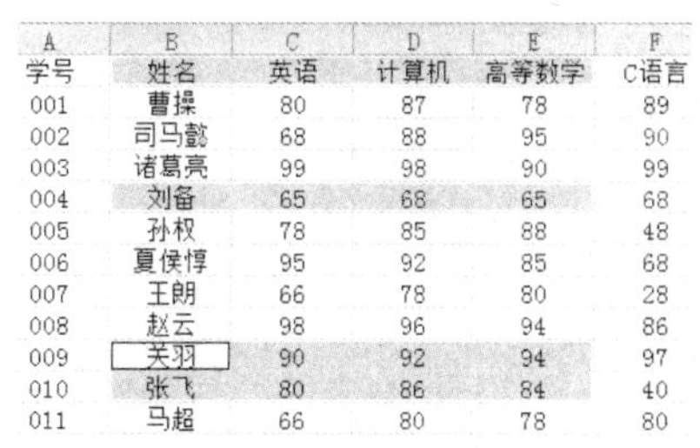

A	B	C	D	E	F
学号	姓名	英语	计算机	高等数学	C语言
001	曹操	80	87	78	89
002	司马懿	68	88	95	90
003	诸葛亮	99	98	90	99
004	刘备	65	68	65	68
005	孙权	78	85	88	48
006	夏侯惇	95	92	85	68
007	王朗	66	78	80	28
008	赵云	98	96	94	86
009	关羽	90	92	94	97
010	张飞	80	86	84	40
011	马超	66	80	78	80

图 5-62　选中要建立图表的数据区

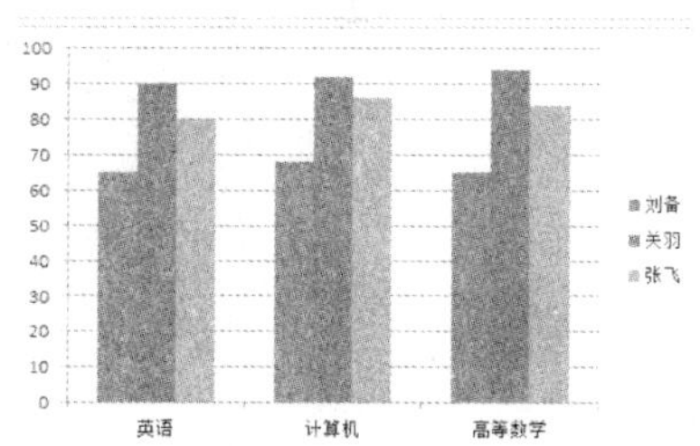

图 5-63　创建的图表

5.8.2　编辑图表

图表建立完成后，可以像插入的图片一样调整其位置与大小。图表的编辑是指对图表中各个对象的编辑，单击选中已经创建的图表，在 Excel 2010 窗口原来选项卡的位置右侧增加“设计”、“布局”和“格式”三个图表工具选项卡，以方便对图表进行编辑和美化。

1. 图表的“设计”选择项卡

单击选中图表，再单击选中图表工具的“设计”选项卡，可以看到如图 5-64 所示。

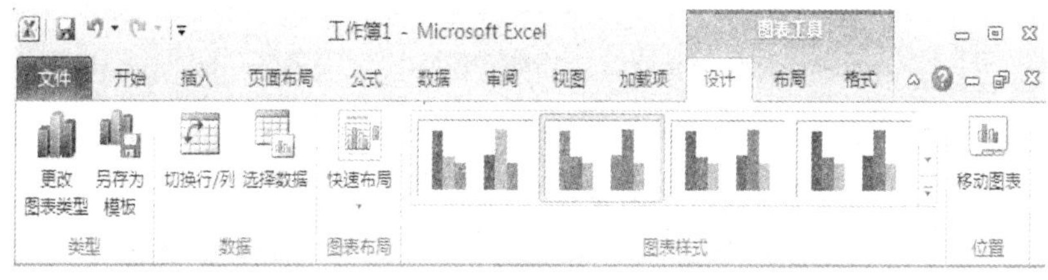

图 5-64　图表工具的“设计”选项卡

（1）图表的数据编辑

在“设计”|“数据”|“选择数据”出现“选择数据源”对话框，可以实现对图表应用的数据进行添加、编辑、删除等操作。单击切换行/列按钮可以在工作表行或工作表列绘制图表中的数据系列之间进行快速切换。

（2）图表布局

可以在“设计”|“图表布局”组中重新选择一种布局。每种布局都包含了不同的图表元素，如果所选择的布局包含了图表标题，单击标题框就可以输入图表的标题。

例如选中图 5-63 中创建的图表，单击“设计”|“图表布局”组的布局 5，修改图表标题为“学生成绩表”，纵坐标轴标题为“分数”，图表将修改为如图 5-65 所示。

（3）图表类型与样式的修改

在“设计”|“类型”|“更改图表类型”，打开“更改图表类型”对话框，选择其他合适的图表类型后，单击“确定”按钮即可更改图表的类型。

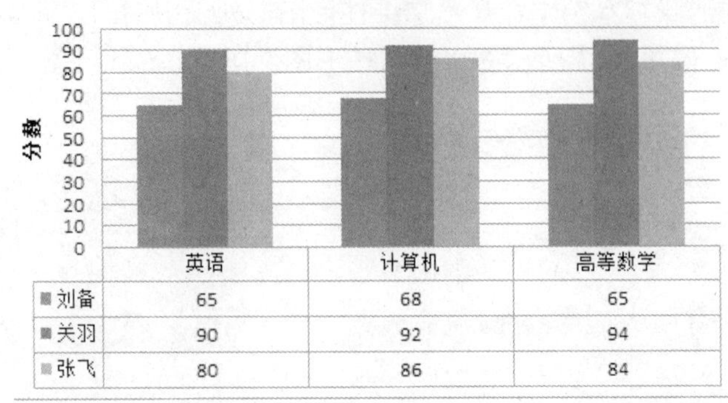

图 5-65 学生成绩图表布局的修改

2. 图表的“布局”选项卡

单击选中图表，在单击选中图表工具的“布局”选项卡，就打开了图表工具的布局选项卡，如图 5-66 所示。

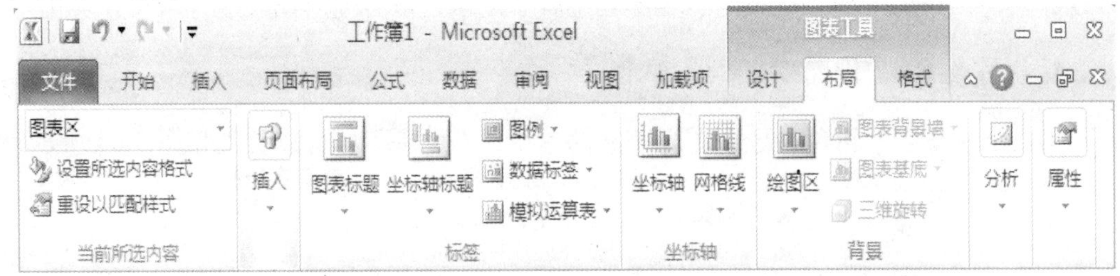

图 5-66 图表工具的“布局”选项卡

在“布局”|“标签”组中可以设置图表标题、坐标轴标题、图例以及显示位置，数据以及显示位置等操作。

在“布局”|“插入”组中，可以为图表插入图片、形状、文本框等。

3. 图表的“格式”选项卡

单击选中图表，在单击选中图表工具的“格式”选项卡，就打开了图表工具的“格式”选项卡，如图 5-67 所示。

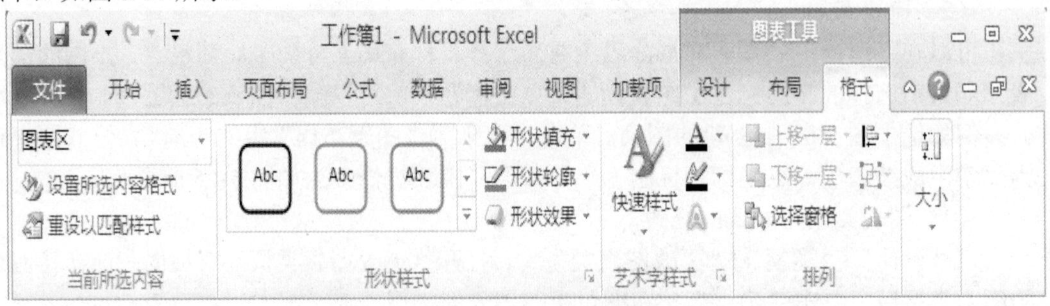

图 5-67 图表工具的“格式”选项卡

为图表元素设置格式，需要选中图表元素，选中图表元素的方式有两种：一种是直接在图表区域中单击图表元素，二是在“布局”选项卡的“当前所选内容”组中的下拉列表框中选择图表元素。选中图表元素后可以在“布局”选项卡的“形状样式”组中单击需要的样式，或者单击“形状填充”、“形状轮廓”或“形状效果”，然后选择需要的格式选项。

在“布局”|“艺术字”组中，可以为所选图表元素设置艺术字样式。

如果要删除图表，选中要删除的图表，按 Delete 键即可删除图表；也可以右击要删除的图表，在弹出的快捷菜单中单击“剪切”。

5.8.3　设置图表格式

当一份图表创建、编辑之后，还要进行图表的格式化。图表格式化的关键是打开每个组成元素的格式对话框，之后的操作即非常简单。

1. 图表区格式化

指向图表区双击左键，打开 “图表区格式”对话框，有“图案”“字体”“属性”三张选项卡，可设置图表区的边框、填充、字体等，如图 5-68 所示。

2. 绘图区格式化

指向绘图区双击左键，打开“绘图区格式”对话框，只有“图案”选项卡，可为绘图区设置特色边框和背景，如图 5-69 所示。

依此类推，图表格式化非常易操作，想对哪个元素进行格式化就双击哪个元素以打开相应的格式对话框，而后作相应的设置即可。

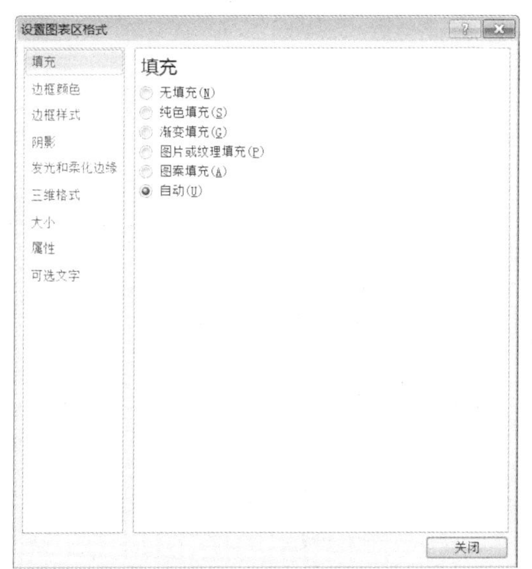

图 5-68　设置图表区格式

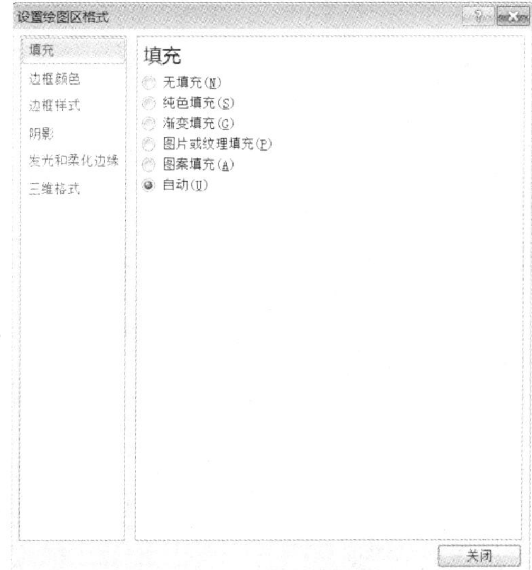

图 5-69　设置绘图区格式

5.8.4 创建及编辑迷你图

“迷你图”组中包括“折线图”“柱形图”“盈亏”。迷你图是 Excel 2010 的一个新增功能，它是绘制在单元格中的一个微型图表，用迷你图可以直观地反映数据系列的变化趋势。与图表不同的是，当打印工作表时，单元格中的迷你图会与数据一起进行打印。创建迷你图后还可以根据需要对迷你图进行自定义，如显示最大值和最小值、调整迷你图颜色等。

1. 迷你图的创建

迷你图包括折线图、柱形图和盈亏图三种类型，在创建迷你图时，需要选择数据范围和放置迷你图的单元格，如图 5-70 所示为某公司硬件部 2013 年销售额情况以迷你图的形式直观显示的效果图。

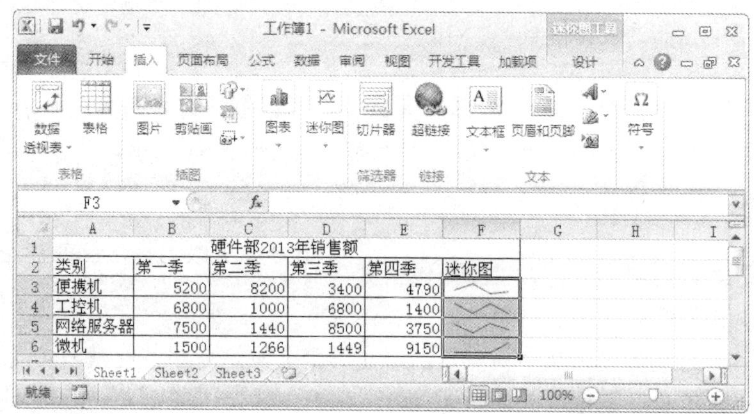

图 5-70 迷你图效果图

若要完成图 5-70 所示的迷你图效果，操作步骤如下：

单击要创建迷你图的表格的任意单元格单击“插入”|“迷你图”|“折线图”|弹出“创建迷你图”对话框|选择“数据范围”|选择“迷你图放置的位置”|“确定”即可，如图 5-71 所示。

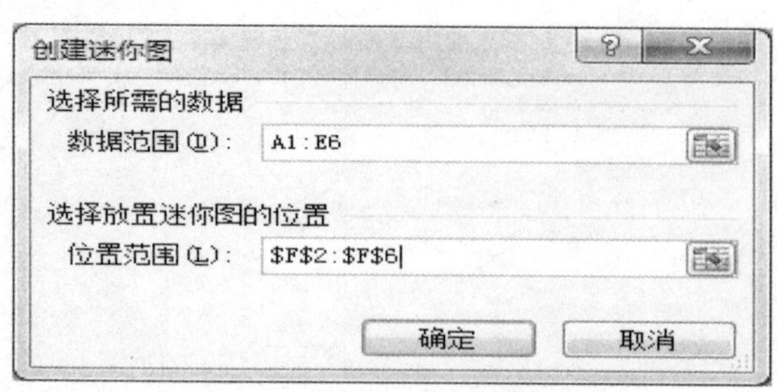

图 5-71 “创建迷你图”对话框

2. 迷你图的编辑

在创建迷你图后，用户可以对其进行编辑，如更改迷你图的类型、应用迷你图样式、在迷你图中显示数据点、设置迷你图和标记的颜色等，以使迷你图更加美观，具体方法如下：

（1）为迷你图显示数据点

选中迷你图，勾选“设计”|“显示”|“标记”复选框，则迷你图自动显示数据点，如图 5-72 所示。

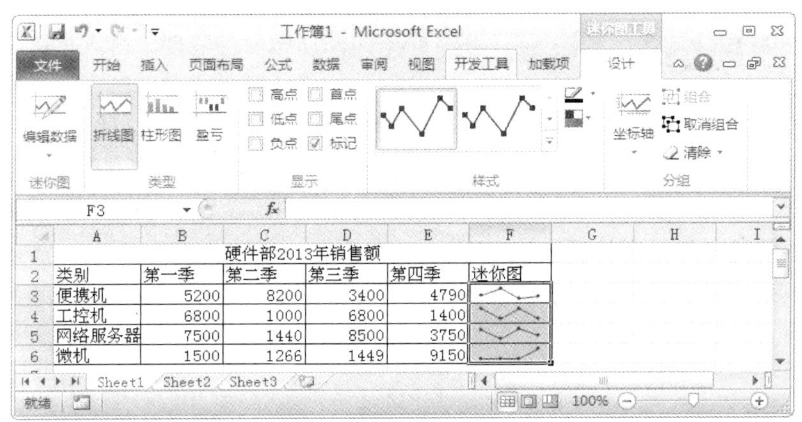

图 5-72　标记后迷你图

（2）更改迷你图类型

在“设计”|“类型”组中可以更改迷你图类型，如更改为柱形图或盈亏图。

（3）更改迷你图样式

在“设计”|“样式”组中可以更改迷你图样式，单击迷你图样式快翻按钮，在展开的迷你图样式中选择所需的样式。

（4）迷你图颜色设置

在“设计”|“类型”组中可以修改迷你图颜色，单击“标记颜色”按钮可以修改标记颜色。

（5）迷你图源数据及位置更改

单击“设计”|“迷你图”|“编辑数据”按钮，在弹出的级联菜单中可以更改所有迷你图或单个迷你图的源数据和显示位置，只需重新选取即可。

（6）迷你图的清除

方法一：单击右键，在弹出的快捷菜单中选择“迷你图”|“清除所选的迷你图”或“清除所选的迷你图组”可以删除迷你图。

方法二：单击“设计”|“分组”|“清除”按钮，选择“清除所选的迷你图”或“清除所选的迷你图组”也可以删除迷你图。

5.9　打印工作表

当工作表建好以后，用户一般要把工作表打印出来，以供查阅。在打印之前需要对工作表进行页面、页边距、页眉/页脚等设置，才能在打印机上打印输出。利用“页面布局”选项卡内的命令组可以控制打印出的工作表的版面，使用户打印出美观的文档，如图 5-73 所示。

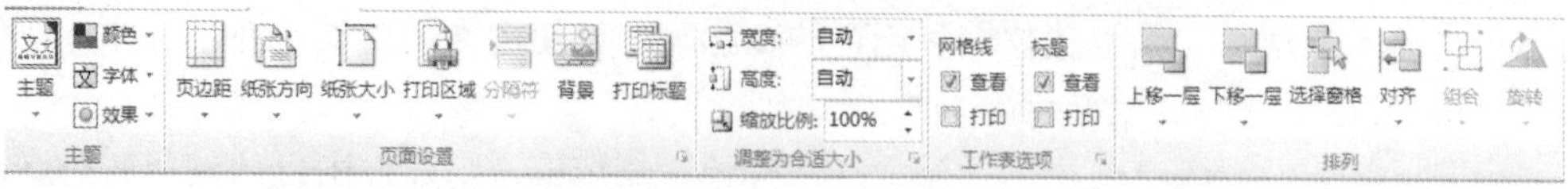

图 5-73 “页面布局”选项卡

5.9.1 “主题”组

在 Excel 2010 中，可以使用比以前更多的主题和样式。利用这些元素，可以在工作簿和其他 Microsoft Office 文档中统一应用专业设计。选择主题之后，Excel 2010 便会立即开始设计工作。文本、图表、图形、表格和绘图对象均会发生相应更改以反映所选主题，从而使工作簿中的所有元素在外观上相互辉映。

主题包括一组主题颜色、一组主题字体和一组主题效果。用户通过应用主题，可以快速而轻松地设置整个工作表的格式。

表 5-5 “主题”组

按钮	名称	功能
 主题	主题	点击主题对 Excel 主体界面进行设置，在下拉列表中选择 Excel 内置的主体模板，对工作表整体格式进行更改包括文字字体、颜色、效果等
 颜色	颜色	选项需要设置的主题颜色，对工作表整体颜色进行更改
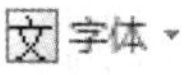 字体	字体	对当前工作表标题和正文字体进行整体性更改
 效果	效果	更改当前的主题效果

5.9.2 “设置页面”组

页面设置是打印文件前很重要的操作，通过页面设置可以设置打印的页面、选择输出数据到打印机中的打印格式、文件格式等。

表 5-6 “设置页面”组

按钮	名称	功能
 页边距	页边距	点击设置文档页面的页边距。在展开菜单中选择合适的页边距设置，也可以打自定义页边距进行设置
 纸张方向	纸张方向	点击设置纸张方向，一般为横向与纵向。默认为纵向

表 5-6 “设置页面”组（续）

纸张大小	纸张大小	点击设置纸张大小，根据你所建立文档的要求和打印纸张的大小进行设置，一般为 A4、B5、16K 等
打印区域	打印区域	设置当前工作表的打印区域，在编辑中可以观察数据是否超出打印边界。包括“设置打印区域”与“取消打印区域”两个选项
分隔符	分隔符	选择一个单元格，点击后分割符/插入分页符，将会以虚线形式标出两页分割开。其选项有“插入分页符”“删除分页符”“重设所有分页符”三个
背景	背景	为当前工作表添加 背景， 添加背景之后此按钮自动变化为“删除背景”按钮
打印标题	打印标题	设置工作表需要在每页重复打印的行或列，设置后每页默认以设置行或列为标题进行打印

1. 设置页面

对工作表页面布局进行详细设置，可以根据需要出个性化的效果。单击“页面设置”组右下角的小按钮，利用弹出的“页面设置”对话框可以进行页面的打印方向、缩放比例，纸张大小以及打印质量的设置，如图 5-74 所示。对话框中的打印方向既是“页面设置”组中“纸张方向”按钮，用户可以根据实际需要选择纸张是“纵向”还是“横向”打印。

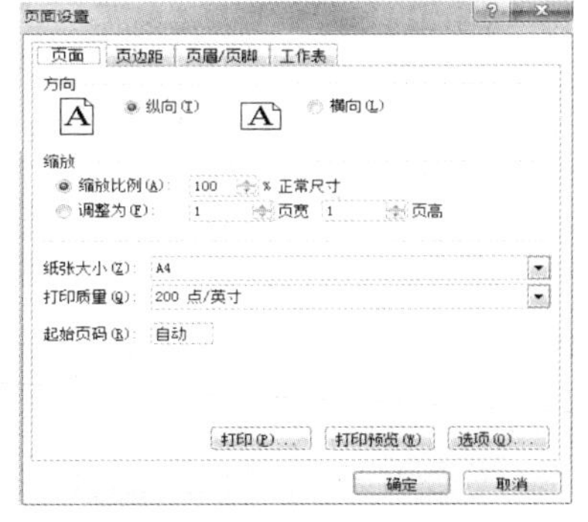

图 5-74 “页面”选项卡

2. 设置页边距

选择“页面布局”选项卡，单击“页面设置”组中的“页边距”按钮，在弹出的下拉列表中选择“自定义边距”选项，在“页面设置”对话框中的“页边距”选项卡中，设置“上”“下”“左”“右”边距，及“页眉”“页脚”的数值。在“居中方式”区域中，可设置工作表的“垂直”“水平”对齐方式。

3. 设置页眉/页脚

页眉是打印页顶部出现的文字，页脚则是打印页底部出现的文字。页眉和页脚通常在编辑状态下是不可见的，如要查看可以通过打印预览功能来查看。

利用“页面设置”对话框的“页眉/页脚”选项卡，在“页眉”和“页脚”的下拉列表中选择系统已有的页眉格式和页脚格式，如图 5-75 所示。

除了使用系统提供的页眉和页脚样式外，还可以由用户自己定义页眉和页脚。使用对话框中的“自定义页眉”和“自定义页脚”按钮，在打开的对话框中完成所需的设置，如图 5-76 所示。

如果要删除页眉或页脚，则选定要删除页眉或页脚的工作表，在“页眉/页脚”选项卡中，在“页眉”或“页脚”的下拉列表中选择“无”。

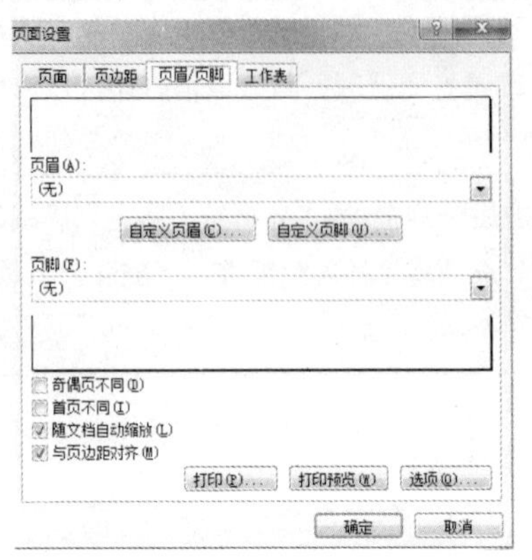

图 5-75 “页眉/页脚”选项卡

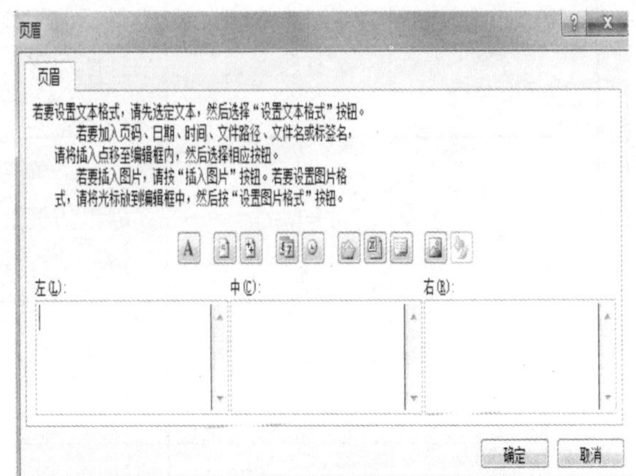

图 5-76 “页眉”对话框

4. 设置工作表

一个工作表要多页才能完全打印时，就要对工作表的标题或表中的列标题进行设置。在 Excel 中，可以使用“页面设置”组中的“打印标题”或“页面设置”对话框中的“工作表”选项卡来完成：利用“打印区域”右侧的切换按钮选定打印区域；利用“打印标题”右侧的切换按钮选定行标题或列标题区域，为每页设置打印行或列标题。

5.9.3 “调整为合适大小”组

“调整为合适大小”组与之前“页面设置”对话框中的“页面”选项卡中“缩放”栏相同。“调整为合适大小”组是对当前工作表进行调整，以适合打印要求。

表 5-7 “调整为合适大小”组

按钮	名称	功能
宽度: 自动	宽度	收缩打印的宽度，使其适合需要的页数。点击右侧箭头进行缩放页数选择，或点击“其他页”打开“页面设置”对话框，在“缩放”栏中设置
高度: 自动	高度	收缩调整合适的高度，使其适合更多的页面或要求。点击右侧箭头选择缩放的页数
缩放比例: 100%	缩放比例	点击调整页面缩放比例，是其适合需要的打印要求

5.9.4 “工作表选项”组

对当前工作表的显示情况进行设置。此命令组与“页面设置”对话框中“工作表”选项卡中“打印”栏相同，如图 5-77 所示。

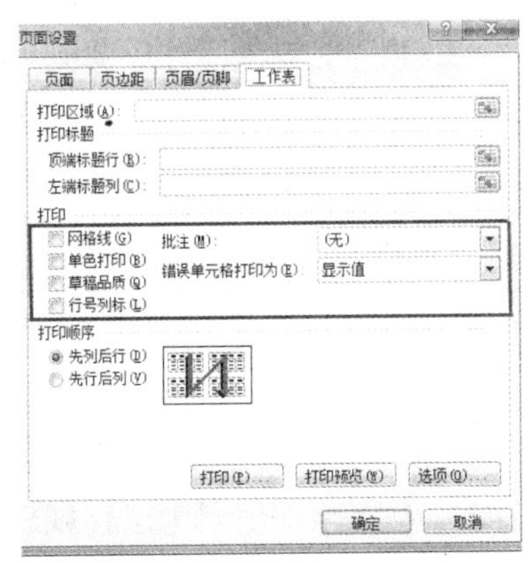

图 5-77　“页面设置”对话框“工作表”选项卡

5.9.5 “排列”组

“排列”组是对工作表中的图形进行设置。当工作表中插入“形状”时，可以激活“旋转”按钮，当选中多个“形状”时，“组合”按钮将自动激活。

表 5-7　“排列”组

按钮	名称	功能
上移一层	上移一层	其下有“上移一层”与“置于顶层”两个选项。是将所选图形上移或置于其他所有图形之前
下移一层	下移一层	其下有“下移一层”与“置于底层”两个选项。其使用方法与“上移一层”相同，效果与“上移一层”相反
选择窗格	选择窗格	显示选择窗格，帮助选择单个对象，并更改其顺序和可见性
对齐	对齐	将所选多个对象的边缘对齐，也可将这些对象居中对齐，或在页面中均匀的分散对齐

表 5-7 “排列”组（续）

组合	组合	将选中的多个形状组合在一起，以便将其作为单一对象进行处理。形状组合后“组合”按钮中“取消组合”选项自动激活
旋转	旋转	旋转或翻转所选对象

5.10 中文版 Excel 2013 简介

打开 Excel 2013 后，首先展现在用户面前的是全新的界面。它更加简洁，其设计宗旨是帮助用户快速获得具有专业外观的结果。用户会发现，大量新增功能将帮助用户远离繁杂的数字，绘制更具说服力的数据图，从而指导用户制定更好更明智的决策。

5.10.1 Excel 2013 的新增功能

1. 迅速开始

模板为用户完成大多数设置和设计工作，让用户可以专注于数据。打开 Excel 2013 时，用户将看到预算、日历、表单和报告等。

2. 即时数据分析

使用新增的“快速分析”工具，用户可以在两步或更少步骤内将数据转换为图表或表格。预览使用条件格式的数据、迷你图或图表，并且仅需一次点击即可完成选择。

3. 瞬间填充整列数据

“快速填充”像数据助手一样帮用户完成工作。当检测到用户需要进行的工作时，“快速填充”会根据从用户的数据中识别的模式，一次性输入剩余数据。要了解此功能何时会派上用场，请参阅“根据用户键入的内容拆分数据列”。

4. 为数据创建合适的图表

通过“图表推荐”，Excel 可针对用户的数据推荐最合适的图表。通过快速一览查看用户的数据在不同图表中的显示方式，然后选择能够展示用户想呈现的概念的图表。当用户创建首张图表时，请尝试此功能。

5. 一个工作簿，一个窗口

在 Excel 2013 中，每个工作簿都拥有自己的窗口，从而能够更加轻松地同时操作两个工作簿。当操作两台监视器的时候也会更加轻松。

6. Excel 新增函数

用户将发现在数学和三角、统计、工程、日期和时间、查找和引用、逻辑以及文本函数类别中的一些新增函数。同样新增了一些 Web 服务函数以引用与现有的表象化状态转变（REST）兼容的 Web 服务。请参阅“Excel 函数（按类别）”以了解详细信息。

7. 联机保存和共享文件

Excel 让用户可以更加轻松地将工作簿保存到自己的联机位置，比如用户的免费 SkyDrive 或用户组织的 Office 365 服务。用户还可以更加轻松地与他人共享工作表。无论使用何种设备或身处何处，每个人都可以使用最新版本的工作表，用户甚至可以实时协作。要了解相关详细信息，请参阅“将工作簿保存到其他位置”或“将工作簿保存到 Web”。

8. 网页中的嵌入式工作表数据

要在 Web 上共享用户的部分工作表，只需将其嵌入到网页中。然后其他人就可以在 Excel Web App 中处理数据或在 Excel 中打开嵌入数据。

9. 在联机会议中共享 Excel 工作表

无论用户身处何处或者在使用何种设备，智能手机、平板电脑或 PC，只要安装 Lync，就可以在联机会议中连接和共享工作簿。要了解相关详细信息，请参阅“联机演示工作簿”。

10. 保存为新的文件格式

用户现在可以用新的 Strict Open XML 电子表格 （*.xlsx） 文件格式保存和打开文件。此文件格式让用户可以读取和写 ISO8601 日期以解决 1900 年的闰年问题。要了解相关详细信息，请参阅“以其他文件格式保存工作簿”。

11. 新增图表功能

（1）图表功能区更改

“插入”选项卡上的“推荐的图表”新按钮让用户可以从多种图表中选择适合数据的图标。散点图和气泡图等相关类型图表都在一个伞图下。还有一个用于组合图的全新按钮。当单击图表时，会看到更加简洁的“图表工具”功能区。其中只有“设计和格式”选项卡，可以更加轻松地找到所需的功能。

（2）快速微调图表

三个新增图表按钮让用户可以快速选取和预览对图表元素（比如标题或标签）、图表的外观和样式或显示数据的更改。要了解相关详细信息，请参阅“设置用户的图表格式”。

（3）查看图表中的动画

在对图表源数据进行更改时，查看图表的实时变化。这可不单单是看上去很有趣，图表变化还让用户的数据变化更加清晰。

12. 强大的数据分析

（1）使用一个“字段列表”来创建不同类型的数据透视表

使用一个相同的“字段列表”来创建使用了一个或多个表格的数据透视表布局。“字段列表”通过改进以容纳单表格和多表格数据透视表，让用户可以更加轻松地在数据透视表布局中查找所需字段、通过添加更多表格来切换为新的“Excel 数据模型”，以及浏览和导航到所有表格。要了解相关详细信息，请参阅“了解如何使用字段列表”。

（2）在用户的数据分析中使用多个表格

新的“Excel 数据模型”让用户可以发挥以前仅能通过安装 PowerPivot 加载项实现的强大分析功能。除了创建传统的数据透视表以外，现在可以在 Excel 中基于多个表格创建数据透视表。通过导入不同表格并在其之间创建关系，用户可以分析数据，其结果是在传统数据透视表数据中无法获得的。

（3）连接到新的数据源

要使用“Excel 数据模型”中的多个表格，用户现在可以连接其他数据源并将数据作为表格或数据透视表导入到 Excel 中。例如，连接到数据馈送，如 OData、Windows Azure DataMarket 和 SharePoint 数据馈送。用户还可以连接到来自其他 OLE DB 提供商的数据源。要了解相关详细信息，请参阅“连接（导入）外部数据”。

（4）创建表间的关系

当用户从“Excel 数据模型”的多个数据表中的不同数据源获取数据时，在这些表之间创建关系让用户可以无需将其合并到一个表中即可轻松分析数据。通过使用 MDX 查询，用户可以进一步利用表的关系创建有意义的数据透视表报告。

（5）使用日程表来显示不同时间段的数据

日程表让用户可以更加轻松地对比不同时间段的数据透视表或数据透视图数据。不必按日期分组，现在只需一次点击，即可交互式地轻松过滤日期，或在连续时间段中移动数据，就像滚动式逐月绩效报表一样。

（6）使用“向下钻取”“向上钻取”和“跨越钻取”来浏览不同等级的详细信息

向下钻取一套复杂数据中不同等级的详细信息不是一项简单的任务。自定义集可以提供帮助，但要在“字段列表”中的大量字段中找到它们会耗费很多时间。在新的“Excel 数据模型”中，用户可以更加轻松地导航至不同等级。使用“向下钻取”数据透视表或数据透视图层次结构以查看更精细等级的详细信息，使用“向上钻取”转至更高等级以了解全局，或者使用“跨越钻取”从一个层次结构导航至另一个层次结构，以深入了解跨越一个或多个层次结构的数据。

（7）使用 OLAP 计算成员和度量值

发挥自助式商业智能（BI）能量，并在连接到联机分析处理（OLAP）多维数据集的数据透视表数据中添加用户自己的基于多维表达式（MDX）的计算。无需追求“Excel 对象模型”，现在可以在 Excel 中创建和管理已计算成员和度量值。

（8）创建独立数据透视图

数据透视图不必再和数据透视表关联。通过使用新的“向下钻取”“向上钻取”和“跨越钻取”功能，独立或去耦合数据透视图让用户可以通过全新的方式导航至数据详细信息。

复制或移动去耦合数据透视图也变得更加轻松。

（9）Power View

如果用户在使用 Office Professional Plus，则可以利用“Power View”的优势。单击功能区上的“Power View”按钮，通过易于应用、高度交互和强大的数据浏览、可视化和演示功能来深入了解用户的数据。“Power View”让用户可以在单一工作表中创建图表、切片器和其他数据可视化并与其进行交互。了解有关 Excel 2013 中的“Power View”的详细信息。

13. 新增和改进的加载项及转换器

（1）PowerPivot for Excel 加载项

如果用户在使用 Office Professional Plus，PowerPivot 加载项将随 Excel 一同安装。Excel 现在内置了 PowerPivot 数据分析引擎，因此用户可以直接在 Excel 中构建简单的数据模型。PowerPivot 加载项为创建更加复杂的模型提供了环境。在导入时使用它来筛选数据，定义用户自己的层次结构、计算字段和关键绩效标记（KPIs），以及使用数据分析表达式（DAX）语言创建高级公式。了解有关 Excel 2013 中的 PowerPivot 加载项的详细信息。

（2）查询加载项

如果用户在使用 Office Professional Plus，查询加载项会随同 Excel 安装。它帮助用户分析和审查工作簿以了解其设计、函数和数据依赖性以及找出各种问题，包括公式错误或不一致、隐藏信息、断开的连接和其他问题。从“查询”中，用户可以启动名为“电子表格对比”的 Microsoft Office 新工具，它用于对比两个版本的工作簿，清晰地指示已发生的更改。审查期间，用户可以完整查看工作簿的更改。

5.10.2　Excel 2013 的基本操作

在 Excel 2013 中的基本操作与 Excel 2010 中的基本操作大体相同，包括新建、保存、打开和关闭工作簿等。

1. 新建工作簿

启动 Excel 2013，系统将自动创建一个新的工作簿，并在新建工作簿中创建 3 张空白工作表 Sheet1、Sheet2 和 Sheet3，用户还可以创建新的工作簿或根据 Excel 提供的模板新建工作簿，以提高工作效率。

在 Excel 2013 中，创建空白工作簿的方法主要有以下几种：

- 单击界面“文件”菜单，在弹出的下拉菜单中单击“新建”命令，弹出“新建工作簿”对话框，在“模板”栏中选择“空白文档和最近使用的文档”选项，在中间的窗格中双击“空工作簿”图标。
- 在“我的电脑”窗口中打开目标文件夹，在文件夹的空白处单击鼠标右键，在弹出的快捷菜单中选择“新建”|“Microsoft Office Excel 工作表”选项。
- 按【Ctrl+N】组合键。

Excel 2013 提供了许多模板样式，如会议议程、日历、费用报表和表单表格等，可快速新建有样式和内容的 Excel 工作簿，以节省工作时间。使用模板创建工作簿的操作步骤如下：

（1）单击“文件”|“新建”命令。

（2）此时将弹出“新建工作簿”对话框，在“模板”栏中选择“已安装的模板”选项，在中间窗格中选择需要的模板样式，单击“创建”按钮，可新建一个基于所选模板的工作簿。

2. 保存工作簿

制作好电子表格或完成工作簿的编辑工作后，可以将其保存起来，以备日后使用。用户应该养成经常保存的好习惯，这样在突然停电或死机时，就可以避免大量数据的丢失。

保存工作簿的方法有以下几种：

- 单击“文件”|“保存”命令。
- 单击快速访问工具栏中的“保存”按钮。
- 按【Ctrl+S】组合键。

当执行上面的操作保存工作簿时，如果工作簿已被保存过，Excel会自动将工作簿的修改内容保存起来；如果工作簿尚未保存过，系统将弹出“另存为”对话框（如图5-78所示），在其中指定文件名以及保存路径等，单击“保存”按钮即可。

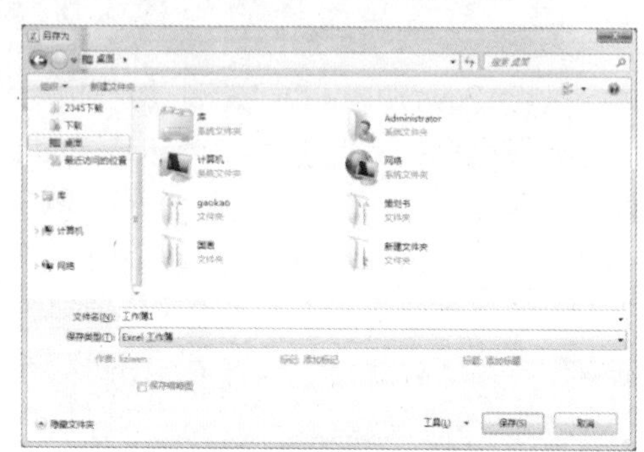

图5-78 “另存 ”对话框

3. 打开工作簿

打开工作簿的方法主要有以下几种：

- 单击“文件”|“打开”命令，弹出“打开”对话框（如图5-79所示），在该对话框中选择要打开的文件，单击“打开”按钮。
- 按【Ctrl+O】组合键。

另外，单击“Office 按钮”，弹出下拉面板，在“最近使用的文档”列表中显示出最近使用过的文件（如图5-80所示），直接单击要打开文件的文件名，即可快速打开文件。

图5-79 “打开”对话框

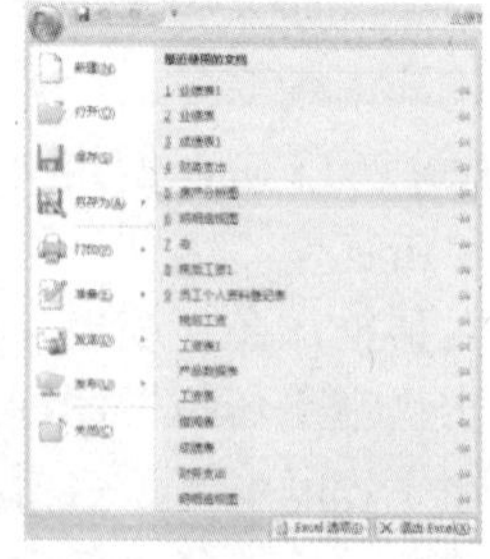

图5-80 最近使用过的文档

4. 关闭工作簿

为了节省内存和加快运行速度，应及时关闭不再需要的工作簿。关闭Excel工作簿有很多方法，可以使用下面方法中的任意一种：

- 单击左上角控制按钮|“关闭”命令。
- 单击“文件”|“退出”命令。
- 单击标题栏右端的“关闭”按钮 ✕。
- 按【Alt+F4】组合键。

如果在关闭文档之前，有些工作簿尚未保存，Excel 2013 将弹出提示信息框，询问是否保存对这些工作簿所做的更改（如图 5-81 所示），单击“是”按钮保存，单击“否”按钮不保存，单击“取消”按钮不关闭工作簿。

图 5-81　提示信息框

习　　题

一、选择题

1．在中文版 Excel 2010 中，A4:G4 这种表示区域的方法为（　　）。

A．绝对引用　　B．相对引用

C．混合引用　　D．无引用

2．在 Excel 中，第 2 行第 7 列的单元格地址是（　　）。

A．G2　　B．B8　　C．E3　　D．G3

3．当仅需将当前单元格中的公式复制到另一单元格，而不需要复制该单元格的格式时，应先单击“开始”选项卡中的（　　）命令，然后选定目标单元格，在单击（　　）命令。

A．剪切　　B．粘贴　　C．复制　　D．选择性粘贴

4．绝对引用就是公式中单元格的精确地址，它在列标和行号前分别加上（　　）。

A．@　　B．$　　C．&　　D．*

5．在分类汇总前应当先（　　）。

A．设置字体颜色　　B．排序　　C．筛选　　D．复制

二、填空题

1．__________是 Excel 电子表格中最小的组成单位，Excel 是以__________为单元来处理工作数据和存储数据的。

2．在执行“分类汇总”命令之前，首先应对数据进行________，将其中关键字相同的一些记录集中在一起。

3．在“分类汇总”对话框中单击____________按钮，即可清除分类汇总。

三、简答题

1．单元格的引用有几种？各是什么？如何识别这几种引用？

2．函数和公式的概念是什么？有何作用？

3．如何对表格中的字体和底纹进行格式化，以及如何设置边框？

4．试创建一个饼形数据图表。

上 机 指 导

1．建立全班同学期中考试成绩统计表，对全班同学的成绩统计总分，并按降序排列名次。

2．创建一个电子表格，输入以下内容：

学生成绩表					
学号	姓名	语文	数学	平均成绩	总分
030101	张强	65	98		
030102	李力	87	79		
030103	王好	86	88		

完成以下操作：

（1）学号以文本形式输入。

（2）计算平均成绩、总分。

（3）分别制作平均成绩、总分的图表。

3．建立一个如下的表格：

姓名	语文	数学	物理	英语	化学	体育	总分
李芳	80	62	78	56	88	90	
牛静	87	93	87	66	79	84	
王辉	86	91	89	70	73	78	
赵燕	82	69	73	82	86	90	
宛琪	79	76	80	85	81	80	

完成以下操作：

（1）在“英语”和“化学”之间添加“历史”成绩一列。

（2）对“历史”成绩按公式“体育成绩/6*8+5”进行计算，并删除“体育”成绩一列。

（3）计算五位同学成绩的总分，并计算各科成绩的总分。

（4）按“物理”成绩对表格中的数据进行升序排列。

（5）将“数学”成绩低于 70 分的同学筛选出来。

（6）将“语文”成绩高于 80 分，而“化学”成绩低于 80 分的同学筛选出来。

第 6 章　幻灯片制作软件——中文版 PowerPoint 2010

本章学习目标

通过本章的学习，用户应该能熟练地使用 PowerPoint 2010 制作出图文并茂的幻灯片，并学会为幻灯片增加动感效果，掌握幻灯片的放映方式，以及将制作好的幻灯片打包成 CD 等操作，本章最后简单介绍了 PowerPoint 2013 的新增功能。

学习重点和难点

- 创建演示文稿
- 添加并编辑幻灯片中的对象
- 管理幻灯片
- 高级应用
- 放映演示文稿
- 打包与打印演示文稿

6.1　初识中文版 PowerPoint 2010

本节主要介绍 PowerPoint 2010 的启动、退出、工作窗口的组成及视图模式等内容。

6.1.1　启动 PowerPoint

启动 PowerPoint 2010 的方法：

- 单击任务栏上的“开始”|“所有程序”|“Microsoft Office”|“Microsoft PowerPoint 2010”菜单命令，即可启动中文版 PowerPoint 2010。
- 如果设置了中文版 PowerPoint 2010 的桌面快捷方式，则双击该图标即可启动中文版 PowerPoint 2010。
- 选择任意 PowerPoint 2010 文档，双击后系统将自动启动 PowerPoint 2010，并自动加载该文档。

6.1.2　PowerPoint 工作窗口的组成

PowerPoint 2010 的工作窗口组成如图 6-1 所示。

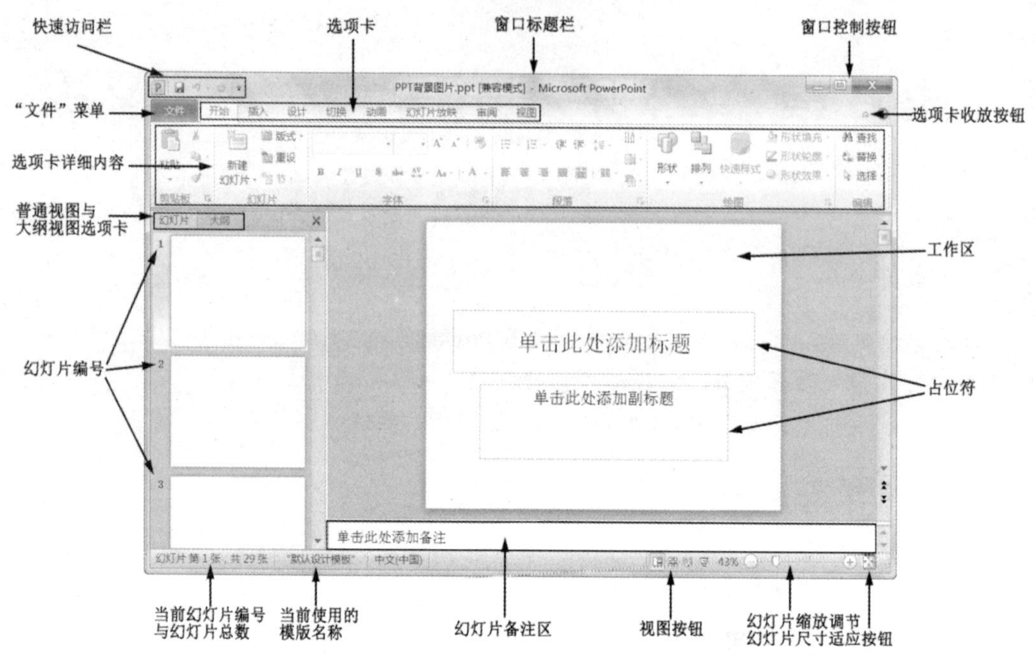

图 6-1　中文版 PowerPoint 2010 工作窗口的组成

（1）窗口标题栏：显示当前正在编辑的演示文稿名称及软件名称，右侧是常见的窗口控制按钮。

（2）快速访问栏：该栏列出了 PowerPoint 2010 中常用的功能以便用户可以快速访问。

（3）文件菜单：使用"文件"菜单可创建新文件、打开或保存现有文件、打印演示文稿等。

（4）选项卡：选项卡包含 PowerPoint 2010 及更早版本中的菜单和工具栏上的命令和其他菜单项，旨在帮助用户快速找到完成某项任务所需的命令，该区域是用户制作演示文稿使用最频繁的区域。

（5）选项卡收放按钮：可以收起/弹出选项卡，从而使工作区的面积变小或者变大。

（6）普通视图与大纲视图：切换查看幻灯片的方式。普通视图侧重于显示幻灯片的整体布局效果，大纲视图侧重于显示幻灯片的文字内容。

（7）幻灯片编号：幻灯片编号是用来标识某一幻灯片在演示文稿中所处位置的工具。

（8）工作区：工作区是用户制作演示文稿的主要区域，工作区以幻灯片为单位呈现，制作者要表达的全部内容都将在这里出现。工作区既是工作平台又是展示平台。

（9）占位符：占位符就是预先设计好的，出现在一个固定位置的虚框，等待用户向其中添加内容。

（10）幻灯片备注区：幻灯片备注区是以文字的形式标注每张幻灯片的制作细节，以指导整个演示文稿的制作过程。

（11）当前幻灯片编号与幻灯片总数：当前幻灯片编号是向用户报告目前正在编辑第几张幻灯片；幻灯片总数是向用户报告目前演示文稿内共有几张幻灯片。

（12）当前使用的模版名称：此处显示的是用户在"设计" | "主题"功能组中选择的主

题名称。

（13）视图按钮：此处列出了“普通视图”“幻灯片浏览”“阅读视图”“幻灯片放映”4 种视图模式供用户快速切换。

（14）幻灯片缩放调节与幻灯片尺寸适应按钮：幻灯片缩放调节可以改变幻灯片的显示大小，从而可以让用户检查幻灯片的局部或者整体。

6.1.3　视图模式

PowerPoint 2010 提供了 4 种视图模式，不同的视图按不同方式来显示演示文稿，改变视图模式并不改变幻灯片的内容。

- 普通视图：PowerPoint 2010 默认显示普通视图，在该视图中可以显示左侧的幻灯片和大纲区、右侧的幻灯片编辑区、右下方的备注页编辑区。它主要用于调整演示文稿的结构及编辑单张幻灯片中的内容。
- 浏览视图：在幻灯片浏览视图中，按照编号由小到大的顺序显示演示文稿中全部幻灯片的缩略图。该视图中，不能对单张幻灯片的具体内容进行编辑，但可以改变幻灯片的版式和结构。
- 阅读视图：该视图仅显示标题栏、阅读区和状态栏，主要用于浏览幻灯片的内容。在该模式下，演示文稿中的幻灯片将以窗口大小进行放映。
- 幻灯片放映：在该视图模式下，演示文稿中的幻灯片将以全屏动态放映。该模式主要用于预览幻灯片在制作完成后的放映效果，可以看到图形、动画、视频和切换效果在实际演示中的具体效果，以便及时对不满意的地方进行修改。按【ESC】键可退出幻灯片放映视图，返回到之前的视图编辑状态。

6.1.4　退出 PowerPoint

PowerPoint 2010 的常用退出方法：

- 单击“文件”|“退出”命令。
- 单击 PowerPoint 标题栏右上角的“关闭”按钮。
- 双击 PowerPoint 标题栏左上角的“控制菜单”图标。

6.1.5　演示文稿与幻灯片的关系

演示文稿是由 PowerPoint 创建的文件，其扩展名为.pptx。演示文稿是由多张幻灯片组成的，而演示文稿中的每一页就叫幻灯片，每张幻灯片都是演示文稿中既相互独立又相互联系的内容。演示文稿可以看做一本书，幻灯片就是书里的每一页，相互间是包含和被包含关系。

6.2　创建演示文稿

在中文版 PowerPoint 2010 中，用户可以使用多种方法来创建演示文稿。本节主要介绍演示文稿的创建、打开、保存和关闭的方法。

6.2.1 创建演示文稿

1. 创建空白演示文稿

- 启动中文版 PowerPoint 2010，系统会自动新建一个空白演示文稿。
- 通过快捷菜单创建：在桌面空白处单击鼠标右键，在弹出的快捷菜单中选择“新建”|“Microsoft PowerPoint 2010 演示文稿”命令，在桌面上将新建一个空白演示文稿，如图 6-2 所示。
- 通过命令创建：启动 PowerPoint 2010 后，选择“文件”|“新建”命令，在“可用的模板和主题”栏中单击“空白演示文稿”图标，再单击“创建”按钮 ，即可创建一个空白演示文稿，如图 6-3 所示。

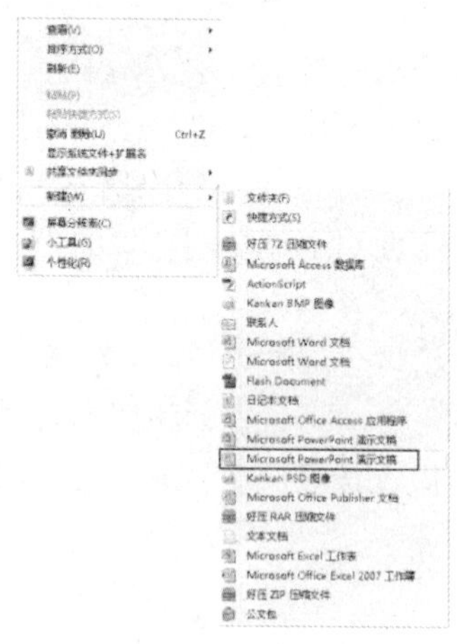

图 6-2 右键菜单“新建演示文稿”

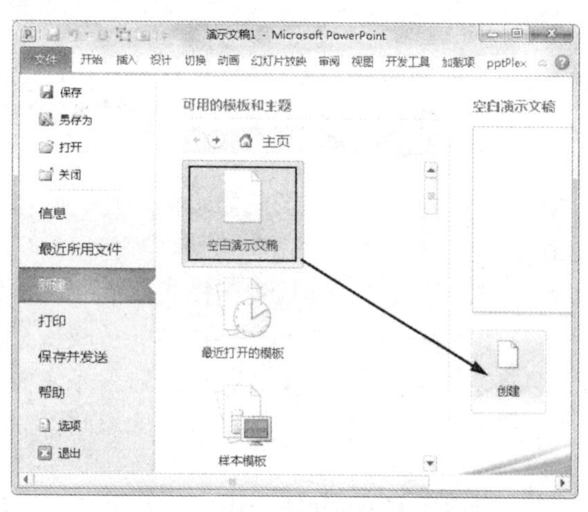

图 6-3 命令“新建演示文稿”

2. 利用模版创建演示文稿

启动 PowerPoint 2010，选择“文件”|“新建”命令，在“可用的模板和主题”栏中单击“样本模板”按钮，在打开的页面中选择所需的模板选项，单击“创建”按钮 ，如图 6-4 所示。返回 PowerPoint 2010 工作界面，即可看到新建的演示文稿效果，如图 6-5 所示。

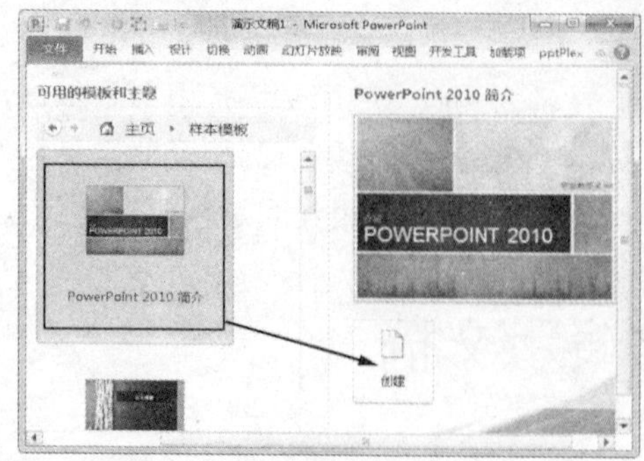

图 6-4 选择样本模板

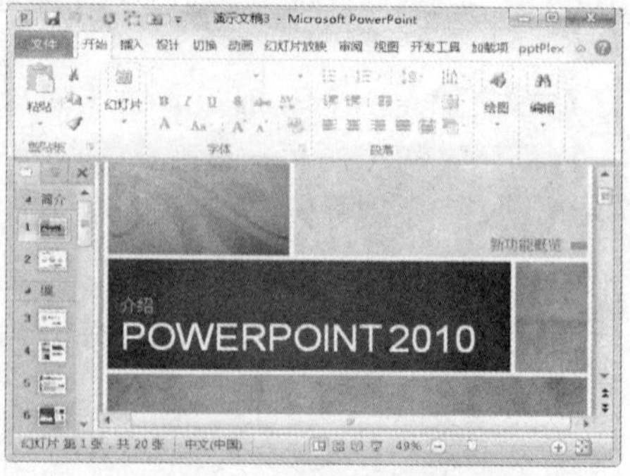

图 6-5 创建的演示文稿效果

3. 利用 Office.com 上的模版创建演示文稿

启动 PowerPoint 2010，选择“文件”|“新建”命令，在“Office.com 模板”栏中单击“PowerPoint 2010 演示文稿和幻灯片”按钮。在打开的页面中单击“商务”文件夹图标，然后选择需要的模板样式，单击“下载”按钮，在打开的“正在下载模板”对话框中将显示下载的进度，如图 6-6 所示。下载完成后，将自动根据下载的模板创建演示文稿，如图 6-7 所示。

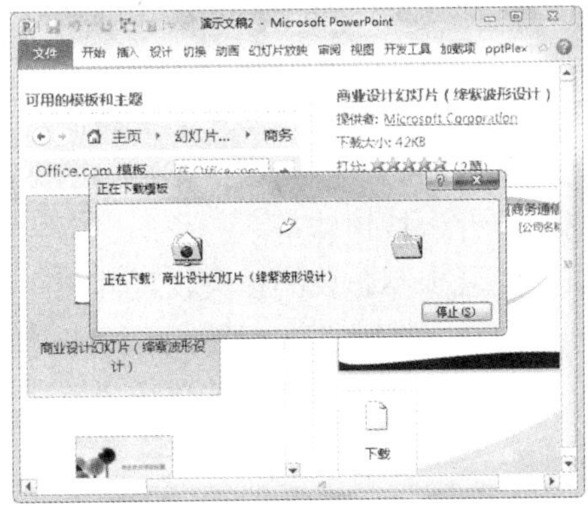

图 6-6　下载模板

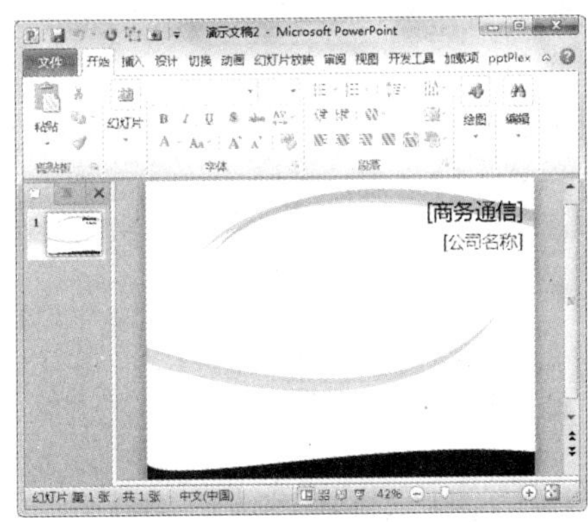

图 6-7　创建的演示文稿效果

6.2.2　打开演示文稿

- 双击打开演示文稿。直接双击需要打开的演示文稿图标。
- 一般打开演示文稿。启动 PowerPoint 2010 后，选择“文件”|“打开”命令，打开“打开”对话框，在其中选择需要打开的演示文稿，单击“打开”按钮，即可打开选择的演示文稿，如图 6-8 所示。

图 6-8　打开演示文稿

- 打开最近使用的演示文稿。选择“文件”|“最近所用文件”命令，在打开的页面中
- 将显示最近使用的演示文稿名称和保存路径，然后选择需打开的演示文稿即可。

6.2.3 保存演示文稿

为了防止遗失或误操作，制作好的演示文稿要及时保存到计算机中，方法如下：

- 保存：选择“文件”|“保存”命令或单击快速访问工具栏中的“保存”按钮，若是第一次保存，则会弹出“另存为”对话框，用户需要选择保存位置并输入文件名，单击“保存”按钮。若不是第一次保存，系统会自动保存，不会弹出对话框。
- 另存为：对于已经保存过的演示文稿，若不想改变原有演示文稿中的内容，可通过“另存为”命令保存为其他副本形式。选择“文件”|“另存为”命令，打开“另存为”对话框，选择保存的位置并输入文件名，单击“保存”按钮。如果需要将演示文稿保存为另一种格式，则单击“保存类型”下拉列表框右侧的下拉按钮，在弹出的下拉列表中选择要将文件保存为的文件格式，然后单击“保存”按钮即可。
- 自动保存：为了防止突然断电等意外事故，减少不必要的损失，可为正在编辑的演示文稿设置定时保存。选择“文件”|“选项”命令，打开“PowerPoint 2010 选项”对话框，选择“保存”选项卡，在“保存演示文稿”栏中进行设置，并单击“确定”按钮。

6.2.4 关闭演示文稿

关闭演示文稿有以下几种方法：

- 单击“文件”|“关闭”命令。
- 单击演示文稿右上角的“关闭”按钮。

如果用户是首次创建演示文稿或对已有文稿进行了修改，系统会提示用户是否保存该演示文稿，单击“是”按钮，则保存演示文稿并关闭；单击“否”按钮，则关闭演示文稿但不保存修改内容。

6.3 添加幻灯片内容

一张幻灯片上可以插入多个对象，如文字、图形、图片、表格、图表、影像以及声音等，正是这些丰富的对象，使得演示文稿更加形象和生动。本节主要介绍这些对象的插入方法。

6.3.1 输入文字

- 占位符：在建立新幻灯片时 PowerPoint 2010 会提供一些版式供用户选择，单击这些版式中预先设置好的占位符就可以输入文字。占位符一般有“单击此处添加标题”“单击此处添加文本”等字样，PowerPoint 2010 会按显示的字体格式处理输入的文字。
- 文本框：选择“插入”|“文本”|“文本框”按钮，鼠标指针变为“↓”形状，此时拖动鼠标即可在幻灯片中画出一个文本框，直接在文本框中输入文字即可。文本框可分为“横排文本框”和“垂直文本框”两种，他们的区别在于输入的文字方向有所不同。
- 形状：可以在 PowerPoint 2010 的形状中输入文字，选择形状，单击右键，选择“编辑文字”命令，即可在形状中插入文字。

● 艺术字：单击“插入”|“文本”|“艺术字”按钮，从弹出的下拉框中选择一种样式，在弹出的编辑艺术字文本框中输入文字即可。

6.3.2　插入图像

在 PowerPoint 2010 中插入图片的功能按钮在“插入”选项卡的“图像”功能组内。该功能组内共有“图片”“剪贴画”“屏幕截图”“相册”四个按钮。图片可以插入到占位符内也可以直接插入到幻灯片上。

1. 图片

单击“插入”|“图像”|“图片”按钮，弹出“插入图片”对话框。在“插入图片”对话框内选择图片后单击“插入”按钮，如图 6-9 所示，即可把图片插入幻灯片。

图 6-9　插入图片对话框

2. 剪贴画

单击“插入”|“图像”|“剪贴画”按钮，单击右侧的“剪贴画”任务窗格中的“搜索”按钮，在出现的剪贴画中选择要插入图片右侧的下拉菜单，选择“插入”命令，即可完成操作，如图 6-10 所示。

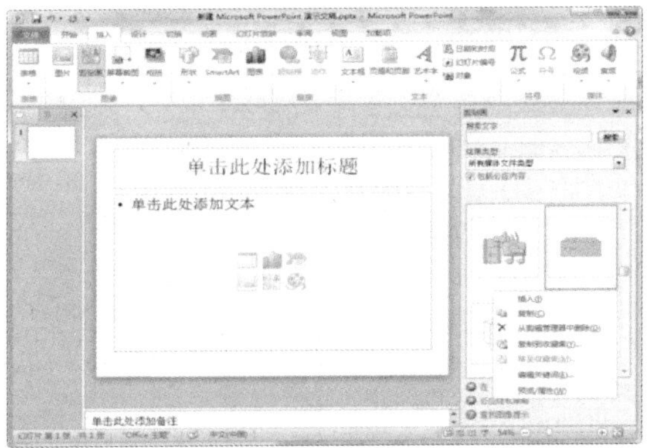

图 6-10　插入剪贴画

3. 屏幕截图

单击“插入”|“图像”|“屏幕截图”按钮，若要添加整个窗口，单击“可用窗口”库中的缩略图；若要添加窗口的一部分，单击“屏幕剪辑”，当指针变成十字时，按住鼠标左键以选择要捕获的屏幕区域。

如果有多个窗口打开，单击要剪辑的窗口，然后再单击“屏幕剪辑”。添加屏幕截图后，可以使用“图片工具”选项卡上的工具来编辑和增强屏幕截图。

4. 新建相册

单击“插入”|“图像”|“相册”|“新建相册”按钮，打开“相册”对话框，如图 6-11 所示，单击“文件/磁盘”按钮，打开“插入新图片”对话框，选择多张图片，单击“插入”按钮，点击“相册”对话框中的“创建”按钮，即可创建相册。

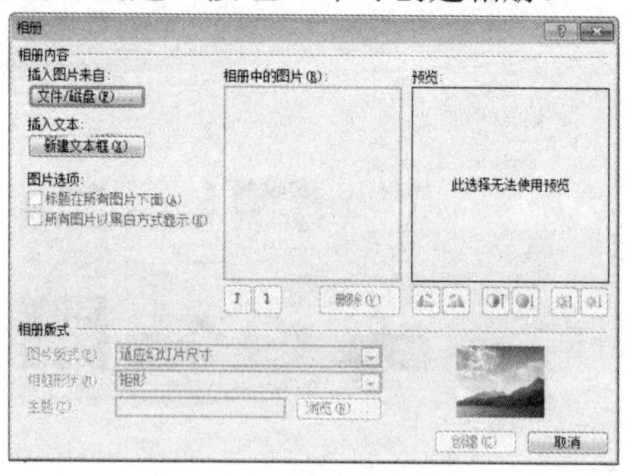

图 6-11 “相册”对话框

6.3.3 插入插图

1. 插入形状

单击“插入”|“插图”|“形状”按钮，在弹出的菜单中选择一种形状，之后鼠标变为十字型，在幻灯片中拖动鼠标即可画出相应的形状。如图 6-12 所示。

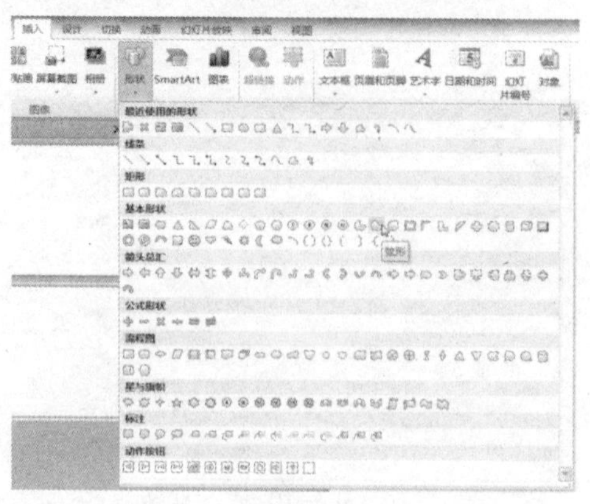

图 6-12 插入形状

专家指点

> 若要在自选图形上添加文字，则在图形上单击鼠标右键，然后在弹出的快捷菜单中选择“添加文本”或“编辑文本”选项，再输入文字即可。

2．插入 SmartArt 图形

单击“插入”|“插图”|“SmartArt”按钮，在弹出的“选择 SmartArt 图形”对话框中选择一种图形，单击“确定”按钮后即可在幻灯片中插入一个 SmartArt 图形。如图 6-13 所示。

每一个插入幻灯片的SmartArt图形都是由多个文本框和形状相互叠加组合而成的。在 SmartArt 图形中，凡是书写“[文本]”字样的位置均可单击后输入文字。用户在对SmartArt图形进行输入和设置时应注意不要打乱组成 SmartArt 图形的文本框、形状位置及层次。

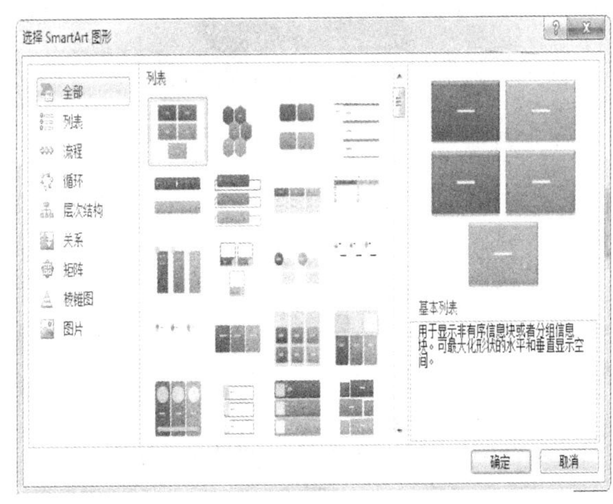

图 6-13　选择 SmartArt 图形

3．插入图表

单击“插入”|“插图”|“图表”按钮，在弹出的“插入图表”选项卡中选择一种图表。然后在自动打开的 Excel 窗口中输入相关数据，关闭 Excel 窗口。如图 6-14 所示。

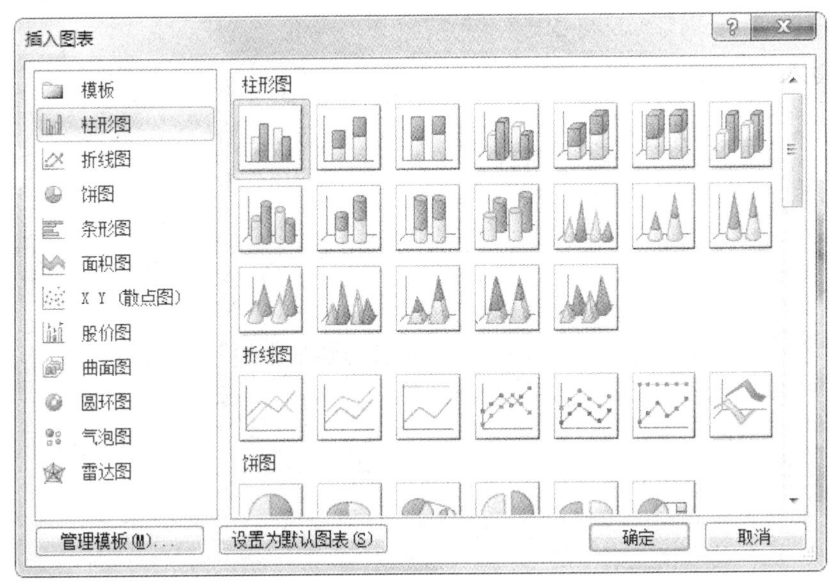

图 6-14　插入图表

Microsoft Excel 2010 工作表包含一些示例数据。要替换示例数据，单击工作表上的单元格输入数据。当输入在 Excel 2010 工作表中的所有数据时，单击“文件”|“关闭”。在 PowerPoint 2010 中的图表将自动更新至新数据。

6.3.4 插入表格

单击“插入”|“表格”|“表格”按钮，选择“插入表格”命令，在弹出的“插入表格”对话框中输入行列数后单击“确定”按钮即可插入表格。如图 6-15 所示。

图 6-15 插入表格

6.3.5 插入媒体

1. 插入声音

PowerPoint 2010 的“插入”|“媒体”|“音频”按钮分为上下两部分。单击上半部分弹出“插入音频”对话框供用户选择音频文件进行插入，单击下半部分可弹出选择菜单供用户选择音频来源，选择菜单包括“文件中的音频”“剪贴画音频”和“录制音频”三个菜单项。在演示文稿中插入音频后，音频对象以如图 6-16 所示出现在幻灯片内。

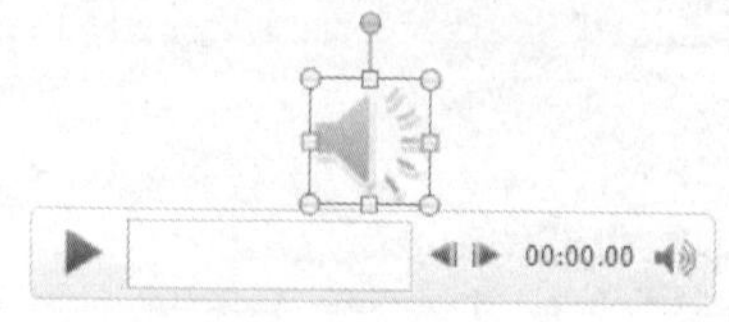

图 6-16 音频

2．插入视频

PowerPoint 2010 的“插入”|“媒体”|“视频”按钮分为上下两部分。单击上半部分弹出“插入视频文件”对话框供用户选择视频文件进行插入，单击下半部分可弹出选择菜单供用户选择视频来源，选择菜单包括“文件中的视频”“来自网站的视频”和“剪贴画视频”三个菜单项。在演示文稿中插入视频后，视频文件会以一个黑色矩形框形式出现在幻灯片中。

6.3.6　占位符插入对象

一般的内容占位符中部会有六个插入对象用的按钮，如图 6-17 所示。

通过占位符可以插入“表格”“图表”“SmartArt 图形”“图片”“剪贴画”和“视频”等对象。以插入“图片”为例，单击“插入来自文件的图片”按钮，打开“插入图片”对话框，在“插入图片”对话框内选择图片后单击“插入”按钮，即可把图片插入占位符。

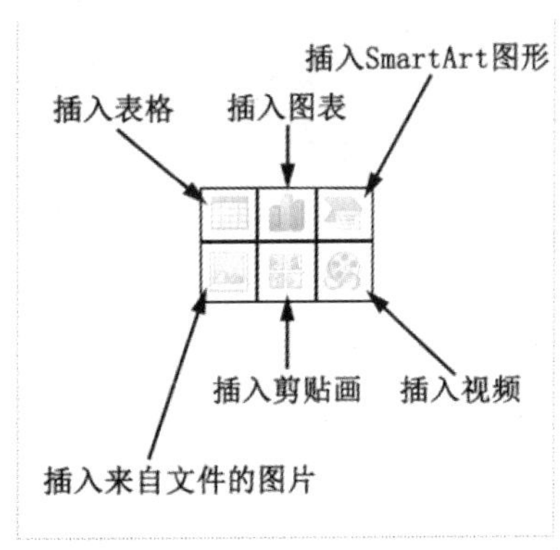

图 6-17　向占位符中插入对象

6.3.7　其他

插入页眉页脚、日期时间、幻灯片编号都是对演示文稿添加标注信息。这些信息都会添加到演示文稿的页眉页脚位置，在每张幻灯片中都会显示。

1．页眉页脚

单击“插入”|“页眉和页脚”“日期和时间”“幻灯片编号”三个按钮之一，都会打开“页眉和页脚”对话框。如图 6-18 所示。

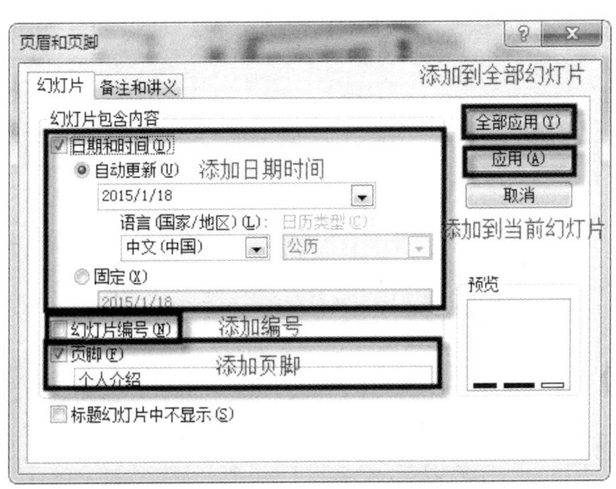

图 6-18　页眉和页脚

（1）勾选“日期和时间”复选框即可添加时间和日期，选择“自动更新”添加当前日期，选择“固定”输入指定日期。

（2）勾选“幻灯片编号”复选框可添加编号。

（3）勾选“页脚”复选框可输入页脚需要的文字。

（4）单击“全部应用”按钮，以上选项添加到每一张幻灯片中。

（5）单击“应用”按钮，以上选项添加到当前幻灯片中。

6.4 编辑幻灯片中的对象

在幻灯片中插入各种对象后，还需要对他们进行编辑，本节主要介绍文字、图像、插图、表格、媒体等的编辑方法。

6.4.1 文本和段落

1. 选择文字

在对文字进行编辑之前要先选择文字。选择文字的时候，用鼠标在文字上面拖动即可。

2. 选择文本框

选择文本框和选择文字是两种不同的操作。选择文本框的时候，单击文本框范围之内文字范围之外的位置，当鼠标指向文本框边缘的区域时鼠标指针变为十字箭头，此时单击鼠标即可选择文本框。

如果用户只选中了文本框内的部分文字，文本框边线为虚线，此时只对被选中的文字进行编辑。如果用户选中了文本框，文本框内的光标将会消失，文本框边线为实线，此时将会对文本框内的全部文字进行编辑。

当用户选中了文本框之后，在八个常规选项卡右侧会出现一个新的隐藏选项卡“绘图工具”。如图 6-19 所示，该选项卡内的功能组包括“插入形状”“形状样式”“艺术字样式”“排列”“大小”五个功能组。

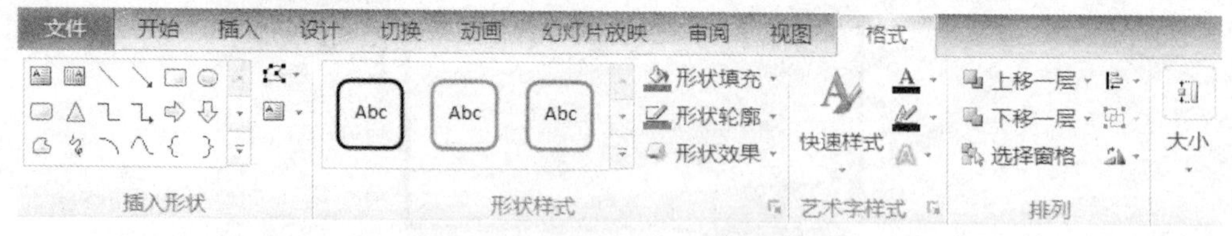

图 6-19 “绘图工具”选项卡

（1）“插入形状”功能组可以插入文本框和各种自选图形。

（2）“形状样式”功能组用来设置文本框内部使用什么样的颜色，文本框的边线使用什么样的样式和颜色。

（3）“艺术字样式”功能组可以给文本框内的文字添加艺术字效果。

（4）“排列”功能组可以用来设置文本框在幻灯片中的上下层次，文本框的对齐与分布，组合文本框，旋转文本框。

（5）“大小”功能组用来精确设置文本框的高度与宽度。

3. 编辑文字

对于文字的编辑功能主要集中在“开始”|“字体”功能组中，可以对文字的字体、字号、字形、颜色、效果等进行设置。这些功能按钮与 Word 2010 中的文字格式按钮功能相近，这里就不再重复讲述按钮功能。

4. 段落格式

PowerPoint 2010 中还可以像 Word 2010 那样设置段落格式，即设置对齐方式、段落缩进、段落间距和行距、项目符号和编号、文字方向等格式，这些设置通过“开始”|“段落”功能组来实现。

- 段落的对齐方式

将光标定位到段落中的任意位置，单击“开始”|“段落”功能组中的“文本左对齐”“居中”“文本右对齐”“两端对齐”或者“分散对齐”即可改变段落的对齐方式。

- 段落缩进

段落缩进是指段落与文本区域内部边界的距离。PowerPoint 2010 提供了首行缩进、悬挂缩进和左缩进三种缩进方式。将光标置于要设置缩进的段落中，或者同时选定多个段落，单击“开始”|“段落”功能组右下角的，弹出“段落”对话框，通过“缩进和间距”|“缩进”组中的“文本之前”或“特殊格式”即可设置段落缩进位置，如图 6-20 所示。

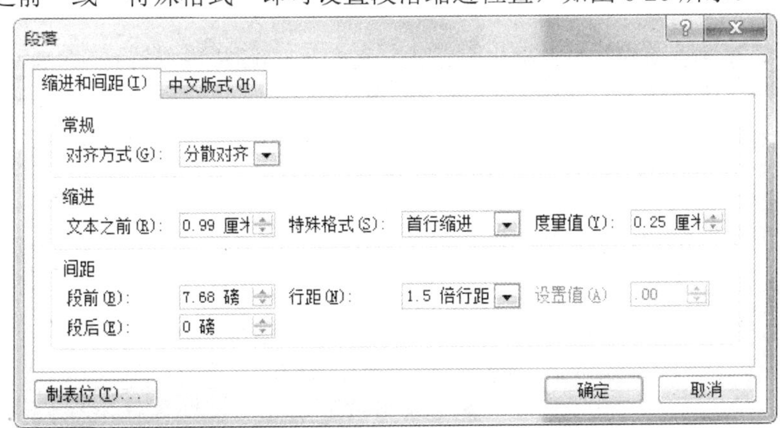

图 6-20　段落

- 段落间距和行距

段间距决定段落与段落之间的距离，行距决定一个段落中各行之间的距离。将光标置于要改变间距的段落中，或者同时选定多个段落，单击“开始”|“段落”功能组右下角的，弹出“段落”对话框，通过“缩进和间距”|“间距”组中的“段前”“段后”即可设置段落间距，通过“行距”即可设置行距，如图 6-20 所示。

- 项目符号和编号

要设置项目符号，需要先选择一种项目符号，然后逐项输入内容，也可以选定已有的一些段落，然后为其创建项目符号或者改变项目符号的外观。

设置项目符号的具体操作方法为：首先选定要添加或者删除项目符号的文本或者占位符，单击“开始”|“段落”功能组中的“项目符号”按钮，这样可以快速添加项目符号，也可以通过“项目符号”|“项目符号和编号”命令，弹出如图 6-21 所示的对话框。通过此对话框，可以增加或者删除项目符号。

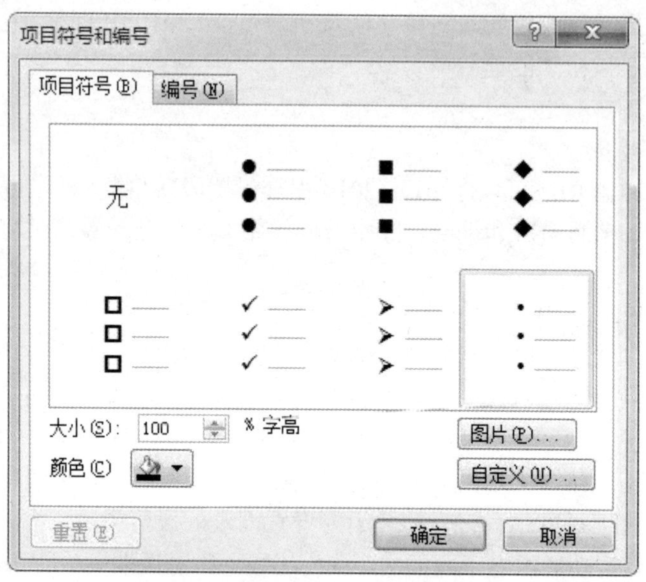

图 6-21 项目符号和编号

在“项目符号和编号”对话框中，单击“图片”|“图片项目符号”对话框，可以从中选择一种图片作为项目符号，如图 6-22 所示。单击“自定义”按钮，将打开“符号”对话框，可从计算机的所有字符集中选择一种符号作为项目符号，如图 6-23 所示。

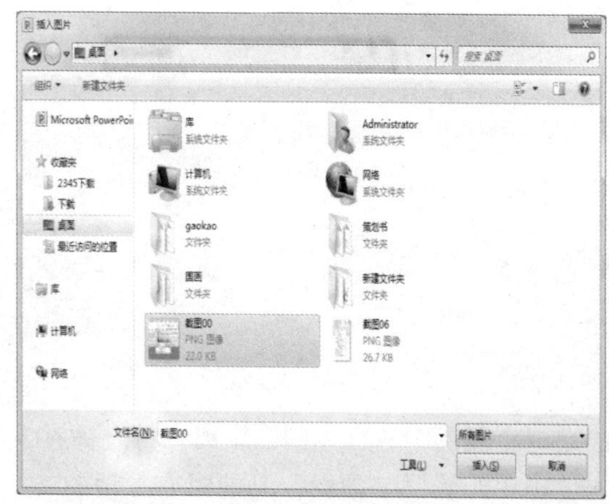

图 6-22 选择图片作为项目符号

图 6-23 选择符号作为项目符号

在选择图片项目符号或符号之后，单击“确定”按钮回到“项目符号和编号”对话框。在该对话框中，可以在“大小”数值框中输入项目符号与正文文本的高度比例，以百分数表示。在“颜色”下拉列表框中可以选择项目符号的颜色，单击“确定”按钮，即可应用选定的项目符号。

项目编号的使用方法和项目符号的使用方法相同，惟一的不同之处在于项目编号可设置编号的开始序号。

● 文字方向

选择需要改变文字方向的文字，单击“开始”|“段落”|“文本方向”按钮，如图 6-24 所示，选择需要的文字方向即可。

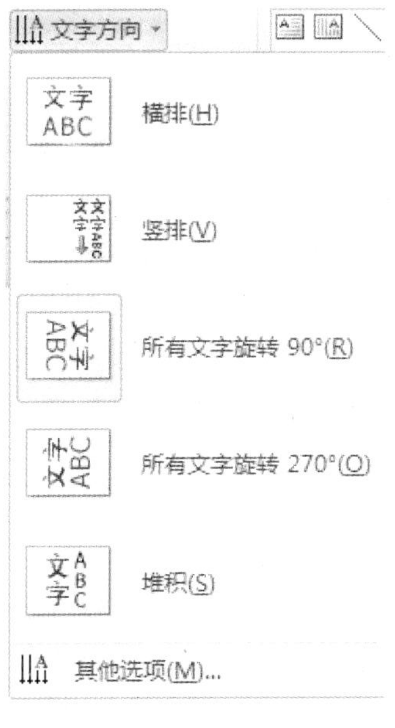

图 6-24　文字方向

6.4.2　图像

1. 图片工具

在幻灯片中插入图片、剪贴画或屏幕截图后，双击图片会在八个常规选项卡右侧出现一个隐藏选项卡“图片工具”。如图 6-25 所示共包括“调整”、“图片样式”、“排列”、“大小”等四个功能组。

图 6-25　“图片工具”选项卡

（1）“调整”功能组主要对图片进行色调色相、图片压缩、图片重设、艺术效果等设置，其中“艺术效果”功能中包含了很多专业绘图软件中使用的滤镜效果，能够对图片进行艺术化设置。

（2）“图片样式”功能组主要可以对图片进行外观、外框、形状设置。其中“图片版式”

功能可以把图片和 SmartArt 图形结合在一起，形成一种新型的特效。

（3）“排列”功能组主要用来设置图片中的上下排列次序、对齐与分布、组合、旋转等效果。

（4）“大小”功能组主要用来精确设置图片的高与宽。

6.4.3 插图

1. 形状

形状插入完成后，单击形状，在常规选项卡右侧会出现一个名为“绘图工具”的隐藏选项卡。如图 6-26 所示，该选项卡内的功能组包括“插入形状”“形状样式”“艺术字样式”“排列”“大小”五个功能组。

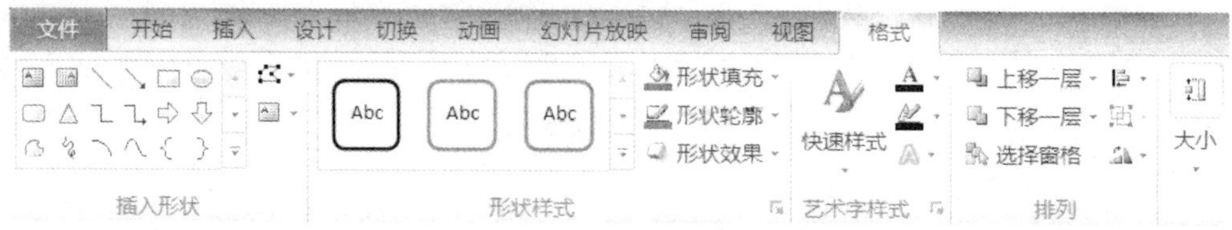

图 6-26 “绘图工具”选项卡

（1）“插入形状”功能组可以插入文本框和各种自选图形。

（2）“形状样式”功能组用来设置形状内部使用什么样的颜色，形状的边线使用什么样的样式和颜色。

（3）“艺术字样式”功能组可以给形状内部的文字添加艺术字效果。

（4）“排列”功能组可以用来设置形状在幻灯片中的上下层次，形状的对齐与分布，组合形状，旋转形状。

（5）“大小”功能组用来精确设置形状的高度与宽度。

2. SmatArt 图形

SmatArt 图形插入完成后，选中 SmartArt 图形，常规选项卡右侧会出现一个名为“SmartArt 工具”的隐藏选项卡。该选项卡包含“设计”和“格式”两个子选项卡，利用这两个选项卡可以对 SmartArt 图形进行详细的设置。

图 6-27 “SmartArt 工具”-“设计”选项卡

（1）如图 6-27 所示，“设计”选项卡中包含“创建图形”“布局”“SmartArt 样式”“重置”四个功能组。

①“创建图形”功能组可以给 SmartArt 图形里添加/减少子形状，改变子形状间的关系。

②“布局”功能组用来改变 SmartArt 图形的初始选择。

③“SmartArt 样式”功能组用来改变 SmartArt 图形的色彩和表现形式。

④“重置”功能组对 SmartArt 图形进行重设和转换。

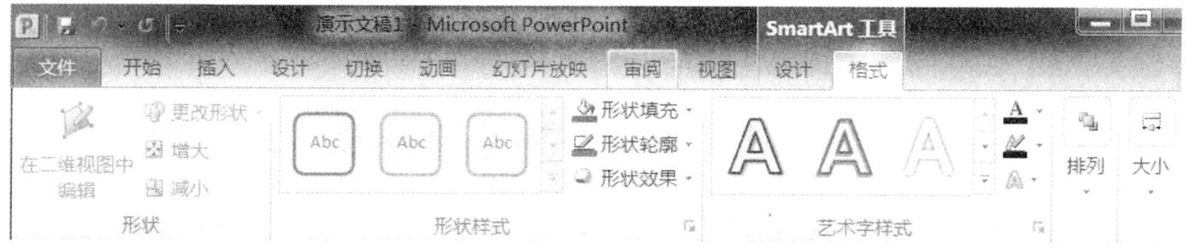

图 6-28 “SmartArt 工具”-“格式”选项卡

（2）如图 6-28 所示，“格式”选项卡中包含“形状”“形状样式”“艺术字样式”“排列”“大小”五个功能组。

①“形状”功能组的作用是，当 SmartArt 图形有三维效果时可以关闭三维效果对 SmartArt 图形进行设置，之后再开启三维效果。还可以改变 SmartArt 图形中形状的大小和外观。

②“形状样式”功能组用来设置 SmartArt 图形内部使用什么样的颜色，SmartArt 图形的边线使用什么样的样式和颜色。

③“艺术字样式”功能组可以给 SmartArt 图形内的文字添加艺术字效果。

④“排列”功能组可以用来设置 SmartArt 图形在幻灯片中的上下层次，SmartArt 图形的对齐与分布，组合与旋转。

⑤“大小”功能组用来精确设置 SmartArt 图形的高度与宽度。

3. 图表

图表插入完成后，选中图表，常规选项卡右侧会出现一个名为“图表工具”的隐藏选项卡。该选项卡包含“设计”“布局”和“格式”三个子选项卡，利用这三个选项卡可以对图表进行详细的设置，如图 6-29 所示。

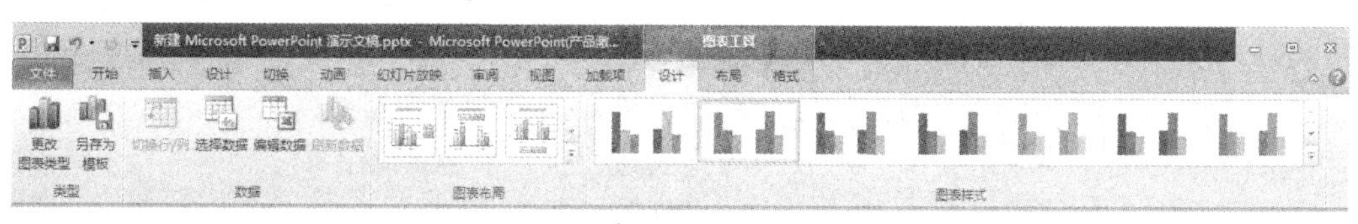

图 6-29　图表工具

“设计”选项卡中可以修改图表类型、切换行/列数据，修改图表布局，修改图表样式等。“布局”选项卡中可以对图表中的具体项进行设置，如“图表标题”“坐标轴标题”“图例”等。“格式”选项卡中可以设置图表的填充颜色、字体样式、图形风格等。这些功能按钮在 Excel 2010 中已经讲过，这里就不再重复讲述。

6.4.4 表格

1. 表格工具

表格插入完成后，单击表格，在八个常规选项卡右侧会出现一个隐藏的“表格工具”选项卡，用户可以使用此选项卡对表格进行各种设置。如图 6-30 与 6-31 所示，“表格工具”选项卡又包含“设计”“布局”两个子选项卡。

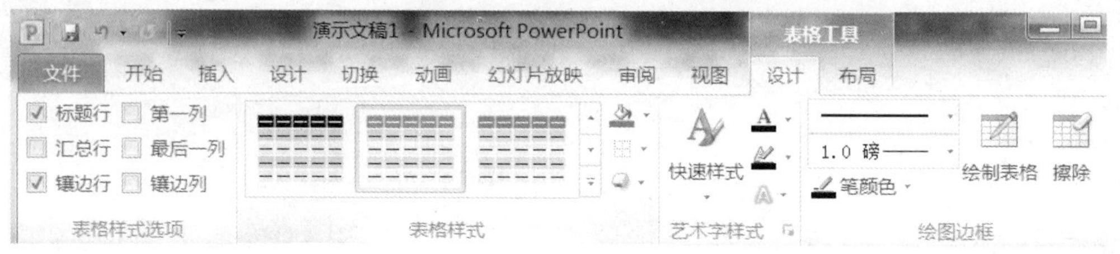

图 6-30 “表格工具”-“设计”选项卡

（1）在“设计”选项卡中包含“表格样式选项”“表格样式”“艺术字样式”“绘图边框”四个功能组。

①“表格样式选项”功能组用来设置对表格的哪一部分做突出显示设置。

②“表格样式”功能组用来对表格的边框、底纹和阴影映像效果进行设置。

③“艺术字样式”功能组可以对表格内的文字外观进行各种艺术效果设置。

④“绘图边框”功能组向用户提供手动绘制、擦除表格的工具。

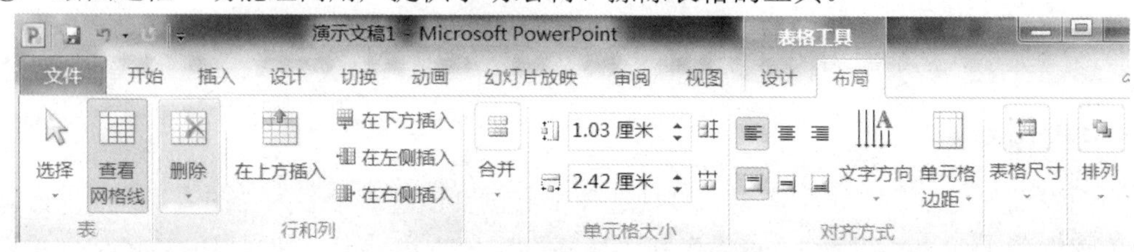

图 6-31 “表格工具”-“布局”选项卡

（2）在“布局”选项卡中包含“表”“行和列”“合并”“单元格大小”“对齐方式”“表格尺寸”“排列”七个功能组。

①“表”功能组提供了表格的行列选择工具以及“查看网格线”开关。

②“行和列”功能组提供了对表格的行列进行插入和删除的工具。

③“合并”功能组提供合并与拆分单元格的功能。

④“单元格大小”功能组提供了对单元格进行高和宽的设置功能以及表格行与列的分布功能。

⑤“对齐方式”功能组用来设置文字在单元格中的位置，以及文字方向和单元格边距。

⑥“表格尺寸”功能组用来设置表格的总高度和总宽度。

⑦“排列”功能组用来设置表格的层次、对齐、组合、旋转。

6.4.5　媒体

1. 声音

（1）声音插入完成后，点击声音图标，在八个常规选项卡右侧会出现一个隐藏的“音频工具”选项卡，该选项卡包含“格式”和“播放”两个子选项卡，利用这两个选项卡可以对音频进行详细的设置，如图 6-32 所示。

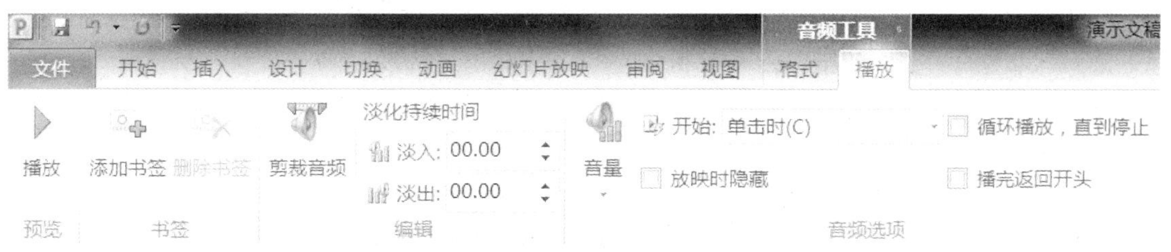

图 6-32 “音频工具播放”选项卡

（2）“音频工具” -“播放”选项卡包括“预览”“书签”“编辑”“音频选项”四个功能组。

① “预览”功能组可以播放音频。

② “书签”功能组可以对音频时间轴添加/删除标志点以方便对音频进行剪辑。

③ “编辑”功能组可以截取音频的片段并对音频添加淡出淡入效果。

④ “音频选项”功能组可以控制音频的音量，设置音频的播放方式及播放行为。

2. 视频

（1）视频插入完成后，点击黑色矩形框，在八个常规选项卡右侧会出现一个隐藏的“视频工具”选项卡，该选项卡包含“格式”和“播放”两个子选项卡，利用这两个选项卡可以对视频进行详细的设置，如图 6-33 所示。

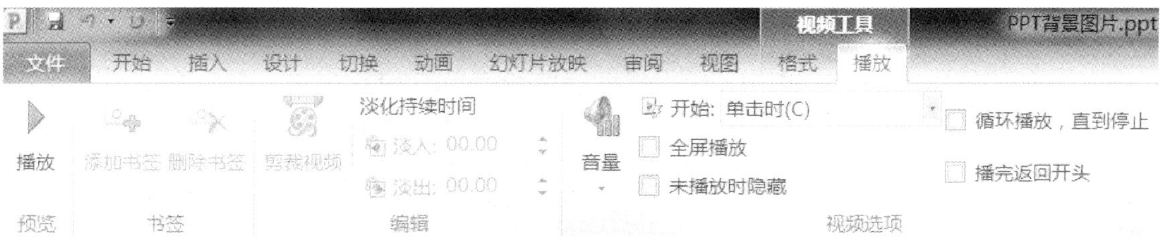

图 6-33 “视频工具播放”选项卡

（2）“视频工具” -“播放”选项卡包括“预览”“书签”“编辑”“音频选项”四个功能组。

① “预览”功能组可以播放视频。

② “书签”功能组可以对视频时间轴添加/删除标志点以方便对视频进行剪辑。

③ “编辑”功能组可以截取视频的片段并对视频添加淡出淡入效果。

④ “视频选项”功能组可以控制视频的音量，设置视频的播放方式及播放行为。

6.4.6 超链接

用户可以在幻灯片中添加超链接，放映演示文稿时，单击已设定为超链接的对象，即可自动跳转到该超链接所指定的位置，如可以跳转到同一文档的某张幻灯片上或者其他文档，如 Word 文档、电子邮箱等。插入超链接的文本下方添加了下划线，显示颜色也发生了变化。

1. 插入超链接

插入超链接时，首先要选择建立超链接的文字或图形，单击“插入”|“链接”|“超链接”按钮，在弹出的“插入超链接”对话框中选择链接对象。链接对象包括以下四种：

（1）现有文件或网页：保存在磁盘空间上的某个文件或者网页。

（2）本文档中的位置：当前演示文稿中的某一张幻灯片。

（3）新建文档：新建的文档文件。

（4）电子邮件地址：用于接收电子邮件的 E-mail 地址。

2. 插入“动作”按钮

要进行动作设置，首先要选择创建动作的文字或图形，单击“插入”|“链接”|“动作”按钮，从弹出的“动作设置”对话框中选择动作的去向，可以设置单击鼠标和鼠标移过时的动作和声音，如图 6-34 所示。

图 6-34 “动作设置”对话框

3. 打开超链接

选择已设定为超链接的对象，打开右键菜单，选择“打开超链接”命令，即可跳转到链接所指定的位置。

4. 编辑超链接

选择已设定为超链接的对象，打开右键菜单，选择“编辑超链接”命令，打开“编辑超链接”对话框，重新设定链接对象即可。

5. 删除超链接

选择已设定为超链接的对象，打开右键菜单键，选择“取消超链接”命令，即可删除超链接。

6.5　管理幻灯片

本节主要介绍幻灯片选定、插入、移动、复制、删除和隐藏等基本编辑操作。

6.5.1　插入幻灯片

- 通过快捷菜单新建幻灯片：启动 PowerPoint 2010，在新建的空白演示文稿的“幻灯片”窗格空白处单击鼠标右键，在弹出快捷菜单中选择“新建幻灯片”命令，如图 6-35 所示。
- 通过选择版式新建幻灯片：版式用于定义幻灯片中内容的显示位置，用户可根据需要向里面放置文本、图片以及表格等内容。启动 PowerPoint 2010，选择“开始”|“幻灯片”组，单击“新建幻灯片”按钮右下部的黑色三角按钮，在弹出的下拉列表中选择新建幻灯片的版式，如图 6-36 所示，可新建一张带有版式的幻灯片。

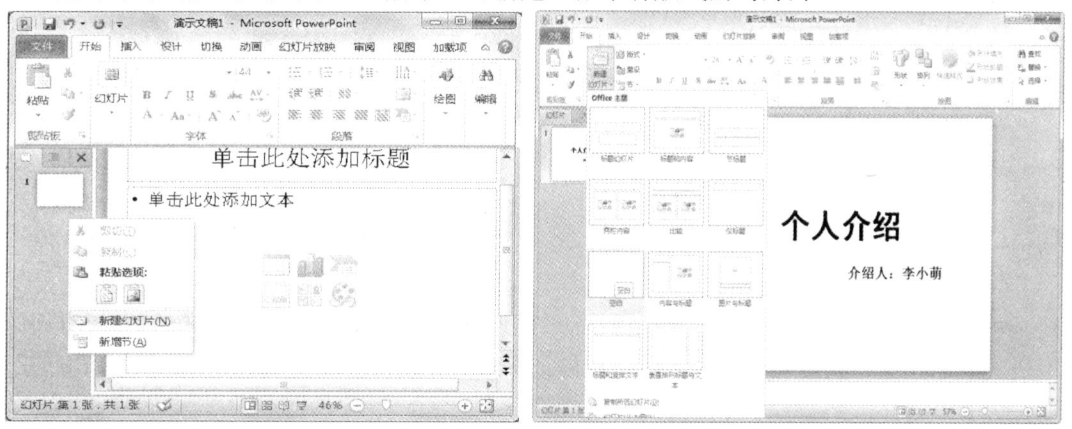

图 6-35　新建幻灯片　　　　图 6-36　选择幻灯片版式

6.5.2　选定幻灯片

在演示文稿中，若要对幻灯片进行删除、复制、移动等编辑操作，首选要选定幻灯片。

- 选择单张幻灯片：在幻灯片窗格或幻灯片浏览视图中，单击幻灯片缩略图，可选择单张幻灯片。
- 选择连续多张幻灯片：在幻灯片窗格或幻灯片浏览视图中，先单击连续多张幻灯片中的第一张，并按住【Shift】键，再单击连续多张幻灯片中的最后一张幻灯片，释放【Shift】键后两张幻灯片之间的所有幻灯片均被选择。
- 选择不连续的多张幻灯片：在幻灯片窗格或幻灯片浏览视图中，先按住【Ctrl】键，

再逐个单击待选择的多张幻灯片，可选择不连续的多张幻灯片。

- 选择全部幻灯片：在幻灯片或幻灯片浏览视图中，按【Ctrl+A】组合键，可选择当前演示文稿中所有的幻灯片。

6.5.3 删除幻灯片

在幻灯片窗格或幻灯片浏览视图中可对演示文稿中多余的幻灯片进行删除。选择需删除的幻灯片，按【Delete】键或单击鼠标右键，在弹出的快捷菜单中选择“删除幻灯片”命令。

6.5.4 复制和移动幻灯片

打开一个演示文稿之后，可以对其中的幻灯片进行复制与移动操作，为其安排一个更加合适的顺序。

1．复制幻灯片

- 拖动鼠标复制幻灯片：选择需复制的幻灯片，按住【Ctrl】键的同时拖动到目标位置完成复制操作。
- 菜单命令复制幻灯片：选择需复制的幻灯片，在其上单击鼠标右键，在弹出的快捷菜单中选择“复制”命令，然后将鼠标定位到目标位置，单击鼠标右键，在弹出的快捷菜单中选择“粘贴”命令，完成复制操作。
- 在幻灯片窗格中，选择需要移动的幻灯片，单击“开始”|“剪贴板”|“复制”命令，然后将鼠标定位到目标位置，单击“剪贴板”|“粘贴”命令。

2．移动幻灯片

- 拖动鼠标移动幻灯片：选择需移动的幻灯片，按住鼠标左键拖动到目标位置后释放鼠标 完成移动操作。
- 菜单命令移动幻灯片：选择需移动的幻灯片，在其上单击鼠标右键，在弹出的快捷菜单中选择“剪切”命令，然后将鼠标定位到目标位置，单击鼠标右键，在弹出的快捷菜单中选择“粘贴”命令，完成移动操作。
- 在幻灯片窗格中，选择需要移动的幻灯片，单击“开始”|“剪贴板”|“剪切”命令，然后将鼠标定位到目标位置，单击 “剪贴板”|“粘贴”命令。

6.5.5 隐藏幻灯片

有时根据需要不能播放所有幻灯片，可将某几张幻灯片隐藏起来，而不用将这些幻灯片删除。被隐藏的幻灯片在放映时不播放，在幻灯片窗格或幻灯片浏览视图中，被隐藏的幻灯片的编号上有“\”标记。

选择需隐藏的幻灯片，在其上单击鼠标右键，在弹出的快捷菜单中选择“隐藏幻灯片”命令，完成隐藏操作。

6.5.6　撤销和恢复操作

PowerPoint 2010 同样具有与 Word、Excel 相同的撤销和恢复功能。下面简单介绍进行撤销和恢复操作的方法。

- 如要撤销前面的移动、删除、复制操作，只需单击“撤销”按钮或按【Ctrl+Z】组合键即可，此时可以恢复到移动或复制前的状态。
- 当要撤销多次操作时，可以单击“撤销”按钮右侧的下拉按钮打开下拉列表，然后选择需要撤销的操作，在下拉列表中选中的内容也就是要撤销的操作。
- 如果用户想恢复这一次的撤销操作，可单击“恢复”按钮或按【Ctrl+Y】组合键。同样，当要恢复多次撤销操作时，可以单击“恢复”按钮右侧的下拉按钮打开下拉列表，选择要恢复的撤销操作即可。

6.6　高 级 应 用

制作幻灯片的基本操作已经介绍过了，本节主要介绍幻灯片版式、设计、切换、动画和母板等高级应用，这些应用可以让幻灯片更加美观，更有动感。

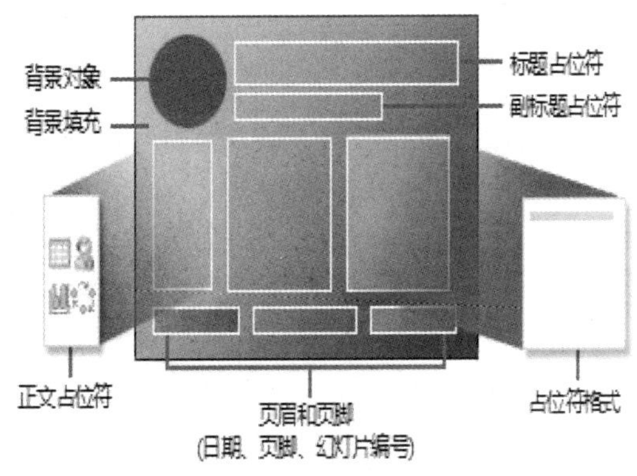

图 6-37　版式中的各种占位符

6.6.1　版式

幻灯片版式包含要在幻灯片上显示的全部内容的格式设置、位置和占位符。如图 6-37 所示，此图显示了 PowerPoint 2010 幻灯片中可以包含的所有版式元素。

PowerPoint 2010 提供了 11 个版式类型供用户选择，如图 6-38 所示，利用这些版式可轻松完成幻灯片制作，幻灯片版式使用方法如下：

- 直接使用幻灯片版式：在新建幻灯片时，单击“开始”|“幻灯片”|“新建幻灯片”按钮的下半部分，用户可以选择使用哪种版式。
- 更改幻灯片版式：单击“开始”|“幻灯片”|“版式”按钮，用户可以随时在编辑过程中改变当前幻灯片的版式。或使用鼠标右键单击幻灯片空白区域来改变当前幻灯片的版式。

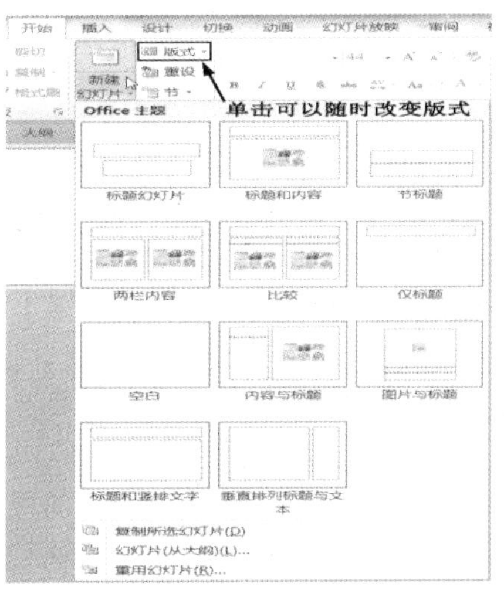

图 6-38　11 种预设版式

6.6.2 设计

1. 主题

PowerPoint 2010 设置了 44 种内置主题，主题是一组统一的设计元素，使用颜色、字体和图形设置演示文稿的外观。应用主题会对演示文稿的背景、字体、颜色、版式、形状效果等诸多方面产生影响。具体的主题使用方法如下：

（1）直接使用幻灯片主题：使用主题可以对整个演示文稿进行全方位的美化。单击“设计”|“主题”|“所有主题”，在下拉列表中选择合适的主题即可，如图 6-39 所示，用户还可以右键单击某一主题，查看此种主题的其它应用方式。

图 6-39 选择主题

（2）修饰使用幻灯片主题：用户对主题的某些方面的修饰并不满意，可以通过“设计”|“主题”|“颜色”按钮更改主题中的各种颜色搭配。

①主题颜色包含 12 种颜色槽。前四种水平颜色用于文本和背景。接下来的六种强调文字颜色，它们总是在四种潜在背景色中可见。

②当单击“主题”|“颜色”时，主题名称旁边显示的颜色代表该主题的强调文字颜色和超链接颜色。如果更改其中的任何颜色以创建自己的主题颜色组，则在“颜色”按钮上和“主题”名称旁边显示的颜色将得到相应的更新。

③主题颜色库显示内置主题中的所有颜色组。要创建自己的自定义主题颜色，单击“主题”|“颜色”|“新建主题颜色”按钮，如图 6-40 所示。

图 6-40 “新建主题颜色”对话框

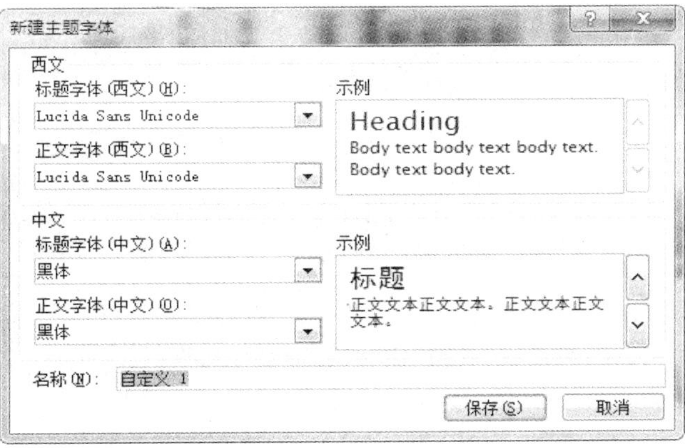

图 6-41 “新建主题字体”对话框

（3）通过“设计”|“主题”|“字体”按钮更改主题中文字的字体。

①更改主题字体将对演示文稿中所有标题和项目符号文本进行更新。单击“主题”|“字体”时，用于每种主题字体的标题字体和正文文本字体的名称将显示在相应的主题名称下。

②当对字体设置独特的字体样式时，可对“新建主题字体”对话框进行更新，显示当前正在使用的主题字体，用户可以根据个人的喜好来调整不同中、西文字体。如图 6-41 所示。

通过“设计”|“主题”|“效果”按钮更改主题各种形状的显示效果。主题效果是应用于文件中元素的视觉属性的集合。通过使用主题效果库，可以替换不同的效果集以快速更改这些对象，在一个应用程序中创建的对象，如果链接或嵌入另一个程序中，就是 OLE 对象的外观。

（4）删除幻灯片主题。在各种主题中，名为“Office 主题”的是不包含任何修饰的空白主题，可以用来删除演示文稿中已经存在的主题。

2. 背景

幻灯片背景是一种使用颜色、图案、文理、图片等方法对幻灯片白色底板进行美化的排版方式。与插入幻灯片图片不同，作为背景添加到幻灯片白板上的对象会与幻灯片结合为一体，不允许移动，不允许改变大小，只能通过特定的操作进行修改。

- 直接使用背景。单击“设计”|“背景”|“背景样式”按钮后，在下拉列表中选择合适的样式即可，如图 6-42 所示。
- 自定义使用背景。单击“设计”|“背景”|“背景样式”按钮后，在弹出的菜单中选择“设置背景格式”，可以打开“设置背景格式”对话框，如图 6-42 所示。

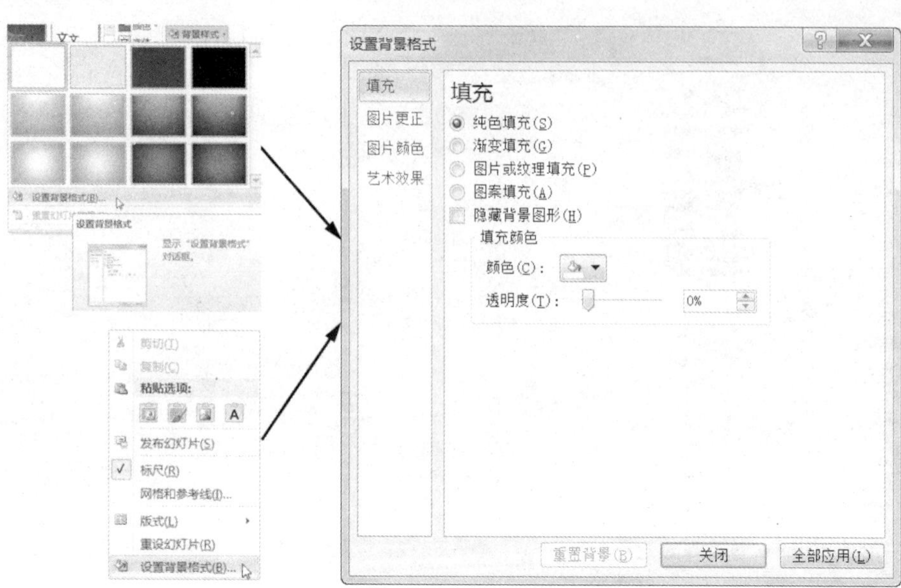

图 6-42　打开“设置背景格式”对话框

● 隐藏背景图形：勾选“隐藏背景图形”单选框表示不显示所选主题中所包含的背景图形。

6.6.3　切换

在演示文稿放映过程中由一张幻灯片进入另一张幻灯片就是幻灯片之间的切换。幻灯片切换效果是给幻灯片的出现添加动画效果，用来决定某张幻灯片以什么样的方式出现在屏幕上。切换效果分为细微型、华丽型和动态内容三大类型，其中包括 30 余种切换效果。

1. 幻灯片切换效果

添加幻灯片切换效果。选中需要添加切换效果的幻灯片，从“切换”|“切换到此幻灯片”组中选择一个切换效果，即可把该切换效果添加到选中的幻灯片上。

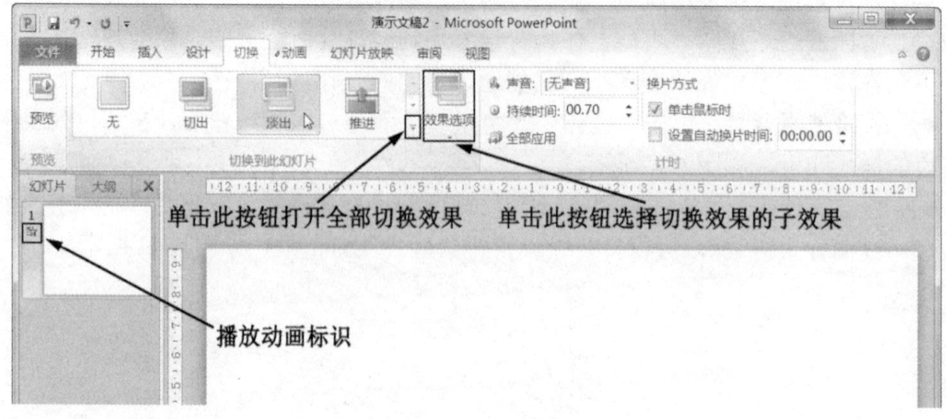

图 6-43　添加幻灯片切换效果

添加了切换效果的幻灯片，在幻灯片编号下方会出现一个星型的播放动画标识，如图 6-43 所示。播放动画标识不仅表示该幻灯片添加了切换效果，也可以表示该幻灯片中的对象添加了动画效果。单击该标识可以对幻灯片中的切换效果和动画效果进行快速预览。

单击“切换到此幻灯片”组右下部的按钮，可以打开全部的切换效果选项。幻灯片可以使用的切换效果种类与演示文稿使用的主题有关。不同的演示文稿主题包含的幻灯片切换效果不同。

2. 选项卡设置

“切换”选项卡的其他详细设置，如图 6-44 所示。

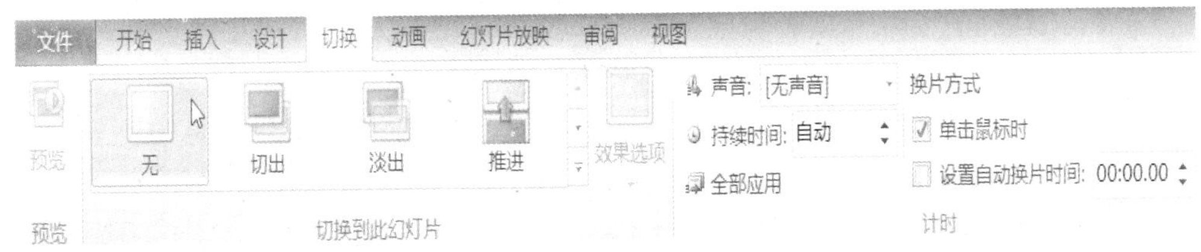

图 6-44 “切换”选项卡中的其他功能

（1）“预览”按钮可以查看幻灯片切换效果。

（2）“效果选项”按钮可以选择某一切换效果的详细设置。

（3）“声音”按钮用来选择在幻灯片进行切换时是否播放声音、播放哪种声音。

（4）“持续时间”选项确定幻灯片切换效果持续的时间长短。

（5）“全部应用”按钮可以把选中的切换效果添加到全部幻灯片中。

（6）换片方式用来选择怎样开始切换幻灯片。包括两种换片方式：“单击鼠标时”表示在幻灯片播放时通过单击鼠标开始切换幻灯片，也是系统中默认的幻灯片换片方式；“设置自动换片时间”表示在幻灯片播放完规定时间后自动切换，演示文稿在进行播放时就会出现一种“自动播放”的效果。

3. 删除效果

删除幻灯片切换效果。若要删除幻灯片中的切换效果，可以选择“切换到此幻灯片”组中的“无”选项。

6.6.4　动画

PowerPoint 2010 动画是给文本或对象添加特殊视觉或声音效果。

1. 动画效果介绍

幻灯片中的全部对象都可以添加动画效果。PowerPoint 2010 提供了以下四种不同类型的动画效果。

- “进入”效果：该类效果用来定义对象如何进入播放画面。是跟随幻灯片一起出现，还是在幻灯片出现后按规定好的条件和方式出现。
- “强调”效果：该类效果用来定义对象在进入画面后以什么样的方式进行活动，从而引起观众的注意。

● “退出”效果：该类效果用来定义对象如何从播放画面消失。是跟随幻灯片一起消失，还是在幻灯片消失之前按照规定好的条件和方式消失。

● “动作路径”效果：动作路径是指使用线条在幻灯片中画出对象的运动轨迹使对象按照用户指定的路线运动，在幻灯片播放时这些线条并不显示。

2. 添加动画效果

在给对象添加动画之前，先单击“动画”|“高级动画”|“动画窗格”按钮，在 PowerPoint 2010 窗口右侧打开“动画窗格”，以便在此处对幻灯片中的所有动画进行监控和详细编辑。给幻灯片中的对象添加动画的操作步骤为：

（1）选定对象，从“动画”|“动画”组中选择一种动画，或者从“动画”|“高级动画”|“添加动画”按钮中选择一种动画效果。“效果选项”按钮可以对左侧选择的动画效果进行更详细的设置，如图 6-45 所示。

图 6-45　添加动画

（2）给对象添加动画之后，我们可以在 PowerPoint 2010 窗口右侧的“动画窗格”内对已经存在的动画进行详细的编辑与设置，也可以使用“动画”选项卡内的各项功能对动画进行编辑，如图 6-46 所示。

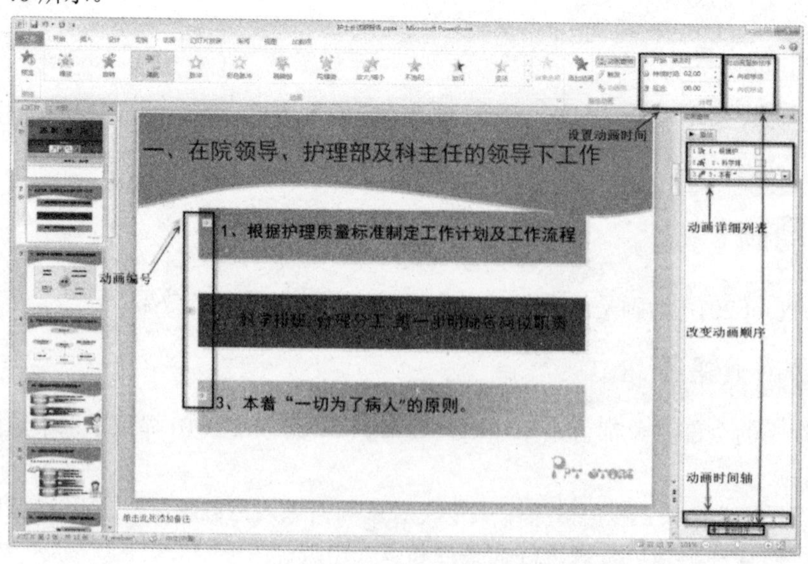

图 6-46　动画详细编辑

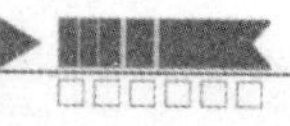

①动画编号。当用户对多个对象添加动画后，添加动画的对象左上部会出现一个阿拉伯数字，表示该动画在幻灯片中的次序。

②“触发”按钮是用来设置在播放演示文稿时鼠标对哪个对象进行操作可以开始选中的动画。

③“动画刷”按钮是复制一个对象的动画，并将其复制到另一个对象上。如果双击该按钮，则将同一个动画复制到幻灯片中的多个对象中。

④“开始”功能用来设置选中的动画在演示文稿播放过程中如何开始播放。包括下列三个选项：“单击开始”表示动画效果在用户单击鼠标时开始；“从上一项开始”表示动画效果开始播放的时间与列表中上一个效果的时间相同。也就是说当前动画和动画列表中前一个动画同时播放。该设置可以让多个动画同时开始播放；“从上一项之后开始”表示动画效果在列表中上一个效果完成播放后立即开始。

⑤“持续时间”功能用来设置被选中的动画效果共播放多长时间。

⑥“延迟”功能用来定义动画“开始”条件满足后延时多久播放，通常和“开始”按钮中的“上一动画之后”配合使用。

（3）单击“动画窗格”中动画列表右侧的下拉菜单按钮，弹出如图 6-47 所示的菜单。其中，效果选项按钮中不同的动画效果对应着不同的效果选项内容，若动画效果选择“缩放”，单击“显示其他效果选项”将打开“效果选项”对话框，如图 6-48。在该对话框中可进行详细设置。

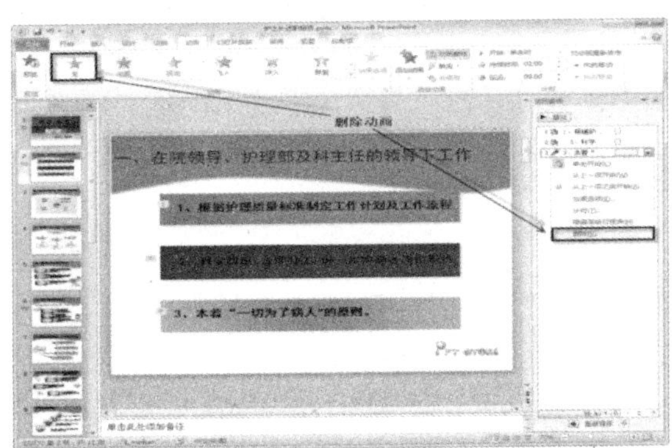

图 6-47　动画窗格

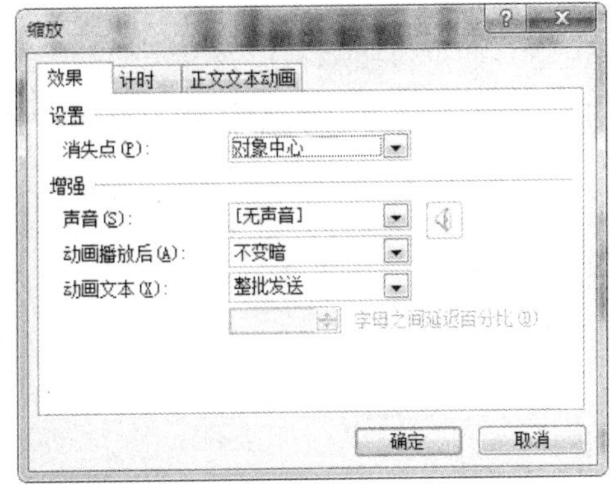

图 6-48　“缩放”动画“效果选项”对话框

①消失点：设置动画效果从特定的位置消失。

②声音：在下拉列表中或从“其他声音”中选择为动画设置声音效果。

③动画播放后：设置动画播放后具有的效果。

④动画文本：对于文本动画来说，可从该下拉列表中设置文本按“整批发送”“按字/词”“按字母”的动画效果，后两项可设置字/词，字母之间的延迟时间。

3. 删除动画效果

要删除某一对象中的动画效果，可以选定该对象然后选择“动画”列表中的“无”选项，或者单击“动画窗格”中动画列表右侧的下拉菜单按钮，在弹出的菜单中选择“删除”菜单项，如图 6-47 所示。

6.6.5 母板

幻灯片母版是幻灯片层次结构中的顶层幻灯片，用于存储有关演示文稿的主题和幻灯片版式的信息，包括背景、颜色、字体、效果、占位符大小和位置。

1. 创建母版

在构建幻灯片之前创建幻灯片母版，则添加到演示文稿中的所有幻灯片都会基于该幻灯片母版和相关联的版式。在构建幻灯片之后再创建幻灯片母版，则幻灯片上的某些项目可能不符合幻灯片母版的设计风格。可以使用背景和文本格式设置功能在各张幻灯片上覆盖幻灯片母版的某些自定义内容，但其他内容（例如页脚和徽标）则只能在“幻灯片母版”视图中修改。

2. 编辑幻灯片母版

单击“视图”|“母版视图”|“幻灯片母版”按钮，即可打开幻灯片母版编辑窗口，如图 6-49 所示。幻灯片母版窗口左侧列出了当前幻灯片中的母版。PowerPoint 2010 默认只有一个母版，而该母版中包含了演示文稿中的 11 个预设版式。在母版和版式中显示的所有对象都是占位符，用来规划幻灯片中各种对象的布局。

（1）编辑幻灯片母版。如果演示文稿中每张幻灯片上都需要出现相同的内容，可以把该内容添加至母版当中。幻灯片母版中除了普通幻灯片的标题区外，还有日期区、页脚区等，在这些区域内填入适当的内容，就可以给整个演示文稿的所有幻灯片加上日期、页脚及页码等。母版会把新添加的内容自动显示在每一张幻灯片上，并且把该内容保护起来，不允许用户在编辑幻灯片时对该内容进行编辑。

（2）编辑幻灯片母版中的版式。如果用户在编辑之前选中的是母版中的某一种版式，如“标题和内容”版式。则添加的内容只出现在应用了“标题和内容”版式的幻灯片中。

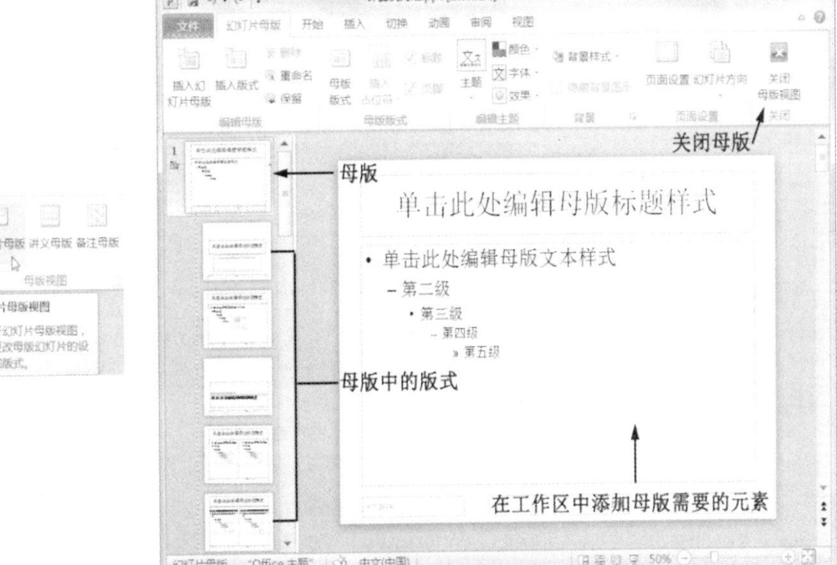

图 6-49　幻灯片母版

“幻灯片母版”选项卡包含 6 个组，如图 6-49 所示。

①“编辑母版”功能组用来添加新的母版，添加新的版式，删除及重命名版式。

②“母版版式”功能组用来向空白版式中添加占位符，设置是否显示标题和页脚。

③“编辑主题”功能组用来使用主题对母版和版式进行美化。

④“背景”功能组用来编辑母版和版式的背景图案。

⑤“页面设置”功能组用来设置母版和版式的页面大小和方向。

⑥“关闭”功能组用来退出母版视图回到幻灯片编辑视图。

专家指点

幻灯片母版中的图片可能已经与其他对象或图片进行了组合，在更改时必须先取消组合，才能选中图片。

6.7　放映演示文稿

放映幻灯片是把幻灯片以全屏的方式进行播放，用户添加的切换、动画及声音效果均会播放出来，本节主要介绍幻灯片的放映设置等。

6.7.1　在屏幕上观看幻灯片放映

制作好幻灯片后，即可在屏幕上进行放映，方法如下：

- 单击视图按钮栏中的“幻灯片放映”按钮。
- 按【F5】键，快速切换到幻灯片放映状态。

- 单击“幻灯片放映”|“开始放映幻灯片”|“从头开始”命令，如图 6-50 所示。

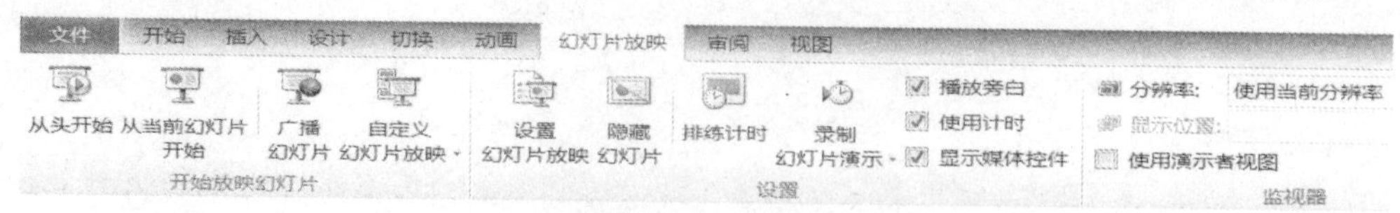

图 6-50 “幻灯片放映”选项卡

6.7.2 开始放映幻灯片

用户在制作演示文稿的全过程中随时可以控制播放自己的作品。幻灯片放映后，用户可以通过鼠标单击或鼠标滚轴对幻灯片翻页。

（1）从头开始。从第一张幻灯片开始播放。

（2）从当前幻灯片开始。从当前幻灯片开始放映。

（3）广播幻灯片。将演示文稿通过 Windows Live 账户发布到互联网中，让用户通过网页浏览器观看。

（4）自定义幻灯片放映。在演示文稿中选择一部分幻灯片来安排它们的放映顺序。具体操作如下：单击“幻灯片放映”|“开始放映幻灯片”|“自定义幻灯片放映”按钮，选择“自定义放映”命令，弹出“自定义放映对话框”，如图 6-51 所示。单击“新建”按钮，弹出“定义自定义放映”对话框，如图 6-52 所示，选择所需要的幻灯片，单击“添加”按钮，选择的幻灯片就会被添加到右侧，单击“确定”按钮，返回到“自定义放映”对话框中，单击“关闭”按钮即可。如果单击“放映”按钮，则关闭对话框并启动选定的自定义放映。

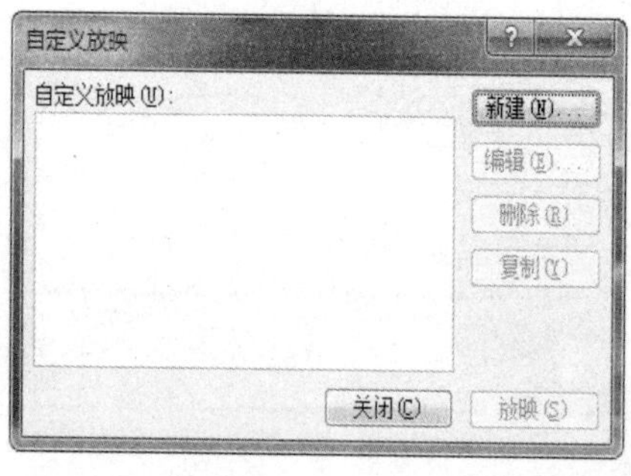

图 6-51 “自定义放映”对话框

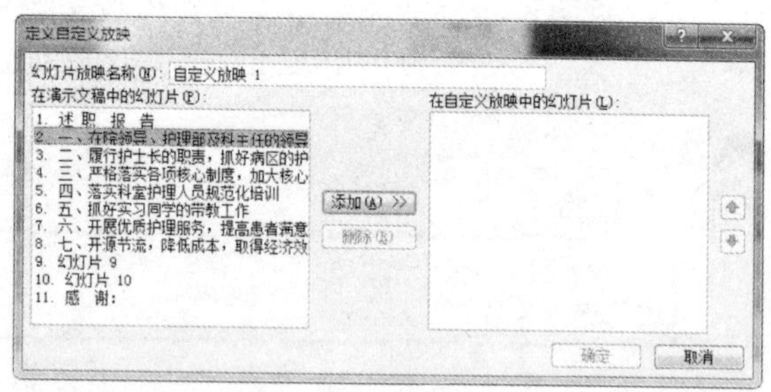

图 6-52 “定义自定义放映”对话框

6.7.3 放映设置

1. 设置放映方式

（1）放映类型。在 PowerPoint 2010 中用户可以根据需要，使用 3 种不同的方式进行幻灯片的放映，如图 6-53 所示。

①演讲者放映方式（全屏幕）。这是常规的放映方式，通常是在一台计算机中，或者在一台投影仪上放映。

②观众自行浏览（窗口）。如果演示文稿在小范围放映，同时又允许观众动手操作，可以选择“观众自行浏览（窗口）”方式，演讲者可以看到演示文稿下方的备注信息，而观众是看不到这些信息的。

③在展台浏览（全屏幕）。如果演示文稿在展台、摊位等无人看管的地方放映，可以选择“在展台浏览（全屏幕）”方式，将演示文稿设置为在放映时不能使用大多数菜单和命令，并且在每次放映完毕后一段时间内观众没有进行干预，会重新自动播放。当选定该项时，PowerPoint 2010 会自动设定“循环放映，【Esc】键停止”的复选框。

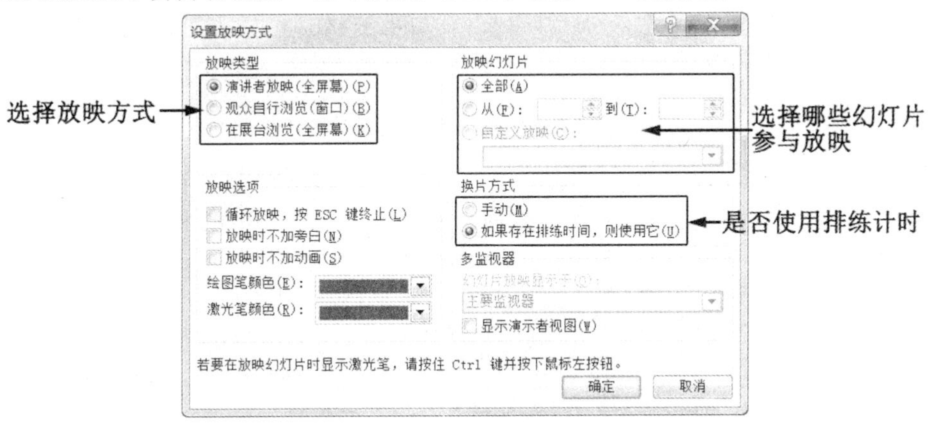

图 6-53　设置放映方式

（2）放映选项。“放映”选项允许用户设置放映时的一些具体属性。

①“循环放映，按【ESC】键终止”选项是设置演示文稿循环播放。

②“放映时不加旁白”选项是禁止放映幻灯片时播放旁白。

③“放映时不加动画”选项是禁止放映时显示幻灯片动画。

④“绘图笔颜色”是设置在放映演示文稿时用鼠标绘制标记的颜色。

⑤“激光笔”颜色是设置录制演示文稿时显示的指示光标。

（3）放映幻灯片。“放映幻灯片”栏可设置幻灯片播放的方式。用户选择“全部”，则将播放全部的演示文稿。而如果选择“从...到...”选项，则可选择播放演示文稿的幻灯片编号范围。如果之前设置了“自定义幻灯片播放”列表，则可在此处选择列表，根据列表内容播放。

（4）换片方式。“换片方式”的作用是定义幻灯片播放时的切换触发方式，如选择“手动”，则用户需要单击鼠标进行播放。而如选择“如果存在排练时间，则使用它”选项，则将自动根据设置的排练时间进行播放。

（5）多监视器。如本地计算机安装了多个监视器，则可通过“多监视器”栏，设置演示文稿放映所使用的监视器，以及演讲视图等信息。

2. 隐藏幻灯片

对于制作好的 PowerPoint 演示文稿，如果希望其中的部分幻灯片在放映的时候不显示出来，可以将其隐藏起来。

- 单击“幻灯片放映”|“设置”|“隐藏幻灯片”按钮，将其隐藏。若要取消隐藏，可

以把上述过程重新操作一遍。

● 在“普通视图”模式中，在左侧的“幻灯片”窗格中，选择要隐藏的幻灯片，右键单击“隐藏幻灯片”按钮即可。

3. 排练计时。

单击“幻灯片放映”|“设置”|“排练计时”按钮后，幻灯片就会自动开始播放。同时，屏幕上会出现一个“录制”工具栏对每张幻灯片的播放时间和播放总时间进行计时，如图 6-54 所示，此时用户可以按照正常方式对幻灯片进行播放，直到播放完毕。结束放映时，PowerPoint 2010 会提示用户对刚才的计时进行保存。保存后下次再播放幻灯片就会按照保存的排练计时来自动播放，不需手工操作。

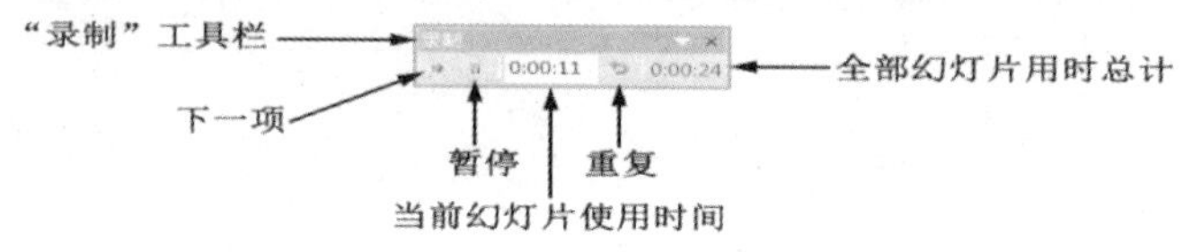

图 6-54 排练计时

4. 录制幻灯片演示。

该功能不仅可以对幻灯片的放映进行计时，还允许用户在计时的同时对幻灯片内容进行讲解，并把讲解声音以旁白的形式录制下来，与演示文稿一起保存起来。

6.7.4 控制幻灯片放映

在幻灯片放映的过程中，用户可以控制幻灯片放映，打开右键快捷菜单，如图 6-55 所示。

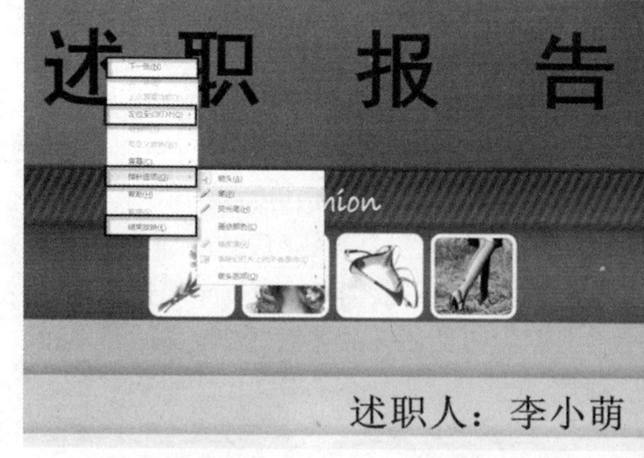

图 6-55 幻灯片放映快捷菜单

（1）“下一张”表示向下翻页。

（2）“定位至幻灯片”表示用户可以根据需要自由选择跳转到哪一张幻灯片。

（3）“指针选项”表示从该选项中进行选择，可以使鼠标变为相应的箭头、笔、荧光笔、橡皮擦等，可以向正在播放的幻灯片内进行涂改和标记。

（4）“结束放映”表示退出幻灯片的放映，回到幻灯片的编辑界面，或者按快捷键【Esc】。

6.8 打包与打印演示文稿

PowerPoint 2010 为用户提供了多种保存和输出演示文稿的方法，以满足在不同环境及不同情况下的需要，本节主要介绍演示文稿的打包、解包、页面设置等。

6.8.1　打包演示文稿

演示文稿制作完成后，有时可能需要在其他计算机上进行播放，但有些计算机没有安装 PowerPoint，就无法播放幻灯片文件。为了解决这个问题，最好的方法就是将演示文稿打包，然后在需要播放的计算机上使用 PowerPoint 的播放器来播放文件。

1. 打包

打开准备打包的演示文稿，如图 6-56 所示，选择“文件”|“保存并发送”菜单，在“文件类型”菜单中选择“将演示文稿打包成 CD”命令，单击“打包成 CD”按钮，弹出“打包成 CD”对话框，如图 6-57 所示。

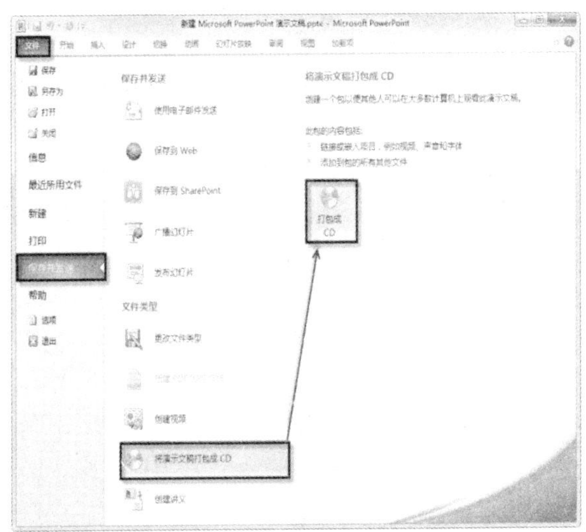

图 6-56　打包

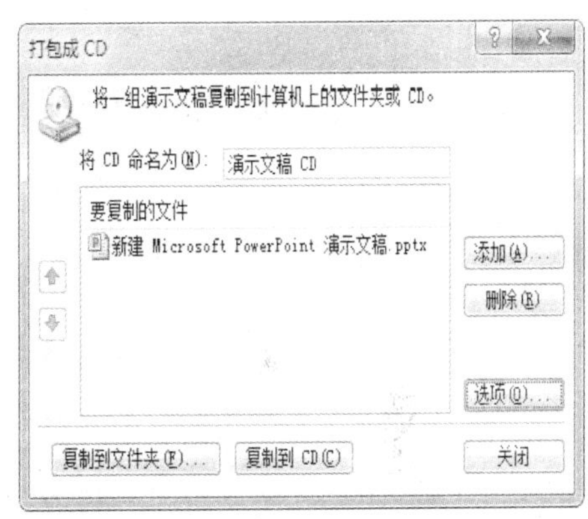

图 6-57　“打包成 CD”对话框

（1）“添加”按钮：如果需要添加其他文件，则可在对话框中单击“添加”按钮，从弹出的“添加文件”对话框中选择要添加的文件。

（2）“选项”按钮：如果要对演示文稿进行加密保护，则单击“选项”按钮，从弹出的“选项”对话框中设置打开或修改 PowerPoint 文件的密码。

（3）“复制到文件夹”按钮：如果要直接保存为文件夹，则单击“复制到文件夹”按钮即可。打包成功后，会在预设的磁盘目录下显示出一个文件夹。

2. 解包

双击打包文件夹中的 HTML 文件，选择需要播放的演示文稿进行播放即可。

6.8.2　打印页面设置

创建好的演示文稿，除了用于放映，还可以将它打印出来，以便于查看保存。PowerPoint

2010 提供了两种打印方式：

1. 普通打印

即在打印之前先进行页面设置，然后再设置打印份数、选择打印机及其他打印选项。

（1）页面设置：如果要打印到纸张，就需要根据纸张的大小设置幻灯片的页面。如图 6-58 所示，选择“设计”|“页面设置”|“页面设置”按钮，打开“页面设置”对话框，如图 6-59 所示，设置幻灯片大小及幻灯片方向等，以便于在各类显示器放映，备注、讲义和大纲可以根据需要设置。

图 6-58 “页面设置”按钮

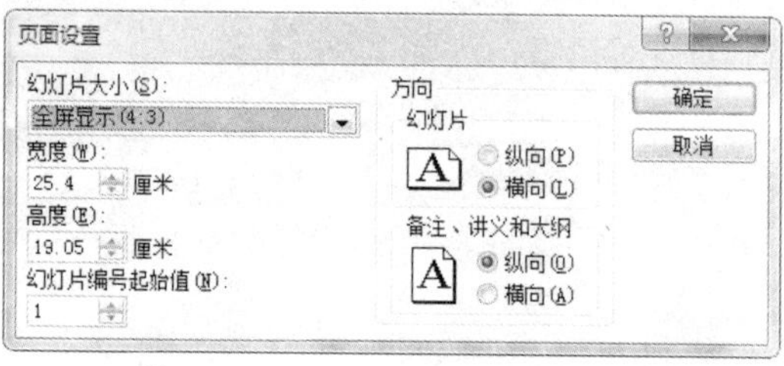

图 6-59 “页面设置”对话框

（2）打印预览和设置：选择“文件”|“打印”选项，最右侧窗口是预览效果，中间是打印设置，如图 6-60 所示。

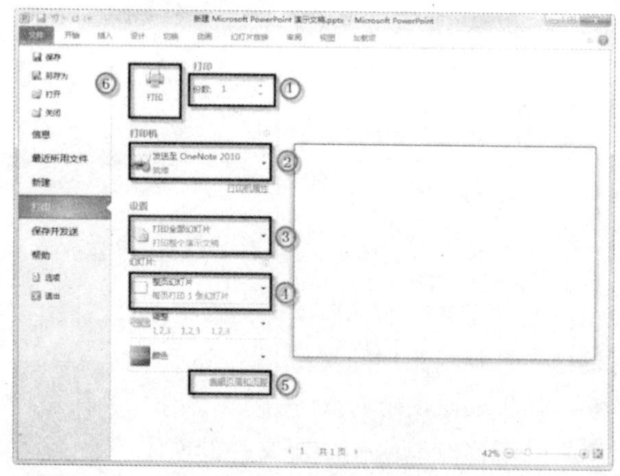

图 6-60 打印预览和设置

①设置打印份数：直接输入打印份数或者调整份数设置。

②选择打印机。

③设置打印范围：单击“打印全部幻灯片”下拉箭头，如图 6-61 所示，可选择打印范围。

④设置打印版式：单击“整页幻灯片”下拉箭头，如图 6-62 所示，可选择整页幻灯片、备注页、大纲、讲义。如果选择讲义，还可以选择更详细的设置。

⑤编辑页眉和页脚：单击“编辑页眉和页脚”，打开“页眉和页脚”对话框，可以设置日期和时间、页脚等内容。

⑥打印：设置完成后，单击“打印”按钮，即可打印。

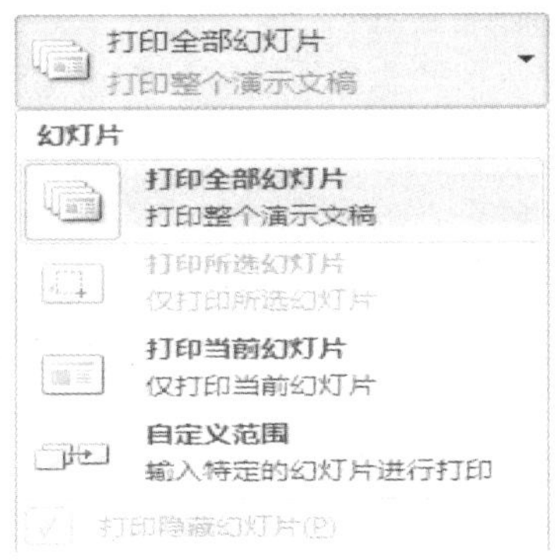

图 6-61　设置打印范围

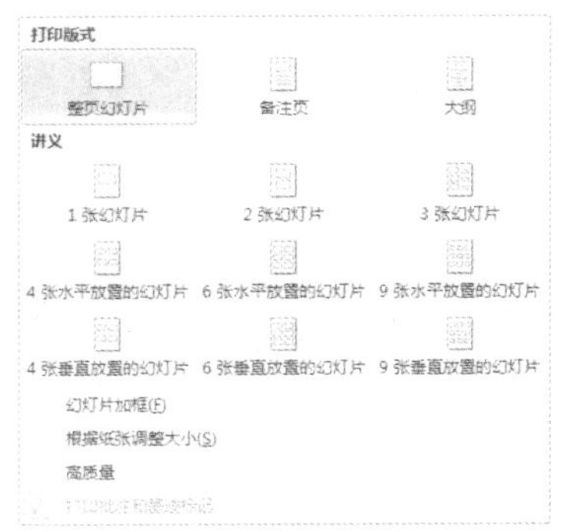

图 6-62　设置打印版式

2. 快速打印

即不做任何修改，直接送到默认打印机。

6.9　中文版 PowerPoint 2013 简介

Microsoft PowerPoint 2013 具有全新的外观，界面简洁，适合在平板电脑或电话上使用，可以在演示文稿中轻扫并点击。主题提供了更多变体，可以更加简单地打造所需外观。当与其他人协作时，可以添加一些批注以提出问题和获得反馈。

6.9.1　PowerPoint 2013 的新增功能

1. 更多入门选项

PowerPoint 2013 向用户提供了许多种方式来使用模板、主题、最近的演示文稿、较旧的演示文稿或空白演示文稿来启动下一个演示文稿，而不是直接打开空白演示文稿，如图 6-63 所示。

图 6-63　入门选项

2. 简易的演示者视图

演示者视图允许用户在自己的监视器上查看备注信息，而观众只能查看幻灯片。在以前的版本中，很难弄清谁在哪个监视器上查看哪些内容。改进的演示者视图解决了这一难题，使用起来更加简单，如图 6-64 所示。

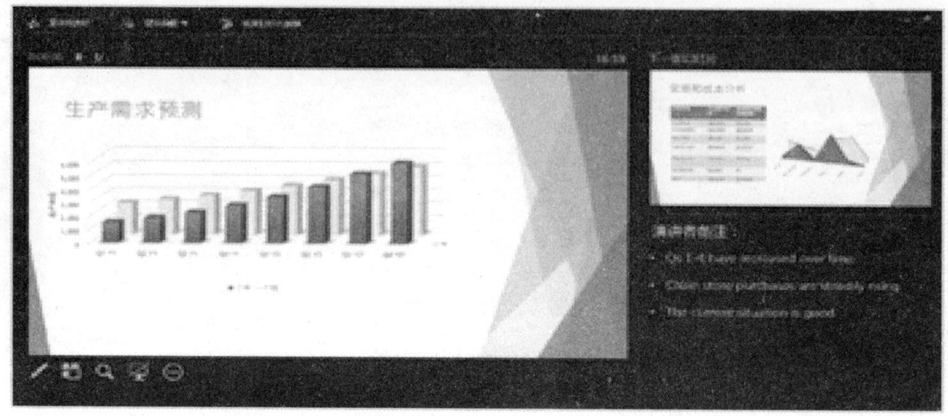

图 6-64 演示者视图

3. 友好的宽屏

世界上的许多电视和视频都采用了宽屏和高清格式，PowerPoint 2013 也是如此。它具有 16:9 版式，新主题旨在尽可能利用宽屏，如图 6-65 所示。

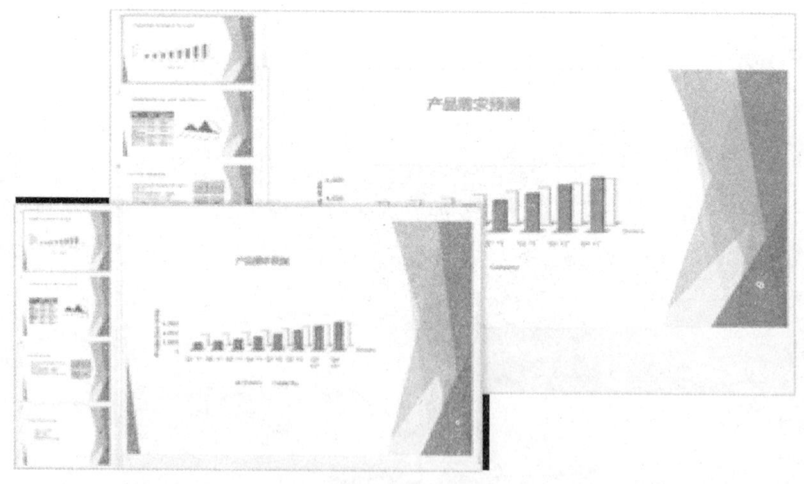

图 6-65 宽屏

4. 主题变体

主题现在提供了一组变体，例如不同的调色板和字体系列，如图 6-66 所示。

图 6-66　主题变体

5．均匀地排列和隔开对象

无需目测幻灯片上的对象以查看它们是否已对齐。当用户的对象（例如图片、形状等）距离较近且均匀时，智能参考线会自动显示，并告诉用户对象的间隔均匀，如图 6-67 所示。

图 6-67　均匀排列

6．改进动作路径

当用户创建动作路径时，PowerPoint 2013 会向用户显示对象的结束位置。而原始对象始终存在，“虚影”图像会随着路径一起移动到终点，如图 6-68 所示。

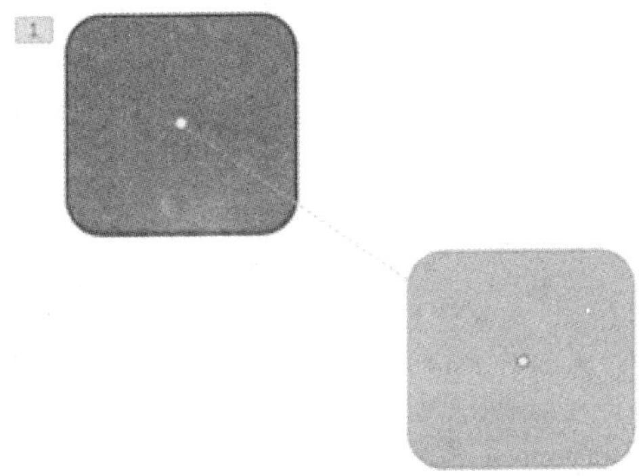

图 6-68　动作路径

7．合并常见形状

选择幻灯片上的两个或更多常见形状，进行组合可以创建新的形状和图标，如图 6-69 所示。

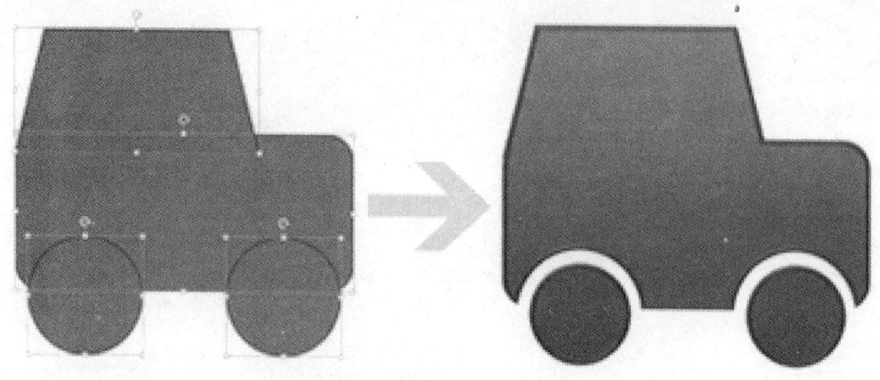

图 6-69　合并形状

8. 改进视频和音频支持

PowerPoint 2013 现在支持更多的多媒体格式和更多高清晰度的内容。因为 PowerPoint 2013 包括了更多内置编解码器，因此，不必以特定文件格式安装它们也可工作。

9. 取色器

用户可以从屏幕上的对象中捕获精确的颜色，然后将其应用于任何形状，如图 6-70 所示。

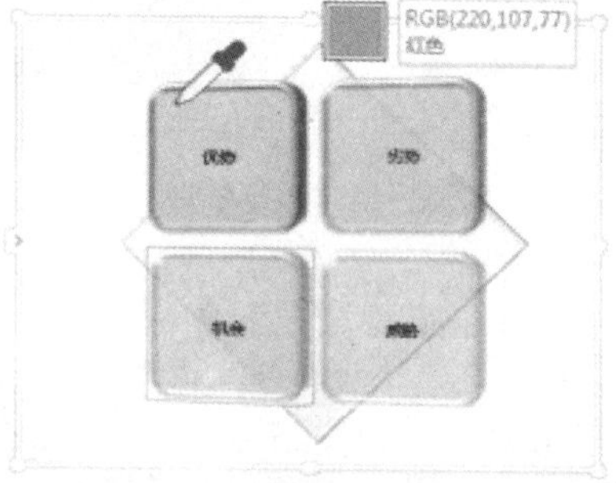

图 6-70　取色器

10. 共享 Office 文件并保存到云

用户可以轻松地将 Office 文件保存到自己的 SkyDrive 或组织的网站中。在这些位置，用户可以访问和共享 PowerPoint 2013 和其他 Office 文件。甚至还可以与同事同时处理同一个文件。

11. 支持多用户处理同一演示文稿

支持多用户使用 PowerPoint 2013 的桌面或联机版本处理同一演示文稿，并即时查看彼此的更改。

12. 全新“另存为”

新的“另存为”摒弃了诸多旧的“另存为”对话框浏览和滚动操作。用户最常用的所有文件夹都将自动在这里，甚至用户可以“固定”最常用的文件、文件夹和路径。

6.9.2 PowerPoint 2013 的基本操作

下面简单介绍一下 PowerPoint 2013 的基本操作，包括新建、打开演示文稿及关闭。

1. 新建演示文稿

- 启动中文版 PowerPoint 2013，如图 6-71 所示，选择空白演示文稿即可新建一个空白演示文稿。

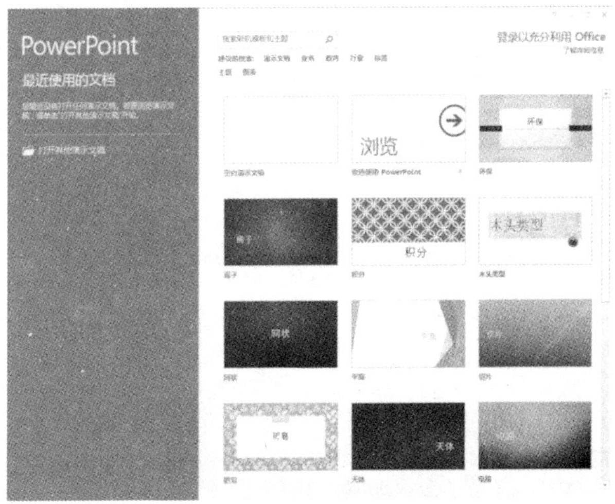

图 6-71　启动演示文稿

- 选择“文件”|“新建”，打开演示文稿的新建界面如图 6-72 所示，选择任意模板打开如图 6-73 所 示的界面，单击“创建”命令，即可创建新的演示文稿。

图 6-72　新建演示文稿

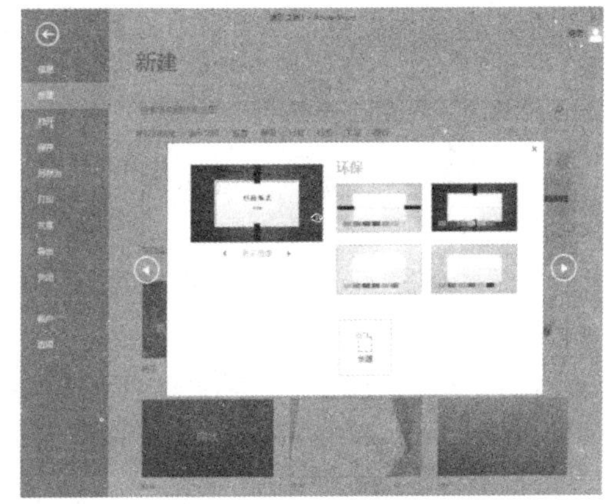

图 6-73　选择模板

- 通过快捷键【Ctrl+N】新建一个空白演示文稿。

2. 打开演示文稿

如果要对计算机中的演示文稿进行编辑，首先需将文件打开。打开演示文稿有以下几种方法：

- 双击打开演示文稿。直接双击需要打开的演示文稿图标。
- 一般打开演示文稿。启动 PowerPoint 2013 后，选择“打开其他演示文稿”命令，打开“打开”对话框，如图 6-74 所示，单击“计算机”|“浏览”命令，选择需要打开的演示文稿，单击“打开”按钮，即可打开选择的演示文稿。

图 6-74 “打开”对话框

3. 关闭 PowerPoint 2013

关闭 PowerPoint 2013 有以下 3 种方法：

- 单击文档右上角的“关闭”按钮 ✕ 。
- 按【Alt＋F4】组合键。
- 单击按钮 P ，在弹出的下拉菜单中单击“关闭”命令。

执行以上任意一种操作后，如果当前文件未进行保存，系统将会弹出一个提示信息框，询问用户是否进行保存，单击“保存”按钮，将保存并关闭 PowerPoint 2013；单击“不保存”按钮，将关闭 PowerPoint 2013 但不保存文件；单击“取消”按钮，取消关闭 PowerPoint 2013 操作。

习　题

一、选择题

1. 在 PowerPoint 2010 幻灯片浏览视图中，选定多张不连续幻灯片，在单击选定幻灯片之前应该按住（　　）。

A．Alt　　B．Shift
C．Tab　　D．Ctrl

2．在新增一张幻灯片操作中，可能的默认幻灯片版式是（　　）。

A．标题幻灯片　　B．标题和竖排文字

C．标题和内容　　D．空白版式

3．（　　）是一种特殊的幻灯片，在其中可以定义整个演示文稿中每一张幻灯片的格式，统一演示文稿的整体外观

A．大纲　　B．母版

C．视图　　D．标尺

4．在PowerPoint 2010中，选定了文字、图片等对象后，可以插入超链接，超链接中所链接的目标可以是（　　）。

A．计算机硬盘中的可执行文件　　B．其他幻灯片文件（即其他演示文稿）

C．同一演示文稿的某一张幻灯片　　D．以上都可以

5. 要使幻灯片中的标题、图片、文字等按用户的要求顺序出现，应进行的设置是（　　）。

A．设置放映方式　　B．幻灯片切换

C．幻灯片链接　　D．自定义动画

6．在Powerpoint 2010的普通视图中，隐藏了某个幻灯片后，在幻灯片放映时被隐藏的幻灯片将会（　　）。

A．从文件中删除

B．在幻灯片放映时不放映，但仍然保存在文件中

C．在幻灯片放映是仍然可放映，但是幻灯片上的部分内容被隐藏

D．在普通视图的编辑状态中被隐藏

二、填空题

1．PowerPoint 2010 演示文稿保存后，其文件的默认扩展名为____________。

2．在放映幻灯片时，若希望退出放映状态，可以按____________键。

3．将幻灯片设置为展台放映后，系统默认为全屏幕____________放映，因而不需要用户干预。

4．要使幻灯片在放映时能够自动播放，需要为其设置____________。

三、判断题

1．在 PowerPoint 2010 中，只能插入 GIF 文件的图片动画，不能插入 Flash 动画。（　　）

2．PowerPoint 2010 中，插入到占位符内的文本就无法修改了。（　　）

3．PowerPoint 2010 中，文本选择完毕，所选文本会变成反白。（　　）

4．按【F5】键，可以快速启动幻灯片放映。（　　）

5．演示文稿的输出的类型可根据需要来设定。（　　）

6．演示文稿在放映中可以使用绘图笔进行实时修改。（　　）

上机指导

1．小兰是某学校的人力资源培训讲师，负责对新入职的教师进行培训，其 Powerpoint

演示文稿的制作水平广受好评。最近，她应北京节水馆的邀请，为展馆制作一份宣传水知识重要性的演示文稿。

节水馆提供的文字资料及素材参见“水资源利用与节水（素材）.docx”。

【操作要求】

（1）标题页包含演示主题、制作单位（北京节水展馆）和日期（XXX年X月X日）。

（2）演示文稿必须指定一个主题，幻灯片不少于 5 张，且版式不少于 3 种。

（3）演示文稿中除文字外要有 2 张以上图片，并有 2 个以上的超链接进行幻灯片之间的跳转。

（4）动画效果要丰富，幻灯片切换效果要多样。

（5）演示文稿播放的全程需要有背景音乐。

（6）完成后以“水资源利用与节水.pptx”为文件名进行保存。

第 7 章　计算机网络基础

本章学习目标

通过本章的学习，读者应了解计算机网络的基础知识和 Internet 的连接等知识，掌握如何使用浏览器搜索网络资源，掌握如何收发电子邮件，了解计算机网络的各种应用。

学习重点和难点

- 计算机网络基础知识
- 使用 IE 浏览 Internet
- Internet 的接入
- 收发电子邮件

7.1　计算机网络基础知识

计算机网络是计算机技术和通信技术高度发展并相互结合的产物。一方面，通信系统为计算机之间的数据传送提供最重要的支持；另一方面，由于计算机技术渗透到了通信领域，极大地提高了通信网络的性能。计算机网络的诞生和发展，是信息技术进步的象征，它将对信息社会产生不可估量的影响。

7.1.1　计算机网络的发展及应用

最早的计算机网络可以追溯到 20 世纪 60 年代后期，但从 20 世纪 70 年代中期开始，计算机网络才得到迅速发展，形成了现代计算机网络的雏形。计算机网络适应日益增长的信息交换、资源共享的客观需要，目前已成为计算机领域中发展最快的技术之一。

1．计算机网络的定义

计算机网络是现代通信技术与计算机技术相结合的产物。如果给它一个相对严格的定义，可以认为计算机网络是将地理位置不同的、具有独立功能的多台计算机及其外部设备，通过通信线路连接起来，在网络操作系统、网络管理软件及网络通信协议的管理下，实现资源共享和信息传递的计算机系统。

（1）独立功能的计算机：各计算机系统具有独立的数据处理功能，它们既可以接入网络工作，也可以脱离网络独立工作。从分布的地理位置来看，它们既可以相距很近，也可以相隔千里。

（2）通信线路：可以用多种传输介质实现计算机的互联，如双胶线、同轴电缆、光纤、微波、无线电等。

（3）网络协议：即网络中的计算机在通信过程中必须共同遵守的规则。

（4）资源：可以是网内计算机的硬件、软件和信息。

（5）信息：可以是文本、图形、声音、影像等多媒体信息。

2. 计算机网络的发展阶段

计算机网络的发展过程大致分为四个阶段。第一阶段面向终端的计算机网络阶段，当时的计算机网络定义为“以传输信息为目的而连接起来，以实现远程信息处理或进一步达到资源共享的计算机系统”，此阶段网络应用主要目的是提供网络通信、保障网络连通；第二阶段面向内部的计算机网络阶段，这一阶段在计算机通信网络的基础上，实现了网络体系结构与协议完整的计算机网络，此阶段网络应用的主要目的是提供网络通信、保障网络连通，网络数据共享和网络硬件设备共享。这个阶段的里程碑是美国国防部的ARPAnet网络。目前，人们通常认为它就是网络的起源，同时也是Internet的起源；第三阶段计算机网络标准化阶段。这一阶段的计算机网络在共同遵循OSI标准的基础上，形成了一个具有统一网络体系结构，并遵循国际标准的开放式和标准化的网络。OSI/RM参考模型把网络划分为七个层次，并规定计算机之间只能在对应层之间进行通信，大大简化了网络通信原理，成为公认的新一代计算机网络体系结构的基础，为普及局域网奠定了基础；第四阶段网络互连阶段，各种网络进行互连，形成更大规模的互联网络。Internet为典型代表，特点是互连、高速、智能与更为广泛的应用。

3. 计算机网络的功能

（1）资源共享

这是计算机网络的目的与核心功能。资源共享包括计算机硬件资源、软件资源和数据资源的共享。硬件资源的共享提高了计算机硬件资源的利用率。由于受经济条件和其他因素的制约，硬件资源不可能为所有用户全部拥有。使用计算机网络可以让网络中的用户使用其他用户拥有的闲置硬件，从而实现硬件资源共享。软件资源和数据资源允许网上的用户远程访问各类大型数据库，得到网络文件传送服务、远程管理服务和远程文件访问服务，从而避免软件开发过程中的重复劳动及数据资源的重复存储，同时也便于数据的集中管理。

（2）数据通信

这是计算机网络最基本的功能，是实现其他功能的基础。计算机网络中的计算机之间或计算机与终端之间，可以快速可靠地相互传递数据、程序或文件。例如，用户可以在网上传送电子邮件、交换数据，可以实现在商业部门或公司之间进行订单、发票等商业文件安全准确地交换。

（3）分布式处理

对于大型的任务或课题，如果都集中在一台计算机上进行运算负荷太重。这时可以将任务分散到不同的计算机分别完成，或由网络中比较空闲的计算机分担负荷。各个计算机连成网络有利于共同协作进行重大科研课题的开发和研究。利用网络技术还可以将许多小型机或微型机连成具有高性能的分布式计算机系统，使它具有解决复杂问题的能力，从而大大降低成本。

（4）提高了计算机的可靠性和可用性

在单机使用的情况下，任何一个系统都可能发生故障，这样就会为用户带来不便。而当计算机联网后，各计算机可以通过网络互为后备，一旦某台计算机发生故障，则可由别处的

计算机代为处理，还可以在网络的一些结点上设置一定的备用设备。这样计算机网络就能起到提高系统可靠性的作用了。更重要的是，由于数据和信息资源存放于不同的地点，因此可防止因故障而无法访问或由于灾害造成数据破坏。

7.1.2 网络的分类和特点

对于计算机网络，按照不同的标准有不同的分类方法。

1．按计算机的物理连接方式分

计算机连接的物理方式决定了网络的拓扑结构。按网络的拓扑结构可以分为星形拓扑网络、环形拓扑网络、总线型拓扑网络、网状拓扑网络等。

（1）星形拓扑（Star Topology）。星形拓扑的网络以一台中央处理设备（通信设备）为核心，其他入网的机器仅与该中央处理设备之间有直接的物理链路，所有的数据都必须经过中央处理设备进行传输。大家每天都使用的电话网络就属于这种结构，现在的以太网也采取星形拓扑结构或者分层的星形拓扑结构，如图 7-1 所示 。

（2）环形拓扑（Ring Topology）。环形拓扑的传输媒体从一个端用户连接到另一个端用户，直到将所有的端用户连成环型，数据在环路中沿着一个方向在各个节点间传输，信息从一个节点传到另一个节点，如图 7-2 所示。

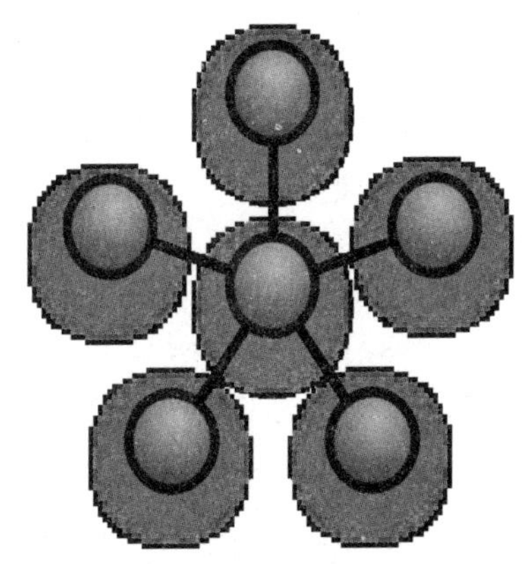

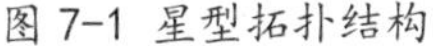
图 7-1 星型拓扑结构

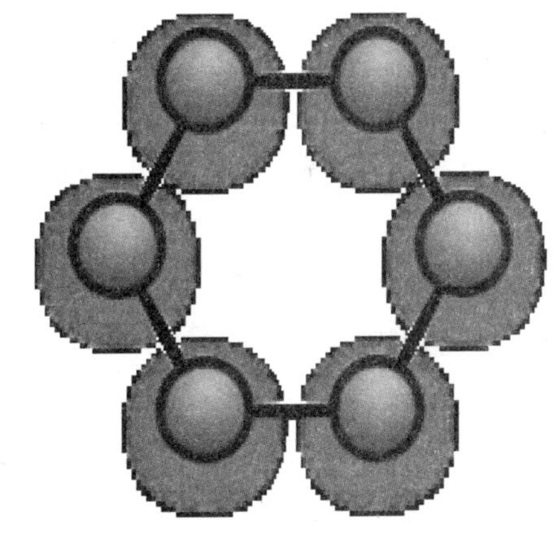

图 7-2 环形拓扑结构

（3）总线型拓扑（Bus Topology）。总线型结构是所有的计算机和打印机等网络资源共用一条物理传输线路，所有的数据发往同一条线路，并能够被连接在线路上的所有设备感知。

（4）网状拓扑（Mesh Network）。网状拓扑结构利用冗余的设备和线路来提高网络的可靠性，结点设备可以根据当前的网络信息流量有选择地将数据发往不同的线路，如图 7-3 所示，最极端的情况是网络中任意两台设备之间都直接相连，用这种方式形成的网络称为全互连网络（Fully Connected），如图 7-4 所示。全互连网络的可靠性无疑是最高的，但代价也是显而易见的，如果要连接的设备有 n 台，则所需的线路将达到 n（n-1）/2 条。因此，实际中往往只是将网络中任意一个结点都至少和其他两个结点互连在一起，这样已经可以提供令人满意的可靠性保证。

现在，一些网络经常把主要的骨干网络做成网状拓扑机构的，非骨干网络则采用星型拓扑结构。

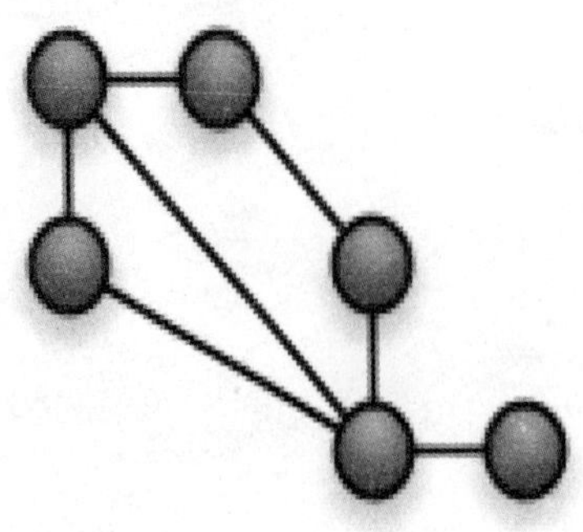

图 7-3 网状拓扑结构

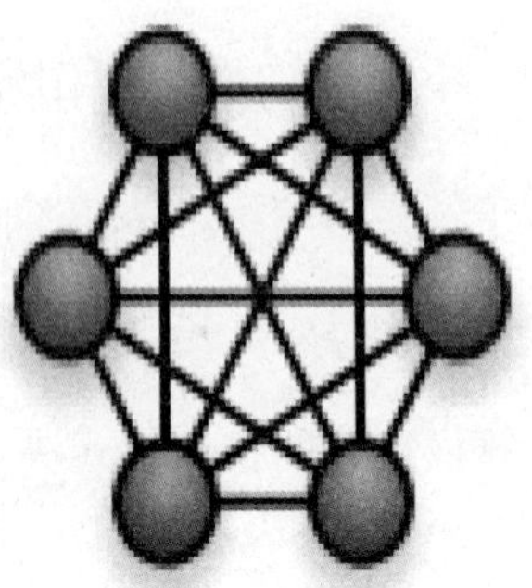

图 7-4 网状拓扑结构

2. 按地理范围分类

按网络的覆盖范围与规模可分为 3 类：局域网（Local Area Network, LAN）、城域网（Metropolitan Area Network, MAN）、广域网（Wide Area Network, WAN）。

（1）局域网。局域网（LAN）一般由微型计算机通过高速通信线路相连，覆盖范围一般在 10km 以内，通常用于一个房间、一幢建筑物或一个单位。采用不同传输能力的传输介质时，局域网的传输速率也不同，一般为 1～20 Mb/s，局域网是目前使用最多的计算机网络，具有传输可靠、误码率低、结构简单、容易实现等特点。机关、单位、企业、学校都可以使用局域网进行各自的管理，实现办公自动化、信息汇集与发布等功能。

（2）城域网。城域网（MAN）是在一个城市范围内建立的计算机通信网络。这种网络的连接距离可以在 10 ～100 km，与 LAN 相比，MAN 扩展的距离更长，连接的计算机数量更多，在地理范围上可以说是 LAN 网络的延伸。传输媒介主要采用光缆，传输速率一般在 100Mb/s 以上。一个 MAN 网络通常连接着多个 LAN 网，例如政府机构的 LAN，医院的 LAN、电信的 LAN、公司企业的 LAN 等。

（3）广域网。广域网（WAN）又称远程网，覆盖的地理范围很宽，可以是几个城市或几个国家，甚至全球范围，这种网络的连接距离也是没有限制的。广域网一般是由很多不同的局域网、城域网连接而成，是网络系统中的最大型的网络，也叫互联网。Internet 是世界上最大的互联网，其国际互联网的名称也因此而得。

除以上常用的两种分类外，还有按传输数率分类、按传输介质分类、按交换功能分类等。

7.1.3 网络的组成

计算机网络系统由网络硬件和网络软件构成。在网络系统中，硬件的选择对网络起着决定的作用，而网络软件则是挖掘网络潜力的工具。

1. 网络硬件

网络硬件是计算机网络系统的物质基础。要构成一个计算机网络系统，首先要将计算机及其附属硬件设备与网络中的其他计算机系统连接起来，实现物理连接。不同的计算机网络系统，在硬件方面是有差别的。随着计算机技术和网络技术的发展，网络硬件日趋多样化，且功能更强，更复杂。常见的网络硬件有服务器、工作站、网络接口卡、集线器、交换机、调制解调器、路由器及传输介质等。

2. 网络软件

网络软件是实现网络功能所不可缺少的软环境。通常网络软件包括网络协议软件（如 TCP/IP 协议）、网络通信软件（如 IE 浏览器）和网络操作系统。

- 目前，客户机 / 服务器非对等结构模型中流行的网络操作系统主要有如下几种。
- Microsoft 公司的 Windows NT Server、Windows Server 2008 等操作系统。
- Novell 公司的 NetWare 操作系统。
- IBM 公司的 LAN Server 操作系统。
- UNIX 操作系统。
- Linux 操作系统。

7.2　Internet 概述

Internet 是一个全球性的计算机网络系统，它将全世界各个地方已有的各种网络（如计算机网、数据通信网以及公用电话交换网等）互联起来，组成一个跨越国界范围的庞大的互联网，因此，也称为“网络的网络”。Internet 在很短的时间内风靡全世界，而且还正在以越来越快的速度扩展着，Internet 正在改变着人们的联系、通信以及社交方式。

7.2.1　什么是 Internet

Internet 的汉语含义即“国际互联网”，简称“互联网”，我国规定它的标准音译词为“因特网”，它利用覆盖全球的通信系统使各类计算机网络及个人计算机联通，从而实现智能化的信息交流和资源共享。计算机网络只是传输信息的介质，而 Internet 的美妙和实用性在于信息本身。它允许世界上数以万计的人们进行通信和共享信息，通过发送和接收电子邮件或与其他人的计算机建立连接，来回传递信息进行通信，通过免费使用许多程序和信息资源达到信息共享。它具有以下特点：

1. 开放性

Internet 是开放的，可以自由连接，而且没有时间和空间的限制，没有地理上的距离概念。只要遵循规定的网络协议，任何人都可以加入 Internet。在 Internet 网络中没有所谓的最高权力机构，网络的运作是由使用者的相互协调来决定的，网络中的每一个用户都是平等的。Internet 也是一个无国界的虚拟自由王国，在网络上信息的流动自由、用户的言论自由、用户的使用自由。

2. 共享性

网络用户在网络上可以随意调阅别人的网页（Homepage）或拜访电子公告板，从中寻找自己需要的信息和资料，还可以通过百度、搜狗等搜索引擎查询更多的资料。另外，有一些网站还提供了下载功能，网络用户可以通过付费或免费的方式来共享相关的信息或文件等。

3. 平等性

在 Internet 上是人人平等的，一台计算机与其他任何一台计算机都是一样的，网络用户无论老少，无论美丑，无论是学生、商界管理人士，还是建筑工人、残疾人都没有关系，大家通过网络进行交流，一切都是平等的。个人、企业、政府组织之间也是平等的、无等级的。

4. 低廉性

Internet 是从学术信息交流开始的，人们已经习惯于免费使用它。进入商业化之后，网络服务供应商（ISP）一般采用低价策略占领市场，使用户支付的通讯费和网络使用费等大为降低，增加了网络的吸引力。

5. 交互性

网络的交互性是通过三个方面实现的：其一是通过网页实现实时的人机对话，这是通过在程序中预先设定的超文本链接来实现的；其二是通过电子公告板或电子邮件实现异步的人机对话；其三是通过即时通讯工具实现的，如腾讯 QQ、微软的 MSN 等。

另外，Internet 还具有合作性、虚拟性、个性化和全球性的特点。Internet 是一个没有中心的自主式开放组织，Internet 上的发展强调的是资源共享和双赢发展的模式。

7.2.2 Internet 的主要服务

Internet 的最大优势就是拥有极其丰富的信息资源，为了使用户能够方便快捷地使用这些资源，它提供了各种各样的服务。这些服务使广大用户能够迅速地检索到各种信息，方便地进行文件传输、下载免费软件，还可以发布个人信息、进行产品宣传等活动。

1. E-mail——电子邮件

电子邮件是 Internet 提供的最基本的服务项目之一，它为广大用户提供了一种快速、简便、高效、价廉的通信手段，利用它用户可以和 Internet 上的任何一个用户交流信息。与实时通信的传真相比虽然慢一些，但费用要便宜得多。它是一种极为方便的通信工具，早期主要用于学术讨论，目前已成为 Internet 上使用最多的服务。

2. WWW（World Wide Web）——万维网

万维网是 Internet 上一种基于超文本方式的信息查询服务系统，也是目前规模最大的服务项目。WWW 利用超文本语言的强大功能，通过一种特殊的信息组织方式，将位于世界各地的相关信息链接起来，使用户只需通过一个 Internet 信息入口点就可以在不同的计算机之间进行自由地切换。更重要的是它提供了对多媒体信息的支持，这使广大用户可以在 Internet

上浏览到文字、图片、声音、动画等各种多媒体信息，使得浏览网页变成了一种享受，因此尽管WWW出现时间还不是很长，但已成为目前Internet上最受欢迎的信息查询服务系统。

3. Telnet——远程登录

Telnet是Internet上较早提供的服务项目。用户可使用Telnet命令使自己的计算机成为远程计算机的一个终端，这样就可以实时地使用远程计算机中对外开放的全部资源，可以查询资料、搜索数据，还可以登录到大型计算机上完成微机不能完成的计算工作。

4. FTP——文件传输协议

FTP是Internet传统的服务项目之一。FTP使用户能在两台联网的计算机之间快速准确地进行文件传输，而且文件传输的种类也是多种多样的，文本文件、二进制可执行文件、声音文件、图像文件等都可以通过FTP传输。FTP是Internet传输文件的主要方式，通过它可以获得很多网上的共享资源。

5. Gopher——信息查询

Gopher是一种基于菜单驱动的、交互式的信息查询系统。它为用户提供了一种很有效的信息查询方法，Gopher将网上的所有信息组成在线的菜单系统。它不同于一般的查询工具，用户可以利用Gopher很方便地从Internet中的一台主机连接到另一台主机，查找所需资料。

6. WAIS——数据库检索

WAIS是基于关键词的Internet检索工具。它将网络上的文献、数据做成索引，用户只要在WAIS给出的信息资源列表中，用鼠标指针选取希望查询的信息资源名称并键入查询关键词，系统就能自动进行远程查询。

以上是连入Internet会常用到的服务，后面将对其主要内容进行更详细的介绍。除了这些服务外，Internet还提供了一些其他服务，例如，网上交谈、多人聊天、网络电话、网上购物等。正是由于Internet提供给用户如此丰富多彩的服务项目，才吸引越来越多的人走进了Internet世界。

7.2.3 TCP/IP协议

在Internet上规定使用的网络协议标准是TCP/IP协议。

TCP/IP是传输控制协议/因特网互联协议（Transport Control Protocol/Internet Protocol）的缩写，它是每一台连入Internet的计算机都必须遵守的通信标准。有了TCP/IP协议，Internet就可以有效地在计算机、Internet网络服务提供商之间进行数据传输，不再有任何隔阂。

TCP/IP协议并不完全符合OSI/RM模型。传统的开放系统互联参考模型是一种通信协议的7层抽象参考模型，其中每一层执行某一特定任务。该模型的目的是使各种硬件在相同的层次上相互通信。而TCP/IP协议采用了4层的层次结构，即应用层、传输层、互联网络层和网络接口层。

应用层主要向用户提供一组常用的应用程序，比如电子邮件、文件传输访问、远程登录等，应用层协议主要包括SMTP、FTP、Telnet、HTTP等。

传输层负责传送数据，并且确定数据已被送达并接收。它提供了节点间的数据传送服务，如传输控制协议（TCP）、用户数据报协议（UDP）等，TCP 和 UDP 给数据包加入传输数据并把它传输到下一层中。

互联网络层负责相邻计算机之间的通信，提供基本的数据封包传送功能，让每一块数据包都能够到达目的主机。网络层协议包括 IP、ICMP、ARP 等。

网络接口层主要对实际的网络媒体进行管理，定义如何使用实际网络（如 Ethernet、Serial Line 等）来传送数据。

TCP/IP 协议包括传输控制协议 TCP 和网际协议 IP 两部分。

1．TCP 协议

TCP 协议提供了一种可靠的数据交互服务，是面向连接的通信协议。它对网络传输只有基本的要求，通过呼叫建立连接、进行数据发送、最终终止会话，从而完成交互过程。它从发送端接收任意长的报文（即数据），将它们分成每块不超过 64KB 的数据段，再将每个数据段作为一个独立的数据包传送。在传送中，如果发生丢失、破坏、重复、延迟和乱序等问题，TCP 就会重传这些数据包，最后接收端按正确的顺序将它们重新组装成报文。

2．IP 协议

IP 协议主要规定了数据包传送的格式，以及数据包如何寻找路径最终到达目的地。由于连接在 Internet 上的所有计算机都运行 IP 软件，使具有 IP 格式的数据包在 Internet 世界里畅通无阻。在 IP 数据包中，除了要传送的数据外，还带有源地址和目的地址。由于 Internet 是一个网际网，数据从源地址到目的地址，途中要经过一系列的子网，靠相邻的子网一站一站地传送下去，每一个子网都有传送设备，它根据目的地址来决定下一站传送给哪一个子网。如果传送的是电子邮件，且目的地址有误，则可以根据源地址把邮件退回发信人。IP 协议在传送过程中不考虑数据包的丢失或出错，纠错功能由 TCP 协议来保证。

上述两种协议，一个实现数据传送，一个保证数据的正确。两者密切配合，相辅相成，从而构成 Internet 上完整的传输协议。

7.2.4　Internet 地址和域名

Internet 连接着数千万台计算机，无论是发送 E-mail、浏览 WWW 网页、下载文件，还是进行远程登录，计算机之间都要交流信息，这就必须有一种方法来识别它们。

1．IP 地址

如果把整个互联网看成一个单一的、抽象的网络，IP 地址就是给连接互联网每一台主机分配一个全世界范围内唯一的 32 位的标识符。IP 地址现在由互联网名称与数字地址分配机构 ICANN（Internet Corporation for Assigned Names and Numbers）进行分配。

在主机或路由器中存放的 IP 地址都是 32 位的二进制代码。它包含了网络号（Net-id）和主机号（Host-id）两个独立的信息段。网络号用来标识主机或路由器所连接到的网络，主机号用来标识该主机或路由器。

为了提高可读性，通常将 32 位 IP 地址中的每 8 位用其等效的十进制数字表示，并且在这些数字之间加上一个点（如 192．168．0．1）。此种标记 IP 地址的方法称为点分十进制记法（Dotted Decimal Notation），其每个十进制数字域的取值在 0～255 之间，如表 7-1 所示。

表 7-1　IP 地址

IP 地址（32 位的二进制代码）			
网络号		主机号	
点分十进制记法（每 8 位用其等效的十进制数字表示）			
192	168	0	1
11000000	10101000	00000000	00000001

2．域名

Internet 上的计算机都有唯一的 IP 地址，计算机之间的通信是以 IP 地址来进行寻址的。在访问其他计算机时，用户需要输入访问的远程计算机的 IP 地址来建立访问连接，但是随着 Internet 主机数量的迅速增长，用户要记住所有主机的 IP 地址是不可想象的。为此 Internet 提供了域名（Domain Name）。域名实质就是代表了 IP 地址，它的目的就是更易于理解和记住。如国内著名搜索引擎百度的 IP 地址为 61．135．169．105，用域名表示为 www.baidu.com。鉴于上述原因，我们需要建立一个域名与 IP 地址的对应表。由于 Internet 上主机太多，其 IP 地址数以百万计，在一台机器内难于处理，在技术和应用中也不便操作，因此只能采用分布式处理技术。我们把能够提供 IP 地址与域名转换的主机叫做域名服务器（Domain Name Server，DNS）。DNS 服务器通常由网络服务提供商 ISP 负责管理和维护。

通过 IP 地址、域名（DN）和域名服务器（DNS），就把 Internet 上面的每一台主机给予了唯一的定位。三者之间的具体联系过程如下：当输入想要访问主机的域名后，DNS 服务器收到域名请求时，会判断这个域名是否属于本域，对不属于本域的域名将转发给上级域名服务器或者其他域名服务器代替解释；对属于本域的域名将在对照表查找相应的主机名，查到后将其转换成对应的 IP 地址，查不到则返回错误信息："无法显示此页"。

7.3　信 息 浏 览

万维网（简称 WWW）是目前 Internet 上最流行的一种服务，它是建立在 Internet 上的多媒体集合信息系统，它利用超媒体（Hypermedia）的信息获取技术，通过一种超文本（Hypertext）的表达方式，将所有 WWW 上的信息连接在一起。我们使用浏览器浏览网上的信息。

7.3.1　浏览器

浏览器是指可以显示网页服务器或者文件系统的 HTML 文件（标准通用标记语言的一个应用）内容，并让用户与这些文件交互的一种软件。

它用来显示在万维网或局域网等内的文字、图像及其他信息。这些文字或图像，可以是连接其他网址的超链接，用户可迅速及轻易地浏览各种信息。大部分网页为 HTML 格式。

一个网页中可以包括多个文档，每个文档都是分别从服务器获取的。大部分的浏览器本身支持除了 HTML 之外的广泛的格式，例如 JPEG、PNG、GIF 等图像格式，并且能够扩展支持众多的插件。另外，许多浏览器还支持其他的 URL 类型及其相应的协议，如 FTP、Gopher、HTTPS（HTTP 协议的加密版本）。HTTP 内容类型和 URL 协议规范允许网页设计者在网页中嵌入图像、动画、视频、声音、流媒体等。

常用网页浏览器有 Internet Explorer、360 浏览器、Firefox、Google Chrome、Safari，Opera、百度浏览器、猎豹浏览器、UC 浏览器、QQ 浏览器、傲游浏览器、世界之窗浏览器等，如图 7-5 所示常用浏览器图标。下面针对 Internet Explorer（IE）介绍如何浏览万维网。

图 7-5 常用浏览器图标

7.3.2 Internet Explorer

IE 浏览器（Internet Explorer）是 Windows 7 系统内置的一个组件，安装操作系统时默认安装，是专门为 Windows 系统设计访问 Internet 的 WWW 浏览工具，通过 Internet 连接和 IE 的使用，可以在 Internet 上方便地浏览超文本与多媒体信息。默认情况下，IE 浏览器支持 Web 访问，同时也支持 FTP、NEWS、GOPHER 等站点的访问。

1．IE 11 窗口

单击 IE 浏览器的快捷方式，打开 IE 11 浏览器，在地址栏中输入 www.sohu.com，单击【Enter】键，打开搜狐的主页，如图 7-6 所示

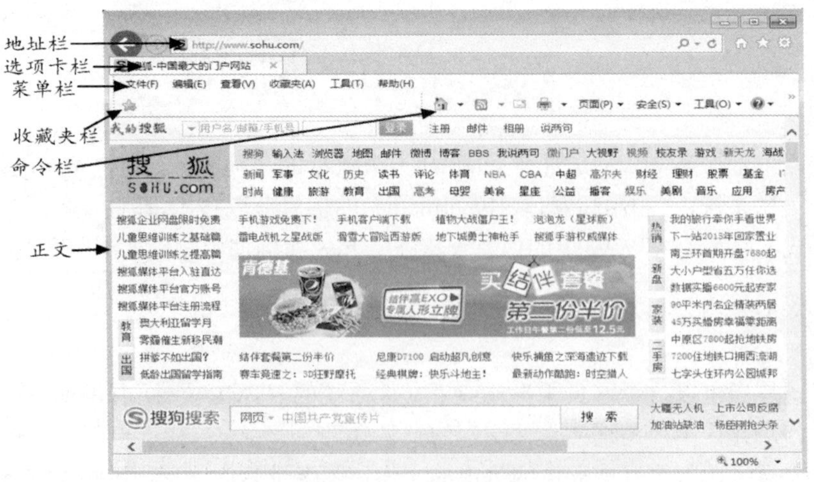

图 7-6 IE 11 浏览器的窗口

（1）地址栏：用来输入并显示网页的地址，它是个下拉框，里面保存着访问过的地址。

（2）选项卡栏：可以打开多个网页，每一个网页显示在一个选项卡。

（3）菜单栏：从左到右依次是“文件”“编辑”“查看”“收藏夹”“工具”“帮助”。

（4）收藏夹栏：是浏览网页时常用到的按钮。

（5）命令栏：一些常用的命令和命令组，例如页面组、安全组、工具组。

2．IE 常用的命令

上网时经常会用到 IE 的一些命令，如表 7-2 所示

表 7-2　IE 11 的常用命令和功能

命令	快捷键	功能
返回	Alt+左箭头键	显示当前网页的前一个网页
前进	Alt+右箭头键	显示已经访问过的当前网页的后一个网页
停止	Esc	停止下载当前网页
刷新	F5 或 Ctrl+R	重新载入当前网页
主页	Alt+Home	载入打开 IE 时最先显示的页面
搜索	Ctrl+E	使用预置的搜索提供商进行搜索
收藏	Ctrl+I	添加或整理收藏的网页列表
历史记录	Ctrl+H	打开曾经访问的网页列表
打印	Ctrl+P	把当前网页发送到打印机
全屏	F11	把当前的浏览器窗口切换到全屏
放大	Ctrl++	放大当前页面
缩小	Ctrl+-	缩小当前页面
新建选项卡	Ctrl+T	在当前选项卡右边添加一个空白选项卡
关闭选项卡	Ctrl+W	关闭当前选项卡
关闭浏览器	Alt+F4	关闭 IE 浏览器

3．IE 11 选项设置

设置 IE 11 选项的目的是为了使浏览器启动的更快、浏览的更快和安全性更高。

单击菜单栏中的“工具”选择其中的“Internet 选项”，打开“Internet 选项”窗口，如图 7-7 所示。

（1）“常规”选项卡：在“主页”设置区，可以设置 IE 浏览器启动时自动链接的地址；在“选项卡”设置区，可以设置弹出窗口和链接网页的显示方式。另外，还可以进行删除浏览历史记录、设置网页字体、颜色、语言等操作。

（2）“安全”选项卡：可以对 Internet、本地 Intranet、受信任的站点和受限制的站点 4 个不同区域设置不同的安全级别。

（3）“隐私”选项卡：可以为 Internet 区域设置不同的隐私策略，选择 Cookie 处理方式，弹出窗口阻止程序等。

（4）“内容”选项卡：通过“内容审查程序”功能，可以控制可访问的 Internet 内容，

使用“监督人密码”对那些可能对未成年人产生不良影响的信息进行分级管理。另外，还提供了“证书”和“自动完成”设置等功能。

(5)“连接”选项卡：浏览网页的过程中，经常会遇到某些站点无法被直接访问或者访问速度较慢，通过代理服务器可以达到快速访问的目的。单击“局域网设置”按钮．在弹出的窗口中即可对 LAN 设置代理服务器。

(6)“程序”选项卡：可以指定 Windows 系统自动用于每个 Internet 服务的程序，设置是否检查 Internet Explorer 为默认的浏览器等。

(7)“高级”选项卡：通常图像、声音和动画等多媒体文件的数据量要比 HTML 文件大很多，如果只需浏览页面的文字信息，可以通过该选项卡取消下载页面中的多媒体文件，加快显示页面的速度，设置方法如图 7-8 所示。另外，还可以对“安全”“浏览”等项进行设置。

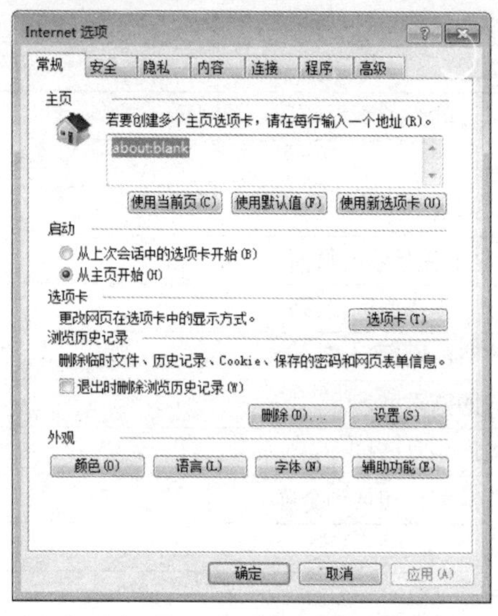

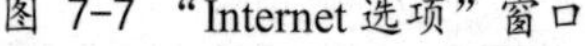

图 7-7 “Internet 选项”窗口

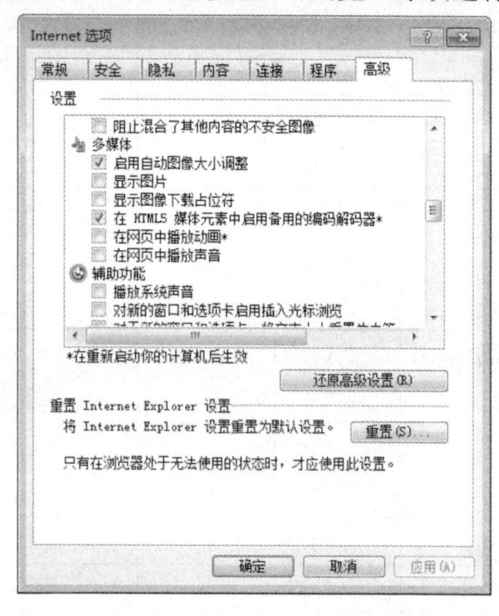

图 7-8 取消下载页面中的多媒体文件

4. 查看历史记录

IE 浏览器能够对用户访问过的页面进行保存，借助于历史记录用户可以快速打开历史页面。单击菜单栏中的“查看”，选择下拉菜单中的“浏览器栏”，然后选择“历史记录”，将在浏览器左侧打开“历史记录”栏，如图 7-9 所示。在“历史记录”栏内有若干文件夹，其中记录了已经访问过的页面链接。

5. 收藏夹

收藏夹是在上网的时候记录自己喜欢、常用的网站。把要记录的网站放到一个文件夹里，想用的时候可以方便打开找到。

(1) 添加收藏夹。利用收藏夹，可以保存经常访问的网址。单击“收藏夹”在弹出的菜单中选择“添加收藏夹”，在弹出的“添加收藏夹”窗口中可以将当前浏览的页面网址加入到收藏夹列表中，如图 7-10 所示。

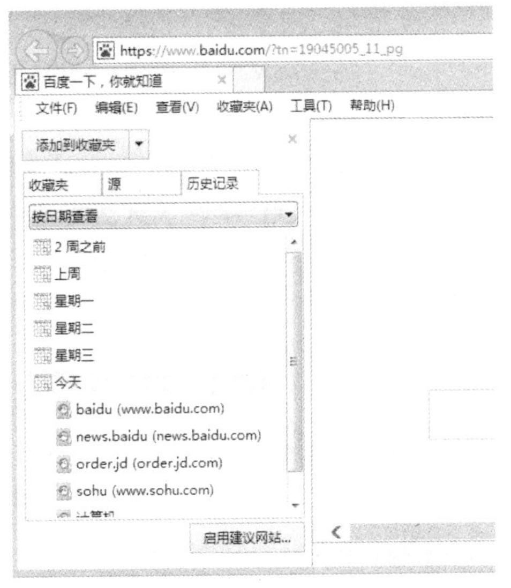

图 7-9　查看历史记录

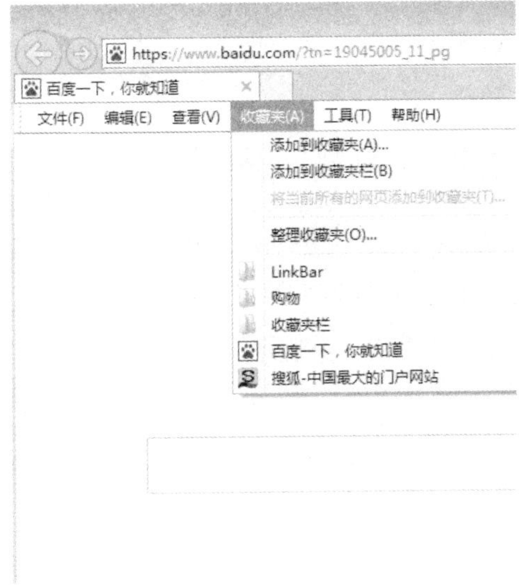

图 7-10　将当前网页加入到收藏夹

（2）整理收藏夹。收藏夹列表中的网址采用树型结构的组织方式。过多的内容会使收藏夹变得混乱而不利于快速访问，应该定期整理收藏夹，保持一个较好的树型结构。单击“收藏夹”在弹出的菜单中选择“整理收藏夹”，在弹出的“整理收藏夹”窗口中可以方便的对列表中的内容进行移动、重命名、删除等操作。

（3）导入和导出收藏夹。人们常使用多台计算机浏览网页，如宿舍的个人计算机、计算机教室的公共计算机等，这时通过 IE 的导入和导出收藏夹功能，在多台计算机之间共享收藏夹的内容。如需要将 A 计算机的收藏夹内容导入到 B 计算机中，方法如下：打开 A 计算机的 IE 浏览器，单击“文件”在弹出的下拉菜单中选择“导入和导出”，弹出“导入和导出”窗口，根据向导将收藏夹中的内容导出为一个 HTML 文件；将该 HTML 文件复制到 B 计算机上，同样根据“导入和导出”窗口的提示，将文件中的内容导入到 B 计算机的收藏夹中。

7.4　网上搜索

Internet 中蕴含的信息资源非常丰富，但如何在这浩瀚如海的信息空间内快速找到自己所需要的资源呢？我们需要借助于搜索引擎。在网络上，提供搜索功能的网站非常多，如百度、谷歌、搜狗等，另外有一些门户网站也提供了搜索功能，如新浪、网易、搜狐、腾讯等。在这些网站上都可以搜索到我们需要的信息。

7.4.1　搜索引擎的定义

搜索引擎（Search Engine）是为用户提供检索服务的系统，它根据一定的策略，运用特定的计算机程序搜集互联网上的信息，并对信息进行组织和处理，将处理后的结果显示给用户。通俗地理解，搜索引擎就是一个网站，但它专门为网民们提供信息检索服务。与一般网站的区别是，它自动搜寻 Web 服务器的信息，然后将信息进行分类、建立索引，再把索引的内容放到数据库中，供用户进行检索。搜索引擎的工作过程分为 3 个方面：

（1）抓取网页。每个搜索引擎都有自己的网页抓取程序，通常称为“蜘蛛”（Spider）程序、“爬虫”（Crawler）程序或“机器人”（Robot）程序，这 3 种称法意义相同，作用是顺着网页中的超链接连续抓取网页，被抓取的网页称为网页快照。

（2）处理网页。搜索引擎抓取网页以后，需要进行一系列处理工作，例如，提取关键字、建立索引文件、删除重复网页、判断网页类型、分析超链接等，最后送至网页数据库。

（3）提供检索服务。当用户输入关键字进行检索时，搜索引擎将从网页数据库中找到匹配的网页，以列表的形式罗列出来，供用户查看。

7.4.2 搜索引擎的基本类型

按照搜索引擎的工作方式划分，可以将搜索引擎分为 4 种基本类型。

1. 全文索引

全文索引引擎是名副其实的搜索引擎，国外代表有 Google，国内则有著名的百度搜索。它们都是从互联网提取各个网站的信息并建立网页数据库，然后从数据库中检索与用户查询条件相匹配的记录，按一定的排列顺序返回结果。

全文搜索引擎可分为两类：一类拥有自己的网页抓取、索引与检索系统，Google 和百度都属于此类；另一类是租用其他搜索引擎的数据库，例如 Lycos 搜索引擎。

2. 目录索引

目录索引虽然有搜索功能，但严格意义上不能称为真正的搜索引擎。它将网站链接按照不同的分类标准进行分类，然后以目录列表的形式提供给用户，用户不需要依靠关键字（Keywords）来查询，按照分类目录就可以找到所需要的信息。

目录索引中最具代表性的网站就是 Yahoo，另外国内的新浪、网易也属于这一类。它们将互联网中的信息资源按照一定的规则整理成目录，用户逐级浏览就可以找到自己所需要的内容。

3. 元搜索引擎

元搜索引擎又称多搜索引擎，它是一种对多个搜索引擎的搜索结果进行重新汇集、筛选、删除、合并等优化处理的搜索引擎。“元”（Meta）为“总的”“超越”之意，元搜索引擎就是对多个独立搜索引擎的整合、调用、控制和优化利用。

著名的元搜索引擎有 InfoSpace、Dogpile、Vivisimo 等，中文元搜索引擎中具代表性的是搜星搜索引擎。在搜索结果排列方面，有的直接按来源排列搜索结果，如 Dogpile；有的则按自定的规则将结果重新排列组合，如 Vivisimo。

4. 垂直搜索引擎

垂直搜索引擎是 2006 年以后逐步兴起的一种搜索引擎，它专注于特定的搜索领域和搜索需求，如机票搜索、旅游搜索、生活搜索、小说搜索等。垂直搜索引擎是针对某一个行业的专业搜索引擎，是通用搜索引擎的细分和延伸，它对网页数据库中的某类信息进行整合，抽取出需要的数据进行处理并返回给用户。

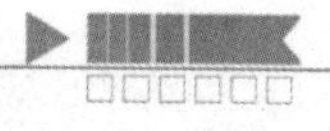

7.4.3　确定关键字的原则

搜索网络信息时，关键字的选择非常重要，它直接影响到我们的搜索结果。关键字的选择要准确，有代表性，符合搜索的主题。确定关键字时可以参照以下原则：

（1）提炼要准确

提炼查询关键字的时候一定要准确，如果查询的关键字不准确，就会搜索出大量的无关信息，与自己要查询的内容毫不相关。

（2）切忌使用错别字

在搜索引擎中输入关键字时，最好不要出现错别字，特别是使用拼音输入法时，要确保输入关键字的正确性。如果关键字中使用了错别字，会大大降低搜索的效率，致使返回的信息量变少，甚至搜索到错误信息。

（3）不要使用口语化语言

我们的日常交流主要运用口语，但是在网络上搜索信息时，要尽可能地避免使用口语作为关键字，这样可能得不到想要的结果。

（4）使用多个关键字

搜索信息时要学会运用搜索法则，运用多个关键字来缩小搜索范围，这样更容易得到结果。

互联网上的搜索引擎种类很多，但它们的技术基础都是互联网技术、数据库技术以及一些人工智能技术和多媒体技术。按照搜索引擎提供的功能和使用的技术，可以将搜索引擎划分为多种类型，下面将介绍其常用的分类方法。

7.4.4　常用的搜索引擎

目前，许多大型网站都提供了搜索引擎服务，如 Google、百度、雅虎、搜狐、新浪、网易等。下面将对其中使用较多的搜索引擎进行介绍。

1. 百度

百度由毕业于北京大学的李彦宏及徐勇于 1999 年底在美国硅谷创建，2000 年百度回国发展。百度是全球最大的中文搜索引擎，其网址是 http://www.baidu.com。在地址栏中输入该网址，按【Enter】键即可打开百度搜索首页，如图 7-11 所示。

图 7-11　百度搜索引擎

百度搜索页面查询框上面提供了多个分类链接，单击某超链接，可把搜索范围规定在该类里面。在搜索文本框中输入要查找的关键字，然后单击“百度一下”按钮，即可显示与此有关的相应网页列表，如图 7-12 所示。

图 7-12　百度搜索到的结果页面

打开搜索页面后，每个搜索链接后面都包含一个“百度快照”超链接，百度快照是百度网站最具魅力和实用价值的一项服务。用户在上网的时候经常会遇到“该页无法显示”（找不到网页的出错信息）的情况，造成这种情况的原因很多，如网站服务器暂时中断或堵塞、网站已经更改链接等，百度搜索引擎在搜索过程中已先预览各网站，拍下网页的快照，保存了几乎所有网站的大部分页面，使用户在不能链接所需网站时，也可通过百度快照救急。

2．搜狐

搜狐是目前 Internet 上最著名也是最全面的中文网站搜索引擎，网址是 http://www.sohu.com。搜狐提供的是中文网站搜索，更符合中国用户的需求。该网站并不是一个专门的搜索网站，其综合性很强，涉及到 Internet 的各项功能，如网络新闻、股市行情、网上聊天、BBS、免费电子邮箱、购物、求职等，因而从某种意义上说，搜狐是一个“网站大杂烩”。由于搜狐收录的中文网站齐全，如果要搜索中文网站，搜狐应该是首选之一，搜狐首页如图 7-13 所示。

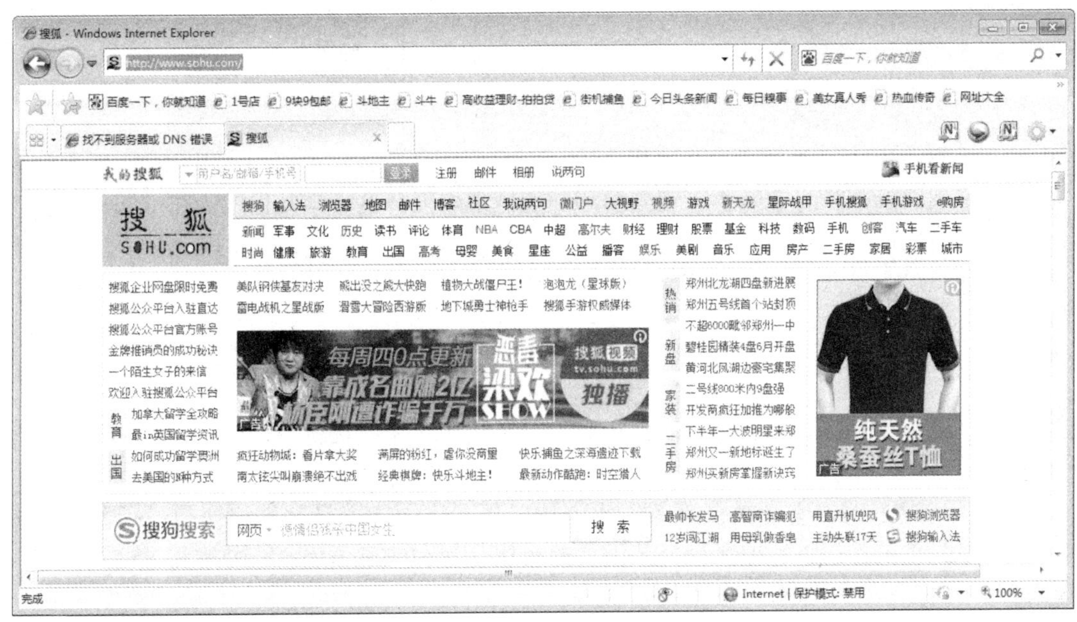

图 7-13　搜狐首页

3. 360 搜索

360 综合搜索，属于元搜索引擎，是搜索引擎的一种，是通过一个统一的用户界面帮助用户在多个搜索引擎中选择和利用合适的（甚至是同时利用若干个）搜索引擎来实现检索操作，是对分布于网络的多种检索工具的全局控制机制。而 360 搜索，属于全文搜索引擎，是奇虎 360 公司开发的基于机器学习技术的第三代搜索引擎，具备“自学习、自进化”能力和发现用户最需要的搜索结果。如图 7-14 所示

图 7-14　360 搜索

7.5 收发电子邮件

电子邮件（E-mail）是 Internet 提供的又一重要服务项目。早在 1987 年 9 月 20 日，中国首封电子邮件就是从北京经意大利向前联邦德国卡尔斯鲁厄大学发出的，在中国首次实现了与 Internet 的连接，使中国成为国际互联网大家庭中的一员。现在随着 Internet 的迅速发展，电子邮件已成为当今世界信息传递的重要手段。

7.5.1 电子邮件的基本概念

电子邮件（Electronic mail，E-mail），是一种用电子手段提供信息交换的通信方式，是互联网应用最广的服务。与传统的邮件形式相比，电子邮件有许多优点，因而成为备受人们青睐的一种沟通方式，电子邮件服务也成为计算机网络中应用最广泛和使用最频繁的一项服务。电子邮件的使用，加速了世界范围内的数据交换和信息传播，已经成为了信息现代网络生活中不可缺少的一部分。

1. 电子邮件的特点

电子邮件是将人们熟悉的普通手写信件转换为可以利用计算机网络进行传输的电子媒体信件形式，它以文字表达为主，也可以加入声音、图像组合成多媒体信件。与一般邮件相比，它具有许多独特的优点：

- 可以用先进的计算机工具书写、编辑或处理电子邮件。
- 电子邮件为用户提供了一种简易、快速的方法，使每个人都能通过 Internet 同世界各地的任何人或小组通信。
- 电子邮件传递不仅准确、快捷，而且不受时间和用户计算机状态的限制。
- 电子邮件除能取代一般邮件的功能外，还可广泛用于各种信息交流和传播领域。
- 电子邮件可以实现“一对一”和“一对多”的通信。用户只需在收信人地址栏中多输入几个地址，就可以实现同时给多人发信。
- 电子邮件的收发与管理可以利用非常简便和有效的工具实现。

2. 电子邮件的工作方式

要使用 Internet 上的电子邮件，用户首先需要有一个自己的电子邮箱，就像传统邮件的信箱一样。这个信箱可以是用户在 Internet 上免费申请的，也可以是用户的 ISP 提供的（有些机构提供电子邮箱，但是是收费的，或者只提供给特定的用户）。

当用户写好一封信后，要发给收信人时，首先需要找一个“邮局”将这封信发出去，实际上就是找一个发送电子邮件的服务器。Internet 上负责发送电子邮件的服务器称为 SMTP（Simple Mail Transfer Protocol，简单邮件传递协议）服务器。当 SMTP 服务器接收到用户的发送请求后，就按照电子邮件中收信人的电子邮件地址，将电子邮件传送出去。电子邮件经过 Internet 上的节点，一步一步地传递，直至到达收信人的“邮局”。如果在传递过程中，发现收信人地址有误，系统就会将信件一步一步地向回传递，并报告不能送达的原因。收信人的“邮局”就是 POP（Post Office Protocol，邮电局协议）服务器，当它接收到新到达的信件后，将它放到收信人的信箱中，收信人查看自己的信箱时，就会看到这封信。

需要指出的是，Internet 上的“邮局”和普通的邮局是不一样的，它分为发信服务器和收信服务器，两个服务器的功能是独立的。有时虽然两个服务器的地址是一样的，但功能却是不同的。

电子邮件地址是由两部分组成的，包括用户名和服务器，两者由“@”符号连接，如 butterfly@263.net，前面的 butterfly 就是用户名，即用户在邮件服务器上的账号；后面的 263.net 是服务器地址；中间的“@”相当于英文中的 at，是“在、位于”的意思。

3．电子邮件的格式

电子邮件和普通的邮件一样，对格式有一定的要求，以保证邮件的正确传递。电子邮件的格式大体可分为三部分：邮件头、邮件体和附件，下面将分别进行介绍。

- 邮件头：邮件头相当于传统邮件的信封，它的基本项包括收信人地址（To:）、发信人地址（From:）和邮件主题（Subject:），这些需要用户提供信息，然后由邮件系统或软件自动生成。还有一些项目，如 Mime 版本（Multipurpose Internet Mail Extensions，多功能因特网函件扩展系统）、内容类型（Content-Type）等，是由邮件系统或软件的功能决定的，不需要用户管理。另外，为了实现一些其他功能，如多个收信人、加密等，邮件头中还会有一些其他内容，这些内容也是根据用户的要求，由邮件系统或软件自动生成的，同样不需要用户自行构造。
- 邮件体：邮件体相当于传统邮件的信纸，用户在这里输入邮件的正文。
- 附件：附件是传统邮件所没有的内容，它相当于在一封信之外，还附带一个“包裹”。这个“包裹”是一个或多个计算机文件，可以是数据文件、声音文件、图像文件或者是程序软件，这一功能可以让用户方便地共享计算机资源。

7.5.2　使用邮箱收发电子邮件

在各网站使用邮箱收发电子邮件的方法差不多。163 邮箱是网易公司向广大用户提供的免费电子邮箱，是目前国内最大的免费邮件系统，下面就以在“网易”上收发电子邮件为例介绍收发电子邮件的基本过程。

1．申请免费电子邮箱

使用电子邮箱前要先申请一个电子油箱，步骤如下：

（1）运行 IE 浏览器，在地址栏中输入网站地址“http://mail.163.com”，按回车键，进入“163 网易免费邮”主页，如图 7-15 所示。

图 7-15 “163 网易免费邮”主页

（2）点击“注册”按钮，开始进行电子邮箱的申请注册操作，根据操作步骤的提示，输入用户名和密码等，完成注册。

2. 免费邮箱的登陆

（1） 如图 7-15 所示，在用户名和密码文本框中输入申请好的邮箱用户名和密码，单击“登陆”按钮，进入免费邮箱，邮箱管理界面如图 7-16 所示。

图 7-16 邮箱管理界面

（2）在邮箱管理界面中，单击“写信”按钮可以撰写新邮件，单击“收信”或者“收件箱”按钮可以阅读接收到的邮件

3. 撰写邮件

单击"写信"按钮，进入如图 7-17 所示的窗口。在"收件人"文本框中输入收件人的邮箱地址，如"user@163.com"，在"主题"文本框中输入邮件的内容主题，如"我的新邮箱地址"。如果还想把邮件发送给其他人，可以点击"抄送"链接，在显示出来的"抄送"文本框中输入多个邮箱地址。在正文文本框中输入邮件的具体内容。

图 7-17　"写信"界面

4. 添加电子邮件附件及发送

在图 7-17 中，单击"主题"文本框下方的"添加附件"链接，在弹出的对话框中选择本机磁盘中的文件。如果要在附件中添加多个文件，可以反复单击"添加附件"按钮并选择文件。添加完附件以后单击 "发送"按钮，发送电子邮件。邮件发送成功后，显示提示信息，提示邮件发送成功。如图 7-18 所示。

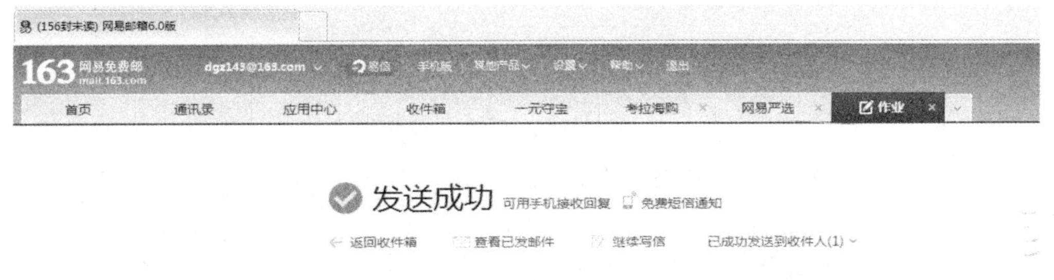

图 7-18　邮件发送成功

5. 阅读、回复与删除电子邮件

阅读电子邮件，也就是接收电子邮件，这个过程很简单，只要进入自己的电子邮箱，在页面左侧单击“收信”按钮，打开“收件箱”页面即可查看是否有新邮件。下面来接收前面发给自己的电子邮件。

单击“收信”按钮，进入收件箱，如图 7-19 所示。单击“主题”列下的主题超链接，即可打开该邮件，如图 7-20 所示。

图 7-19 进入收件箱

图 7-20 打开新邮件

此页面上方的部分按钮含义及作用如下：

- 回复：单击该按钮，可回复当前邮件。
- 转发：可将当前邮件转发给其他联系人。
- 删除：单击该按钮，可将当前邮件放入“已删除”文件夹中，相当于 Windows 下的回收站。

阅读完邮件后，单击“回复”超链接，将打开邮件编辑页面，编辑好邮件后单击“发送”按钮，即可回复邮件。其操作与发送邮件的操作相同，这里不再赘述。

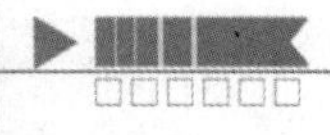

在收件箱中，选中邮件名称前面的复选框，然后单击“删除”按钮，可将所选邮件放入“已删除”文件夹中。打开“已删除”文件夹（如图 7-21 所示），单击“清空”超链接，即可清空“已删除”文件夹。

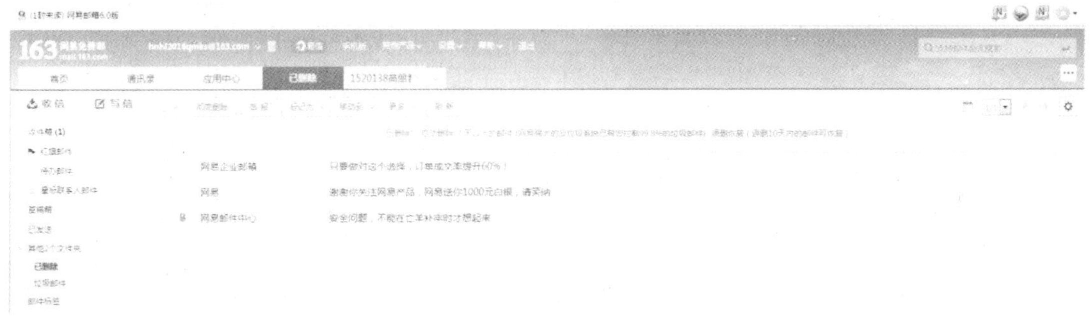

图 7-21　“已删除”文件夹

6. 电子邮件软件

除了通过网页收发电子邮件以外还有使用 Outlook、Foxmail 等专门的电子邮件软件收发电子邮件。使用这些软件收发电子邮件，首先要设置好电子邮件地址（在电子邮件软件里也称为“账户”），然后，电子邮件软件通过网络连接到电子邮件服务器，替用户接收和发送存放在服务器上的电子邮件。这些软件除了可以收发电子邮件，一般还可以管理联系人信息、记日记、安排日程、分配任务等。

7.6　其他网络应用

使用浏览器在网上进行信息浏览、搜索和收发电子邮件是 Internet 最基本的应用，除此以外还有以下几种常见应用：

7.6.1　电子地图

电子地图（Electronic Map），即数字地图，是利用计算机技术，以数字方式存储和查阅的地图。电子地图储存资讯的方法，一般使用向量式图像储存，地图比例可放大、缩小或旋转而不影响显示效果，早期使用位图式储存，地图比例不能放大或缩小，现代电子地图软件一般利用地理信息系统来储存和传送地图数据，也有其他的信息系统。

电子地图有哪些用处？第一，用来查找各种场所、各种位置。第二，通过地图查找一些出行的路线。例如坐公交怎么坐，开车怎么走，选择什么路线等等。第三，了解其他信息。在地图上除了可以看到地理位置外，还可以知道如电话、联系人，以及了解一家公司提供的产品和服务等信息。第四，在地图上发布信息。对企业来说，电子地图也是一个可以发布广告的宣传平台。

通常用户可以在地址栏输入电子地图的网址打开电子地图，也可以通过搜索引擎搜索访问电子地图网址。手机版本的电子地图可以下载安装后直接使用。

常见的电子地图有：百度地图 http://map.baidu.com，谷歌地图 http://www.google.cn/maps，搜狗地图 http://map.sogou.com，腾讯地图 http://map.qq.com 等。此外大部分电子地图都提供了手机版本，用户可以在手机上下载使用，方便快捷。常见的手机版电子地图有：百度地图、高德地图、谷歌地图等等。

7.6.2 云计算与云存储

云计算是通过使计算分布在大量的分布式计算机上，而非本地计算机或远程服务器中，企业数据中心的运行将与互联网更相似。这使得企业能够将资源切换到需要的应用上，根据需求访问计算机和存储系统。

好比是从古老的单台发电机模式转向了电厂集中供电的模式。它意味着计算能力也可以作为一种商品进行流通，就像煤气、水电一样，取用方便，费用低廉。最大的不同在于，它是通过互联网进行传输的。云是网络、互联网的一种比喻说法。

云计算是继 1980 年代大型计算机到客户端-服务器的大转变之后的又一种巨变。美国国家标准与技术研究院（NIST）定义：云计算是一种按使用量付费的模式，这种模式提供可用的、便捷的、按需的网络访问，进入可配置的计算资源共享池（资源包括网络，服务器，存储，应用软件，服务），这些资源能够被快速提供，只需投入很少的管理工作，或与服务供应商进行很少的交互。如国外已经非常成熟的 Intel 和 IBM，各种“云计算”的应服务范围正日渐扩大，影响力也无可估量。

简单的来理解，云计算的使用是这样的：家庭中使用计算机都不再需要 CPU、内存等主机部件，而是只需要输入输出设备及网络设备。用户在需要对数据进行计算时，只要付费给提供计算能力的供应商，供应商就使用自己的大型服务器把用户需要的数据计算好后通过网络传输到用户家里。这样，用户在使用计算机时就像是把灯泡拧在插座上用电一样，只不过用户花钱不是在买电，而是在买计算机的计算能力。相反的，当用户的计算机空闲时，也可以把自己的计算能力通过网络卖给需要计算能力的其他用户。这样的话，网络中所有计算机的计算能力都可以被分配到最需要的地方，从而达到计算能力的最优化分配。

云存储是在云计算概念上延伸和发展出来的一个新的概念，是指通过集群应用、网格技术或分布式文件系统等功能，将网络中大量各种不同类型的存储设备通过应用软件集合起来协同工作，共同对外提供数据存储和业务访问功能的一个系统。当云计算系统运算和处理的核心是大量数据的存储和管理时，云计算系统中就需要配置大量的存储设备，那么云计算系统就转变成为一个云存储系统，所以云存储是一个以数据存储和管理为核心的云计算系统。

简单来说，云存储就是将储存资源放到云上供人存取的一种新兴方案。使用者可以在任何时间、任何地方，通过任何可连网的装置连接到云（因特网）上方便地存取数据。在能连接到因特网的计算机上使用云存储技术对于办公特别方便，甚至有取代 U 盘的趋势。云存储还可以方便的对用户自己的重要资料进行备份。大部分的云存储提供商都提供了手机版的应用软件，这样，云存储技术就可以方便的在计算机和手机上同时使用。随着网络的不断发展，云存储技术必定会在个人计算机中占据越来越重要的位置。

目前，国内的云存储服务主要有 115 云盘、百度网盘等等。

习 题

一、选择题

1. FTP 是（　　）服务的简称。
   A. 文件处理　　B. 文件传输　　C. 文件转换　　D. 文件下载
2. 通过电话线拨号上网需要配备（　　）
   A.调制解调器　　B.网卡　　C.集线器　　D. 交换机
3. 收发电子邮件的条件是（　　）。
   A. 有自己的电子邮箱
   B. 双方都有电子邮箱且系统有收发电子邮件的软件
   C. 系统有收发电子邮件的软件
   D. 双方都有电子邮箱
4. WWW 是（　　）的缩写。
   A. World Wide Wait　　B. Website of World Wide
   C. World Wide Web　　D. World Waits Web
5. 下列叙述中正确的是（　　）。
   A. 电子邮件只能传输文本
   B. 电子邮件只能传输文本和图片
   C. 电子邮件以文字表达为主，可以加入声音、图像组合成多媒体信件
   D. 电子邮件不能传输图片
6. 计算机网络按照（　　）将网络划分为局域网、城域网和广域网。
   A. 连接的计算机数量　　B. 连接的计算机类型
   C. 拓扑结构　　D. 覆盖的地理范围
7. 计算机局域网的英文缩写是（　　）。
   A. WAN　　B. MAN　　C. SAN　　D. LAN
8. 计算机网络的功能为（　　）。
   A. 数据通信、资源共享　　B. 电话通信
   C. 交换硬件　　D. 提高计算机的可靠性和可利用性
9. Internet 是（　　）类型的网络。
   A. 局域网　　B. 城域网　　C. 广域网　　D. 企业网
10. 局域网常用的基本拓扑结构有（　　）、环型和星型。
   A. 层次型　　B. 总线型　　C. 交换型　　D. 分组型

二、填空题

1. 计算机网络是____________和__________高度发展并相互结合的产物。
2. 计算机网络系统由__________和__________构成。
3. 在 Internet 上规定使用的网络协议标准是__________。

4. ____________是 Internet 提供的最基本的服务项目之一，它为广大用户提供了一种快速、简便、高效、价廉的通信手段。

5. ____________就是给连接互联网每一台主机分配一个全世界范围内唯一的 32 位的标识符。

6. ____________就是将储存资源放到云上供人存取的一种新兴方案。

三、简答题

1. 列举出最少八种网络应用？
2. Internet 提供的主要服务有哪些？
3. 什么是 IP 地址？什么是域名？

上 机 指 导

1. 启动 IE 浏览器，并依次打开下述网站：

中国中央电视台　http://www.cctv.com

新浪网　http://www.sina.com.cn

网易　http://www.163.com

搜狐　http://www.sohu.com

2. 学习使用“停止”“刷新”“前进”“后退”等按钮。打开多个 IE 窗口，同时浏览多个网页。

3. 申请一个网易邮箱，并给同学发送一封邮件。

4. 分别访问百度和新浪网站，以“搜索引擎”为关键字搜索提供查询功能的网站列表。

5. 浏览中央电视台网站上的多媒体信息：新闻、电影、音乐等。

第 8 章　数据库管理系统——Visual FoxPro 6.0

本章学习目标

通过本章的学习，读者应了解数据库的基本概念，掌握在数据库管理软件 Visual FoxPro 6.0 中创建表与数据库的方法，以及表的基本操作、数据的索引与查询、创建表单等内容。

学习重点和难点

- 表的创建
- 表的索引与查询
- 表单的创建
- 数据库综合设计

8.1　数据库的基础知识

Visual FoxPro 6.0 是一个数据库管理系统，它可以将大量的数据集合在一起，并对数据进行方便的操作与管理。Visual FoxPro 6.0 改变了传统的数据库概念，引入了可视化的编程技术，增强了项目及数据库的管理功能，具有更易使用的表设计器、扩展的数据字典和改进的调试工具，增强了查询与视图设计功能，以及表单设计器等向导工具的功能。

8.1.1　数据库的基本概念

数据库系统是一个复杂的计算机化的数据管理系统，它的任务是保存和管理数据，并为用户提供各种服务。

1. 数据模型

数据库中数据的结构形式称为数据模型，它是对数据库系统的数据组织、信息表示和操作手段的一种模型化表示，是用户和数据库之间相互交流的一种工具。用户可按数据库提供的数据模型，使用有关的命令进行数据的存、取等操作。数据库中常用的数据模型有三种：层次模型、网状模型、关系模型。

- 层次模型描述的是实体间“一对多”的联系，也称树型结构。例如，一个企业或一个学校，其组织结构就是一种典型的层次结构数据模型。层次模型中每个事物类型为一个结点，如图 8-1 所示。

层次模型的特点是：有且仅有一个根结点；其他结点向上仅有一个父结点，向下可以有若干个子结点。

● 网状模型描述的是实体间"多对多"的联系。这种模型的结构特点是不受层次的限制，可以任意建立联系，是一种结点的连通图，如图 8-2 所示。

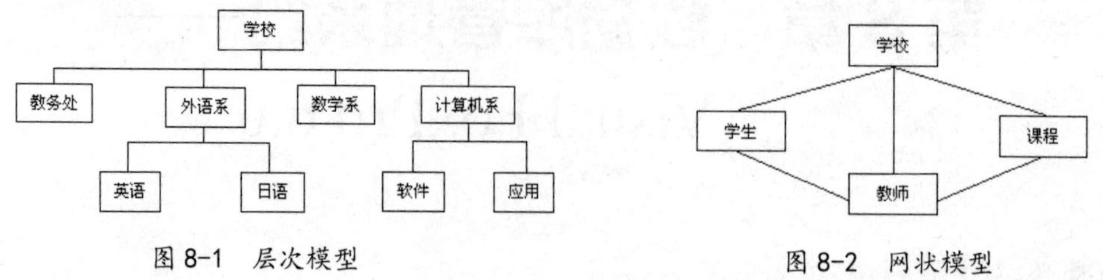

图 8-1 层次模型　　图 8-2 网状模型

网状模型的特点是：有一个以上的结点无父结点；至少有一个结点有多个父结点。

● 关系模型是用二维表格来描述实体之间联系的一种结构模型，因此，可将关系理解为二维表（但不能说任何一个二维表都是一个关系）。关系模型是一种新的数据模型，由于这种模型比较接近人们的使用习惯，因此很受欢迎，成为目前数据库系统中最常用的一种数据模型，表 8-1 即为关系模型。

表 8-1 关系模型

编号	姓名	性别	职称	基本工资	工作部门	工作时间
1996001	张强	男	工程师	700.00	01	08/06/96
1996002	王玉	女	讲师	750.00	01	09/09/96
1995001	李刚	男	工程师	730.00	02	07/20/95
1994002	王松	男	讲师	700.00	02	09/25/94

关系模型的特点是：关系中每个数据项（也称字段）不可再分，是最基本的单位；每一列数据项是同属性的，列名（也称数据项名或字段名）的顺序是任意的；每一行称为一条记录，由事物的一个个属性构成，记录的顺序是任意的；一个关系是一张二维表，不允许有两个相同的字段名，也不允许有两条相同的记录。

2. 数据库

所谓数据库，就是以一定的组织方式将相关的数据组织在一起，存放在计算机存储器上形成的能为多个用户所共享的、与应用程序彼此独立的一组相关数据的集合。数据库的性质是由其中的数据模型决定的。数据库中的数据如果依照层次模型进行数据存储，则该数据库为层次数据库；如果依照网状模型进行数据存储，则该数据库为网状数据库；如果依照关系模型进行数据存储，则该数据库为关系数据库。Visual FoxPro 数据库管理系统所管理的数据，都是依照关系模型进行存储的，因此其数据库为关系数据库。

3. 数据库的组成

数据库由以下几部分组成：

● 实体和属性：实体是客观存在并可相互区分的事物，属性是实体所表现的特性，也可以理解为属性是对实体形象的描绘和说明。例如，以学生作为一个实体，在表 8-2 中列出了有关学生的六种属性描述。

表 8-2　学生情况登记表

姓名	性别	出生日期	专业	班级	籍贯
王平	女	1980.6	计算机	21	河南
李强	男	1982.4	计算机	19	北京
黄晓亮	男	1981.5	计算机	20	河北

- 数据库和表：关系型数据库中的表是一个二维表（如表 8-1），表的第一行描述了该表的结构，而其余行是表的内容，也称为表的记录。数据库就是相互关联的多个表的集合，一个数据库中可以有一个或多个这样的表，并由数据库管理和组织它们。
- 记录和字段：在二维表中，表记录的一行就是一个记录，表记录的一列就是一个字段。

8.1.2　Visual FoxPro 6.0 的启动和退出

下面简单介绍一下 Visual FoxPro 6.0 的启动和退出操作。

1. 启动 Visual FoxPro 6.0

Visual FoxPro 6.0 安装成功后，单击“开始”|“程序”|“Microsoft Visual FoxPro 6.0 ”|“Microsoft Visual FoxPro 6.0”命令，即可启动 Visual FoxPro 6.0，并在启动的窗口中弹出如图 8-3 所示的对话框。

图 8-3　Visual FoxPro 6.0 启动窗口中的对话框

在此对话框中，既可以单击“创建新的应用程序”超链接，直接进入数据库的建立过程，也可以单击“打开一个已存在的项目”超链接，打开已经创建的数据库。如果单击“关闭此屏”超链接，则直接进入 FoxPro 6.0 的工作窗口（如果选中“以后不再显示此屏”复选框，则以后启动 Visual FoxPro 6.0 时，将不再显示该对话框），如图 8-4 所示。

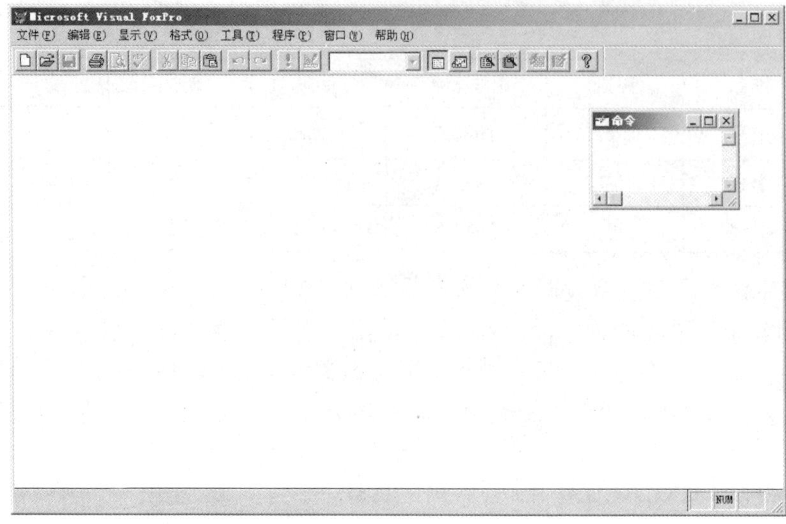

图 8-4　Visual FoxPro 6.0 的工作窗口

2．退出 Visual FoxPro 6.0

退出 Visual FoxPro 6.0 意味着要关闭这个应用程序，常用的关闭方式有以下几种：

- 单击 FoxPro 6.0 操作界面窗口右上角的“关闭”按钮。
- 单击 FoxPro 6.0 窗口左上角的图标，在弹出的下拉菜单中选择“关闭”选项。
- 在“命令”窗口中执行 Quit 命令。
- 单击“文件”|“退出”命令。

8.1.3　Visual FoxPro 6.0 的工作窗口

Visual FoxPro 6.0 的工作窗口主要由标题栏、菜单栏、工具栏、“命令”窗口、工作区和状态栏等部分组成。使用 Visual FoxPro 6.0 的其他功能时，还会看到相应的对话框、提示信息框、下拉菜单、快捷菜单（弹出式菜单）和特殊工具栏等。

1．标题栏

标题栏位于工作窗口的顶端，与 Word 等应用程序一样，FoxPro 的标题栏也包括系统程序图标、当前窗口名称、最小化按钮、最大化/还原按钮和关闭按钮等。单击系统程序图标，在打开的窗口控制菜单中可以实现窗口的移动、窗口大小的改变等操作。

2．菜单栏

在菜单栏中列出了 Visual FoxPro 6.0 的一组主菜单，单击某个主菜单，将弹出一个包含一系列命令的下拉菜单。与 Windows 的其他应用程序一样，在 Visual FoxPro 6.0 中，所有的菜单都有统一的符号和约定，代表某种特定的含义。例如，在下拉菜单中，当某一命令以灰色显示时，表示该命令在当前情况下无法使用；当某一命令后带有省略号时，表示单击此命令后将弹出一个对话框，用户可以利用该对话框设置执行该命令所需的更多信息。

3. 工具栏

在菜单栏的下面是工具栏，利用工具栏能够快速地使用常用命令和功能，只要用户单击工具栏中的按钮，Visual FoxPro 6.0 就执行该按钮对应的命令或过程。Visual FoxPro 6.0 提供了多种工具栏，单击“显示”|“工具栏”命令，就会打开如图 8-5 所示的“工具栏”对话框。在其中的列表框中选中相应的复选框，单击“确定”按钮，即可打开需要的工具栏。若要简单了解一个工具栏中某一按钮的功能，只要把鼠标指针指向该按钮，在鼠标指针下方便会显示该按钮的名字，同时在状态栏中显示出一段描述该按钮功能的信息。

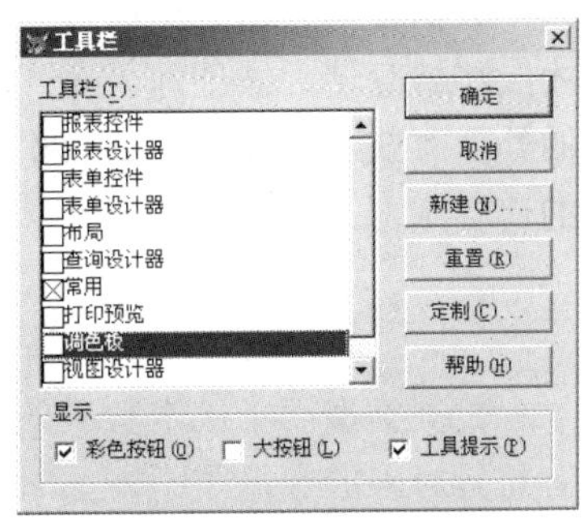

图 8-5 “工具栏”对话框

4.“命令”窗口

“命令”窗口是 Visual FoxPro 6.0 主窗口中的一个小窗口，它的作用是输入和显示命令。在 Visual FoxPro 6.0 中每条命令都有自己特定的语法，在“命令”窗口中可以输入并执行单个的命令和函数，当进行菜单命令的操作时，这些操作所对应的命令代码也会出现在命令窗口中。命令窗口也是一个代码编辑窗口，例如，可使用“编辑”菜单中的“复制”和“粘贴”命令，把命令窗口中出现的命令行或字符串复制到其他程序中。如果该窗口没有显示，可通过单击“窗口”|“命令窗口”命令，将其打开。

5. 状态栏

状态栏位于窗口的最底部，用来显示某一时刻有关工作状态的信息，例如，单击不同的主菜单，状态栏将显示出不同的提示信息，如图 8-6 所示。

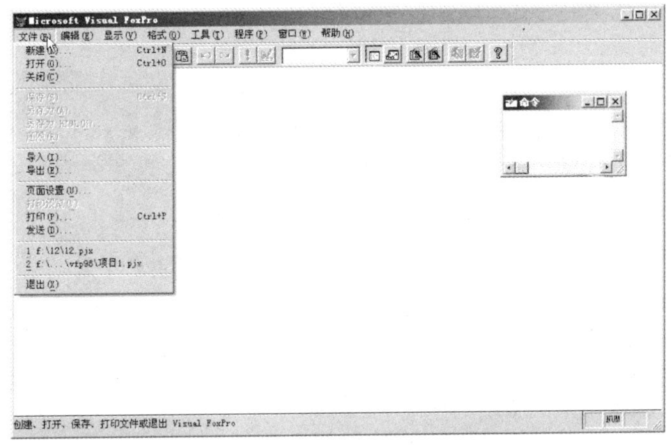

图 8-6 单击“文件”菜单时状态栏的提示信息

6. 工作区

在工具栏和状态栏之间的一大块空白区域是系统工作区，各种工作窗口将在这里展开。

8.1.4 数据类型

数据类型是对数据取值形式和取值范围的一种说明。只有为数据指明了类型，这些数据才能够被存储、被处理。对计算机而言，可根据不同的数据类型采用不同的计算速度、不同的处理方式。例如，整型数据比浮点型数据占用内存少，故运算整型数据比运算浮点型数据的速度快。

1. 数据类型

数据类型用于决定数据的存储方式和使用方式。在 Visual FoxPro 6.0 中，每一个数据都有与其对应的数据类型，如时间、货币等类型。数据之间还可以做某些运算，例如，两个实数之间可以做乘法运算（但两个字符型数据不能做乘法运算）。同样，字符可以以大写方式打印（而数字却无大小写之分）。Visual FoxPro 6.0 中的数据类型见表 8-3。

表 8-3 Visual FoxPro 6.0 中的数据类型

类型	名称	缩写	说明	字节大小
Character	字符型	C	任意文本	每个字符占用 1 个字节，最大为 254 个字符
Currency	货币型	Y	货币单位	8 个字节
Numeric	数值型	N	整数或小数	在内存中占 8 个字节，在表中占 1～20 个字节
Date	日期型	D	年、月、日	8 个字节
DateTime	日期时间型	T	年、月、日、时、分、秒	8 个字节
Logical	逻辑型	L	真或假	1 个字节

2. 字段数据类型

字段是数据库文件所特有的，而数据既可以作为数据库文件中的字段内容，也可以作为内存变量内容或常量内容。数据表中字段的数据类型与一般变量、常量的数据类型既有相同点也有区别。在 Visual FoxPro 6.0 中，除了表 8-3 中所描述的数据类型外，还有表 8-4 中仅能用于字段的数据类型。

表 8-4 Visual FoxPro 6.0 中仅用于字段的数据类型

类型	名称	缩写	说明	字节大小
Float	浮点型	F	整数或小数	在内存中占 8 个字节，在表中占 1~20 个字节
Double	双精度型	B	双精度数值	8 个字节
Integer	整型	I	整型值	4 个字节
Memo	备注类型	M	不定长的字符、数值或文本	4 个字节

表 8-4　Visual FoxPro 6.0 中仅用于字段的数据类型（续）

类型	名称	缩写	说明	字节大小
General	通用型	G	OLE 对象链接与嵌入	4 个字节
Character (Binary)	二进制字符型	C	用二进制方式存储的字符数据	每个字符占用 1 个字节，最大为 254 个字符
Memo(Binary)	二进制备注型	M	用二进制方式存储的数据	4 个字节

8.2　表的基本操作

在关系数据库管理系统中，所有的操作都是在表的基础上进行的，表是 Visual FoxPro 数据库应用程序操作的最基本对象，它是通过将现实世界中的二维表格进行抽象以后建立起来的，能够有结构、有组织地存储用户信息的数据存储文件。因此，要想使用 Visual FoxPro 进行数据处理，首先要掌握有关表的基本操作。

8.2.1　创建表

在 Visual FoxPro 中，创建表的方法有三种：通过表向导创建表；用表设计器创建表（由于表分两种：自由表和属于某个数据库的数据表。因此表设计器也相应地分为两种：一种是用于创建自由表的表设计器，另一种是用于创建数据表的表设计器）；使用命令创建表。

在创建表之前，首先要考虑要创建的表的结构如何，应满足什么样的数据存储要求，即设计表的结构，然后再使用“表设计器”创建表。

1．设计表结构

在日常工作、学习和生活中，经常会遇到表 8-5 所示的二维表格，由于 Visual FoxPro 采用的是关系型数据模型，所以可以很容易地将二维表格作为“表”在计算机中存储，其中二维表中的列将成为表的字段，二维表中的每一行数据将成为表的一个记录，表文件的扩展名为.dbf。

表 8-5　学生基本情况登记表

学号	姓名	性别	出生日期	入学成绩	团员否	简历	照片
S01001	赵红	女	1984.01.08	580.5	.T.	（略）	（略）
S01002	李刚	男	1983.12.20	590	.T.	（略）	（略）
S01003	张冲	男	1983.03.12	586.5	.F.	（略）	（略）
S01005	王亚军	女	1982.08.19	603	.F.	（略）	（略）
S01007	杜小丹	女	1985.03.16	620.5	.T.	（略）	（略）
S01008	李国东	男	1983.10.10	617	.T.	（略）	（略）

要创建表，首先要设计表的结构，也就是定义各个字段的属性，包括字段名、字段类型、字段宽度和小数位数等。在 Visual FoxPro 中规定：字段名用来标识字段，它是一个以字母或汉字开头，长度不超过 10 个字符的字母、汉字、数字、下划线序列；字段宽度用来指定允许字段存储的最大字节数，对字符型、数值型、浮动型三种字段，用户可根据需要指定，其他类型则由系统规定；只有数值型、浮动型及双精度型字段才有小数位数，小数点和正负号都在字段宽度中占一位；字段类型在上一节已经介绍过，在此不再赘述。

根据以上 Visual FoxPro 的规定，可为表 8-5 设计出表结构，见表 8-6。

表 8-6 表结构

字段名	类型	宽度	小数位数
学号	字符型	6	
姓名	字符型	8	
性别	字符型	2	
出生日期	日期型	8	
入学成绩	数值型	6	1
团员否	逻辑型	1	
简历	备注型	4	
照片	通用型	4	

2. 创建表

设计好表结构后，就可以在 Visual FoxPro 中创建表了。下面以上面设计的表结构为例，来介绍如何在 Visual FoxPro 6.0 中创建表，具体操作步骤如下：

（1）单击“文件”|“新建”命令，在打开的“新建”对话框中选中“项目”单选按钮，如图 8-7 所示。

（2）单击“新建文件”按钮，打开“创建”对话框，在“保存在”下拉列表框中选择保存路径，在“项目文件”文本框中输入“学生管理”，如图 8-8 所示。

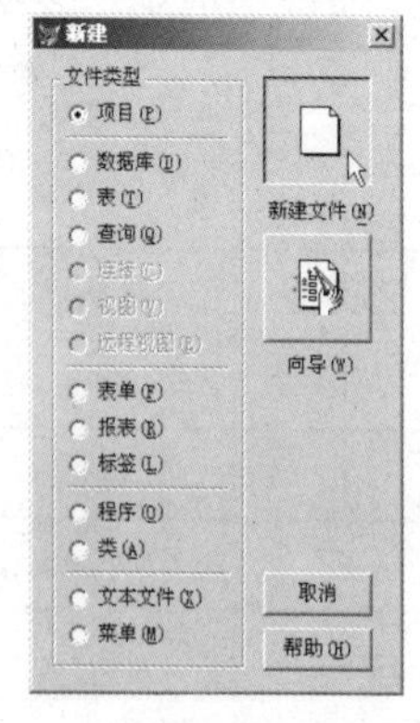

图 8-7 新建“项目”

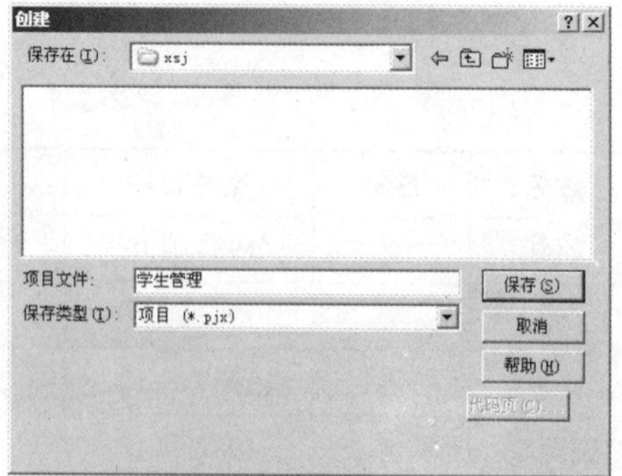

图 8-8 “创建”对话框

（3）单击“保存”按钮，在打开的项目管理器对话框中单击“数据”选项卡，并在其

列表框中选择“自由表”选项，如图 8-9 所示。

（4）单击“新建”按钮，打开“新建表”对话框，如图 8-10 所示。

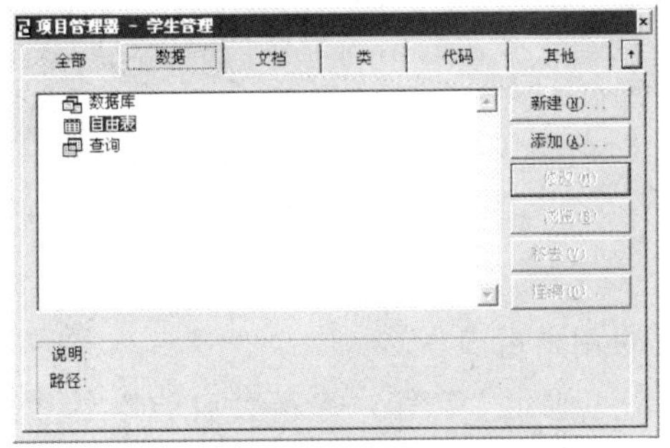

图 8-9 选择“自由表”选项

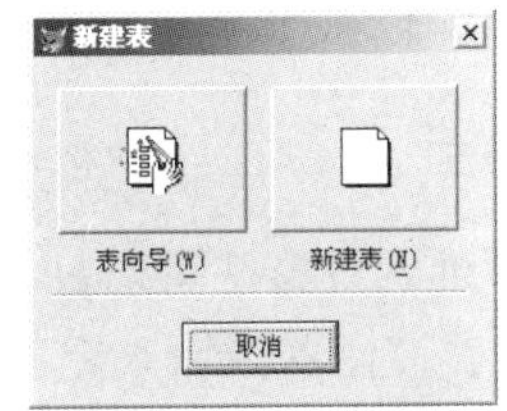

图 8-10 “新建表”对话框

（5）在“新建表”对话框中单击“新建表”按钮，在打开的“创建”对话框中输入表文件的名称（这里输入 student）。单击“保存”按钮，打开如图 8-11 所示的表设计器对话框。

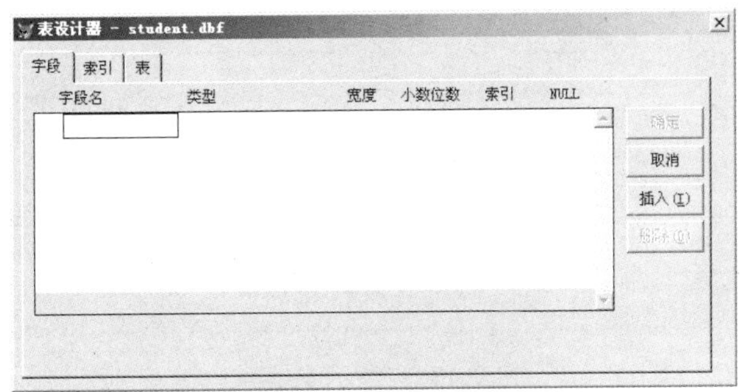

图 8-11 表设计器对话框

（6）为表设置字段名、字段类型、宽度及小数位数等内容，创建好字段的表设计器对话框如图 8-12 所示。

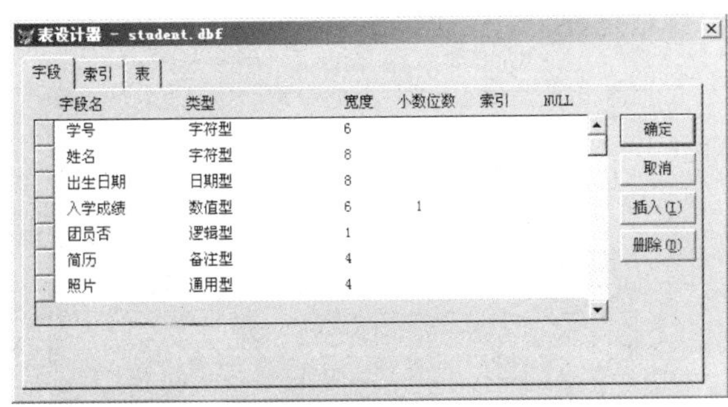

图 8-12 创建好字段的表设计器对话框

（7）单击“确定”按钮，即可完成表的创建。

通过上述方式创建的表是自由表。如果当前已经打开了一个数据库，新建的表则被默认为是该数据库中的表。另外，用户还可以通过 CREATE 命令创建表，只要在“命令”窗口中输入 CREATE 命令，按【Enter】键即可打开表设计器对话框。

8.2.2 输入记录

创建表只是创建了一个表的结构，并没有完成添加数据的工作，所以这时表还只是一个空表，必须通过添加记录的操作才能在表中存储数据。要想在表中添加记录，必须先打开表浏览窗口或编辑窗口。

1. 打开表

通过下面两种方法可以打开表，进入表的编辑窗口。

- 在表设计器中输入完表结构后，单击“确定”按钮，系统会自动弹出一个对话框，询问是否立即输入记录数据，如果单击“是”按钮，系统会立即打开表的“编辑”窗口，如图 8-13 所示。

图 8-13 表的编辑窗口

- 在表结构定义完成后，可以在项目管理器中选择要添加记录的表，如图 8-14 所示。单击“浏览”按钮，打开已有的表后单击“显示”|“追加方式”命令，即可打开表的编辑窗口，以追加方式向表中输入数据。

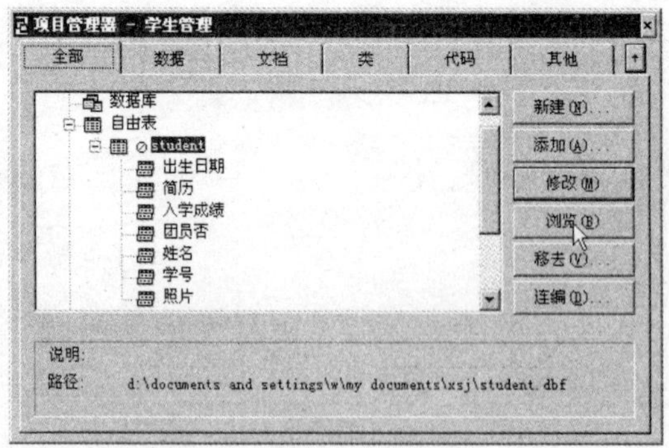

图 8-14 选择要添加记录的表

2. 备注型数据的输入

备注型字段由于其长度不定，因此，该字段数据不能同其他类型的字段一样在表编辑窗口或表浏览窗口中输入。

输入备注型字段数据的操作步骤如下：

（1）打开要输入数据的表。按前面所述方法打开表编辑窗口或表浏览窗口，如图 8-15 所示。

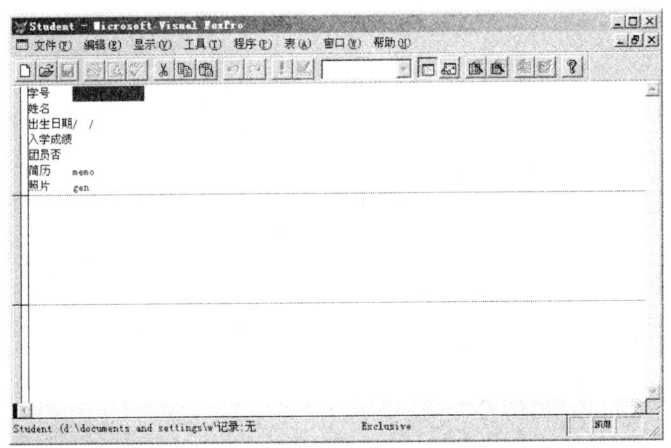

图 8-15　打开要输入数据的表

（2）把鼠标指针移到备注型字段下，双击鼠标左键，即可打开备注型字段的编辑窗口，如图 8-16 所示。在这个窗口中，用户可以输入或修改备注型数据。

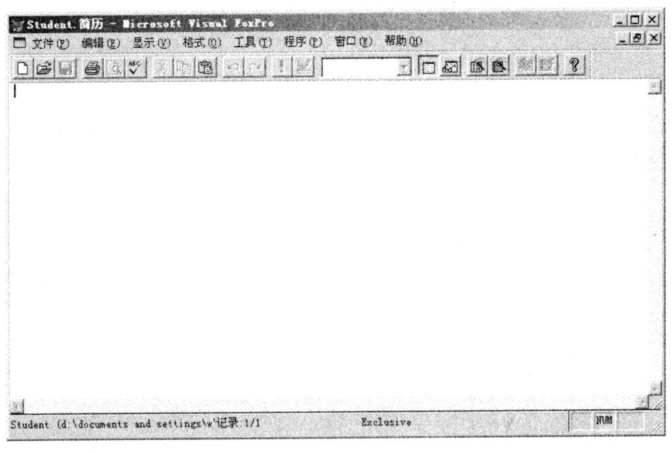

图 8-16　打开备注型字段的编辑窗口

（3）当数据输入或修改完成后，单击"关闭"按钮，关闭备注型字段的编辑窗口并存盘，此时 memo 变为 Memo，如图 8-17 所示。如果不想保存输入或修改的内容，则按【Esc】键退出该窗口。

3．通用型数据的输入

通用型字段数据多数用于存储 OLE 对象，如图像、声音、电子表格和字处理文档等，因为其长度的不确定性，通用型字段数据也不能和常规类型的字段一样在表编辑窗口或表浏览窗口中输入。

输入通用型字段数据的具体操作步骤如下：

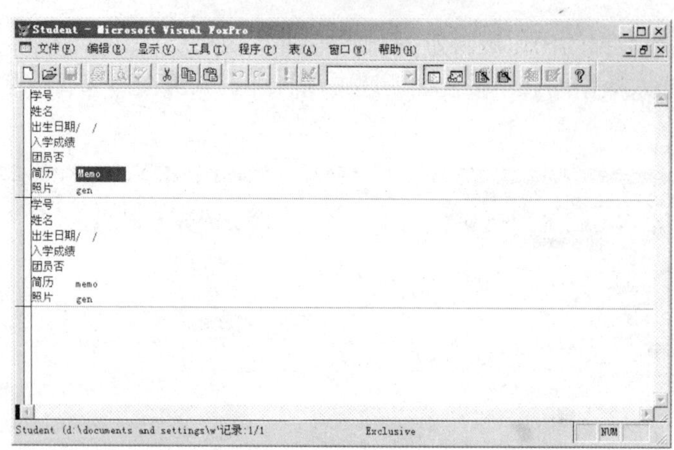

图 8-17 输入备注型数据后 memo 变为 Memo

（1）打开要输入数据的表，并打开表编辑窗口。

（2）在表编辑窗口中，将鼠标指针移到通用型字段下，双击鼠标左键，即可打开通用型字段的数据编辑窗口，如图 8-18 所示。

（3）在通用型字段的数据编辑窗口中单击“编辑”|“插入对象”命令，打开“插入对象”对话框，如图 8-19 所示。

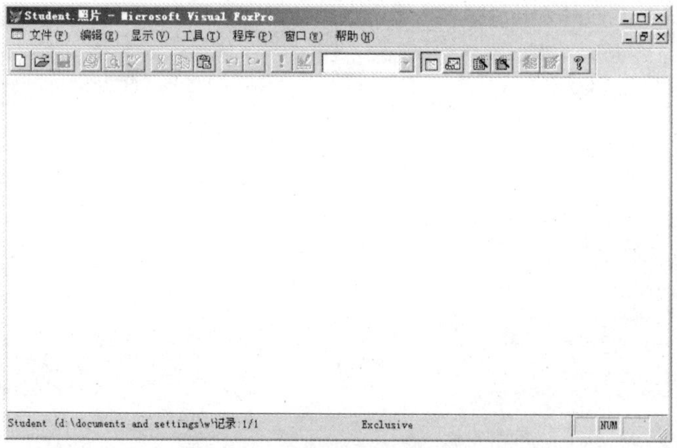

图 8-18 通用型字段的数据编辑窗口

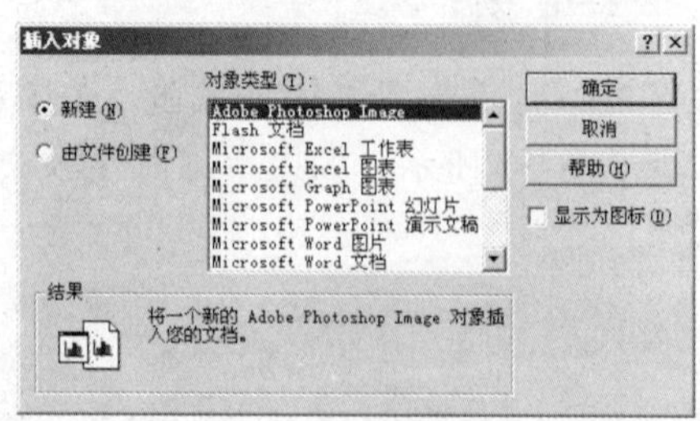

图 8-19 “插入对象”对话框

（4）在“插入对象”对话框的“对象类型”列表框中选择插入对象的类型。本例选择“位图图像”选项，并选中“新建”单选按钮，单击“确定”按钮，系统将打开画图程序，

用户可在其中绘制图像，如图 8-20 所示。

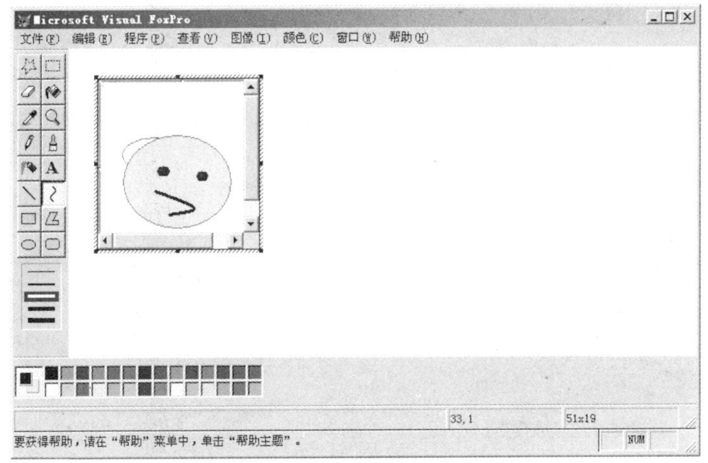

图 8-20　绘制图像

如果在如图 8-19 所示的对话框中选中“由文件创建”单选按钮，系统将打开如图 8-21 所示的“插入对象”对话框。在“文件”文本框中输入要插入的位图图像文件的路径，或单击“浏览”按钮选择要插入的位图文件（如图 8-22 所示），单击“确定”按钮，位图文件就被插入到通用型字段中了，此时 gen 变为 Gen。

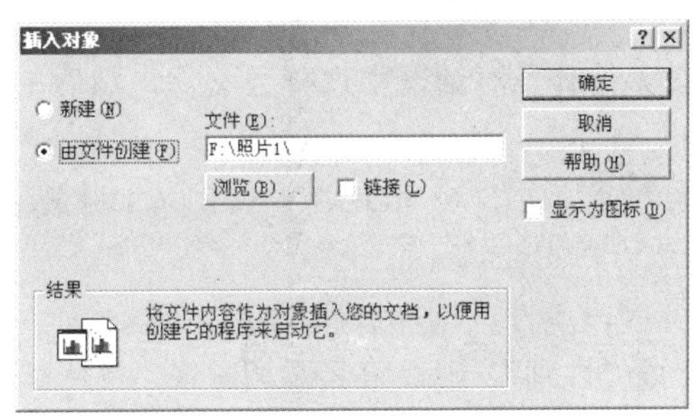

图 8-21　“插入对象”对话框

图 8-22　插入的位图文件

4. 在表中输入数据

经过前面的准备工作，可以将表 8-5 中的数据输入到创建好的表中了，具体操作步骤如下：

（1）打开 student 表，并打开表编辑窗口。

（2）在表编辑窗口中，可以根据表 8-5 中提供的数据，把除备注型和通用型字段以外的数据输入到表中。

（3）在表编辑窗口中，把鼠标指针移到备注型字段下，双击该字段，打开备注型字段数据编辑窗口（参见图 8-16），完成数据输入后，单击“关闭”按钮，关闭备注型字段的编辑窗口并存盘。

（4）在编辑窗口中，把鼠标指针移到通用型字段下，双击该字段，打开通用型字段的数据编辑窗口（参见图 8-18），完成数据的输入后，单击“关闭”按钮，关闭通用型字段的数据编辑窗口并存盘。

数据输入完成后的表如图 8-23 所示。

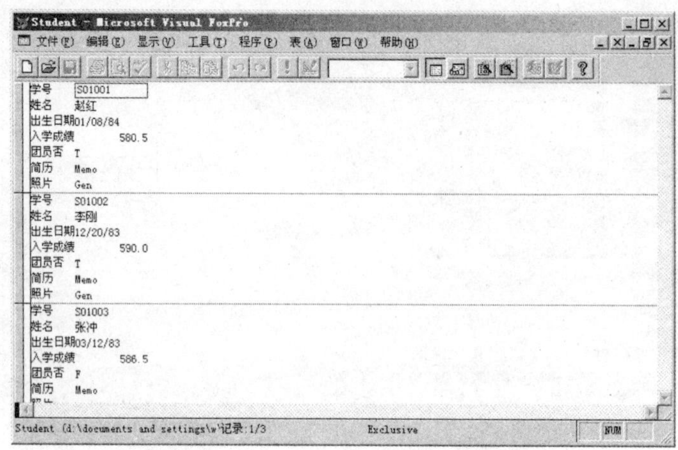

图 8-23　输入数据的 student 表

以上介绍的方法只是系统提供的一种基本的数据输入方法，这个方法不是唯一的。

8.2.3　修改表结构

建立表后若要修改表的结构，可通过打开表设计器对话框来操作，打开表设计器的方法有以下两种：

- 单击“文件”|“打开”命令，在“打开”对话框中选择表文件，然后单击“显示”|“表设计器”命令，打开表设计器对话框。
- 当表处于打开状态时，在“命令”窗口中输入 MODIFY STRUCTURE，按【Enter】键，打开表设计器对话框。

打开表设计器对话框后即可进行改变字段属性、增加或删除字段等操作。

例如，在上例的表结构中没有输入字段“性别”，现在将其添加进来，具体操作步骤如下：

（1）单击“文件”|“打开”命令，在打开的对话框中选择创建的项目“学生管理.pjx”文件。

（2）单击“确定”按钮，打开“项目管理器 - 学生管理”对话框，如图 8-24 所示。在其中选择表 student 选项，单击“浏览”按钮，将其打开。

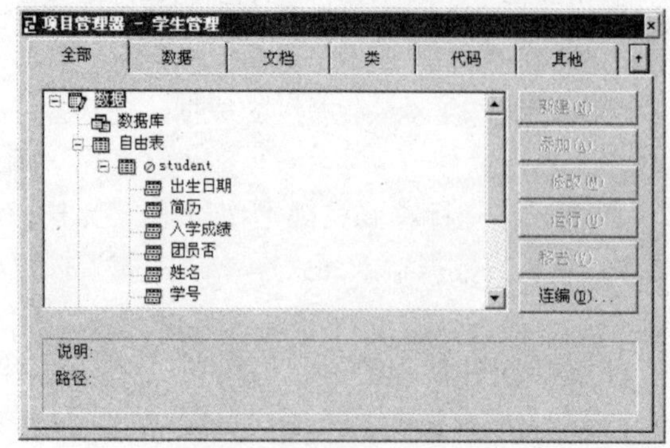

图 8-24　“项目管理器 - 学生管理”对话框

（3）单击“显示”|“表设计器”命令，打开表设计器对话框，如图 8-25 所示。

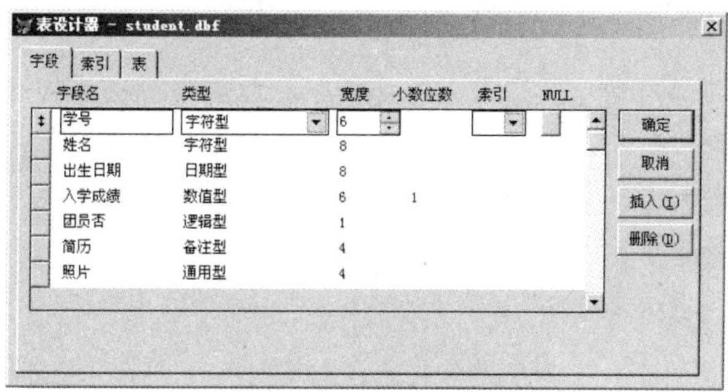

图 8-25 表设计器对话框

（4）在表设计器对话框中选中“出生日期”字段，单击“插入”按钮，在该字段前插入新的字段，如图 8-26 所示。

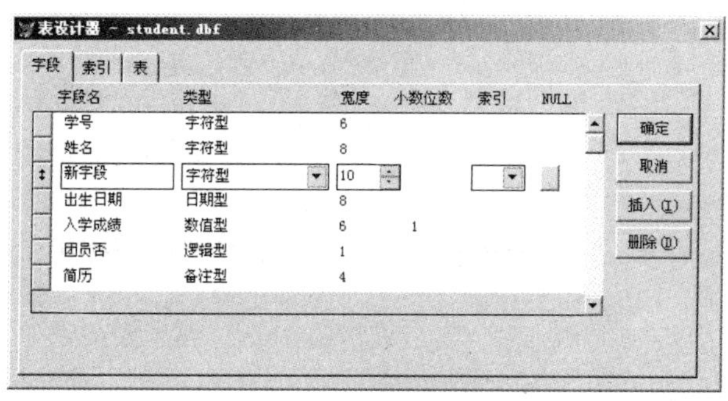

图 8-26 插入新字段

（5）将新字段的字段名修改为“性别”、类型修改为“字符型”，宽度为 2，单击“确定”按钮，关闭表设计器对话框。

（6）打开表 Student，可看到新添的“性别”字段，在其中输入性别，如图 8-27 所示。

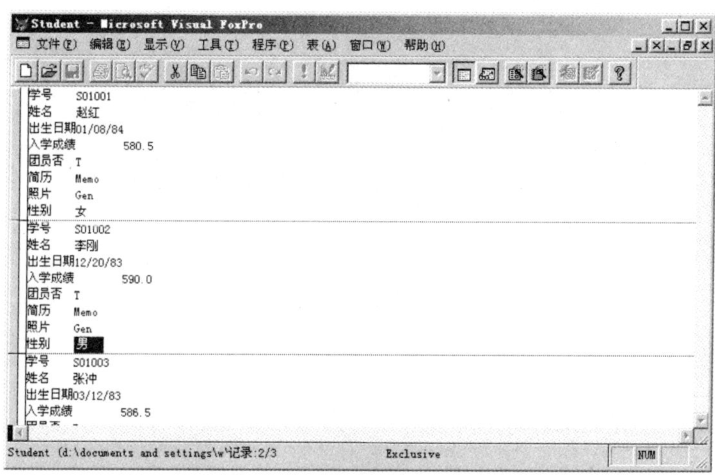

图 8-27 在插入的新字段中输入数据

关闭表 Student，系统将自动存盘并完成表结构的修改。

8.2.4　维护表记录

在 Visual FoxPro 系统环境下，当表建立完成后，表的数据和结构已基本确定，用户可以采用表浏览和表编辑两种操作方式对表中的记录进行显示和修改。在表浏览窗口中，用户可以使用鼠标调整窗口的大小、调整每个字段的显示顺序和显示宽度，以及进行定位表记录、删除表记录等操作。仍以表 Student 为例，来介绍表记录的维护操作。

1. 调整字段顺序

（1）打开表 Student，单击“显示”|“浏览”命令，打开表浏览窗口，如图 8-28 所示。

学号	姓名	出生日期	入学成绩	团员否	简历	照片	性别
S01001	赵红	01/08/84	580.5	T	Memo	Gen	女
S01002	李刚	12/20/83	590.0	T	Memo	Gen	男
S01003	张冲	03/12/83	586.5	F	Memo	gen	男
S01005	王亚军	07/19/82	603.0	F	Memo	gen	女
S01007	杜小丹	03/16/85	620.5	T	memo	gen	女
S01008	李国东	10/10/83	617.0	T	memo	gen	男

图 8-28　表 Student 的浏览窗口

（2）在表浏览窗口中，将鼠标指针移至要移动的字段上面，当其变为向下的粗箭头时，拖曳鼠标移动字段，如图 8-29 所示。

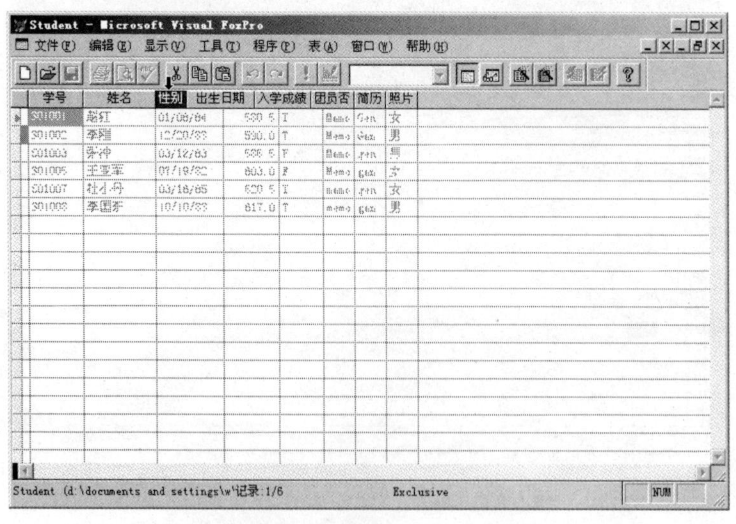

图 8-29　拖曳鼠标移动字段

（3）将字段移动到指定位置后，释放鼠标即可实现字段的顺序调整操作。

2. 定位当前记录

数据表中记录的定位，实质上就是确定哪一个记录为当前记录。定位当前记录的操作方法如下：打开表浏览窗口，单击“表”|“转到记录”命令，弹出“转到记录”子菜单，如图 8-30 所示。在“转到记录”子菜单中，单击不同的命令，即可将记录指针移动到相应的记录上。

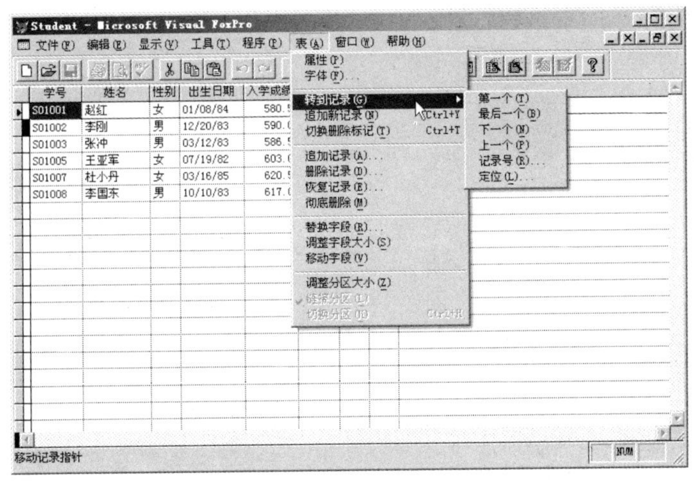

图 8-30 “转到记录”子菜单

“转到记录”子菜单中各命令的含义及作用如下：

- 单击“第一个”命令，则确定第一个记录为当前记录。
- 单击“最后一个”命令，则确定最后一个记录为当前记录。
- 单击“下一个”命令，则确定当前记录的下一个记录为当前记录。
- 单击“上一个”命令，则确定当前记录的上一个记录为当前记录。
- 单击“记录号”命令，则打开“转到记录”对话框，在“转到记录”对话框中，可以输入或选择记录号，确定该记录号指定的记录为当前记录。
- 单击“定位”命令，则打开“定位记录”对话框，在其中输入定位条件表达式，确定满足定位条件表达式的第一个记录为当前记录。

例如，对表 Student 中的记录进行如下定位记录的操作：

- 确定最后一个记录为当前记录。
- 确定第 5 号记录为当前记录。
- 确定当前记录的上一个记录为当前记录。
- 确定第一个非团员同学的记录为当前记录。
- 确定当前记录的下一个记录为当前记录。
- 确定第一个女同学的记录为当前记录。
- 确定第一个记录为当前记录。

具体操作步骤如下：

（1）打开要定位记录的表 Student，单击“显示”|“浏览”命令，打开表浏览窗口。

（2）在表浏览窗口中单击“表”|“转到记录”|“最后一个”命令，可以将记录指针移动到最后一个记录上，如图 8-31 所示（最后一个记录前有一个黑色的向右箭头）。

（3）在“转到记录”子菜单下，单击“记录号”命令，打开“转到记录”对话框，如图 8-32 所示。

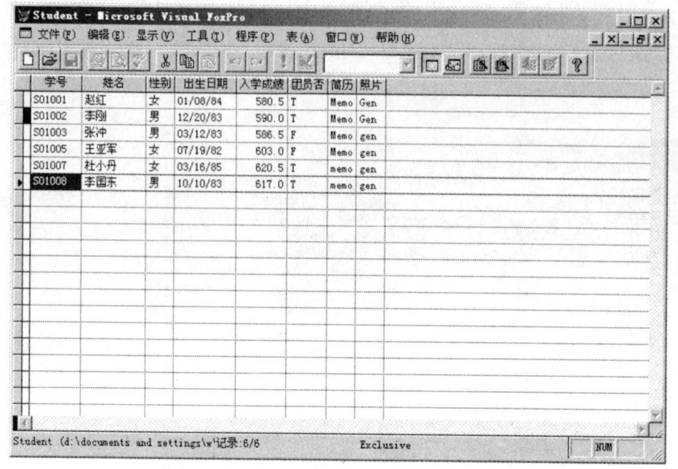

图 8-31　确定最后一个记录为当前记录

图 8-32　“转到记录”对话框

（4）在“转到记录”对话框中，利用微调按钮选择第 5 号记录，再单击“确定”按钮。此时，第 5 号记录被定义为当前记录，如图 8-33 所示。

（5）在“转到记录”子菜单中，单击“上一个”命令，则第 5 条记录的上一条记录（第 4 条）被定义为当前记录。

（6）在“转到记录”子菜单中，单击“定位”命令，打开“定位记录”对话框，如图 8-34 所示。

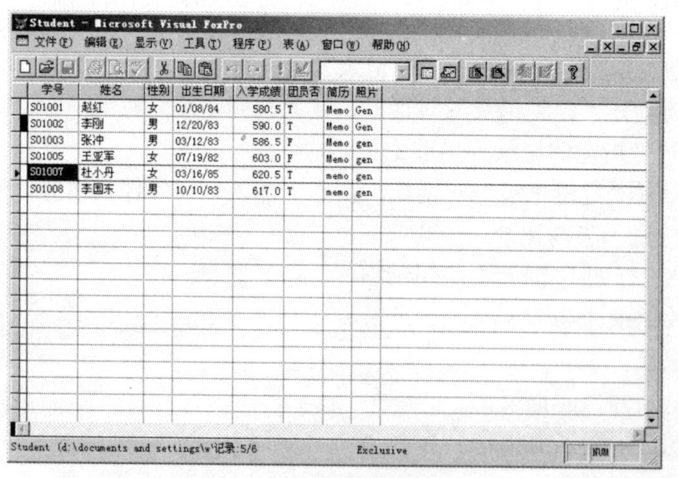

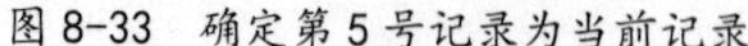

图 8-33　确定第 5 号记录为当前记录

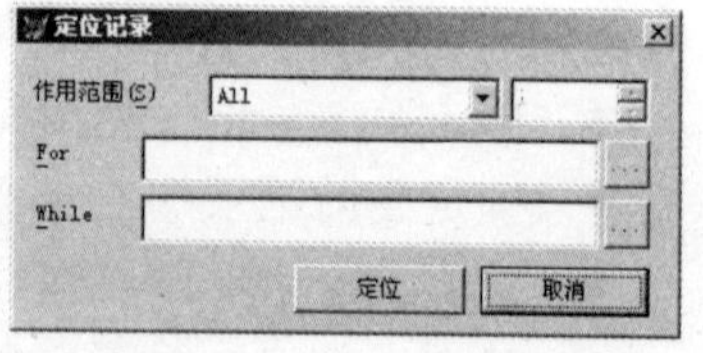

图 8-34　“定位记录”对话框

（7）在“定位记录”对话框中的 For 文本框中输入定位条件“.NOT.团员否”，单击“定位”按钮，第一个非团员同学的记录即成为当前记录。

（8）在“转到记录”子菜单中，单击“下一个”命令，则第 4 条记录成为当前记录。

（9）在“转到记录”子菜单中，单击“定位”命令，打开“定位记录”对话框，单击 For 文本框后面的按钮，打开“表达式生成器”对话框。

（10）在“表达式生成器”对话框中，输入定位条件“性别="女"”，如图 8-35 所示。

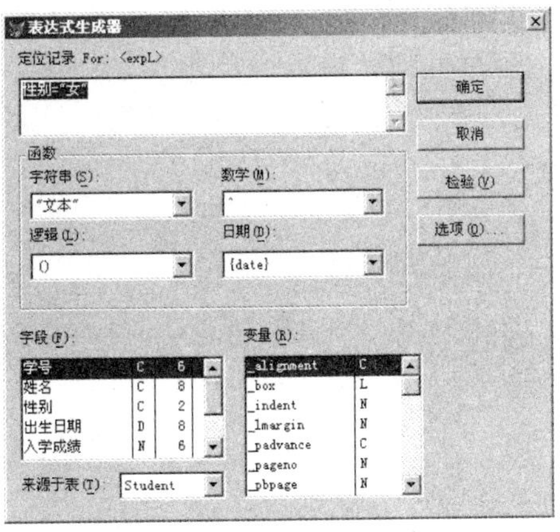

图 8-35　“表达式生成器”对话框

（11）单击“确定”按钮，返回“定位记录”对话框，再单击“定位”按钮。此时，第一个满足定位条件的记录成为当前记录，如图 8-36 所示。

学号	姓名	性别	出生日期	入学成绩	团员否	简历	照片
S01001	赵红	女	01/08/84	580.5	T	Memo	Gen
S01002	李刚	男	12/20/83	590.0	T	Memo	Gen
S01003	张冲	男	03/12/83	586.5	F	Memo	gen
S01005	王亚军	女	07/19/82	603.0	F	Memo	gen
S01007	杜小丹	女	03/16/85	620.5	T	memo	gen
S01008	李国东	男	10/10/83	617.0	T	memo	gen

图 8-36　确定第一个女同学的记录为当前记录

（12）在“转到记录”子菜单中，单击“第一个”命令，可以将记录指针移到第一个记录上。

Visual FoxPro 6.0 中提供了相应的指针定位命令：绝对定位命令 GO|GOTO[RECORD]<数值表达式>|TOP|BOTTOM 和相对定位命令 SKIP[<数值表达式>]利用这些命令也可以定位记录。

3. 逻辑删除记录

在表的使用过程中，如果表中的某些数据已经彻底无使用价值，或在某一时间内、某一环境下无使用价值，为减少数据库的冗余度，常需要把这些无用的数据暂时或彻底清除掉，以增强表操作的快捷性。

逻辑删除就是给暂时不使用的记录添加一个删除标记。另外，对需要彻底删除的记录，也必须要先做逻辑删除后再做物理删除，以免误删重要的数据。

逻辑删除记录的具体操作步骤如下：

（1）在 Visual FoxPro 系统主菜单下，打开要进行逻辑删除操作的表，并打开表浏览窗口。

（2）在表浏览窗口中，把鼠标指针移动到要进行逻辑删除的记录上，单击其删除标记栏，这时要进行逻辑删除的记录就被加上了黑色的删除标记，如图 8-37 所示。

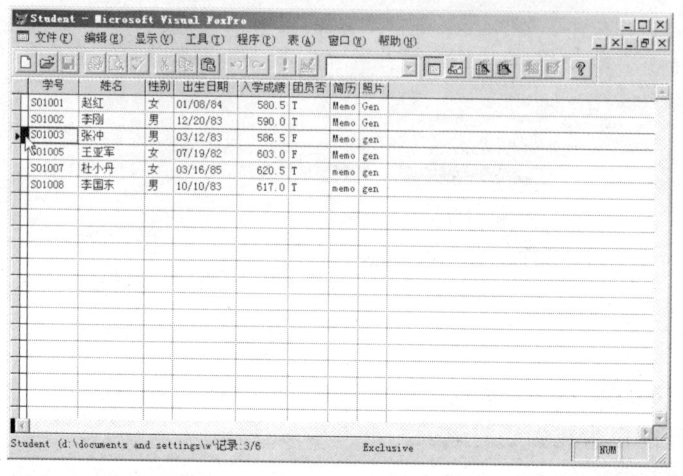

图 8-37 添加逻辑删除标记

用户也可以用菜单命令对部分记录进行逻辑删除的操作，具体操作步骤如下：

（1）在表浏览窗口中单击“表”|“删除记录”命令，打开“删除”对话框，如图 8-38 所示。

（2）在“删除”对话框中，可以通过选择作用范围确定要进行逻辑删除的部分记录。在“作用范围”下拉列表框中有四个选项供用户选择，其中：

图 8-38 “删除”对话框

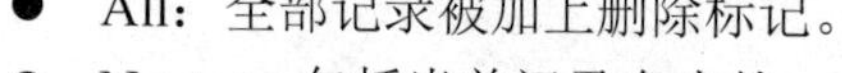

- All：全部记录被加上删除标记。
- Next n：包括当前记录在内的 n 个记录。
- Record n：对数据表中指定的第 n 个记录进行逻辑删除。
- Rest：包括当前记录直到数据表最后一个记录范围内的记录。

（3）在“删除”对话框中，除使用作用范围确定逻辑删除的记录外，用户也可在 For 文本框中设置逻辑删除条件表达式来确定要进行逻辑删除的记录。

（4）当确定了作用范围或条件表达式后，单击“删除”按钮，指定范围或满足条件的记录都被加上了删除标记。这种操作方法主要是对部分记录进行逻辑删除，同时对单记录进行逻辑删除也有效。

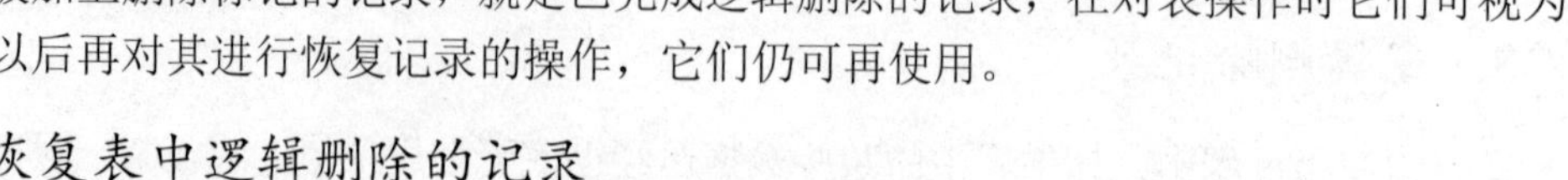

这些被加上删除标记的记录，就是已完成逻辑删除的记录，在对表操作时它们可视为已不存在。以后再对其进行恢复记录的操作，它们仍可再使用。

4. 恢复表中逻辑删除的记录

对加上逻辑删除标记的记录，如果用户还想恢复其使用权，可对其进行恢复记录的操作。

恢复已进行逻辑删除操作的记录的具体操作步骤如下：

（1）在 Visual FoxPro 系统主菜单下，打开要进行恢复操作的表，并打开表浏览窗口。

（2）在表浏览窗口中，采用以下方法之一即可恢复表中已被逻辑删除的记录：

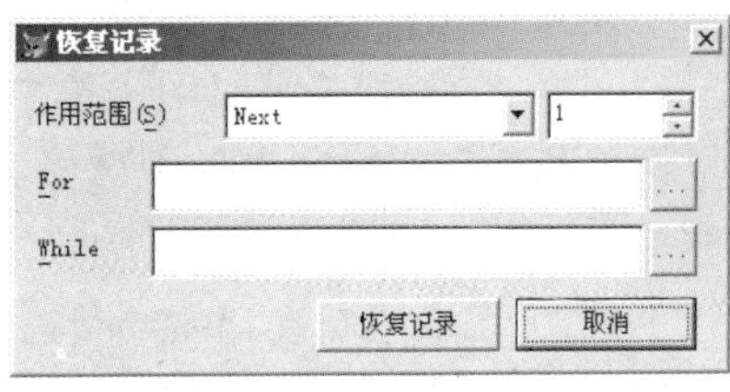

图 8-39　“恢复记录”对话框

● 将鼠标指针移到要进行恢复操作的记录上，单击其删除标记栏。

● 单击“表”|“恢复记录”命令，打开如图 8-39 所示的“恢复记录”对话框。

在该对话框中，可以通过选择作用范围确定要恢复的部分记录，或在 For 文本框中设置条件表达式来确定要恢复的记录。当确定了作用范围或条件表达式后，单击“恢复记录”按钮，指定范围或满足条件的记录都被除去删除标记。

5. 物理删除表中的记录

物理删除就是把无效的记录彻底从磁盘上删除。要想彻底删除表中无效的数据，必须先做逻辑删除后再做物理删除。物理删除表中的记录的操作方法如下：在 Visual FoxPro 系统主菜单下，打开要物理删除记录的表，并打开表浏览窗口。若已对若干记录做了逻辑删除，则单击“表”|“彻底删除”命令，在打开的提示信息框中单击“是”按钮，数据表中所有带有删除标记的记录将被彻底删除。

例如，对表 Student 中的记录进行如下删除操作：

● 逻辑删除第 1 个、第 5 个记录，并恢复这些逻辑删除记录。

● 逻辑删除表中的全部记录，并恢复这些逻辑删除记录。

● 逻辑删除表中所有性别为女的记录，并对这些记录进行物理删除。

具体操作步骤如下：

（1）在 Visual FoxPro 系统主菜单下，打开表 Student，并打开表浏览窗口。

（2）在表浏览窗口中，把鼠标指针分别移到第 1 个、第 5 个记录上，并单击其删除标记栏，这时要进行逻辑删除的记录就被加上了删除标记，如图 8-40 所示。

（3）再次单击相应的删除标记栏，删除标记将被清除，逻辑删除的记录即被恢复。

（4）在表浏览窗口中，单击“表”|“删除记录”命令，打开“删除”对话框，在“作用范围”下拉列表框中选择 All 选项，如图 8-41 所示。

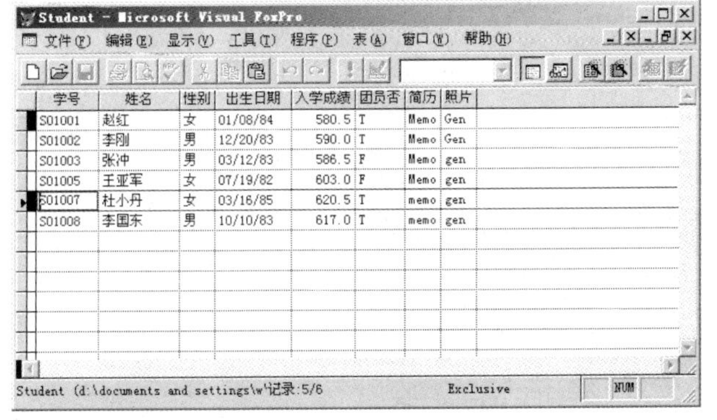

图 8-40　逻辑删除记录

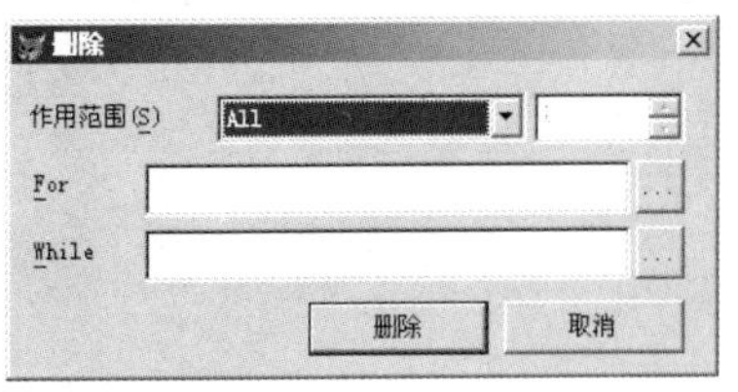

图 8-41　“删除”对话框

（5）单击“删除”按钮，表 Student 中的全部记录被加上了删除标记，如图 8-42 所示。

（6）在表浏览窗口中，单击“表”|“恢复记录”命令，打开“恢复记录”对话框。在“作用范围”下拉列表框中选择 All 选项，单击“恢复记录”按钮，表 Student 中全部记录的删除标记被清除。

（7）在表浏览窗口中，单击“表”|“删除记录”命令，打开“删除”对话框，设置“作用范围”为 All，在 For 文本框中输入条件表达式（性别="女"），如图 8-43 所示。

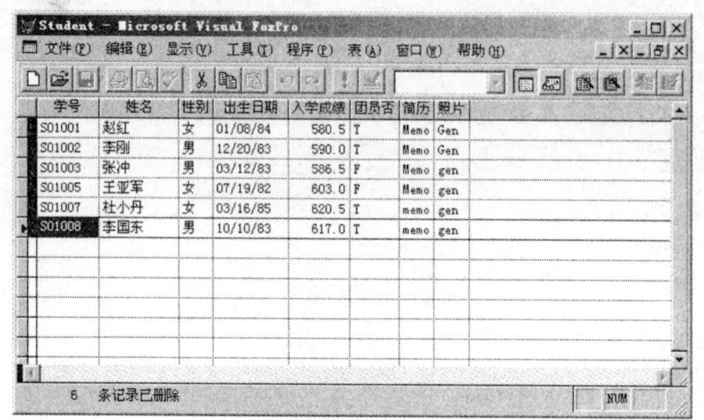

图 8-42　为全部记录添加删除标记

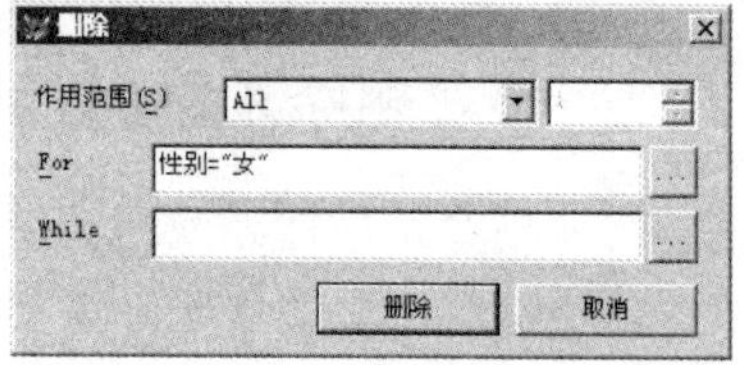

图 8-43　设置“删除”对话框

（8）单击“删除”按钮，则表 Student 中所有满足条件表达式的记录被加上了删除标记，如图 8-44 所示。

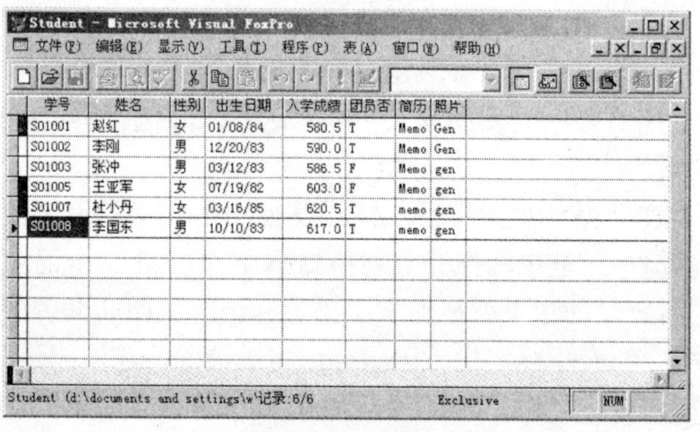

图 8-44　逻辑删除满足条件表达式的记录

（9）在表浏览窗口中，单击“表”|“彻底删除”命令，打开提示信息框，如图 8-45 所示。

（10）在该对话框中单击“是”按钮，表 Student 中所有性别为“女”的记录将被物理删除，并返回 Visual FoxPro 主菜单。单击“显示”|“浏览”命令，打开浏览窗口。从中可以看出，表 Student 中所有性别为“女”的记录已被彻底删除。

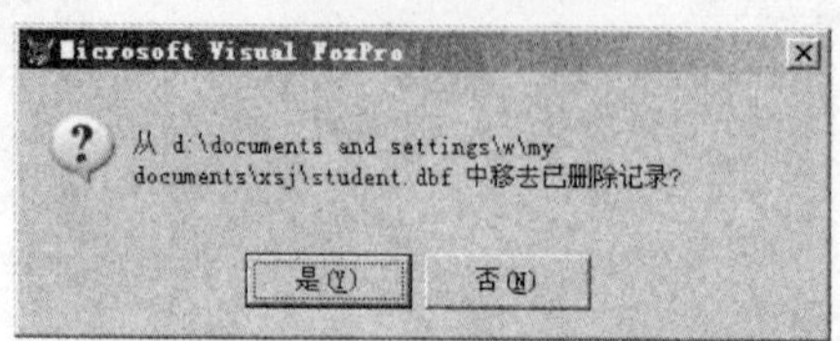

图 8-45　提示信息框

6. 其他调整操作

在表浏览窗口中还可以使用鼠标调整浏览窗口的大小，如图 8-46 所示。也可以调整记录的显示高度与宽度，如图 8-47 所示。

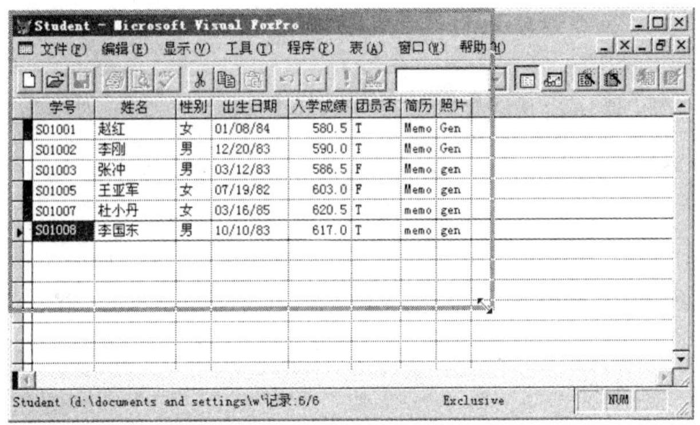

图 8-46　调整浏览窗口的大小

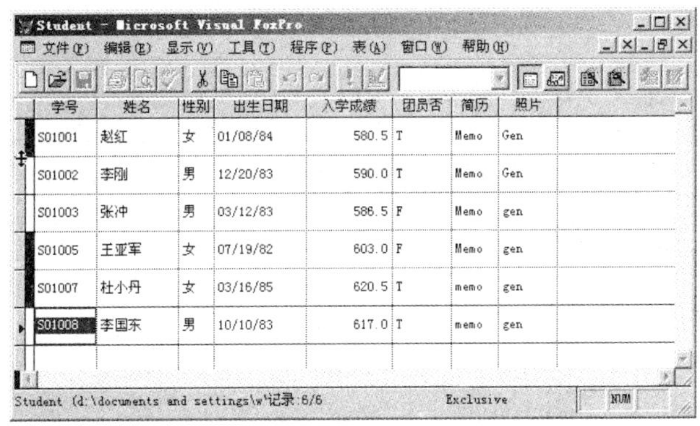

图 8-47　调整记录的显示高度与宽度

8.3　表的索引查询

索引是对数据表中某一特定的字段或表达式按照一定的规则进行排序，并根据排序的结果建立索引文件，索引是进行快速显示、快速查询数据的重要手段。在 Visual FoxPro 6.0 中，建立索引文件实际上是建立一个包含指向.dbf 文件记录的指针文件，通过指针建立起索引文件和原数据表的对应关系。

索引实际上是一种排序，但是它不改变数据表中数据的物理顺序，而是另外建立一个记录号列表。它与通常看到的图书索引目录相同，图书中的索引指明了章、节、目的页码，而表的索引指明由某一字段值的大小决定的记录排列的顺序。

8.3.1　索引的分类

如果按扩展名来分类，Visual FoxPro 有复合索引和单索引两种索引文件，其扩展名分别为.cdx 和.idx。复合索引文件允许包含多个索引，每个索引都有一个索引标识，代表一种记录逻辑顺序。而单索引文件中只有一个索引标识。

复合索引文件又有结构化的和非结构化的两种，若定义复合索引文件时用户为它命名，则其为非结构化的，否则为结构化的。结构化复合索引文件的主名与表的主名相同，它随表的打开而打开，在添加、更改或删除记录时还会自动更新。

如果按照索引文件的功能来分类，可将索引分为主索引、候选索引、唯一索引和普通索引四种类型，下面分别对其进行介绍。

1. 主索引

在主索引中，用做排序依据的关键字字段或表达式中不允许出现重复值，否则系统将产生错误。主索引是在永久关系中建立参照完整性时主表和被引用表使用的索引。

2. 候选索引

候选索引也不允许在用做排序依据的关键字字段或表达式中出现重复值，它是作为一个表中主索引的候选者打开的。一个表虽然只允许建立一个主索引，但却可同时建立多个候选索引。

3. 唯一索引

唯一索引允许在用做排序依据的关键字字段或表达式中出现重复值，但在唯一索引中，只包含表文件中第一个与关键字字段或表达式相匹配的记录，对于那些具有重复值的记录，则不包含在唯一索引中。

4. 普通索引

普通索引是建立索引时的默认类型，可用于记录排序和搜索记录。普通索引允许在用做排序依据的关键字字段或表达式中出现重复值，而且一个表中可以建立多个普通索引。

8.3.2 索引文件

利用表设计器可以对已有的表创建索引文件，使用索引文件可以提高对表、数据库的操作效率，下面分别介绍索引文件的创建与应用。

1. 创建索引文件

下面以为表 Student 中的“学号”字段建立索引为例，介绍创建索引文件的方法，具体操作步骤如下：

（1）在项目管理器对话框的“数据”选项卡中双击 Student 表，打开表设计器对话框，单击“索引”选项卡，如图 8-48 所示。

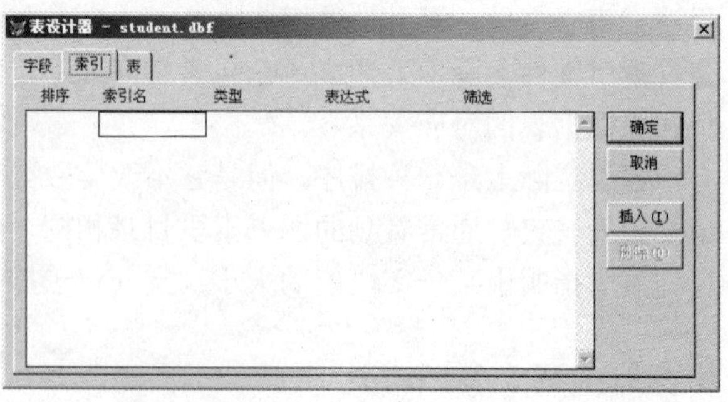

图 8-48 “索引”选项卡

在该选项卡中，各参数的含义及作用如下：

- 在“排序”选项中，选择索引方向，升序或降序。
- 在“索引名”选项中，输入索引字段名。
- 在“类型”选项中，选择索引类型。
- 在“表达式”选项中，输入索引字段名，或者索引表达式。
- 在“筛选”选项中，限制记录的输出范围。

（2）在“索引”选项卡的“索引名”文本框中输入索引名称“入学成绩”，在“类型”下拉列表框中选择“普通索引”选项，在“表达式”文本框中输入索引表达式“入学成绩”，将“排序”设置为降序，如图 8-49 所示。

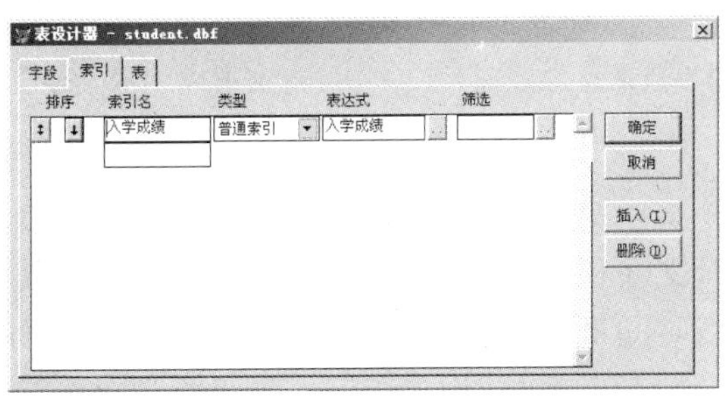

图 8-49　设置“索引”选项卡

（3）单击“确定”按钮，并在弹出的对话框中单击“是”按钮，保存索引。

2. 应用索引文件

索引设置好后，并不能直接运行，需要在设置索引的表文件处于浏览状态下，进行索引的应用，以上例创建的索引文件为例，应用索引文件的具体操作步骤如下：

（1）打开创建索引文件的表文件，并使其处于浏览状态。

（2）单击“表”|“属性”命令，如图 8-50 所示。打开“工作区属性”对话框。

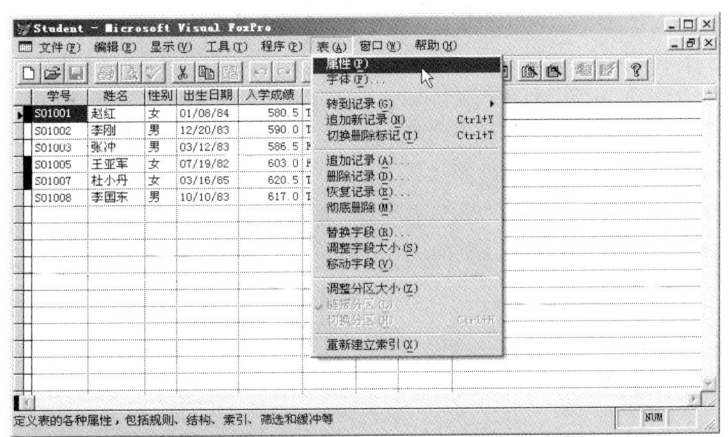

图 8-50　单击“表”|“属性”命令

（3）在“工作区属性”对话框的“索引顺序”下拉列表框中选择索引字段名，如图 8-51 所示。

（4）单击“确定”按钮，表中的数据将按其索引字段的大小顺序显示，如图 8-52 所示。

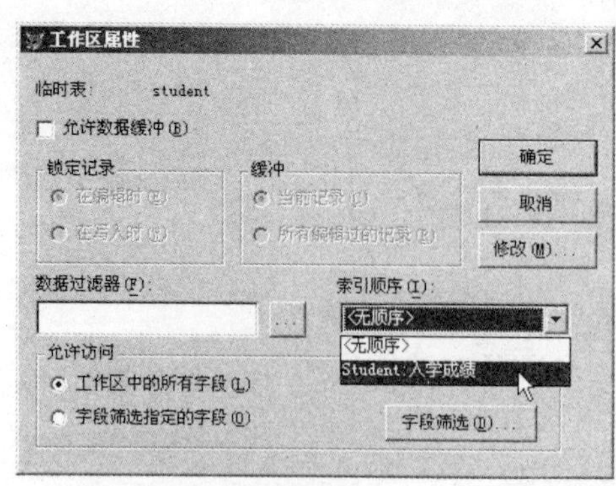

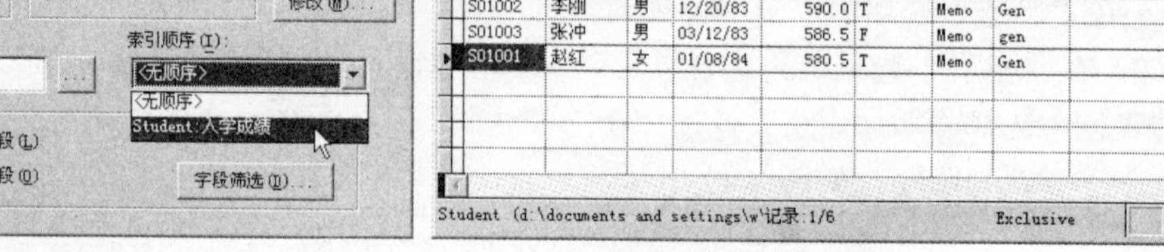

图 8-51　选择索引字段名　　　　图 8-52　按索引字段显示的数据

3. 删除索引文件

对于已经无用的索引文件和某些索引标志，要及时进行删除处理，否则，当打开索引文件后，系统将会花很多时间来维护这些已无用的索引标志，从而降低系统的工作效率。对已经无用的索引文件，可以在表设计器的“索引”选项卡中将其删除，具体操作步骤如下：

（1）在项目管理器对话框的“数据”选项卡中双击 Student 表，打开表设计器对话框。

（2）单击“索引”选项卡，选中要删除的索引名，本例中选中“入学成绩”选项，如图 8-53 所示。

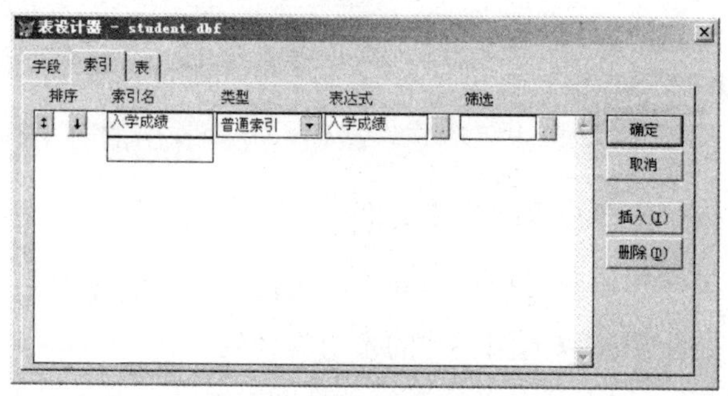

图 8-53　选中要删除的索引名

（3）单击“删除”按钮，则创建的索引文件将被删除。

4. 更新索引文件

当表中的数据发生变化时，所有当时已打开的索引文件都会随数据的改变自动改变记录的逻辑顺序，实现索引文件的自动更新。

Visual FoxPro 也提供了索引的相关命令：建立索引文件的命令为：INDEX ON<索引表达式>TO<单索引文件>[FOR<条件>]、INDEX ON <索引表达式>TAG<索引标识符>[OF<非结构索引名>][FOR<条件>]；打开索引文件的命令为：SET INDEX TO<索引文件名>；删除索引文件的命令为：DELETE TAG TagName1[OF CDXFileName1][,TagName2[OF CDXFileName2]]…。

8.3.3 表的查询

在 Visual FoxPro 6.0 中，设计一个查询主要是通过指定数据源、设置筛选条件、选择所需字段、指定排序依据等工作来完成的。查询可以通过查询设计器或向导来设计。本节将介绍如何在 Visual FoxPro 6.0 中创建、修改和运行查询。

1. 使用向导创建查询

使用查询向导可以方便快捷地创建查询，进入查询向导的常用方法有以下三种：

- 单击“文件”|“新建”命令，或者在工具栏中单击“新建”按钮🗋，打开“新建”对话框，选中“查询”单选按钮，单击“向导”按钮，如图 8-54 所示。在打开的如图 8-55 所示的对话框中选择“查询向导”选项，单击“确定”按钮，即可打开查询向导对话框。
- 在项目管理器对话框中，单击“数据”选项卡，选择“查询”选项，单击“新建”按钮，如图 8-56 所示。在打开的“新建查询”对话框中单击“查询向导”按钮，如图 8-57 所示。打开“向导选取”对话框，选择“查询向导”选项，单击“确定”按钮，即可打开查询向导对话框。

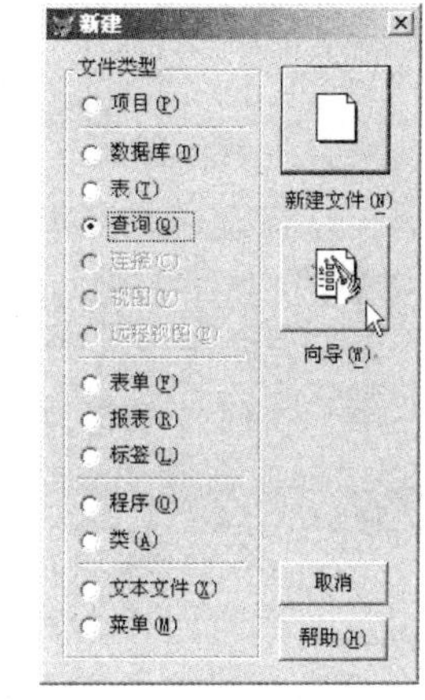

图 8-54　单击“向导”按钮

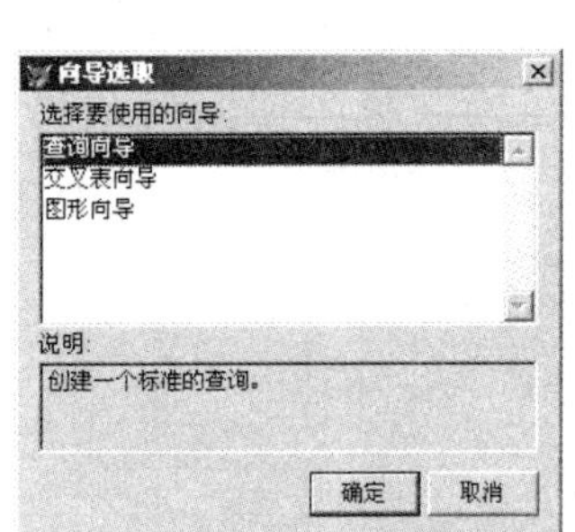

图 8-55　“向导选取”对话框

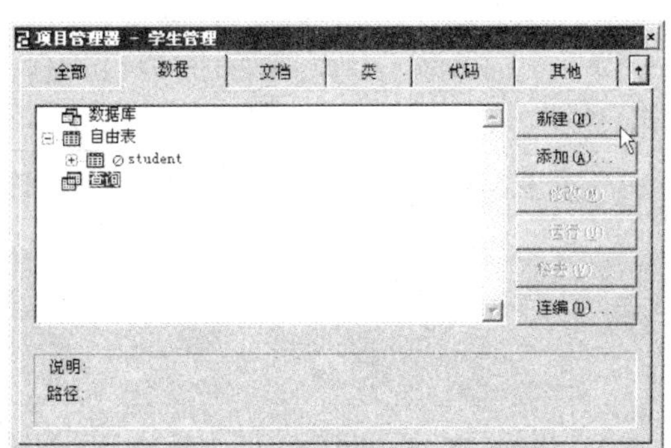

图 8-56　单击“新建”按钮

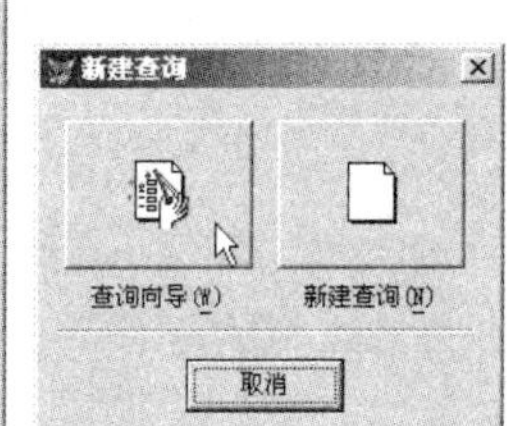

图 8-57　单击“查询向导”按钮

- 单击“工具”|“向导”|“查询”命令，打开“向导选取”对话框，选择“查询向导”选项，单击“确定”按钮（如图 8-58 所示），即可打开查询向导对话框，如图 8-59 所示。

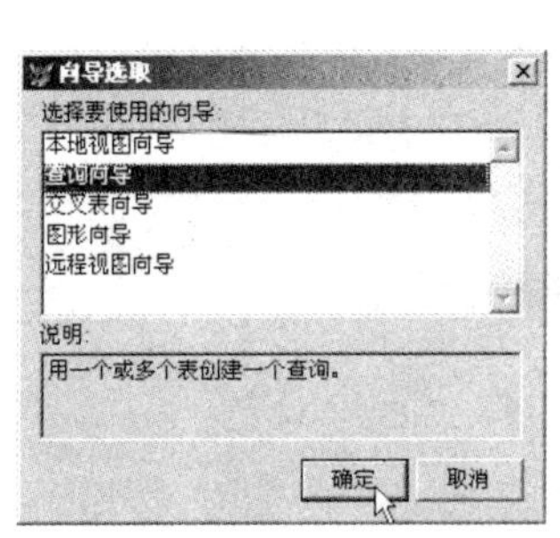

图 8-58　“向导选取”对话框

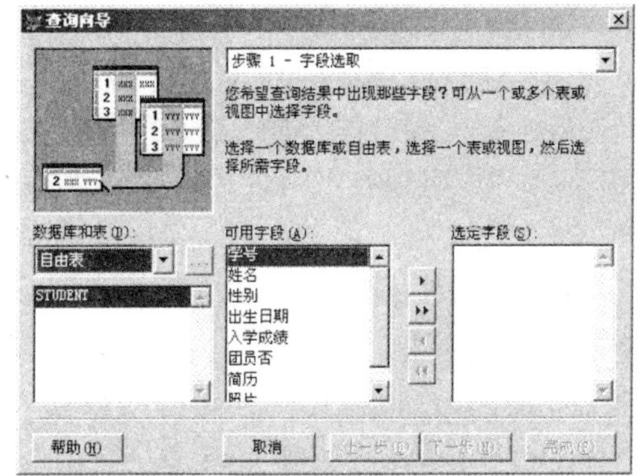

图 8-59　“查询向导”对话框

下面以一个具体实例来介绍如何使用查询向导创建单表查询。所谓单表查询，就是仅依据一个数据表建立的查询，即查询结果中的字段都集中于一个数据表中。

例如，依据 Student 数据表建立一个查询：查找入学成绩大于 600 分的学生，要求查询结果中包括学号、姓名、性别、出生日期、入学成绩 5 个字段，并按入学成绩升序排列。

创建该查询的具体操作步骤如下：

（1）进入查询向导，参见图 8-59。在该对话框中常用参数的含义及作用如下：

- “数据库和表”选项区：如果数据库已打开，则可从中选择数据库，其下面的列表框中显示的是该数据库中的表。用户也可单击其后的…按钮，弹出“打开”对话框，从中选择需要的数据库或表。
- “可用字段”列表框：显示的是选定表中所包含的字段。
- “选定字段”列表框：将“可用字段”列表框中选中的字段加入到该列表框中，则查询结果将包含这些字段。

（2）本例中，在“数据库和表”选项区的列表框中选择 STUDENT 数据表，在“可用字段”列表框中依次选择学号、姓名、性别、出生日期、入学成绩 5 个字段并单击▸按钮，其最终结果如图 8-60 所示。

（3）设置完成后，单击“下一步”按钮，将打开查询向导步骤 3 对话框，在该对话框中可以按照查询要求创建条件表达式，从而筛选出符合条件的记录。

在本例中，我们在第一个“字段”下拉列表框中选择“STUDENT.入学成绩”选项，在“操作符”下拉列表框中选择“大于”选项，在“值”文本框中输入 600，如图 8-61 所示。

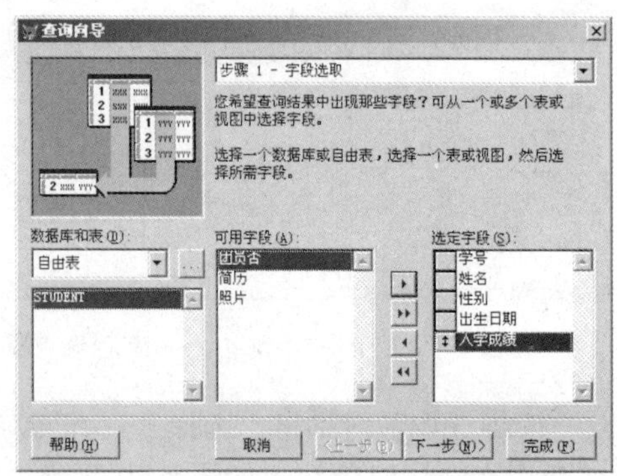

图 8-60　在查询向导中选取字段

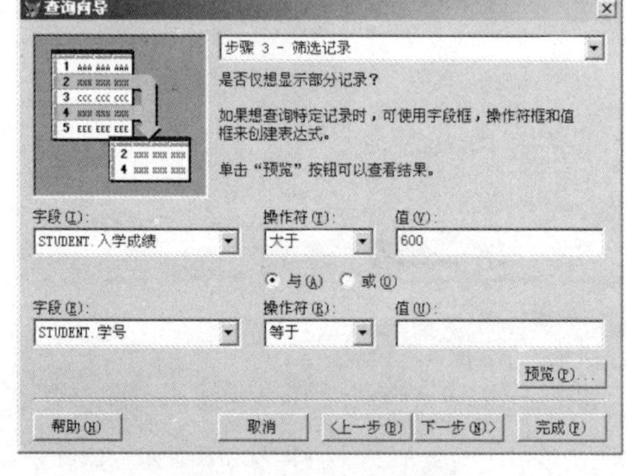

图 8-61　设置筛选条件

（4）设置完成后，单击“下一步”按钮，打开查询向导步骤 4 对话框，如图 8-62 所示。

在该对话框中，可以设置记录的排序条件，其中各选项的含义及作用如下：

- “可用字段”列表框：列出的是可用于排序的字段和表达式。
- “选定字段”列表框：列出的是在查询结果中作为排序依据的字段和表达式。
- “添加”按钮：将“可用字段”列表框中选定的字段加入到“选定字段”列表框中。

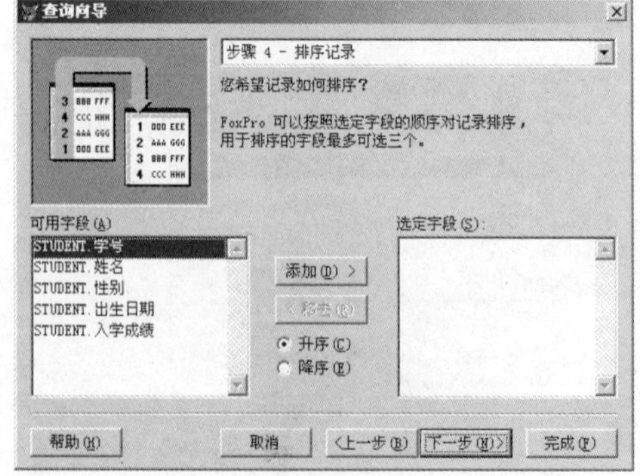

图 8-62　查询向导步骤 4 对话框

- “移去”按钮：将“选定字段”列表框中选定的字段或表达式删除并返回到“可用

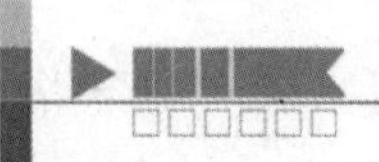

字段”列表框中。

- “升序”单选按钮：设置“选定字段”列表框中选定的字段或表达式在查询结果中以升序显示。
- “降序”单选按钮：设置“选定字段”列表框中选定的字段或表达式在查询结果中以降序显示。

如果在“选定字段”列表框中有多个字段，那么查询结果将先依据第一个字段排序，若第一字段相同，再依据第二个字段排序，依次类推。在“选定字段”列表框中，通过拖动字段前的按钮，可以改变排序字段的顺序。

（5）本例中，我们在“可用字段”列表框中选择“STUDENT.入学成绩”选项，单击“添加”按钮，并选中“升序”单选按钮。设置完成后，单击“下一步”按钮，打开查询向导步骤 4a 对话框，如图 8-63 所示。

在如图 8-63 所示的对话框中，用户可以限制查询结果中的记录数。

在“部分类型”选项区中有两个单选按钮：“所占记录百分比”和“记录号”。在“数量”选项区中也有两个单选按钮：“所有记录”和“部分值”。其中“所占记录百分比”指定在“部分值”中输入的数字代表的记录百分比；“记录号”指定在“部分值”中输入的数字代表的记录数。

（6）本例在“部分类型”选项区中选中“所占记录百分比”单选按钮，在“数量”选项区中选中“所有记录”单选按钮。设置完成后，单击“预览”按钮，可以预览符合条件的记录。单击“下一步”按钮，打开查询向导步骤 5 对话框，如图 8-64 所示。

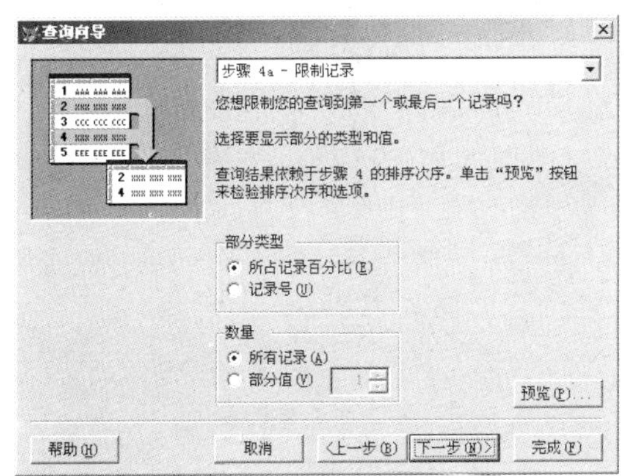

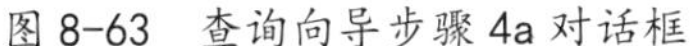
图 8-63　查询向导步骤 4a 对话框

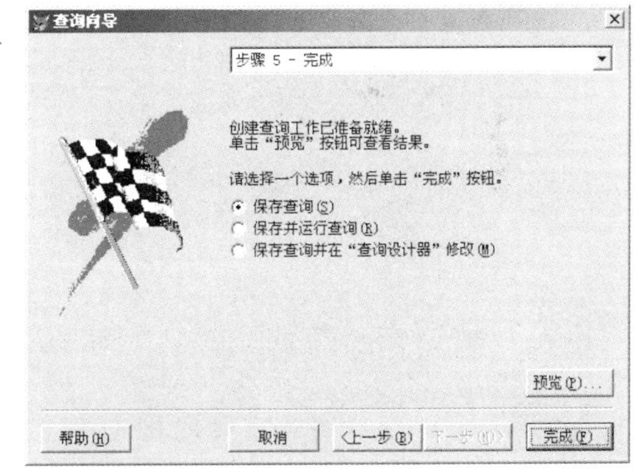

图 8-64　查询向导步骤 5 对话框

在该对话框中可以设置查询的保存方式。如果选中“保存查询”单选按钮，单击“完成”按钮，将打开“另存为”对话框，在该对话框中，可以更改路径并输入文件名，单击“保存”按钮即可；如果选中“保存查询并在‘查询设计器’修改”单选按钮，则将查询保存并打开查询设计器修改查询。

（7）在本例中，选中“保存并运行查询”单选按钮，单击“完成”按钮，完成单表查询的创建操作。运行查询的结果如图 8-65 所示。

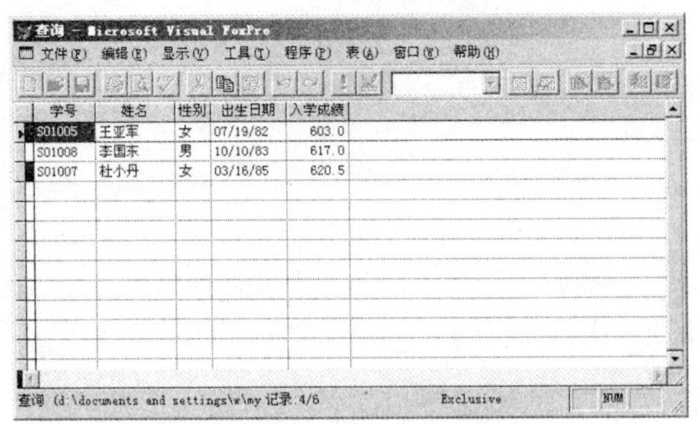

图 8-65　运行查询的结果

2. 使用查询设计器创建查询

使用查询设计器可以创建较为复杂的查询，进入查询设计器的常用方法有以下两种：

- 单击“文件”|“新建”命令，或者在工具栏中单击“新建”按钮，打开“新建”对话框，选中“查询”单选按钮，单击“新建文件”按钮，如图 8-66 所示。
- 在项目管理器对话框中，单击“数据”选项卡，选择“查询”选项，单击“新建”按钮，如图 8-67 所示。在打开的“新建查询”对话框中单击“新建查询”按钮，如图 8-68 所示。

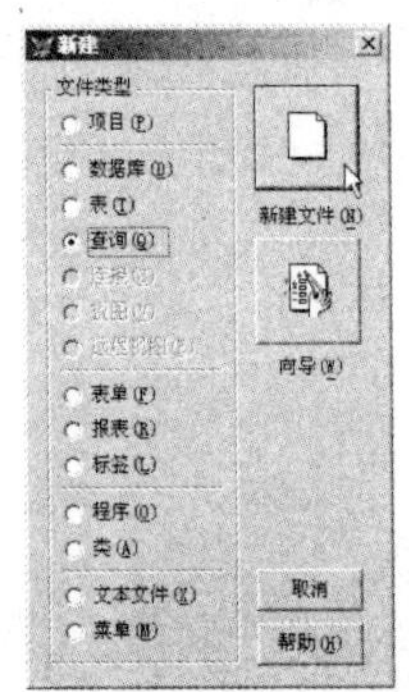

图 8-66　单击“新建文件”按钮

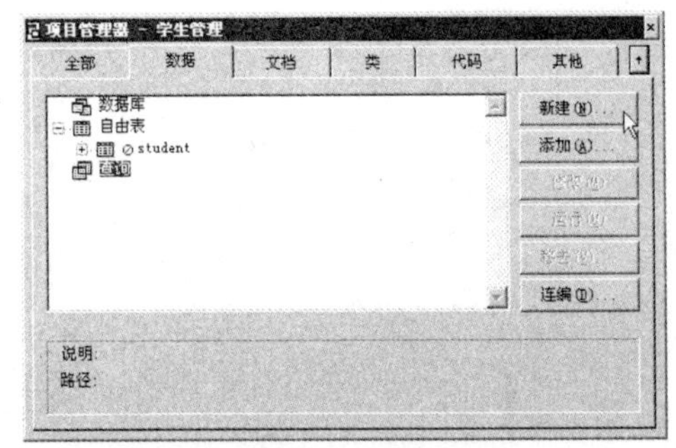

图 8-67　单击“新建”按钮

采用以上两种方法中的任何一种，都将打开“添加表或视图”对话框，如图 8-69 所示。选择要创建查询的表，单击“添加”按钮，添加完所需的数据表后，单击“关闭”按钮，关闭该对话框，即可打开查询设计器窗口，如图 8-70 所示。

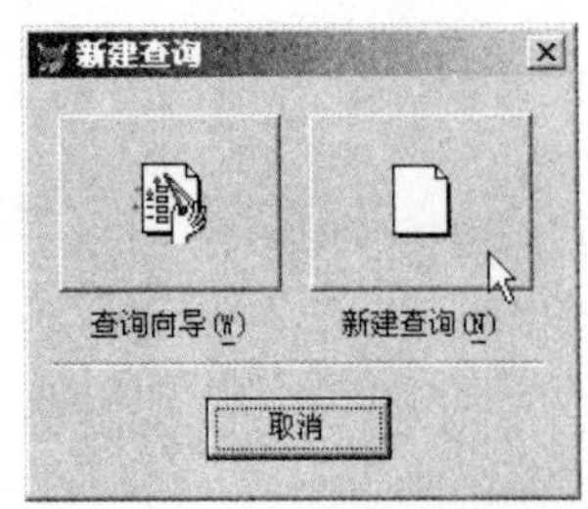

图 8-68　单击“新建查询”按钮

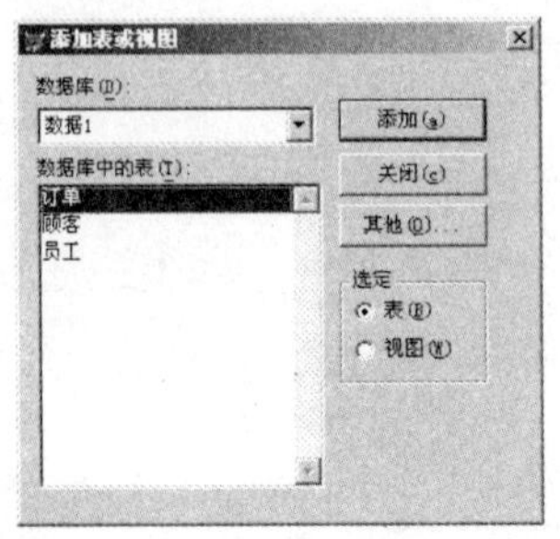

图 8-69　“添加表或视图”对话框

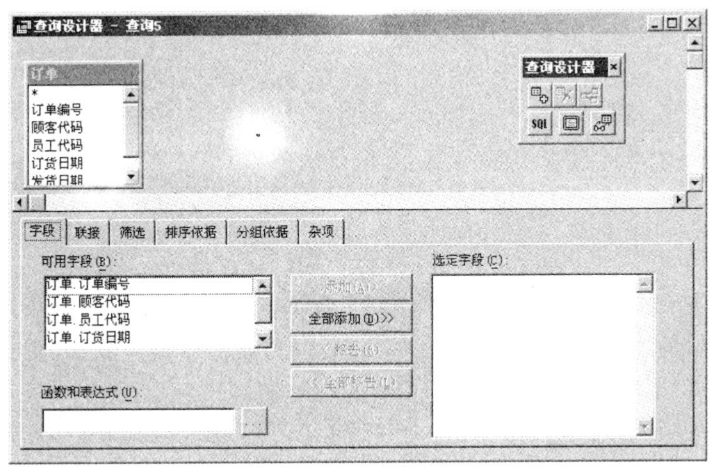

图 8-70　查询设计器窗口

在“查询设计器”工具栏中各按钮的功能如下：

- 按钮：添加数据表。
- 按钮：删除数据表。
- 按钮：添加数据表之间的连接。
- 按钮：显示 SQL 窗口。
- 按钮：最大化查询设计器上半部分窗口。
- 按钮：设置查询的输出形式。

下面仍以上面创建的查询为例，来介绍如何使用查询设计器创建查询，具体操作步骤如下：

（1）单击“文件”|“新建”命令，打开“新建”对话框，选中“查询”单选按钮，单击“新建文件”按钮，在打开的“添加表或视图”对话框中单击“其他”按钮，在打开的对话框中选择前面创建的学生管理数据库，如图 8-71 所示。

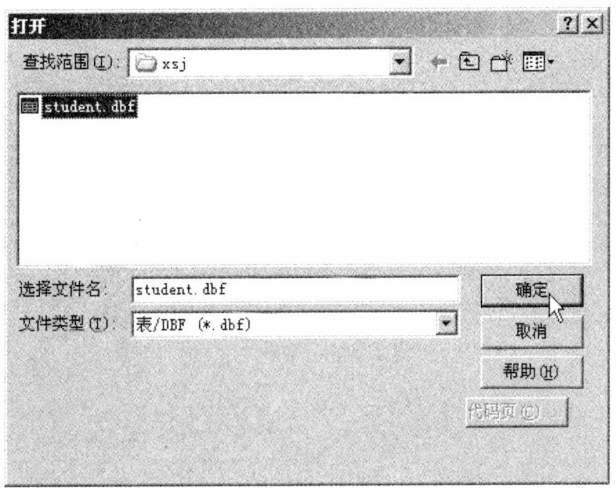

图 8-71　选择 student.dbf 文件

（2）单击“确定”按钮，关闭“添加表或视图”对话框，打开查询设计器窗口。在“字段”选项卡中依次选择学号、姓名、性别、出生日期、入学成绩 5 个字段，并分别单击“添加”按钮，结果如图 8-72 所示。

（3）此查询要求显示“入学成绩”大于 600 分的学生情况，因此单击“筛选”选项卡，在“字段名”下拉列表框中选择“Student.入学成绩”选项，在“条件”下拉列表框中选择“>”选项，在“实例”文本框中输入 600，如图 8-73 所示。

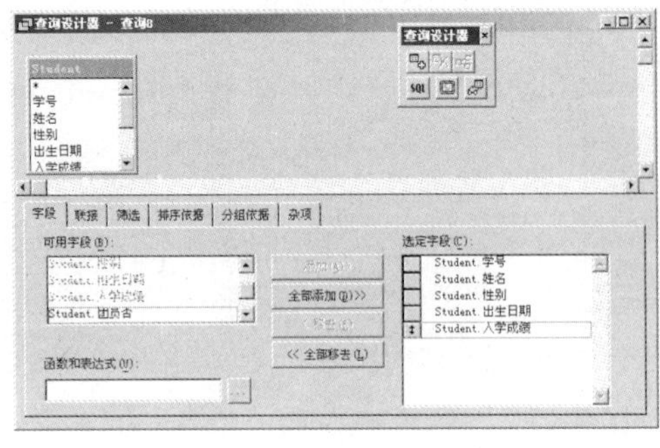

图 8-72 选取字段

图 8-73 设置筛选条件

（4）单击“排序依据”选项卡，在“选定字段”列表框中选择“Student.入学成绩”选项，单击“添加”按钮，在“排序选项”选项区中选中“升序”单选按钮，如图 8-74 所示。

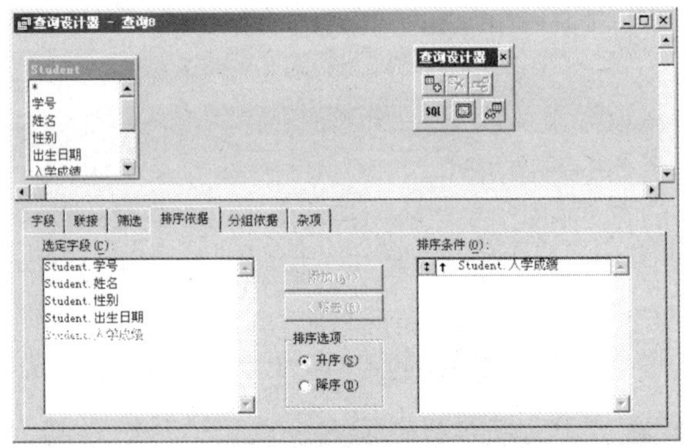

图 8-74 设置排序依据

（5）在查询条件设置完成后，单击“文件”|“保存”命令，在打开的“另存为”对话框中输入查询的文件名，单击“保存”按钮（如图 8-75 所示），完成查询的创建操作。

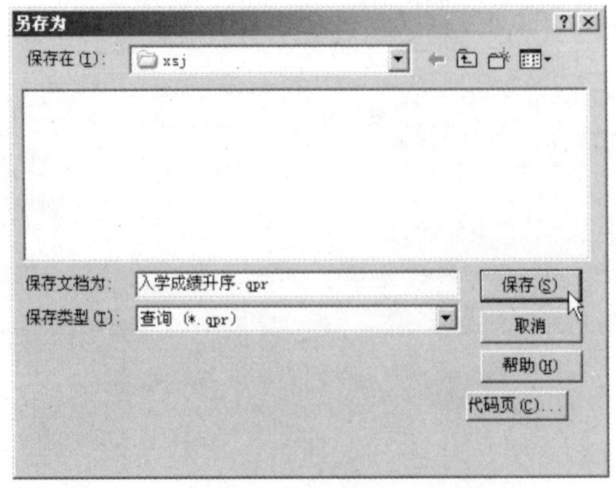

图 8-75 保存查询文件

3. 查询的运行

在创建完查询后，就可以运行查询了。运行查询的常用方法有以下四种：

- 打开查询设计器，单击“查询”|“运行查询”命令，或者在工具栏中单击按钮。
- 用鼠标右键单击查询设计器窗口，在弹出的快捷菜单中选择“运行查询”选项。
- 在项目管理器中，选择要运行的查询文件，单击右边的“运行”按钮。
- 在“命令”窗口中，输入 DO<查询文件名>。

4. 查询的修改

当创建完查询后，如果查询中有不满意的地方，可以通过以下三种方法进行修改：

- 单击“文件”|“打开”命令，或者在工具栏中单击“打开”按钮，在弹出的“打开”对话框中选择要修改的查询文件，单击“确定”按钮，在查询设计器中修改。
- 在项目管理器中，选择要修改的查询文件，单击右边的“修改”按钮，在查询设计器中修改。
- 在“命令”窗口中，输入 MODIFY QUERY<查询文件名>。

5. 设置查询的输出形式

在查询设计器中，可以将查询结果以多种形式输出，默认情况下，查询结果显示在表浏览窗口中。用鼠标右键单击查询设计器窗口，在弹出的快捷菜单中选择“输出设置”选项（或者在“查询设计器”工具栏中单击按钮），将打开如图 8-76 所示的“查询去向”对话框。

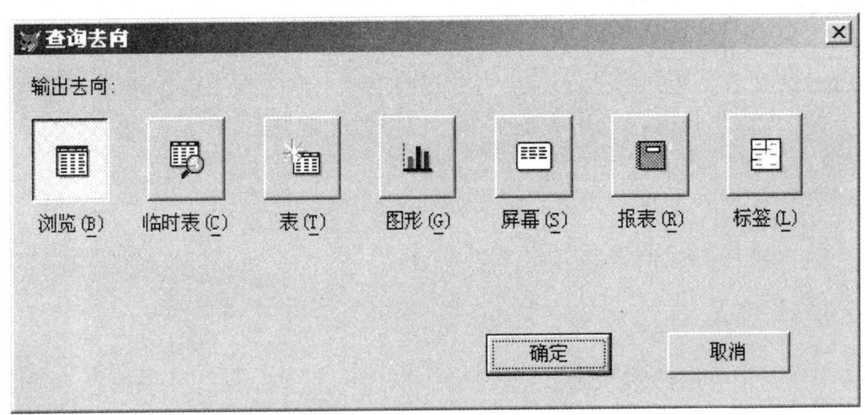

图 8-76 “查询去向”对话框

在该对话框中单击不同的按钮，再单击“确定”按钮，查询结果将以不同的形式存储。例如，单击“浏览”按钮，可以将查询结果输出到一个浏览窗口；单击“屏幕”按钮，可以将查询结果显示在主窗口或当前活动的窗口中；单击“临时表”按钮，可以将查询结果作为一个临时只读表存储；单击“表”按钮，可以将查询结果作为一个数据表存储。

8.3.4 工作区

工作区是用来保存表及其相关信息的一段内存空间。平时讲的打开表实际上就是将它从磁盘调入到内存的某一个工作区。在一个工作区中只能打开一个表文件，但可以同时打开与该表相关的其他文件，如索引文件、查询文件等。若在一个工作区中打开一个新的表，则该工作区中原来的表将被关闭。

有了工作区的概念，就可以同时打开多个表，但在任何一个时刻用户只能选择一个工作区进行操作。当前正在操作的工作区称为当前工作区。

1. 工作区号与别名

不同工作区可以用其编号或别名来加以区分。Visual FoxPro 提供了 32 767 个工作区，系统以 1~32 767 作为各工作区的编号。

工作区的别名有两种，一种是系统定义的别名：1~10 号工作区的别名分别为字母 A~J。另一种是用户定义的别名，用命令“USE<表文件名>ALIAS<别名>”指定。由于一个工作区只能打开一个表，因此可以把表的别名作为工作区的别名。若未用 ALIAS 子句对表指定别名，则以表的主名作为别名。

2. 工作区的选择

选择工作区的命令格式为：

SELECT〈工作区号〉|〈别名〉|0

该命令选择一个工作区为当前工作区，以便打开一个表或把该工作区中已打开的表作为当前表进行操作，命令中各子句的含义如下：

- 工作区的切换不影响各工作区记录指针的位置。每个工作区中打开的表有各自独立的记录指针。当前表记录指针的变化不会影响别的工作区中表记录指针的变化。
- SELECT 0 表示选择当前没有被使用的最小号工作区为当前工作区。用该命令开辟新的工作区，不用考虑工作区号已用到了多少，使用最为方便。
- 用户也可在 USE 命令中增加 IN 子句来选择工作区并打开表。例如，在 1 号工作区打开 Student 表，并给它取一个别名，可用命令：

USE student ALIAS xs IN 1 或 USE student ALIAS xs IN A

3. 工作区的互访

在当前工作区中可以访问其他工作区中表的数据，但如果要在非当前表的字段名前加上别名和连接符，引用格式为：别名.字段名或别名－>字段名。

8.4 表单

在 Visual FoxPro 数据库中，用户不仅可以设计数据库表和查询，还可以创建包含各种控件的表单。表单除了能够接收、显示和编辑数据外，还有其他接口所没有的功能。例如，在表单中可以添加很多对象，这些对象能够响应用户或系统事件，从而使用户可以尽可能方便和直观地完成信息管理工作。

表单英文名称为 Form，在创建项目时，如果项目中有许多数据需要输入和管理，或者希

望用一种易于使用的格式表达信息，就应在项目中创建表单。表单是用户和 Visual FoxPro 应用程序之间进行数据交互的窗口，它在基于图形用户界面的应用软件中应用非常广泛。

8.4.1　创建表单

表单可以使用表单设计器来创建，也可以使用表单向导来创建。使用表单向导创建表单时，首先要选择所要创建的表单的类型，然后根据向导，逐步完成操作。

例如，使用向导创建一个单表表单，用来显示 Student 表中的每一条记录数据，记录按入学成绩的升序排序，表单中的按钮采用文本按钮形式，具体操作步骤如下：

（1）在项目管理器对话框中单击“文档”选项卡，并在其中选择“表单”选项，单击“新建”按钮，如图 8-77 所示。

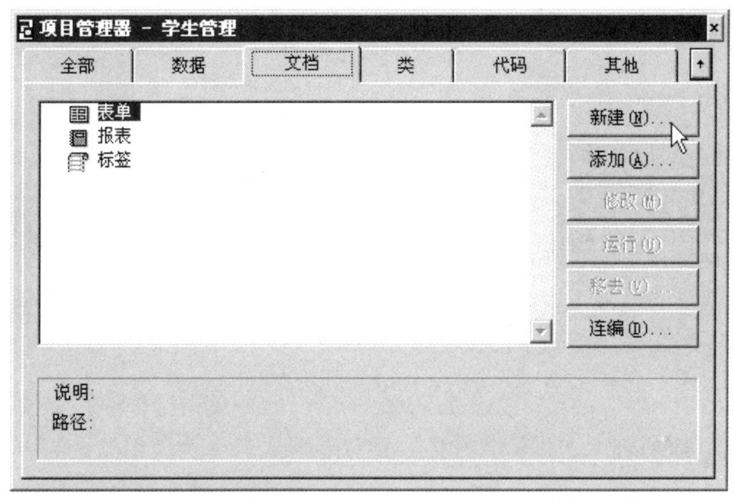

图 8-77　“文档”选项卡

（2）在打开的“新建表单”对话框中单击“表单向导”按钮（如图 8-78 所示），打开“向导选取”对话框，在“选择要使用的向导”列表框中选择向导类型，本例选择“表单向导”选项，如图 8-79 所示。

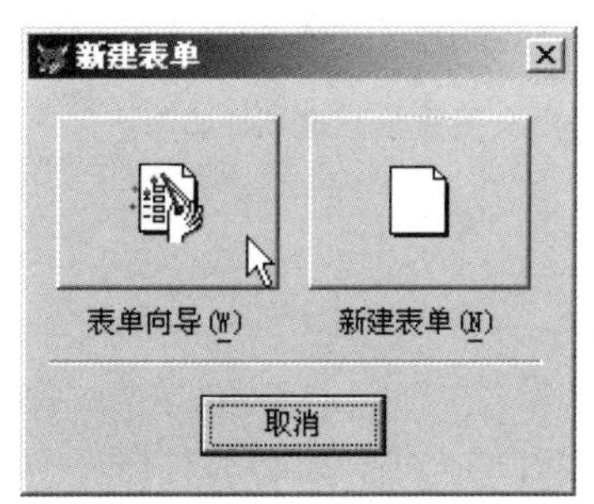

图 8-78　单击“表单向导”按钮

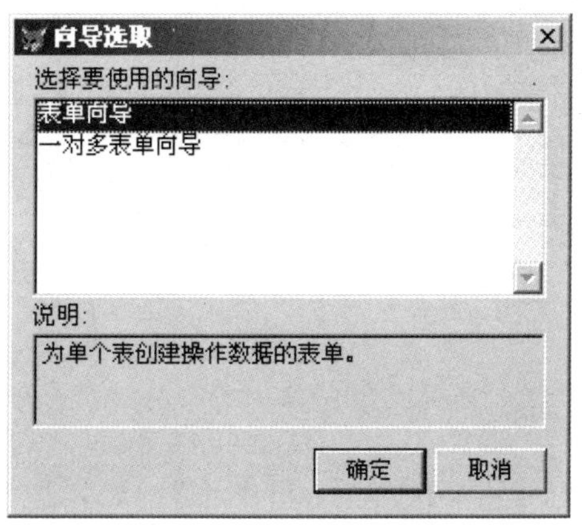

图 8-79　选择“表单向导”选项

（3）单击“确定”按钮，打开如图 8-80 所示的对话框。在“数据库和表”选项区中选择数据库和表，在“可用字段”列表框中选择要显示的字段，然后单击▸或▸▸按钮，将其添加到“选定字段”列表框中。本例中选择 STUDENT 表，并选中所有可用字段。

（4）单击“下一步”按钮，打开选择表单样式对话框。在“样式”列表框中选择表单样式，在“按钮类型”选项区中选择按钮类型，如图 8-81 所示。

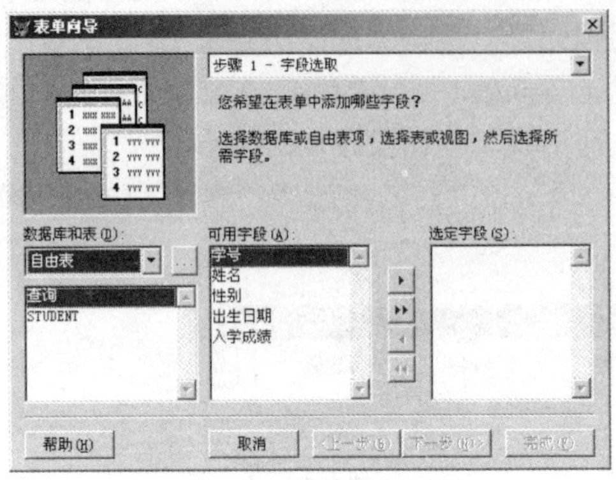

图 8-80 “表单向导”对话框

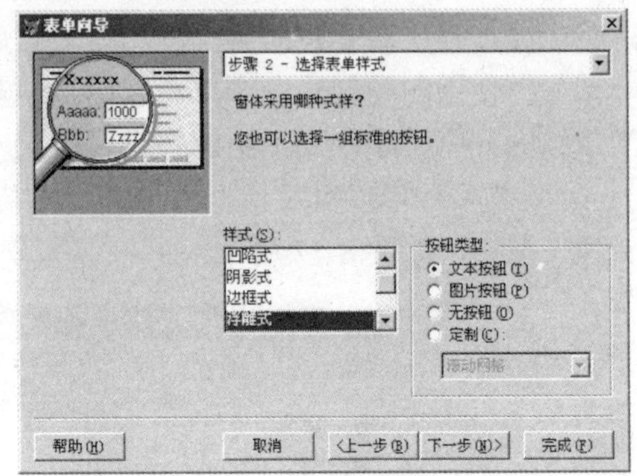

图 8-81 选择表单样式

（5）单击“下一步”按钮，打开排序次序对话框，在“可用的字段或索引标识”列表框中选择可用字段或索引标记，本例中选择“入学成绩”选项，单击“添加”按钮，将其添加到“选定字段”列表框中。选中“升序”单选按钮，指定选定字段的排序顺序为升序，如图 8-82 所示。

（6）单击“下一步”按钮，打开如图 8-83 所示的完成对话框。在“请键入表单标题”文本框中输入所创建的表单名称，并选择一种存储形式，本例使用默认的设置。

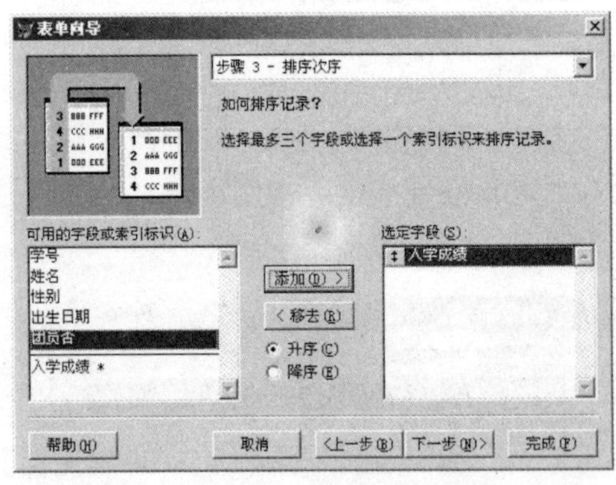

图 8-82 设置排序次序

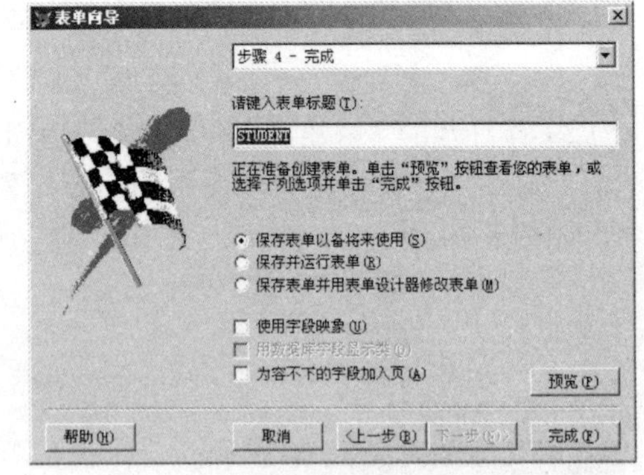

图 8-83 设置表单标题及存储形式

（7）单击“完成”按钮，保存表单。

8.4.2 美化表单

创建了表单以后，用户可以对表单进行修改，包括调整控件的大小、移动和对齐控件、改变文本的字体和字号、设置表单的颜色等，从而达到美化表单的目的。在项目管理器中，单击“文档”选项卡，从中选择要修改的表单，然后单击“修改”按钮，这样就可以修改表单了。

1．选择控件

用户可以一次选择一个控件，也可以一次选择多个控件。选择一个控件时，可在表单设计器窗口中打开要操作的表单，单击控件，控件被选中，并在其周围显示控制柄，利用它们可以改变控件显示的位置和大小，如图 8-84 所示。

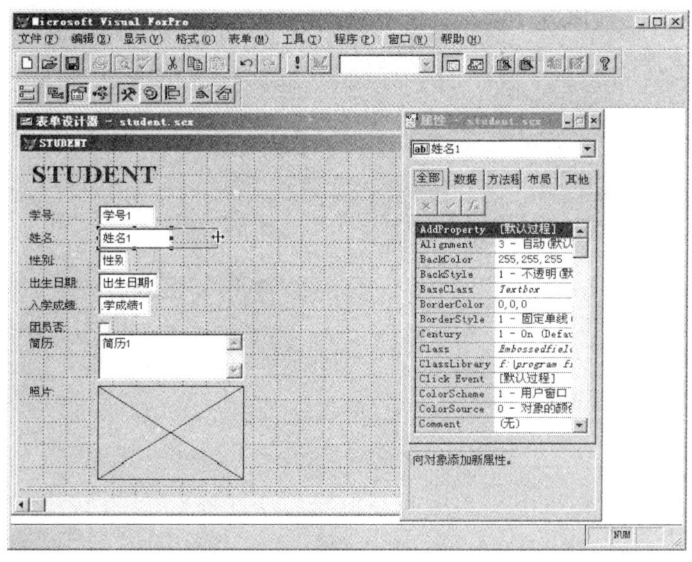

图 8-84　利用控制柄改变控件的大小

如果要选择多个控件，可从控件以外的任何一点开始拖曳鼠标，拖出一个包含要选择的多个控件的矩形。如果要选择的控件不相邻，可按住【Shift】键，然后单击每一个要选择的控件，结果如图 8-85 所示。

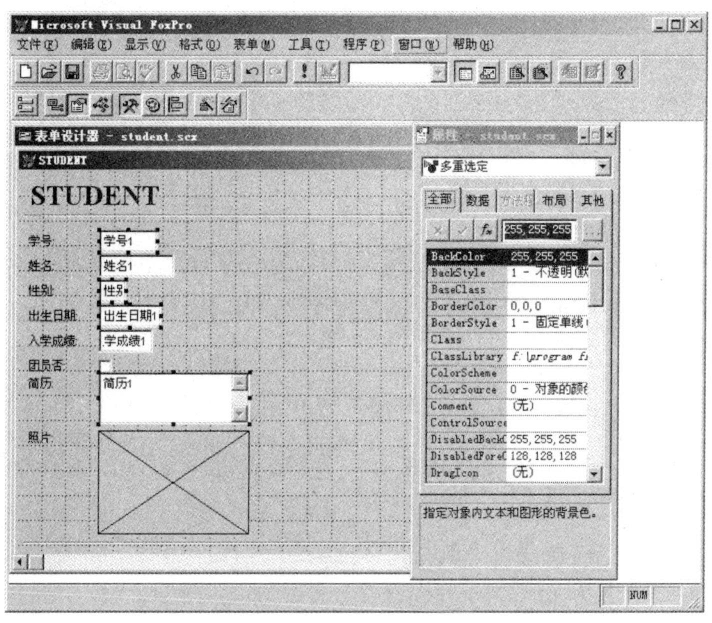

图 8-85　选择多个不连续的控件

2．调整控件的大小

要调整控件的大小，可在表单设计器窗口中选中控件，将鼠标指针移动到控制柄上，按下鼠标左键并拖动鼠标来调整控件的长度、高度或整体尺寸。

如果选择了多个控件，可以单击“格式”|“大小”命令，在“大小”子菜单中使用各命令来调整多个控件之间的相对大小，使它们都具有相同的高度或宽度，如图 8-86 所示。

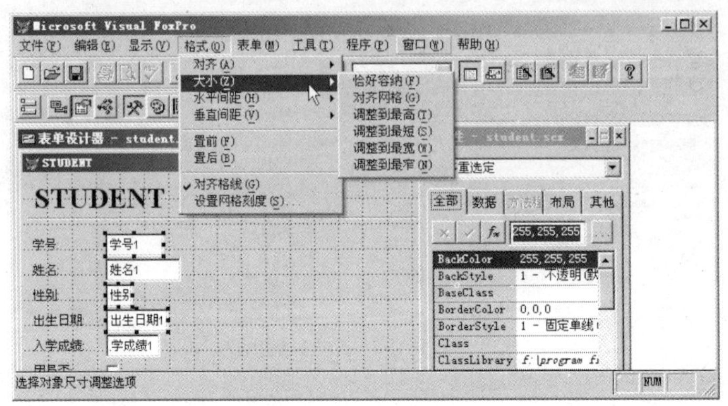

图 8-86　利用菜单命令调整控件

3．移动和对齐控件

在修改表单、美化表单时，经常需要移动和对齐控件，使控件排列整齐。移动控件时，在表单设计器窗口中打开要操作的表单，选择要移动的一个或多个控件，按键盘上的方向键，即可将选定的控件移动到新的位置。

如果要对齐控件，可选择要对齐的多个控件，单击“格式”|“对齐”命令，在弹出的子菜单中选择一种对齐方式。用户也可以在表单设计器窗口中，使用“布局”工具栏对齐控件。该工具栏中包含了“格式”菜单中的“大小”子菜单和“对齐”子菜单所提供的调整多个控件相对布局的功能。

4．改变文本的字体、字号

在美化表单时，有时也需要改变控件文本的字体和字号，以达到增强表单效果的目的。要改变文本的字体和字号，可在表单设计器窗口中选择要更改的控件，然后在“属性”面板中分别设置 FontName 和 FontSize 属性。图 8-87 所示为选中文本“姓名:”，并在字体下拉列表框中选择所需的字体。

5．设置表单的颜色

在美化表单时，用户可以根据美化的需要来设置表单和控件的前景或背景颜色。在 Visual FoxPro 中，用户可以利用 ColorSource 属性或“调色板”工具栏来实现这种功能。

在表单设计器窗口中打开要设置颜色的表单，并打开“属性”面板，在“属性”面板中单击“布局”选项卡，选择 ColorSource 属性，然后从其下拉列表框中选择一种颜色值，如图 8-88 所示。

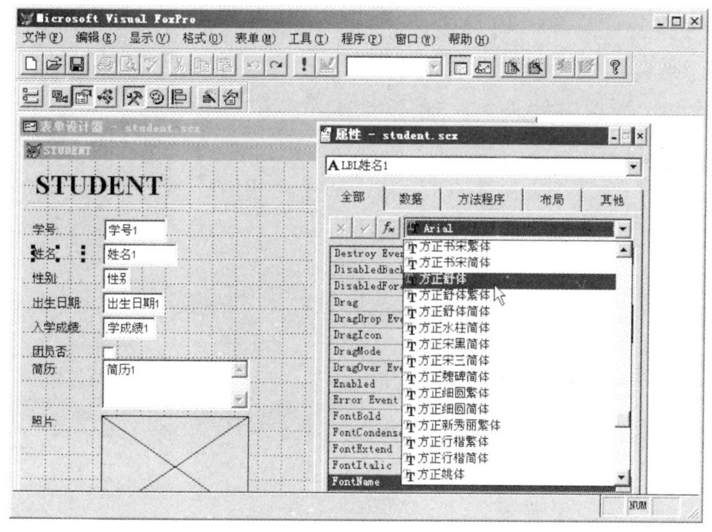

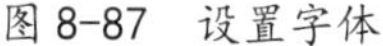
图 8-87 设置字体

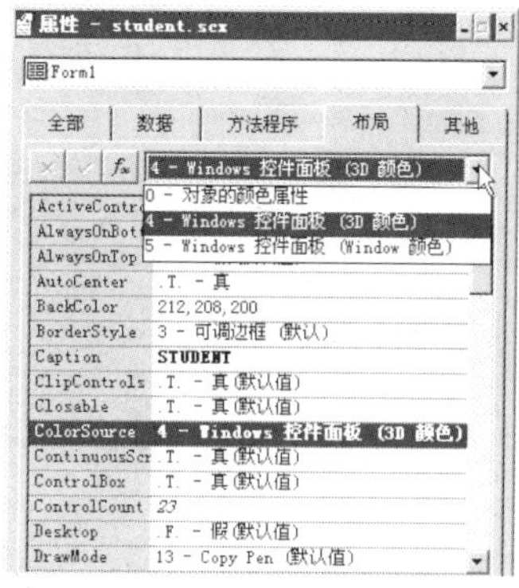

图 8-88 设置 ColorSource 属性

同样，为了方便表单的设计，用户还可以使用 Visual FoxPro 提供的“调色板”工具栏设置表单或控件的颜色。单击“显示”|“工具栏”命令，在打开的“工具栏”对话框中选中“调色板”复选框，单击“确定”按钮，即可打开“调色板”工具栏，如图 8-89 所示。

在“调色板”工具栏中，如果要设置前景颜色，可单击前景色按钮；如果要设置背景颜色，可单击背景颜色按钮，然后在调色板中单击希望使用的颜色。

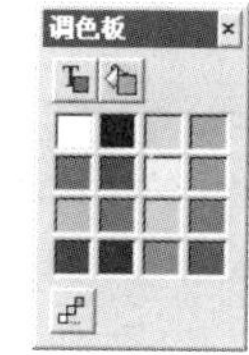

图 8-89 “调色板”工具栏

8.4.3 运行表单

运行表单的方法很多，如果在创建表单的表单向导完成的对话框中选中“保存并运行表单”单选按钮，那么在单击“完成”按钮后屏幕就会自动显示表单。若是运行保存的表单，可以按如下步骤进行操作：

（1）打开项目管理器对话框，单击“文档”选项卡，展开表单选项，在其中选择要运行的表单，如图 8-90 所示。

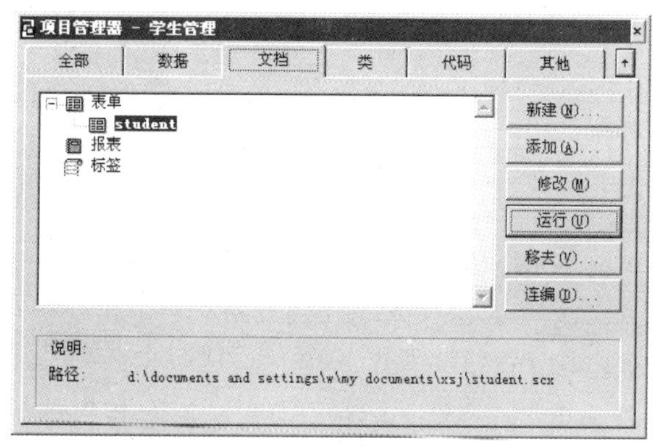

图 8-90 选择要运行的表单

如果在当前项目中没有找到要运行的表单，可单击“添加”按钮，把前面由表单向导建立的表单添加进去。

（2）单击“运行”按钮，即可运行选定的表单，如图 8-91 所示。

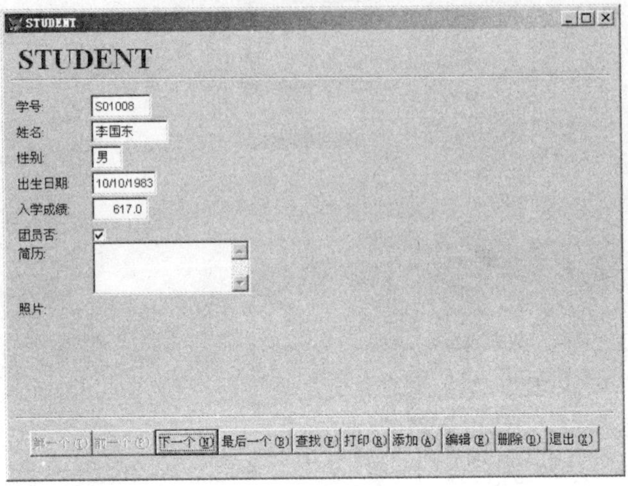

图 8-91　运行表单

在表单运行窗口的底部有一组按钮，其作用如下：

- 第一个：将记录指针移动到第一条记录。
- 前一个：将记录指针移动到上一条记录。
- 下一个：将记录指针移动到下一条记录。
- 最后一个：将记录指针移动到最后一条记录。
- 查找：用于查找记录，单击该按钮将打开如图 8-92 所示的“搜索”对话框，在其中可以设定查找记录的条件。

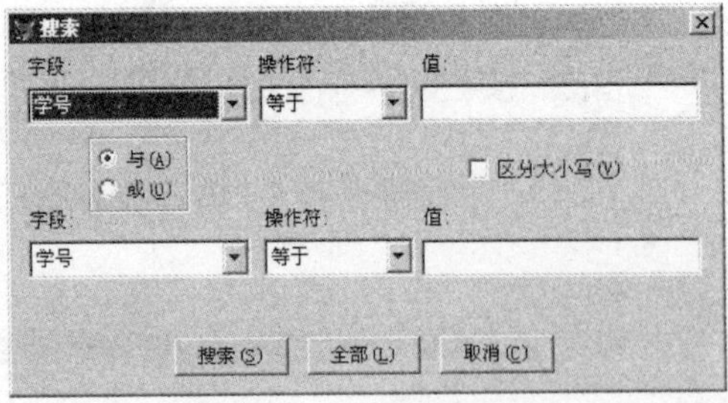

图 8-92　“搜索”对话框

- 打印：打印表单。
- 添加：在表单末尾添加一条新记录。
- 编辑：允许用户更改当前记录的值。
- 删除：删除当前记录。
- 退出：关闭表单。

此外，用户可以通过单击“程序”|“运行”命令以及单击“文件”|“打开”命令来运行表单，而不必将它添加到当前项目中。

8.5　数据库设计综合实例

本章以一个小型单位销售部门的销售系统为例，来详细说明用 Visual FoxPro 6.0 开发应用程序的整个流程，并从数据库设计实践的角度进行系统分析，说明数据库设计的方法及具体操作步骤。

8.5.1　需求分析

某单位采用计算机管理销售员工、顾客、订货等信息及销售情况的全过程，以便更快、更好地帮助管理人员做好管理工作，其功能如下：

- 能输入、修改、存储所有员工和顾客的信息、产品订货信息等。
- 能根据各种情况进行统计与查询，例如，统计某一位销售代表的订单情况，统计某一个员工或顾客的产品信息。

用户提出开发应用系统的要求后，软件开发者应通过调查研究归纳出目标系统的数据需求和功能需求。

1. 数据需求

通过调查，总结出用户对数据的需求如下：

- 员工信息：包括员工代码、姓名、职务、入厂日期、电话、地址等。
- 顾客信息：包括顾客代码、公司名、地址、邮编、电话、联系人、最大成交量等。
- 订单信息：包括订单编号、顾客代码、员工代码、订货日期、发货日期等。

2. 功能需求

功能分析的任务是了解用户对数据的处理方法和输出格式的要求。经分析该系统功能需求如下：

- 数据录入：基础数据包括员工数据、顾客数据和订单数据。要求系统能录入这些数据，并且能够进行修改。注意在数据录入和修改的过程中应保持数据的参照完整性。
- 数据查询：能够查询出员工数据、顾客数据、订单数据等。
- 数据统计：要求能根据员工信息、顾客信息及订单信息，统计出某位销售代表的订单情况，以及某一员工或顾客的产品信息。

8.5.2　数据库设计

数据库设计的任务是确定系统所需的数据库。数据库是表的集合，通常一个系统只需一个数据库。数据库的设计一般可分为逻辑设计和物理设计两步。逻辑设计的任务是根据需求来分析，确定数据库所包含的表及字段、表间的关系；物理设计就是具体确定表的结构，包括字段名、字段类型及宽度、需要的索引等。

1. 逻辑设计

逻辑设计是根据对需求分析得到的数据结构的分析，按数据输入输出的要求，确定表和表间的主文件的关系，并进行验证、调整、修改、完善，使其能够实现用户对数据和功能的要求。本例根据需求分析确定系统要设置的表如下：

● 员工基本表

员工基本表包括员工代码、姓名、职务、入厂日期、电话、地址等字段。其中员工代码为主索引，通过该索引和订单表建立关联。

● 顾客基本表

顾客基本表包括顾客代码、公司名、地址、邮编、电话、联系人、最大成交量等字段。其中顾客代码为主索引。

● 订单基本表

订单基本表包括订单编号、顾客代码、员工代码、订货日期、发货日期等字段。其中订单编号为主索引。

2. 物理设计

下面列出销售系统所有表的结构和索引，这里为了便于理解，将部分数据列出。

● 员工基本表

员工基本表结构见表 8-7，记录见表 8-8。

表 8-7 员工基本表结构

字段名	数据类型	字段长度	小数位数	索引
员工代码	整型	4		主索引
姓名	字符型	10		
职务	字符型	10		
入厂日期	日期型	8		
电话	字符型	10		
地址	字符型	30		

表 8-8 员工基本表记录

员工代码	姓名	职务	入厂日期	电话	地址
1	万达福	销售经理	10/01/95	95894483	北京市天天小区一号楼
2	杨顺利	销售代表	07/09/90	90373332	北京市向阳路 9 号
3	周小舟	销售代表	08/17/99	78777899	跑马胡同 9 号
4	刘建军	销售助理	10/10/99	76234893	广渠门 8 号
5	李蒙	业务经理	12/24/88	89765321	红旗大道 3 号
6	李田	销售代表	10/02/97	35426231	花园路 8 号
7	刘华	销售代表	10/09/90	25643125	沿江路 10 号
8	郑行	顾问	09/08/80	37869542	筒子路 109 号

● 顾客基本表

顾客基本表结构和记录分别见表 8-9 和表 8-10。

表 8-9　顾客基本表结构

字段名	数据类型	字段长度	小数位数	索引
顾客代码	字符型	6		主索引
公司名	字符型	20		
地址	字符型	10		
邮编	字符型	8		
电话	字符型	10		
联系人	字符型	10		
最大成交量	数值型	12		

表 8-10　顾客基本表记录

顾客代码	公司名	地址	邮编	电话	联系人	最大成交量
DTSB	大同设备	天津市	474320	3567890	王刚	1000000.00
MT	明天公司	石家庄	255000	3512244	李华	789552.00
LB	离别公司	上海市	463210	8936987	王梅	23561.00
LL	玲珑公司	武汉市	163210	7636986	张玲	235689.00
AB	敖包公司	广州	827420	4106989	王中	23561.00
CD	赤道公司	天水	214500	5623487	薛龙	125642.00
HT	核桃公司	北京	100082	22233356	任丽	1200000.00
GH	光辉公司	西安	162354	33565631	吴同	213251.00

● 订单基本表

订单基本表结构和记录分别见表 8-11 和表 8-12。

表 8-11　订单基本表结构

字 段 名	数据类型	字段长度	小数位数	索　引
订单编号	数值型	6		主索引
顾客代码	字符型	6		
员工代码	整型	4		
订货日期	日期型	8		
发货日期	日期型	8		

表 8-12 订单基本表记录

订单编号	顾客代码	员工代码	订货日期	发货日期
10001	CD	1	02/15/99	03/15/99
10002	HT	6	03/21/99	04/21/99
10003	DTSB	5	10/23/99	11/23/99
10004	LL	3	06/12/99	07/12/99
10005	AB	8	02/23/99	03/23/99
10006	LB	2	02/23/99	03/23/99
10007	GH	4	01/20/99	02/20/99
10008	MT	7	12/20/99	12/30/99

8.5.3 应用程序设计

Visual FoxPro 6.0 在项目管理器中开发应用程序，给用户带来很多方便。在项目管理器中创建一个项目后，应用程序就具备了一个开发框架，下一步的工作就是如何在这个框架下利用项目管理器所提供的强大功能，按照需求来实现应用程序的功能。

1. 新建项目

用项目管理器新建项目的具体操作步骤如下：

（1）单击“文件”|“新建”命令，打开“新建”对话框。在“文件类型”选项区中选中“项目”单选按钮，单击“新建文件”按钮。

（2）在打开的“创建”对话框中输入项目文件名并确定项目路径，如图 8-93 所示。

（3）单击“保存”按钮。此时，项目管理器启动，如图 8-94 所示。

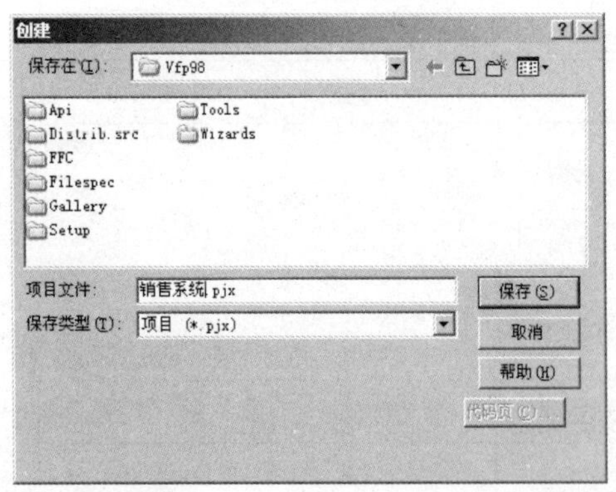

图 8-93 “创建”对话框

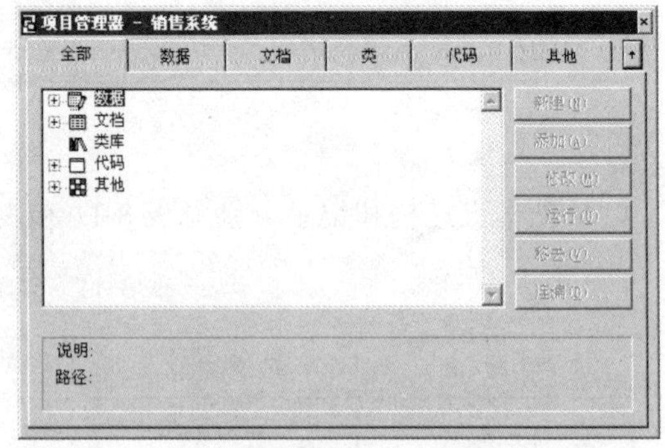

图 8-94 启动项目管理器

2. 新建数据库

启动项目管理器后就可以在其中创建数据库了，具体操作步骤如下：

（1）单击“项目管理器 - 销售系统”对话框中的“数据”选项卡，并在列表框中选择

“数据库”选项，如图 8-95 所示。

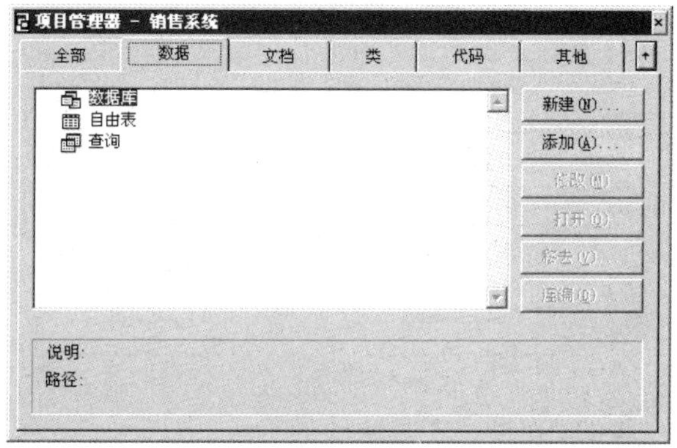

图 8-95　选择“数据库”选项

（2）单击“新建”按钮，在打开的“新建数据库”对话框中单击“新建数据库”按钮，在打开的“创建”对话框中为新建的数据库命名，单击“保存”按钮，即可完成数据库的创建。

3. 新建表

在创建好的数据库中创建表的具体操作步骤如下：

（1）当数据库创建成功后，在数据库设计器对话框中单击鼠标右键，在弹出的快捷菜单中选择“新建表”选项，如图 8-96 所示。

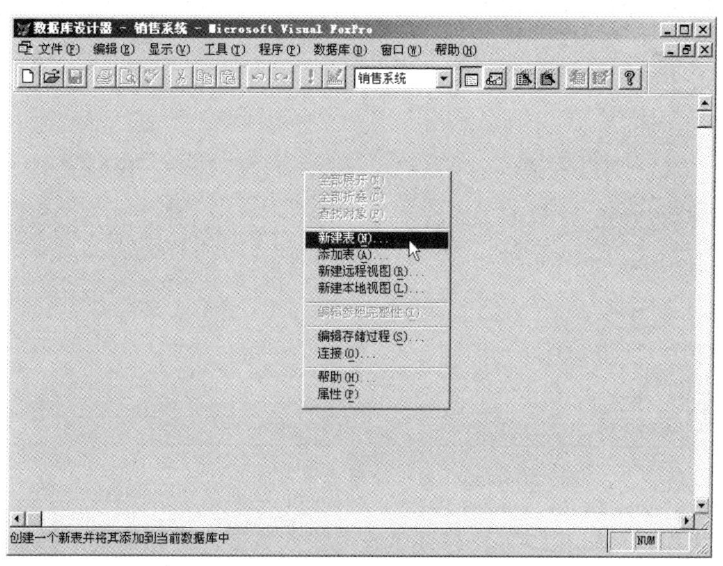

图 8-96　选择“新建表”选项

（2）在打开的“新建表”对话框中单击“新建表”按钮，打开“创建”对话框，并在其中为新建的表命名。

（3）单击“保存”按钮，将弹出表设计器对话框。在表设计器对话框中，按照表 8-7 的表结构输入字段名、数据类型和字段长度等，结果如图 8-97 所示。

（4）单击“确定”按钮，完成表的创建。同样，采用这种方法可以创建其他表。

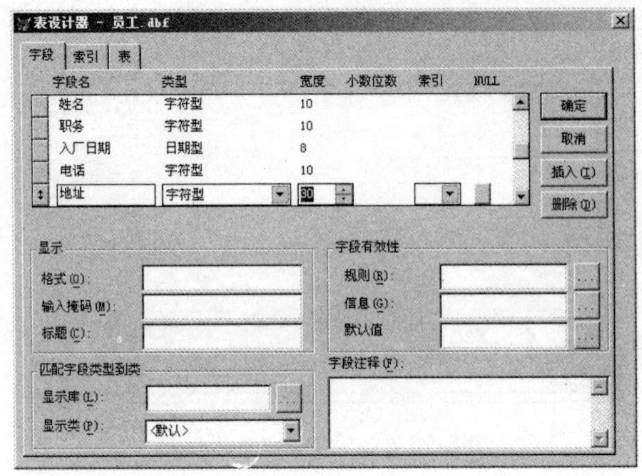

图 8-97　输入员工表结构

4. 输入数据记录

输入数据记录的具体操作步骤如下：

（1）打开要输入记录的表。

（2）单击“显示”|“追加方式”命令，打开表编辑窗口。

（3）在表编辑窗口中输入记录，如图 8-98 所示。

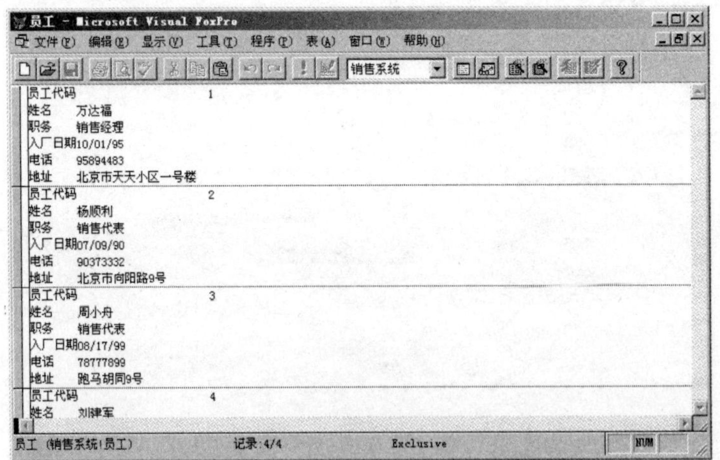

图 8-98　在表编辑窗口中输入记录

使用同样的操作，可以在顾客表与订单表中输入数据，根据需要对添加数据后的表进行增删记录的操作。

5. 建立索引

下面以员工表为例介绍索引的创建方法，为员工表建立索引的具体操作步骤如下：

（1）在项目管理器对话框中展开“表”选项，并选择其下的“员工”选项，单击“修改”按钮，打开表设计器对话框。

（2）单击“索引”选项卡，在“索引名”文本框中输入“员工”，在“类型”下拉列表框中选择“主索引”选项，在“表达式”文本框中输入“员工代码”，如图 8-99 所示。

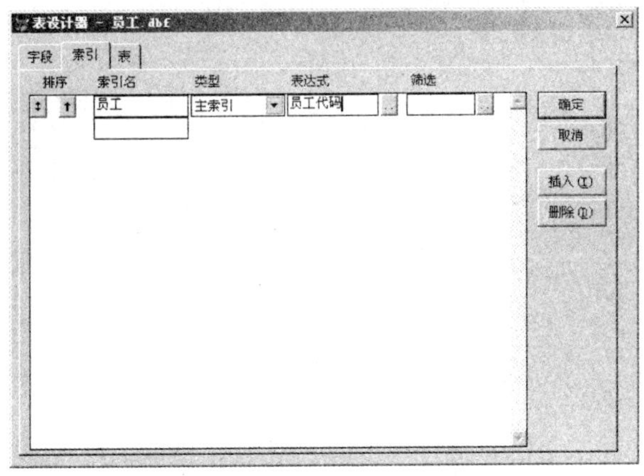

图 8-99　将员工代码设置为主索引

（3）单击“确定”按钮，即可完成“员工”表主索引的建立。

用相同的方法建立“顾客”表的“顾客代码”字段为主索引，“订单”表的“订单编号”字段为主索引，“顾客代码”与“员工代码”字段为普通索引。

6. 建立表的关联

在项目管理器对话框中选定数据库文件“销售系统”，单击“修改”按钮，打开“数据库设计器”窗口（如图 8-100 所示），其中包括“员工”表、“顾客”表和“订单”表。在“员工”表中索引“员工”前有个钥匙标记，这说明“员工”是主索引，同样在其他表中也分别有自己的主索引。

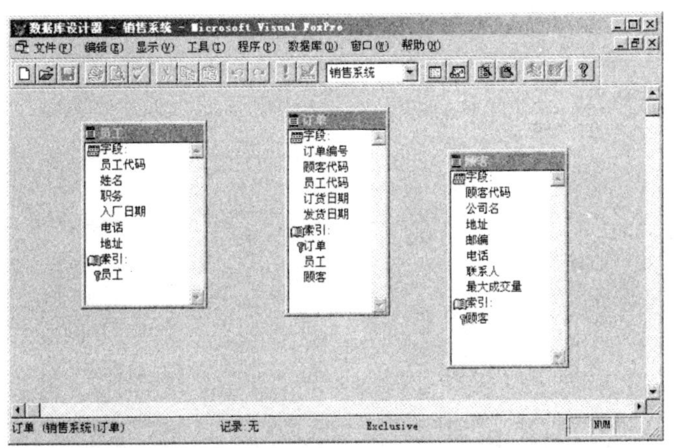

图 8-100　“数据库设计器”窗口

用鼠标在“员工”表中将主索引“员工”拖曳到“订单”表中普通索引“员工”上，释放鼠标，创建“员工”表与“订单”表的关联。同样，将“顾客”表中的主索引“顾客”拖曳至“订单”表的普通索引“顾客”上，创建“顾客”表与“订单”表的关联。创建好表之间关联的“数据库设计器”窗口如图 8-101 所示。

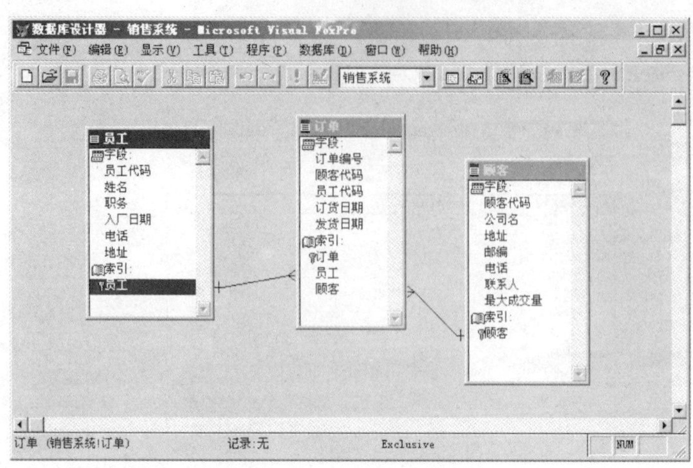

图 8-101　创建了关联的“数据库设计器”窗口

7. 建立查询

查询“职务=销售代表”的员工的“入厂日期”、“地址”、“订单号”等情况，具体操作步骤如下：

（1）在打开的项目管理器对话框中，单击“数据”选项卡，并在列表框中选择“查询”选项，如图 8-102 所示。

（2）单击“新建”按钮，在打开的“新建查询”对话框中单击“新建查询”按钮，打开“添加表或视图”对话框，如图 8-103 所示。

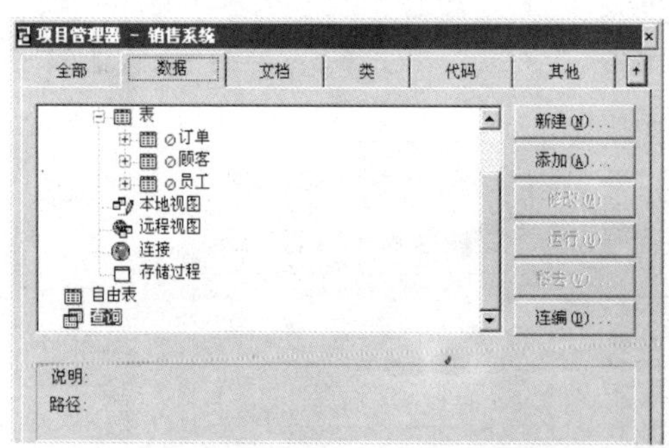

图 8-102　选择“查询”选项

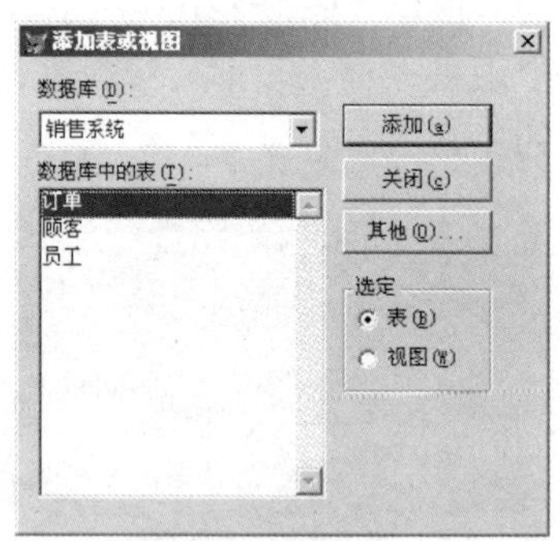

图 8-103　“添加表或视图”对话框

（3）在“数据库中的表”列表框中选择“订单”选项，单击“添加”按钮，将“订单”表添加到查询中。用同样的方法，将“员工”表也添加到查询中。单击“关闭”按钮，关闭“添加表或视图”对话框。

（4）在“查询设计器”窗口中，单击“字段”选项卡，将“姓名”、“职务”、“地址”、“入厂日期”、“订单编号”字段添加到“选定字段”列表框中，如图 8-104 所示。

（5）单击“筛选”选项卡，设置“字段名”为“员工.职务”，“条件”为“=”，“实例”为“销售代表”，如图 8-105 所示。

（6）输入查询条件后，单击工具栏中的“运行”按钮，就可以运行这个查询了，结果如图 8-106 所示。

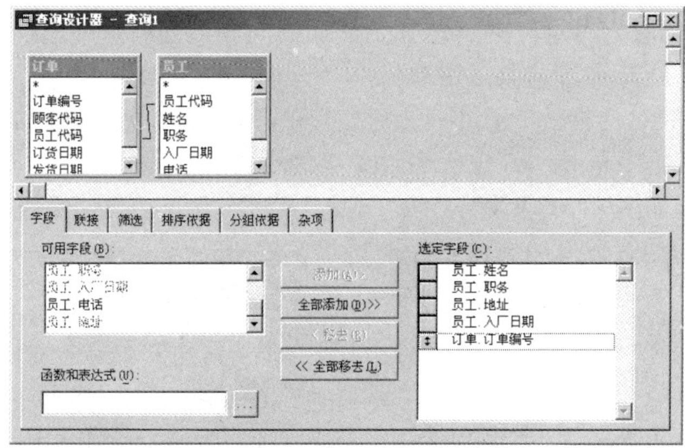

图 8-104　添加选定的字段

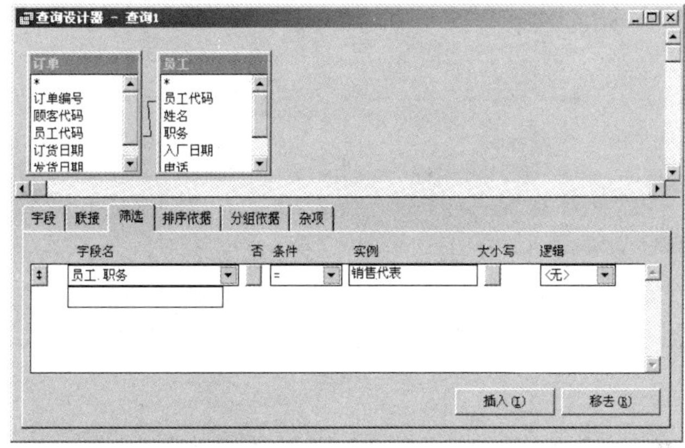

图 8-105　设置筛选条件

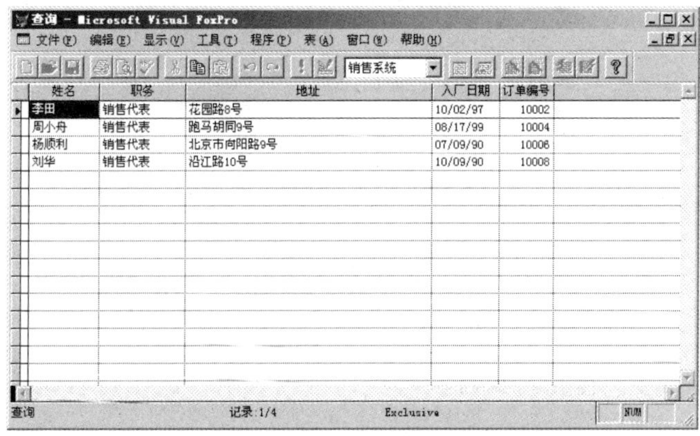

图 8-106　查询结果

8．建立表单

建立表单的具体操作步骤如下：

（1）在项目管理器对话框的“文档”选项卡中选择“表单”选项，单击“新建”按钮，在打开的“新建表单”对话框中单击“表单向导”按钮。

（2）在“向导选取”对话框的“选择要使用的向导”列表框中选择“表单向导”选项，单击“确定”按钮，打开字段选取对话框。

（3）在字段选取对话框的“数据库和表”下拉列表框中选择创建的“销售系统”数据库，在其下方的列表框中选择“订单”表，单击选定所有字段按钮，如图 8-107 所示。选定所有字段后的对话框如图 8-108 所示。

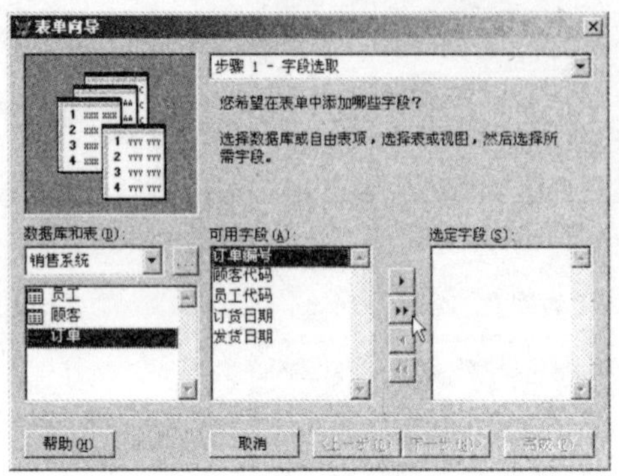

图 8-107　单击选定所有字段按钮

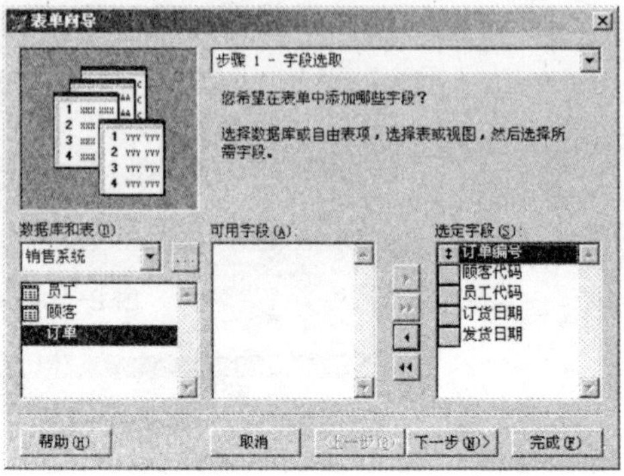

图 8-108　选定所有字段的对话框

（4）单击“下一步”按钮，在打开的选择表单样式对话框中设置样式为“标准式”，按钮类型为“文本按钮”，如图 8-109 所示。

（5）单击“下一步”按钮，打开排序次序对话框。在“可用的字段或索引标识”列表框中选择“订单编号”选项，单击“添加”按钮，将其添加到“选定字段”列表框中，如图 8-110 所示。

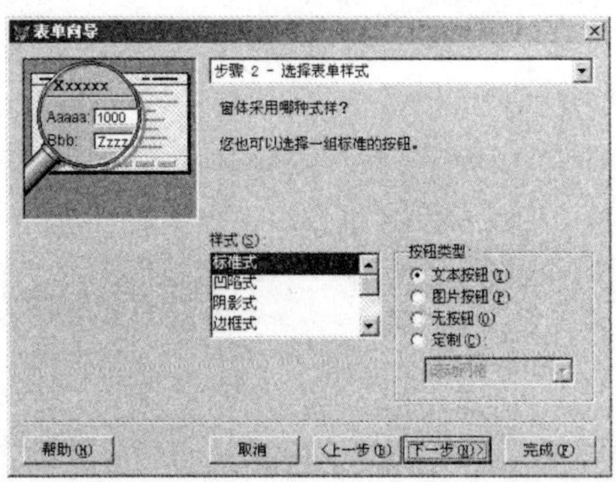

图 8-109　设置表单样式

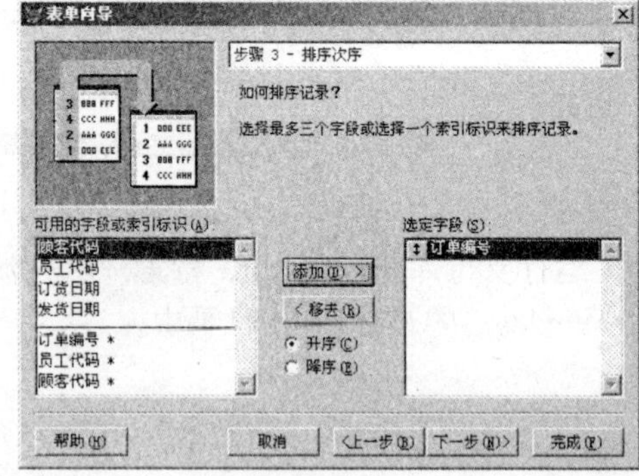

图 8-110　设置排序次序

（6）单击“下一步”按钮，在打开的对话框中选中“保存并运行表单”单选按钮，单击“完成”按钮，保存表单并运行，可以看到“订单”表中的所有信息。

8.5.4　应用程序的生成

当程序调试完成，各项功能均能达到设计目的后，即可生成应用程序，具体操作步骤如下：

（1）在项目管理器对话框中单击“连编”按钮，打开“连编选项”对话框，在其中选中“连编可执行文件”单选按钮，如图 8-111 所示。

（2）单击“确定”按钮，在打开的“另存为”对话框中设置应用程序的名称及路径，如图 8-112 所示。

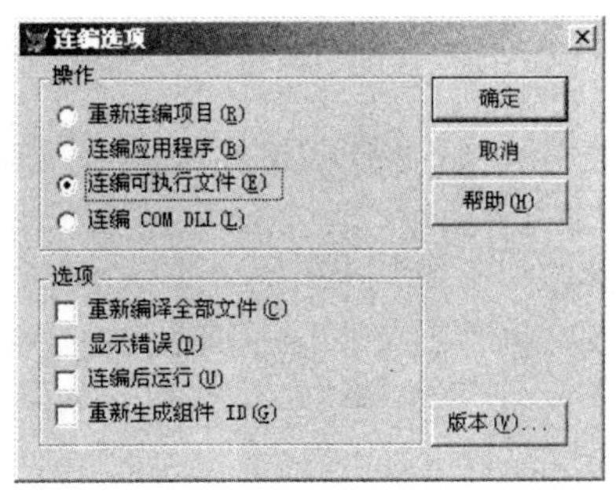

图 8-111　“连编选项”对话框

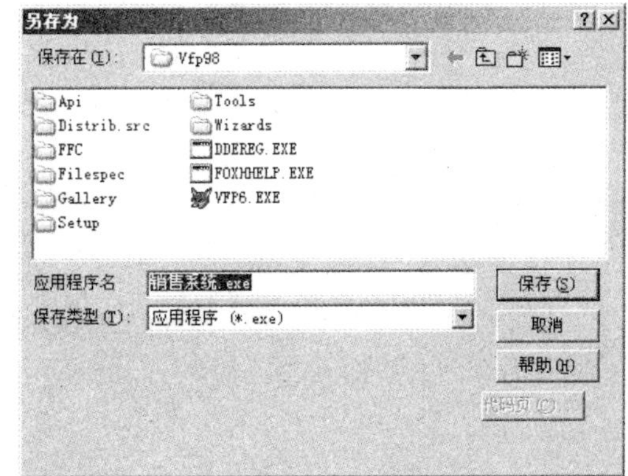

图 8-112　设置应用程序的名称及路径

（3）单击“保存”按钮，即可生成应用程序。

8.5.5　应用程序的发布

应用程序的发布主要是为了便于用户使用时将程序方便地安装到计算机上。

1．发布的准备

首先准备一个发布树（目录），用于存放用户运行该应用程序时所需的全部文件。最好是在 VFP 目录外建一个专用目录，例如，在项目所在目录下创建一个 setup 目录，再将需要的文件放进该目录。这些文件包括：

- .exe 文件。
- 连编时未自动加入项目管理器的文件。
- 设置为排除类型的文件，如数据库表等。
- 运行支持库 VFP6L.dll、特定地区资源文件 VFP6chs.dll 和 VFP6enu.dll，这些文件都存放在 Windows 的 SYSTEM 目录中。

2．创建发布磁盘

VFP 提供的安装向导可用来创建磁盘并预置磁盘的安装路径。安装向导要求用户指定发布树，指定在硬盘上建立磁盘映像的目录，以及指定应用程序安装时使用的默认目标目录。

单击“工具”|“向导”|“安装”命令，将弹出安装向导对话框（首次安装时），要求用户指定安装向导自用的目录。这时可以创建目录，也可以使用已有的目录，然后打开安装向导对话框，引导用户逐步操作。

3．应用程序安装

发布软盘 DISK1 中含有应用程序的安装程序 setup.exe，只要在 Windows 中运行该程序，就可以一步一步地进行应用程序的安装应用。应用程序安装完成后，Windows 的“开始”菜单中将出现该应用程序的程序组及程序项，用于启动应用程序。

习 题

一、选择题

1. 索引实际上是一种（　　），但是它不改变数据表中数据的物理顺序，而是另外建立一个记录号列表。

A. 查询　　B. 表单　　C. 排序　　D. 菜单

2. 有且仅有一个根结点，其他结点向上仅有一个父结点，向下可以有若干个子结点，这样的数据模型是（　　）。

A. 层次模型　　B. 网状模型　　C. 关系模型　　D. 树状模型

3. 数据库是（　　）的集合，通常一个系统只需一个数据库。

A. 表　　B. 表单　　C. 查询　　D. 索引

4. 在 Visual FoxPro 数据库中，用户不仅可以设计数据库表和查询，还可以创建包含各种控件的（　　）。

A. 表　　B. 表单　　C. 查询　　D. 索引

二、填空题

1. 数据库中常用的数据模型有三种，即__________、__________、__________。

2. 所谓数据库，就是以一定的组织方式将相关的数据组织在一起，存放在计算机存储器上形成的能为多个用户所共享的、与应用程序彼此独立的__________的集合。

3. 数据库由以下几部分组成：__________、__________、__________。

4. "命令"窗口是 Visual FoxPro 6.0 主窗口中的一个小窗口，它的作用是__________。

5. 打开已有的表后单击__________命令，即可打开表的编辑窗口，以追加方式向表中输入数据。

6. 表建立后若要修改表结构，可通过打开__________来操作。

7. 在表的使用过程中，常需要把一些无用的数据删除掉，以增强表操作的快捷性。表的删除有两种，分别是__________删除和__________删除。

8. 如果按照索引文件的功能来分类，可将索引分为__________、__________、__________和__________4 种类型。

三、简答题

1. 创建表的方法有几种？分别是什么？并简述其具体操作。

2. 创建查询的方法有几种？简述其操作。

3. 索引有几种？简述如何创建索引。

上 机 指 导

按照本章 8.2 节中介绍的创建表的方法，创建如下结构的学生基本情况表：

表 1　学生基本情况表结构

字段名	类型	宽度	小数位数
学号	字符型	12	
姓名	字符型	8	
性别	字符型	2	
出生日期	日期型		
团员否	逻辑型		
照片	通用型		
入学时间	日期型		
入学成绩	数值型	3	0
专业编号	字符型	4	
简历	备注型		

表 2　学生基本情况表记录

学号	姓名	专业编号	性别	出生日期	入学时间	入学成绩	团员 否
S040001	曾江	03	女	1986-12-1	2004-9-1	621	False
S040002	刘艳	03	男	1984-4-12	2004-9-8	600	True
S040003	王平	03	女	1986-6-18	2004-9-1	598	True
S040004	刘建军	02	男	1986-8-20	2004-9-1	603	False
S040005	李蒙	05	男	1985-6-19	2004-9-8	628	False
S040010	李田	06	女	1985-9-23	2004-9-1	587	True
S040011	刘华	21	女	1985-10-16	2004-9-8	603	True

1．对创建完成的表中的记录进行如下删除操作：

（1）逻辑删除第 1 个、第 5 个记录，并恢复这些逻辑删除记录。

（2）逻辑删除表中的全部记录，并恢复这些逻辑删除记录。

（3）逻辑删除表中第 1 个、第 2 个、第 3 个记录，并恢复这些逻辑删除记录。

（4）首先逻辑删除表中第 4 个记录，然后再逻辑删除表中从第 4 个记录起直到最后一个记录，并恢复这些逻辑删除记录。

（5）逻辑删除表中所有性别为女的记录，并对这些记录进行物理删除。

2．设置表中的字段“学号”为主索引，“入学成绩”为普通索引。

3．使用向导创建如下查询：查找入学成绩小于 600 分的学生，要求查询结果中包括学号、姓名、性别、出生日期、入学成绩 5 个字段，并按入学成绩降序排列。

4．使用向导创建表单，用来显示表中的每一条记录，记录按入学成绩的升序排序，表单中的按钮采用文本按钮形式。

附录 习题参考答案

第1章

一、选择题

1. A 2. C 3. C 4. D 5. A
6. D 7. C 8. C 9. C 10. B
11. C 12. B

二、填空题

1．大规模集成电路和超大规模集成电路 2．255

3．当前运行的程序和数据

4．运算器 控制器 存储器 输入设备 输出设备

5．运算器 控制器

6．随机存储器（RAM） 只读存储器（ROM） 随机存储器（RAM） 只读存储器（ROM） 7．键盘 显示器

8．系统软件 应用软件

9．引导型病毒 文件型病毒 复合型病毒

10．图像 音频 视频

三、判断题

1．× 2．√ 3．× 4．√ 5．√

四、简答题

（略）

第2章

一、选择题

1. B 2. C 3. D 4. B 5. D
6. D

二、填空题

1．先开外设，再开主机 先关主机，再关外设

2．不关闭计算机的电源 【Ctrl+Alt+Delete】组合键

3．用关闭计算机电源再打开的方式来重新启动系统 Reset 的复位键

4．功能键区 状态指示区 主键盘区 编辑键区 辅助键区

5．机械式鼠标 光电式鼠标 光学机械式鼠标

6．总线型 PS/2 型 串行口（COM）型 USB 型

7．国标区位码 8．形码 9．音码

三、简答题

（略）

第3章

一、选择题

1. D 2. D 3. C 4. C 5. A
6. C 7. A 8. B 9. C 10. C

二、填空题

1．操作系统

2．开始菜单、快捷菜单 3．扩展名

4．Ctrl+Shift Ctrl+Space

三、简答题

（略）

第4章

一、选择题

1. D 2. B、C、D
3. C 4. A、B、C、D
5. A、B、C、D、E、F

6. A 7. C 8. D
9. A 10. C

二、填空题

1. Ctrl+N 2.【Enter】
3. “选择”|“全选” 4. 选定栏
5. 插入 【Insert】 改写 插入与改写

三、简答题

（略）

第 5 章

一、选择题

1. B 2. A 3. C、D 4. B
5. B

二、填空题

1. 单元格 单元格
2. 排序 3. 全部删除

三，简答题

（略）

第 6 章

一、选择题

1. D 2. C 3. B 4. D 5. D
6. B

二、填空题

1. .pptx 2.【Esc】 3. 循环
4. 排练计时

三、判断题

1. × 2. × 3. √ 4. √ 5. √
6. √

四、简答题

（略）

第 7 章

一、选择题

1. B 2. A 3. B 4. C 5. C
6. D 7. D 8. A 9. C 10. B

二、填空题

1. 计算机技术 通信技术
2. 网络硬件 网络软件
3. TCP/IP 协议 4. 电子邮件
5. IP 地址 6. 云存储

三、简答题

（略）

第 8 章

一、选择题

1. C 2. A 3. A 4. B

二、填空题

1. 层次模型 网状模型 关系模型
2. 一次相关数据的集合
3. 实体和属性 数据库和表 记录和字段
4. 输入和显示命令
5. “显示”|“追加方式”
6. 表设计器对话框 7. 逻辑 物理
8. 主索引 候选索引 唯一索引 普通索引